U0171002

物理学基础及应用丛书

电动力学

刘成国 编著

科学出版社

北京

内 容 简 介

“电动力学”是现代物理学和现代科学技术的基础理论之一，也是医疗、国防和科学研究等生产生活领域中电子信息系统、电子仪器、电子设备研发和运用的基本科学理论.

本书是以物理实验规律为基础，结合数学的发展以及经过理论抽象形成的宏观电磁场系统理论体系，能满足高等学校本科教育中物理学科类传统专业和其他学科类电子科学与信息专业必修或必选的基础课——“电动力学”的教学、自学和普及学习. 其主要内容包括电磁场与电磁波的基本物理性质、与物质的相互作用、传播特性和辐射的原理及其应用问题等.

本书可作为高等学校应用物理学、电子信息类专业的教材，也适合电子信息领域工程师参考阅读.

图书在版编目（CIP）数据

电动力学/刘成国编著. —北京：科学出版社，2022.2
（物理学基础及应用丛书）
ISBN 978-7-03-071185-4

Ⅰ.①电… Ⅱ.①刘… Ⅲ.①电动力学-高等学校-教材 Ⅳ.①O442

中国版本图书馆 CIP 数据核字（2021）第 269858 号

责任编辑：王 晶/责任校对：高 嵘
责任印制：吴兆东/封面设计：无极书装

科学出版社出版
北京东黄城根北街 16 号
邮政编码：100717
http://www.sciencep.com
北京凌奇印刷有限责任公司印刷
科学出版社发行 各地新华书店经销
*
开本：787×1092 1/16
2022 年 2 月第 一 版 印张：15 1/4
2024 年 4 月第四次印刷 字数：385 000
定价：59.00 元
（如有印装质量问题，我社负责调换）

前　　言

对“电动力学”基本物理规律、理论和应用方法等方面有足够的了解、理解以及掌握，既有利于个人工作或事业的长远发展、现代社会的进步，也有利于电动力学本身、高新技术和科学的进一步发展.现代社会的发展，对人们的科学素养要求越来越高，因此人们也越来越需要具备电动力学方面的知识.

编者以本科电子信息科学与技术专业电磁场类专业课和物理类研究生电磁场类课程的十五年教学打磨、电子信息系统方面科学研究和技术研发三十年的理解为基础，从满足本科教学要求出发，兼顾研究生和工程实践中创新人才对知识延伸的需求，组织有利于课堂教学、助力科研应用和便于电动力学自学、知识普及的内容和材料.章节结构组织和具体内容选定主要阐明电动力学基本科学原理及其应用.本书的基础部分中，第 1 章针对电动力学学习与研究对象——电磁场与电磁波是矢量场的特殊性，简单介绍矢量场分析的基本知识.第 2 章从电与磁的基本实验规律和形成的科学概念回顾开始，详细阐述静态电场与磁场基于实验研究总结的普遍规律及其一般求解原理和方法.在电磁场原理部分，遵循历史脉络，详细给出静态场基本原理和公式的推导过程和结果，并利用这些方程和原理求解静态场的基本方法的物理原理和数学过程，构成第 3～5 章的内容.以时变电磁场的电场与磁场之间相互关系的实验规律开始，分析麦克斯韦方程的内容、意义以及电磁场电磁波的一般物理规律和基本求解原理，构成第 6 章关于宏观电磁场的一般原理的内容.在工程应用理论部分，以客观自然电磁波传播现象和常见的电子电信电路设计需求作为线索，讨论平面电磁波、界面传播问题、导波理论和电磁辐射的基本理论，构成第 7～10 章的内容.

鉴于篇幅、大学教学与自学的要求，本书只介绍必需的易于理解的数学工具和推导运算过程.为了使读者对电动力学基本原理及其应用方面能达到了解、理解以及掌握等不同层次的要求，教学者和学习者应根据自身的情况自行取舍内容.根据电子科学与技术和光信息技术科学与技术专业的教学实践，本书可作为 40～54 学时专业教学和人才培养需求的选用教材，其中部分章节中标有*号的内容可根据学时限制和教学要求侧重选取.

本书内容根据大学教育培养学生形成自学能力的要求和相关专业大学生的学习基础，通常需要读者以物理概念、原理和规律的深入理解为基本前提，辅以读者自身不同程度的高等数学、数理方法和特殊函数等数学知识，以获得对基本电动力学理论不同程度的掌握和认识.

为了达到本科教学的目的，更好体会电动力学抽象原理的数学公式，加深其中物理内涵的理解，掌握其中的数学技巧，提高其灵活应用的能力，建议补充有关数学知识，独立重复代表性物理原理的数学推导过程，并完成课后部分作业题目.为了更形象地理解和掌握电磁场与电磁波概念、现象，促进应用的想象，建议学生和读者参照课堂、书中实例，拓展题目和习题等的绘图结果或要求，使用计算方法和技术，利用计算机编程语言或平台编程计算，复现书中典型图形、曲线等结果，助力理解规律和方程描述的物理图景.

本书得到武汉理工大学“十三五”规划教材出版基金资助，特别致以谢意.同时，也特别感谢武汉理工大学刘子龙、廖恺和范希智三位老师对本书提供的帮助.在本书写作过程中，选课学生和编者指导的本科生、研究生在理论分析、例题过程等方面提出改进意见，还参与插图的绘制工作，在此也表示感谢.本书的出版得到科学出版社的支持，编辑的辛勤工作保证本书的质量，也特别表示感谢.

由于编者的学识水平有限，书中难免存在不足之处，恳请读者批评指正.

编 者

2021 年 6 月 28 日于武汉

目　　录

第0章 绪　　论

0.1 历史回顾

“电动力学”研究的客观物质对象是电磁场，内容包括自身的特性与物质的相互作用、在物质中的传播行为和产生等方面. 基于人类对生存环境的适应、观察和利用的奋斗历史，这门课程有关知识的研究可追溯到古人定性观察电现象、磁现象的认识. 我国古人对磁石的认识、古希腊学者对静电现象的研究等，都是“电动力学”的原始积累. 基于这些积累，西方科学家分别对电现象、磁现象进行了深入研究、总结和应用探索. 著名的有：1600 年吉尔伯特提出的磁场南极和北极的概念以及开展的摩擦起电研究；1663 年盖利克发明的德国第一台摩擦起电机；1731 年英国人格雷对导体和绝缘体的区分；1745 年莱顿瓶的发明；1747 年富兰克林发现正负电荷、电荷守恒定律和对天电、地电的统一；1778 年布鲁格曼斯发现的抗磁性等；1785 年库仑在前人的成果之上对电荷间的相互作用规律进行研究，总结出众所周知的库仑定律，开始了电学量化研究阶段，并进入科学的行列；意大利伽伐尼和伏打研究“生物电”现象，得到“生物电”的实质就是“金属电”的认识；伏打还研究形成了电化学，于 1800 年第一个形成了稳定电流的概念并制成伏打电堆.

电磁现象的这些早期研究进展十分缓慢，而且电与磁的联系也没有得到认识. 随后 1819 年奥斯特发现电流磁效应，1820 年安培发表了安培定律，1831 年法拉第发现了电磁感应，这些研究结果打破了电与磁之间互不关联的观念，引起科学家更深入地研究电与磁之间的关系. 1864 年麦克斯韦通过潜心研究，提出位移电流假说，构建麦克斯韦方程组(麦克斯韦方程)，阐明了宏观电场和磁场之间的关系及其遵循的普遍物理规律，反映了电场与磁场共存的实质与电磁波的存在形式. 1888 年赫兹试验证明了电磁波存在，科学界逐渐认同麦克斯韦方程的正确性，并不断自主地基于这一理论体系开展电磁波技术研究，用于人类的社会生产、生活与科学探索. 特别是 1895 年马可尼利用电磁波进行无线电通信的开拓，实现了跨越大西洋的无线电通信，使得以电动力学原理为基础的现代通信技术深刻地影响着现代社会的生活和科学发展.

仔细研究“电动力学”发展历史的科学探索和争论，还可以发现对电磁场根源的探索与物质结构微观层次的深入研究不可分割，现代原子结构理论、固体理论、量子力学的有关原理以及涉及的生物、化学、材料和空间科学等都可找到深入理解电磁场问题的方面，构成电动力学和现代物理学研究的前沿. 而现代工程技术领域等广泛应用电子信息系统，既有电动力学宏观理论在电子电路、机械和自动化等领域的应用，也有电动力学涉及的物理前沿探索新突破的应用，体现出电动力学及其交叉学科与工程技术领域的深层科学问题对电动力学发展的推动作用. 可以想象，在现代科学和社会应用发展的推动下，电动力学也将不断增添新的内容并更多地影响人类的自身发展.

0.2 应用简介

电动力学原理的应用已涉及人类生活的各个层面：个人和家庭的消费电子产品，工业科学和医疗，国家和团体组织的管理与军事安全等领域.应用的电子信息系统中，基于电动力学原理工作的系统和关键部件数不胜数.

现代各种电子信息系统的规划、设计与研发中，希望它们能够稳定地在任何天气、任何时间和任何地方的情况下正常工作. 其中：电子器件的合理设计或选择，背后是电子器件中电磁场和器件微观结构的作用规律；广布系统单元之间无线信道或导行系统中电磁信号的合理规划，需要电磁波的传播和导行原理支持，而单元之间的信号传递则还需要电磁信号的辐射与接收原理；遥感式、接触式的传感器则往往需要电磁场电磁波与物体、物质或微观粒子的作用理论来支撑. 这些原理涉及电磁场和宏观物体作用、电子器件微观结构作用的宏观微观规律，也涉及电路和系统设计研发需要的传播与导行的宏观规律.

现代通信广播系统（如移动通信、广播和电视）、控制导航与监测系统（如各种定位系统、遥控测量系统、雷达系统以及遥感成像系统等）背后的科学原理中，电磁波在空间的传播、与物体的作用和发收等方面的原理居于首位. 涉及平面波传播原理、界面上的反射与透射原理、边缘的绕射与衍射原理、多径干涉原理、物体的散射原理和电磁场的辐射原理等.

随着人们对电动力学原理的深入认识，各种复杂电子信息系统得到广泛使用，导致电磁环境问题日益突出. 电磁环境是指定空间中各种电磁场的总和，有自然电磁环境和人为电磁环境两部分. 自然电磁环境提供了认识自然界的信息. 而大量出现的人工电子系统会严重改变自然电磁环境，在给予人类生活使用产品的同时，可能导致电磁兼容和电磁污染. 前者对应于各种电子系统共处同一空间中都能正常工作的电磁环境，要求每个系统传导、感应、辐射的电磁能量能使自身正常工作，对其他系统的电磁干扰也能满足被干扰系统的正常工作要求. 后者对应于生态环境产生不利影响的电磁环境. 严重的电磁污染可造成危及生态的后果，例如动植物的异常生长、死亡等. 在这一方面，生活中存在大量争论不休的事件，有待科学研究给出满意解释和控制办法. 伴随这样的研究，新的学科和研究领域也不断产生，其中，生物电磁学就是一个典型的例子.

习 题 0

拓展题

0.1 针对感兴趣的电子产品、自然现象或者学习过的课程，举出曾经疑惑过的电磁问题，阐述本书中能够给予解释的期待，在本书中查找能够用于解释的原理或内容，并展开讨论.

0.2 针对 0.1 节中的历史，选择其中的事件，阐述其具体情况.

0.3 本书要求的数学基础和物理基础你具备了哪些，哪些还需要准备一下？

第1章 矢量分析

1.1 常用坐标系

至今人们已经十分熟悉坐标系了. 在多数物理问题中经常用到直角坐标系，但是物理问题往往十分复杂，直角坐标系并不是许多问题处理的最理想选择，我们可以根据具体问题的内在约束条件或对称性选用其他坐标系，以便使问题更容易得到解决. 通常取相互正交的曲面作为坐标面，并取它们相交的相互正交曲线构成坐标轴，构成所谓的正交曲线坐标系. 坐标系的建立有一整套关于坐标系的理论描述，由于不属于本书研究的领域，这里仅简要阐述电磁场研究和应用中常用的三种坐标系及其在微积分中的微分元表达式.

1.1.1 直角坐标系

直角坐标系也称笛卡儿坐标系. 其坐标面由相互垂直的三个平面构成，由三个平面相交的三条直线构成坐标轴，常称为 x、y、z 轴，它们的交点称为坐标原点 O. 如图 1.1 所示.

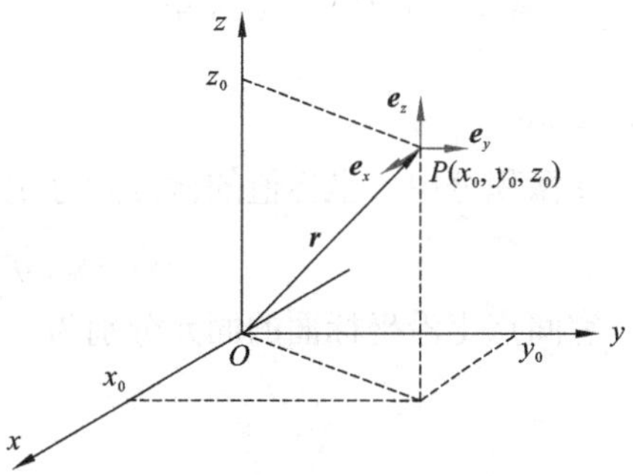

图 1.1 直角坐标系及其要素

图中绘出了坐标原点 O 和三个坐标轴 x、y、z 及其方向. 坐标轴的选取满足右手螺旋规则，这也是常用的右手坐标系. 其坐标平面分别为 $xOy(z=0)$、$yOz(x=0)$和 $zOx(y=0)$平面. 图中绘出空间中任一点 $P(x_0, y_0, z_0)$，其中，括号内是 P 点对应的坐标值，可见它们是坐标原点到 P 点线段在对应坐标轴上的投影，相对坐标原点的方向隐含在它们的正负符号中. 这样空间任意一点和一组(x, y, z)构成了一一对应关系，也就是说空间一点由一组这样的坐标值唯一确定，而且在整个无穷空间中坐标值的取值范围都是$(-\infty, +\infty)$.

在微积分中，坐标值的微分元分别为 dx、dy、dz. 而曲线 l 的线元为

$$\mathrm{d}l=\sqrt{(\mathrm{d}x)^2+(\mathrm{d}y)^2+(\mathrm{d}z)^2} \tag{1.1}$$

其中 r 是 P 点到坐标原点的距离. 而 P 点处平行于三个坐标平面上的面元分别为

$$\mathrm{d}S_{xOy}\Big|_{z=z_0}=\mathrm{d}x\mathrm{d}y \tag{1.2}$$

$$\mathrm{d}S_{yOz}\Big|_{x=x_0}=\mathrm{d}y\mathrm{d}z \tag{1.3}$$

$$\mathrm{d}S_{zOx}\Big|_{y=y_0}=\mathrm{d}z\mathrm{d}x \tag{1.4}$$

该点处的体元可表示为

$$\mathrm{d}V=\mathrm{d}x\mathrm{d}y\mathrm{d}z \tag{1.5}$$

1.1.2 圆柱坐标系

构成圆柱坐标系的三种正交空间曲面是：

（1）具有以 z 轴为共同轴的圆柱面，用该面的半径表示，半径 $\rho=\sqrt{x^2+y^2}$ 为常量的圆柱面；

（2）以 z 轴为边界的半平面. 用 xOz 平面在 x 轴正向的夹角 ϕ 表示，该夹角由 x 轴正向向 y 轴正向旋转，转到该半平面得到这个夹角，即 $\phi=\arctan\left(\dfrac{y}{x}\right)$；

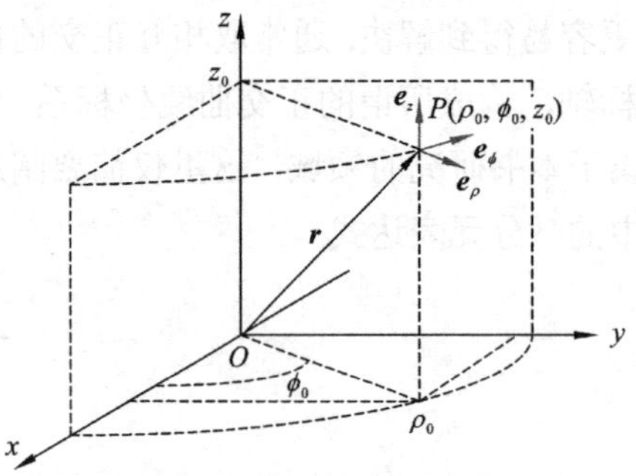

图 1.2 圆柱坐标系的构成

（3）和笛卡儿坐标系一样的 $z=$ 常数的平面，如图 1.2 所示.

由图 1.2 可知，用这三个面也可以唯一确定空间中的一点 P，相应的坐标为 (ρ_0,ϕ_0,z_0)，这就是空间点的圆柱坐标. 若以 P 点和原点构成的线段观察这三个坐标，发现它们依次对应于该线段在 xOy 面投影长度、这个投影与 z 轴构成半平面和 x 轴正向的夹角、该线段在 z 轴上的投影坐标. 它们在无穷空间中的取值范围分别为 $[0, +\infty)$、$[0, 2\pi)$ 和 $(-\infty, +\infty)$.

在微积分中，坐标值的微分元分别为 $\mathrm{d}\rho$、$\mathrm{d}\phi$、$\mathrm{d}z$. 而曲线 l 的线元为

$$\mathrm{d}l=\sqrt{(\mathrm{d}\rho)^2+(\rho\,\mathrm{d}\phi)^2+(\mathrm{d}z)^2} \tag{1.6}$$

空间点上沿坐标面的面元分别为

$$\mathrm{d}S_{z_0}=\rho\,\mathrm{d}\phi\,\mathrm{d}\rho \tag{1.7}$$

$$\mathrm{d}S_{\rho_0}=\rho\,\mathrm{d}\phi\,\mathrm{d}z \tag{1.8}$$

$$\mathrm{d}S_{\phi_0}=\mathrm{d}\rho\,\mathrm{d}z \tag{1.9}$$

该点处的体元可表示为

$$\mathrm{d}V=\rho\,\mathrm{d}\rho\,\mathrm{d}\phi\,\mathrm{d}z \tag{1.10}$$

1.1.3 球坐标系

构成球坐标系的三个正交曲面族是：

（1）以原点为中心的同心球面，给定面用其半径 $r=\sqrt{x^2+y^2+z^2}$ 表示；

（2）以 z 轴为中心轴，以原点为顶点的圆锥面，每个面用 z 轴正半轴的圆锥母线的夹角 $\theta=\arccos\dfrac{z}{\sqrt{x^2+y^2+z^2}}$ 表示，z 是坐标原点到圆锥面一点的母线在 z 轴上投影的坐标值；

（3）通过 z 轴的半平面，情况和圆柱坐标中坐标面（2）一样，数学表达式为 $\phi=\arctan\left(\dfrac{y}{x}\right)$. 该坐标系如图 1.3 所示.

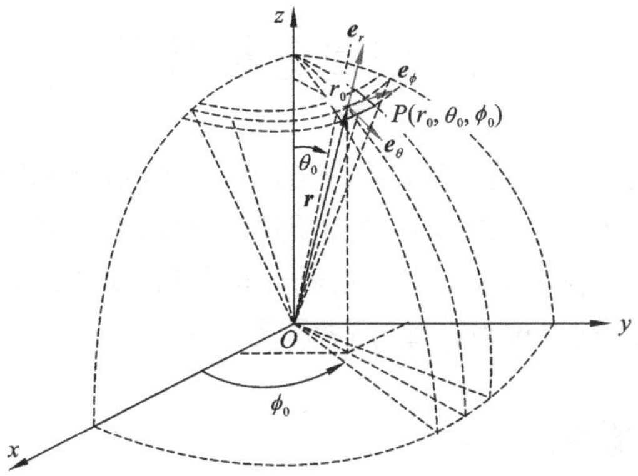

图 1.3　球坐标系示意图

与前两种坐标系一样，用这三个坐标面也可以唯一确定空间中的一点 P，相应的坐标为 (r_0,θ_0,ϕ_0)，这就是空间点的球坐标. 若以 P 点和原点构成的线段观察这三个坐标，发现它们依次对应于该线段本身、该线段与 z 轴正向的夹角 θ、x 轴正向与该线段在 xOy 面投影和 z 轴成右手关系的夹角 ϕ. 它们在无穷空间中的取值范围依次是 $[0, +\infty)$、$[0, \pi]$ 和 $[0, 2\pi)$.

在微积分中，坐标值的微分元分别为 $\mathrm{d}r$、$\mathrm{d}\theta$、$\mathrm{d}\phi$. 而曲线 l 的线元为

$$\mathrm{d}l = \sqrt{(\mathrm{d}r)^2 + (r\,\mathrm{d}\theta)^2 + (r\sin\theta\mathrm{d}\phi)^2} \tag{1.11}$$

空间点处沿坐标面的面元分别为

$$\mathrm{d}S_\theta = r\sin\theta\mathrm{d}\phi\mathrm{d}r \tag{1.12}$$

$$\mathrm{d}S_r = r^2\sin\theta\mathrm{d}\theta\mathrm{d}\phi \tag{1.13}$$

$$\mathrm{d}S_\phi = r\mathrm{d}\theta\mathrm{d}r \tag{1.14}$$

该点处的体元可表示为

$$\mathrm{d}V = r^2\sin\theta\mathrm{d}r\mathrm{d}\theta\mathrm{d}\phi \tag{1.15}$$

1.1.4　不同坐标系之间的相互关系和变换

根据上述讨论，可以给出直角坐标系和圆柱坐标系、球坐标系之间关系的数学表达式. 以同一点为它们的原点，取共同的 z 轴、x 轴和 xOy 面，根据投影关系可以得到圆柱坐标变换为直角坐标的关系为

$$\begin{cases} x = \rho\cos\phi \\ y = \rho\sin\phi \\ z = z \end{cases} \tag{1.16}$$

而球面坐标系与直角坐标系间坐标存在变换关系为

$$\begin{cases} x = r\sin\theta\cos\phi \\ y = r\sin\theta\sin\phi \\ z = r\cos\theta \end{cases} \tag{1.17}$$

从这些关系式中还可以对应得到圆柱坐标系与球面坐标系之间的坐标变换关系，以及它们用直角坐标表示出来的表达式. 在这样的应用问题中，确定坐标系原点之间的关系，就可以通过坐标平移、旋转和不同坐标系的选择，进行空间点坐标的变换，统一描述空间位置.

1.2 矢量分析基础

物理量可以分为两类：一类是只有大小的量，对于要阐述的参量来说，只要给定其量值大小就可以确定其描述的物理量或现象，比如质量、温度、时间等；另一类是不仅需要知道大小，还需要确定其方向才能用其描述完整的物理量和物理现象，比如位移、速度、加速度、作用力、动量、角动量等. 前者称为标量. 后者称为矢量.

1.2.1 矢量的基本概念

（1）矢量的基本定义. 既有大小也有方向的量称为矢量. 若矢量的大小为 1，则该矢量称为单位矢（量）. 显然坐标是矢量，其正负表示和坐标的正向相同或相反，单位矢指向空间点处坐标的正向.

（2）矢量的表示方式. 可以有多种表示方式.

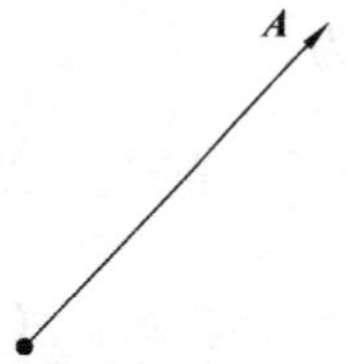

图 1.4 矢量的图形表示

图示法：用具有长度与大小成正比的一根箭头线表示. 线段起点到箭头（终点）的指向是矢量的方向，线段的长度表示矢量大小. 如图 1.4 所示.

符号表示：这种方法用指定格式的符号表示矢量. 印刷体通常用黑斜体表示，如 $\boldsymbol{A}$. 手写体则往往用字符上面加箭号表示，如 $\vec{A}$. 单位矢量用相应的小写黑体字母（印刷体，如 $\boldsymbol{a}$）或加箭帽的小写字母表示（手写体，如 $\hat{a}$）.

数学表示：用矢量的大小和方向相乘表示出来，大小用绝对值符号或数字表示（模），方向用单位矢表示. 如

$$\boldsymbol{A}=|\boldsymbol{A}|\boldsymbol{a} \tag{1.18}$$

显然坐标系的每个坐标也可以用矢量表示，即坐标值乘以表示坐标轴方向的单位矢量（如直角坐标系下 x 轴的单位矢量 $\boldsymbol{e}_x$ 等）.

（3）矢量的相等. 大小相等、方向相同的矢量相等.

1.2.2 矢量运算

1. 加减法

加减运算符合平行四边形法则. 两矢量头尾连接后，从第一矢量的起始位置指向第二矢量末尾的矢量就是两者之和. 如图 1.5 所示.

图中矢量 $\boldsymbol{A}$ 和 $\boldsymbol{B}$ 的矢量和为矢量 $\boldsymbol{C}$，即

$$\boldsymbol{C}=\boldsymbol{A}+\boldsymbol{B} \tag{1.19}$$

而矢量 $\boldsymbol{D}$ 是矢量 $\boldsymbol{B}$ 减去 $\boldsymbol{A}$ 的差，即

$$\boldsymbol{D}=\boldsymbol{B}-\boldsymbol{A} \tag{1.20}$$

这表明两个矢量的差为两者起始端放在一起，由减数矢量的末端指向被减数矢量末端构成的矢量.

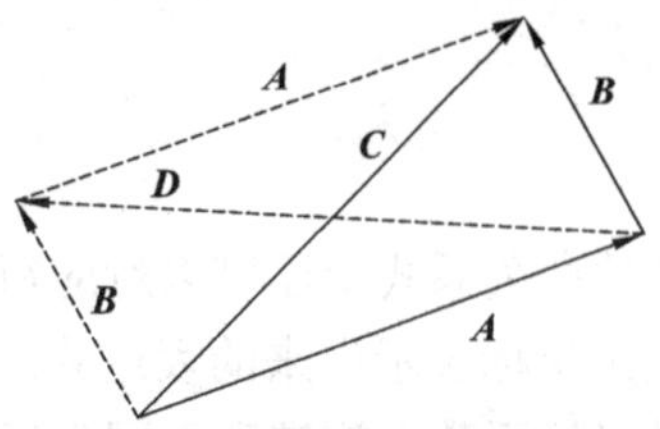

图 1.5 矢量的和、差

由此可知，一个矢量可以表示为它所在坐标系中各坐标轴上的向投影之和. 如在直角坐标系中有

$$\boldsymbol{A}=A_x\boldsymbol{e}_x+A_y\boldsymbol{e}_y+A_z\boldsymbol{e}_z$$

式中：A_x、A_y、A_z 是矢量 $\boldsymbol{A}$ 在坐标轴 x、y、z 上的投影；$\boldsymbol{e}_x$、$\boldsymbol{e}_y$、$\boldsymbol{e}_z$ 是三个坐标轴的单位矢量.

2. 乘法——标量积、矢量积和并矢运算

（1）标量积（简称点积），也称内积. 如图 1.6 所示，矢量 $\boldsymbol{A}$ 和 $\boldsymbol{B}$ 的夹角为 θ，则两者的标量积有如下定义

$$\boldsymbol{A}\cdot\boldsymbol{B}=|\boldsymbol{A}||\boldsymbol{B}|\cos\theta \tag{1.21}$$

显然两个矢量的标量积是其中一个矢量的大小与另一个矢量在其上投影的乘积.

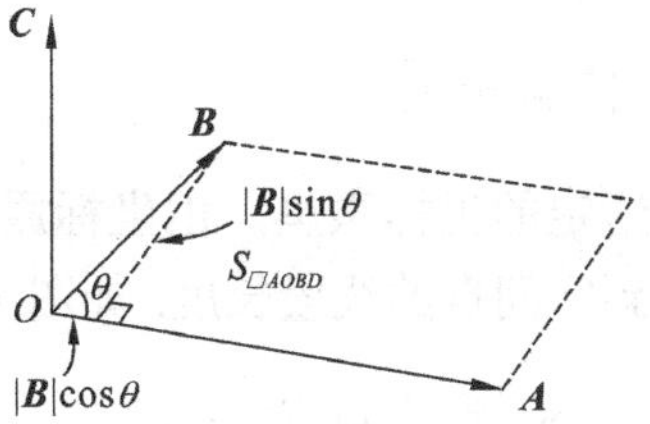

图 1.6　矢量 $\boldsymbol{A}$ 和 $\boldsymbol{B}$ 的相乘：标量积和矢量积

（2）矢量积（也称叉积、外积）. 两个矢量的矢量积表示为 $\boldsymbol{C}=\boldsymbol{A}\times\boldsymbol{B}$，其大小为

$$C=|\boldsymbol{C}|=|\boldsymbol{A}||\boldsymbol{B}|\sin\theta \tag{1.22}$$

方向是由 $\boldsymbol{A}$ 的方向到 $\boldsymbol{B}$ 的方向按右手规则确定的方向. 其物理意义是矢量积的大小为以两矢量为相邻两边围成的平行四边形的面积，图 1.6 中阴影部分为平行四边形.

由两者的定义可以看出：矢量的标量积、矢量积和标量乘法不同，它们的结果分别为标量和矢量，数学表达式中的运算符分别是用“·”和“×”表示出来. 若两个矢量方向平行，则两者的矢量积的绝对值最大，为两者大小的乘积，和被乘数指向同向（夹角为 0）为正值，反向（夹角为 π）为负值，而两者矢量积的大小为零；若两个矢量垂直，则两者的标量积为零，矢量积的模取得最大值；且由被乘数指向乘数的夹角为 $\frac{\pi}{2}$ 时取正值，夹角为 $-\frac{\pi}{2}$ 时取负值，这说明，若两个矢量顺序相反时，两者矢量积的符号相反.

（3）并矢. 矢量和矢量直接相乘称为并矢（dyad）. 本书用字母上面加一个箭号表示，也用两个相乘的矢量直接并列在一起表示：$\vec{\boldsymbol{D}}=\boldsymbol{AB}=\boldsymbol{A}*\boldsymbol{B}$. 数学上可以用一个二阶张量或三阶矩阵的表达式给出.

并矢的求和运算称为 dyadics，得到的结果不都是并矢.

零并矢是并矢和零矢量直接相乘的结果. 并矢也有单位并矢，它是和任意一个矢量点乘仍得到该矢量的并矢，用 $\vec{\boldsymbol{I}}$ 表示. 并矢的基本运算规则有

$$\boldsymbol{AB}\neq\boldsymbol{BA}$$

$$\boldsymbol{A}(\boldsymbol{B}+\boldsymbol{C})=\boldsymbol{AB}+\boldsymbol{AC}$$

$$(\boldsymbol{A}+\boldsymbol{B})(\boldsymbol{C}+\boldsymbol{D})=\boldsymbol{AC}+\boldsymbol{AD}+\boldsymbol{BC}+\boldsymbol{BD}$$

$$\boldsymbol{W}\cdot(\boldsymbol{AB}+\boldsymbol{CD})=(\boldsymbol{W}\cdot\boldsymbol{A})\boldsymbol{B}+(\boldsymbol{W}\cdot\boldsymbol{C})\boldsymbol{D}$$

$$(\boldsymbol{AB}+\boldsymbol{CD})\cdot\boldsymbol{W}=\boldsymbol{A}(\boldsymbol{B}\cdot\boldsymbol{W})+\boldsymbol{C}(\boldsymbol{D}\cdot\boldsymbol{W})$$

$$\boldsymbol{W}\times(\boldsymbol{AB}+\boldsymbol{CD})=(\boldsymbol{W}\times\boldsymbol{A})\boldsymbol{B}+(\boldsymbol{W}\times\boldsymbol{C})\boldsymbol{D}$$

$$(\boldsymbol{AB}+\boldsymbol{CD})\times\boldsymbol{W}=\boldsymbol{A}(\boldsymbol{B}\times\boldsymbol{W})+\boldsymbol{C}(\boldsymbol{D}\times\boldsymbol{W})$$

$$a\boldsymbol{A}\cdot b\boldsymbol{B}=ab\boldsymbol{AB}$$

$$\vec{\boldsymbol{D}}\cdot\boldsymbol{0}=\boldsymbol{0}$$

$$\vec{\boldsymbol{I}}\cdot\boldsymbol{A}=\boldsymbol{A}$$

3. 基本混合运算法则

传统数学运算中的混合运算法则需要根据矢量基本运算的特殊性作变化，遇到具有矢量积运算的部分，必须考虑相乘的顺序仔细运算，使用交换律和结合律必须确保矢量积和并矢运算顺序的一致性，并且遇到并矢的运算需要按照并矢相关的运算规则进行运算.

1.2.3 位置矢量和坐标系的单位矢量

1. 位置矢量

在给定的坐标系里，由坐标原点指向指定空间点的矢量，称为该点的位置矢量. 其大小为原点到空间点的线段长度. 如图 1.1～图 1.3 中绘制出 P 点的位置矢量 $\boldsymbol{r}$.

2. 坐标系的单位矢量

坐标轴正向的单位长度矢量称为坐标系的单位矢量（简称单位矢）. 不同坐标系的单位矢不同，例如直角坐标系三个坐标轴的单位矢分别表示 $\boldsymbol{e}_x$、$\boldsymbol{e}_y$ 和 $\boldsymbol{e}_z$（也可用 $\boldsymbol{i}$、$\boldsymbol{j}$ 和 $\boldsymbol{k}$ 的表示方法，本书使用前者），图 1.1 绘出直角坐标系中 P 点的三个单位矢并作了标注. 圆柱坐标和球坐标也有自己的表示方法，类似地，在图 1.2 和图 1.3 中作了图示.

正交坐标系的单位矢在空间任意一点上满足两两相互垂直的要求，所以空间点的同一坐标系的两个不同单位矢的标量积为 0，矢量积值为 1，方向沿第三个单位矢，指向按坐标系 $x \to y \to z$ 的右手关系确定. 而同一单位矢的情况相反，标量积为 1，矢量积为 0. 例如：$\boldsymbol{e}_x \cdot \boldsymbol{e}_x = 1$；$\boldsymbol{e}_x \cdot \boldsymbol{e}_y = 0$；$\boldsymbol{e}_x \times \boldsymbol{e}_x = 0$；$\boldsymbol{e}_x \times \boldsymbol{e}_y = \boldsymbol{e}_z$ 等. 注意，在同一直角坐标系中，空间任意点上述关系都成立，而其他坐标系中只在同一空间点成立.

3. 坐标系中的位置矢量表达式和不同坐标系单位矢的变换关系

位置矢量用不同坐标系单位矢的表示不同，利用图 1.1～图 1.3 中几何关系可以得到不同坐标系中位置矢量的表达式.

直角坐标系的单位矢为 $\boldsymbol{e}_x$、$\boldsymbol{e}_y$ 和 $\boldsymbol{e}_z$，其中的位置矢量为

$$\boldsymbol{r} = x\boldsymbol{e}_x + y\boldsymbol{e}_y + z\boldsymbol{e}_z \tag{1.23}$$

圆柱坐标系的单位矢为 $\boldsymbol{e}_\rho$、$\boldsymbol{e}_\phi$ 和 $\boldsymbol{e}_z$，其中的位置矢量为

$$\boldsymbol{r} = \rho\boldsymbol{e}_\rho + z\boldsymbol{e}_z \tag{1.24}$$

球面坐标系的单位矢为 $\boldsymbol{e}_r$、$\boldsymbol{e}_\theta$ 和 $\boldsymbol{e}_\phi$，其中的位置矢量为

$$\boldsymbol{r} = r\boldsymbol{e}_r \tag{1.25}$$

应该注意三种坐标系坐标轴单位矢量的区别. 直角坐标系给定后，其坐标轴的单位矢都是常矢量，和空间点的位置无关，而其他的坐标系则和位置有关.

利用几何关系，可以写出不同坐标系单位矢之间的关系式. 依据三种坐标系的空间关系，可以确定空间同一位置上一种坐标系单位矢量和另一坐标系的单位矢的几何关系，从而得到它们单位矢量之间关系.

圆柱坐标系与直角坐标系间单位矢量变换关系为

$$\begin{cases} \boldsymbol{e}_\rho = \boldsymbol{e}_x \cos\phi + \boldsymbol{e}_y \sin\phi \\ \boldsymbol{e}_\phi = -\boldsymbol{e}_x \sin\phi + \boldsymbol{e}_y \cos\phi \\ \boldsymbol{e}_z = \boldsymbol{e}_z \end{cases} \tag{1.26}$$

或用矩阵表示为

$$\begin{pmatrix} \boldsymbol{e}_\rho \\ \boldsymbol{e}_\phi \\ \boldsymbol{e}_z \end{pmatrix} = \begin{pmatrix} \cos\phi & \sin\phi & 0 \\ -\sin\phi & \cos\phi & 0 \\ 0 & 0 & 1 \end{pmatrix} \begin{pmatrix} \boldsymbol{e}_x \\ \boldsymbol{e}_y \\ \boldsymbol{e}_z \end{pmatrix} \tag{1.27}$$

球面坐标系与直角坐标系间单位矢量变换关系为

$$\begin{cases} \boldsymbol{e}_r = \boldsymbol{e}_x \sin\theta\cos\phi + \boldsymbol{e}_y \sin\theta\sin\phi + \boldsymbol{e}_z \cos\theta \\ \boldsymbol{e}_\theta = \boldsymbol{e}_x \cos\theta\cos\phi + \boldsymbol{e}_y \cos\theta\sin\phi - \boldsymbol{e}_z \sin\theta \\ \boldsymbol{e}_\phi = -\boldsymbol{e}_x \sin\phi + \boldsymbol{e}_y \cos\phi \end{cases} \tag{1.28}$$

相应矩阵转换形式为

$$\begin{pmatrix} \boldsymbol{e}_r \\ \boldsymbol{e}_\theta \\ \boldsymbol{e}_\phi \end{pmatrix} = \begin{pmatrix} \sin\theta\cos\phi & \sin\theta\sin\phi & \cos\theta \\ \cos\theta\cos\phi & \cos\theta\sin\phi & -\sin\theta \\ -\sin\phi & \cos\phi & 0 \end{pmatrix} \begin{pmatrix} \boldsymbol{e}_x \\ \boldsymbol{e}_y \\ \boldsymbol{e}_z \end{pmatrix} \tag{1.29}$$

1.2.4 坐标系中的矢量表示方法和应用

1. 具体坐标系中任意位置上矢量的表示方法

因为矢量可以用其在坐标轴上的投影之和表示，所以只要给定坐标系，就可用数学表达式直接写出. 直角坐标系中

$$\boldsymbol{A}(\boldsymbol{r}) = A_x(\boldsymbol{r})\boldsymbol{e}_x + A_y(\boldsymbol{r})\boldsymbol{e}_y + A_z(\boldsymbol{r})\boldsymbol{e}_z \tag{1.30}$$

圆柱坐标系中

$$\boldsymbol{A}(\boldsymbol{r}) = A_\rho(\boldsymbol{r})\boldsymbol{e}_\rho + A_\phi(\boldsymbol{r})\boldsymbol{e}_\phi + A_z(\boldsymbol{r})\boldsymbol{e}_z \tag{1.31}$$

球坐标系中

$$\boldsymbol{A}(\boldsymbol{r}) = A_r(\boldsymbol{r})\boldsymbol{e}_r + A_\theta(\boldsymbol{r})\boldsymbol{e}_\theta + A_\phi(\boldsymbol{r})\boldsymbol{e}_\phi \tag{1.32}$$

上述各式中坐标轴单位矢量前面的因子是矢量 $\boldsymbol{A}(\boldsymbol{r})$ 在对应坐标轴上的投影.

2. 坐标（分量）表示矢量的运算公式

一个矢量可以由坐标系的分量代表的矢量相加得到. 在一个直角坐标系中，坐标的单位矢量在空间各处都是相等的. 这样任意两点上的两个矢量在同一直角坐标系中的同一坐标分量的单位矢量都相等，两个矢量的加减运算通过同一坐标分量直接加减得到. 对于给定的矢量 $\boldsymbol{A} = A_x\boldsymbol{e}_x + A_y\boldsymbol{e}_y + A_z\boldsymbol{e}_z$ 和 $\boldsymbol{B} = B_x\boldsymbol{e}_x + B_y\boldsymbol{e}_y + B_z\boldsymbol{e}_z$，它们和差运算的表达式为

$$\boldsymbol{A} \pm \boldsymbol{B} = (A_x \pm B_x)\boldsymbol{e}_x + (A_y \pm B_y)\boldsymbol{e}_y + (A_z \pm B_z)\boldsymbol{e}_z \tag{1.33}$$

相乘时，因同一单位矢量的标量积等于 1，矢量积等于 0；不同单位矢量的标量积等于 0，而矢量积的大小等于 1. 这样可以用坐标分量求得任意矢量的模值、标量积和矢量积. 对于上述的两个矢量，它们的大小或模值是

$$|\boldsymbol{A}|=\sqrt{A_x^2+A_y^2+A_z^2},\quad |\boldsymbol{B}|=\sqrt{B_x^2+B_y^2+B_z^2} \tag{1.34}$$

它们的标量积为

$$\boldsymbol{A}\cdot\boldsymbol{B}=A_xB_x+A_yB_y+A_zB_z \tag{1.35}$$

矢量积为

$$\boldsymbol{A}\times\boldsymbol{B}=\begin{vmatrix}\boldsymbol{e}_x & \boldsymbol{e}_y & \boldsymbol{e}_z \\ A_x & A_y & A_z \\ B_x & B_y & B_z\end{vmatrix} \tag{1.36}$$

并矢为

$$\vec{\boldsymbol{D}}=\boldsymbol{AB}=\sum_{i,j}A_iB_j\boldsymbol{e}_i\boldsymbol{e}_j \tag{1.37}$$

式中，i，j 分别表示 x，y，z. 需要注意，上述关系都是在直角坐标系下. 可以看出并矢运算是直乘过程. 如果把坐标单位矢构成的固定并矢默认省略，其系数矩阵是 3×3 的矩阵，称为张量.

1.2.5 标量场与矢量场

1. 场的概念

场是一种抽象的物理概念，但它确实存在. 例如熟知的引力场、电场、磁场等. 那么，什么是场呢? 场是某一物理量的空间分布. 可以想象，因为物理量可以分为标量和矢量两大类，那么也相应地有矢量场和标量场之分，它们的定义如下.

（1）标量场：如果一个标量存在于某一空间区，那么称该区域存在一个该标量的标量场. 它的值随空间位置（坐标）的变化而变化，构成一个随空间位置变化的标量函数. 所以标量场可用函数符号 $\Phi(\boldsymbol{r})$ 表示. 注意，很多物理情况下标量场还随时间变化，是所谓的时变场.

（2）矢量场：如果一个矢量存在于空间某一区域，那么称该区域存在这个矢量的矢量场. 其大小和方向随空间坐标的变化而变化，构成一个随空间位置变化的一个矢量函数，直角坐标系中可以表示为 $\boldsymbol{F}(\boldsymbol{r})=F_x(\boldsymbol{r})\boldsymbol{e}_x+F_y(\boldsymbol{r})\boldsymbol{e}_y+F_z(\boldsymbol{r})\boldsymbol{e}_z$. 其他坐标系中也可类似写出. 同样矢量场也可能是随时间变化的时变场.

2. 场的图示方法

场作为某种物理量的空间分布，其分布特性还有其他表示方法. 其中，图示方法是一种直观、易于理解的方法，在实践中经常使用.

对于标量场，用等值面或等值线表示. 等值面是空间内标量值相等点集合形成的曲面，是三维图像（3D image）图；等值线是空间等值面和某一空间平面或曲面相交的曲线，是二维（two dimension，2D）图，常见的是等值面和平面相交的曲线. 图示中的曲面或曲线表示标量的大小，而密集度则反映其在空间的变化情况. 它们的数学表达式为

$$\begin{cases}\Phi(\boldsymbol{r})=\text{常数} \\ S(x,y,z=z_0)=\text{常数}\end{cases} \tag{1.38}$$

式中：第一个等式是等值面；第二个等式是在平面 $z=z_0$ 中的等值线. 在 x 或 y 为常数的平面中，也有类似的表达式.

它们可以按一定的规则绘制成人们熟知的应用等值线（面）图，例如地图的等高线、气象用的天气图中的等压线[图 1.7（a）]等. 现在计算机图形化技术的进展也使这种图示法有了新的发展，例如图 1.7（b）所示的左上部分是列车运动历经区域的电磁能量分布变化图，它用颜色代表电磁能相对减少 dB 值的变化，同时，图中也标出了计算条件等信息.

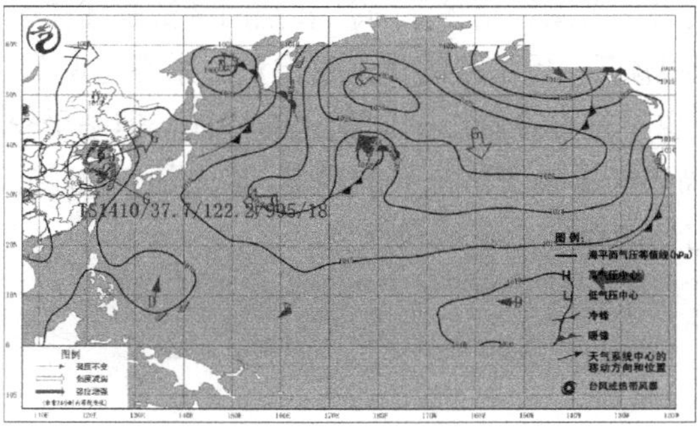

（a）等压线

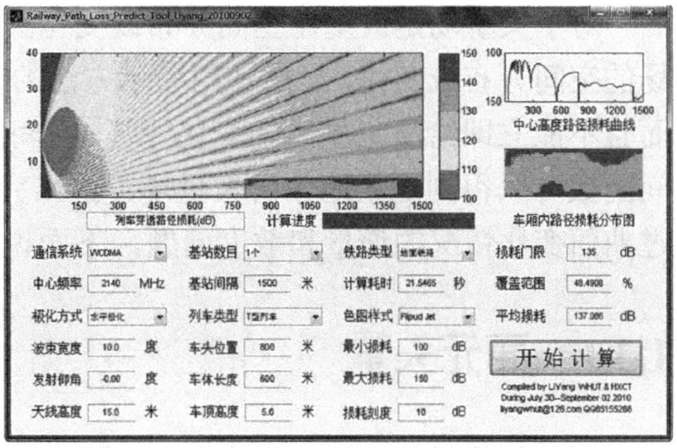

（b）电磁能量空间分布伪彩图

图 1.7　常见的标量场图示方法应用

矢量场用矢量线表示. 它是矢量空间分布的有向曲线集合，也称为力线、流线等. 矢量线的疏密表征矢量场的大小；每点的切向代表该处场矢量的方向. 与标量场一样，许多领域中都要用到力线图. 例如常见的点电荷电场的电力线等.

为了绘制这些力线图，需要得到矢量线的表达式. 为此，考察图 1.8 所示的某矢量场 $\boldsymbol{F}(\boldsymbol{r})$ 的力线示意图. 图中显示矢量场中沿一条力线上由位置 $\boldsymbol{r}$ 到位置 $\boldsymbol{r}+\mathrm{d}\boldsymbol{r}$ 的有向线元 $\mathrm{d}\boldsymbol{l}$ 和切线方向 $\boldsymbol{t}$ 等.

显然，因点 $\boldsymbol{r}$ 处力线的切线方向为矢量的方向，可知矢量 $\boldsymbol{F}(\boldsymbol{r})$ 沿力线的变化满足 $\mathrm{d}\boldsymbol{r}\times\boldsymbol{F}(\boldsymbol{r})=0$. 直角坐标系中，就可以得到力线方程为

$$\frac{\mathrm{d}x}{F_x(\boldsymbol{r})}=\frac{\mathrm{d}y}{F_y(\boldsymbol{r})}=\frac{\mathrm{d}z}{F_z(\boldsymbol{r})} \tag{1.39}$$

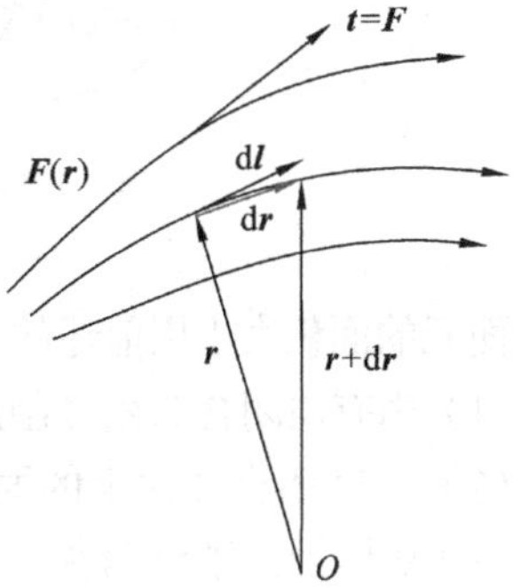

图 1.8　矢量场 $\boldsymbol{F}(\boldsymbol{r})$的矢量线

在物理场的实际应用中，物理问题的标量和矢量会在同一空间中共存，也有可能存在着某种联系. 它们可绘制在一张图中.

那么，如何绘制场图呢？根据力线图定义的要求，矢量图必须绘制出每一点矢量的方向、其密集度要表示出矢量的大小. 标量场图要表示出每条曲线或曲面的值，而其密度表示出标量值的变化.

3. 矢量与矢量场的不变性

场中的变量在给定的时刻，其大小和方向与坐标系无关，即对于坐标系变换而言，它们不影响场中分布的变量. 在三种坐标系中，一个矢量用数学表达式可表示为

$$\boldsymbol{F}(\boldsymbol{r})=\boldsymbol{F}(x,y,z)=\boldsymbol{F}(\rho,\phi,z)=\boldsymbol{F}(r,\theta,\phi) \tag{1.40}$$

每个坐标系中都可以使用它们对应的分量表示出来，即使同一种坐标系，旋转、平移的变换也

会不影响这个关系. 根据这个原理，可以得到一个矢量在不同坐标系中坐标分量的变换关系.

1.3 矢量场的通量和散度

对于矢量场是矢量在空间分布或变化的事实，1.2 节阐述用图示方法和空间函数描述矢量场的空间分布或变化，显然使用图示方法的过程很烦琐，更重要的是不仅定量关系不易说明，而且不能立即给出矢量场的变化特征. 空间函数也不能直接看出空间变化的特征，但基于空间函数可以得到定量地分析矢量场，给出完整描述矢量场变化特征的参量. 首先是矢量场穿过曲面变化情况的通量和散度问题，下面说明它们的概念、定理和特性.

1.3.1 面元矢量

面元矢量是具有固定取向的曲面面元，表示为 $\mathrm{d}\boldsymbol{S}=\boldsymbol{n}\mathrm{d}S$. 一个闭合曲线构成的曲面可以分割成无数个小的面元无缝构成. 图 1.9 分别是面元矢量和面元无缝构成空间曲面的图示.

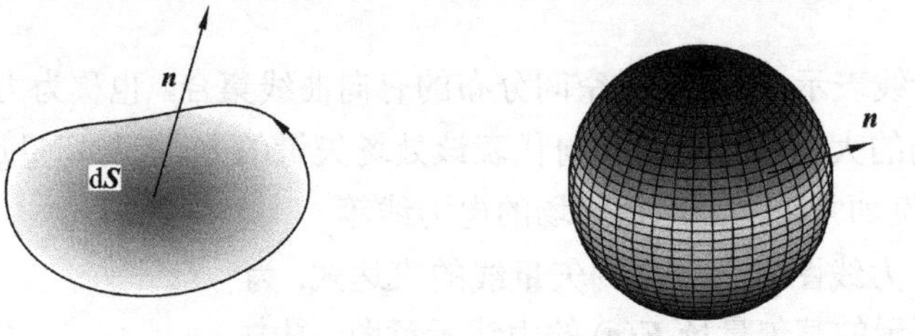

（a）曲面的面元矢量　　（b）封闭曲面的面元矢量

图 1.9　曲面的面元矢量

面元的面积大小用前述的坐标系面元表达式计算，面元的方向通常使用下面两种方法确定.

（1）由有向闭合曲线 C 围成的面元，用闭合曲线的方向和面元方向符合右手螺旋法则确定；

（2）空间闭合曲面上的面元，取指向闭合面的外法线方向.

图 1.9 标绘出了这两种情况下面元矢量方向的单位矢量 $\boldsymbol{n}$.

1.3.2 通量

若矢量场 $\boldsymbol{A}(\boldsymbol{r})$ 分布于空间中，在空间中存在任意曲面 S，对于图 1.10（a）中穿过 S 的力线，该矢量在这个曲面上的积分

$$\Phi=\int_S \boldsymbol{A}(\boldsymbol{r})\cdot\mathrm{d}\boldsymbol{S} \tag{1.41}$$

定义为矢量 $\boldsymbol{A}(\boldsymbol{r})$ 穿过 S 面的通量. 显然大于 0 时，总体上是沿曲面方向穿过的；反之是反向穿过的效果；若等于 0，则两个方向的穿过量相等.

若曲面为闭合曲面 S，如图 1.10（b），则闭合面的通量为

$$\Phi=\oint_S \boldsymbol{A}(\boldsymbol{r})\cdot\mathrm{d}\boldsymbol{S} \tag{1.42}$$

它是矢量 $\boldsymbol{A}(\boldsymbol{r})$ 穿入 S 面和穿出 S 面的矢量通量的代数和.

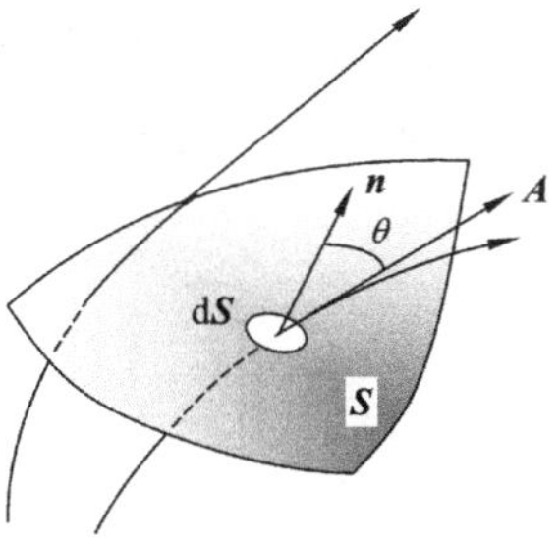

（a）非封闭曲面情形

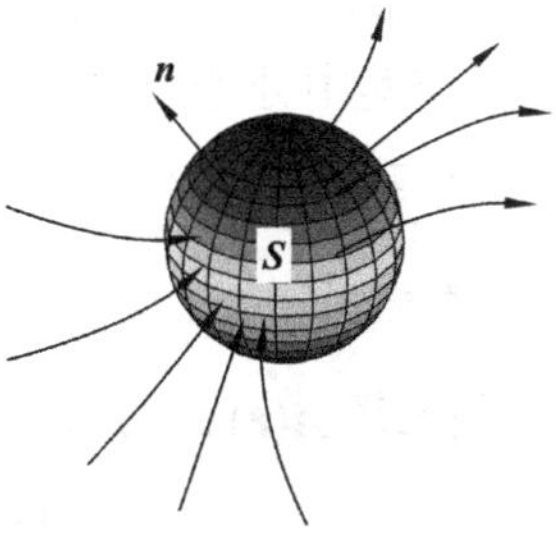

（b）闭合曲面情形

图 1.10　穿过 S 曲面的矢量

上面说明的矢量场通过曲面的情况就是通量的物理意义. 对于闭合曲面，归结为它能说明闭合面内场源的存在情况.

（1）若 $\Phi>0$ ，有净的矢量通量穿出该闭合面，说明闭合面内有产生矢量场（线）的正源；

（2）若 $\Phi<0$ ，有净的矢量通量穿入该闭合面，闭合面内有吸收矢量场（线）的负源（又称汇、沟）；

（3）若 $\Phi=0$ ，穿过闭合面的通量之和为零，内部的正源和负源相等或者无矢量场源.

1.3.3　散度

前面讨论的通量可以表明矢量在封闭面内场源存在情况，也可用于说明一个空间中矢量的产生或消失情况. 仔细分析上述闭合面通量的情况可知，它不能确定空间中具体的矢量源存在或分布情况，或者在什么位置产生在什么位置消失. 特别地，在等于零的情况下，该空间中是否存在矢量源也不能确定. 引入矢量场的散度可更好地说明这个问题.

1. 散度的定义和意义

在场空间 $\boldsymbol{A}(\boldsymbol{r})$ 中任意点 P 处作一个闭合曲面，所围的体积为 $\Delta\tau$ ，则定义场矢量 $\boldsymbol{A}(\boldsymbol{r})$ 在 P 点处的散度为

$$\operatorname{div}\boldsymbol{A}(\boldsymbol{r})=\lim_{\Delta\tau\to 0}\frac{\oint_S \boldsymbol{A}(\boldsymbol{r})\cdot \mathrm{d}\boldsymbol{S}}{\Delta\tau}=\nabla\cdot\boldsymbol{A} \tag{1.43}$$

式中右端是散度的算符表示. 根据这个定义式，可以看出散度表征的是空间中通量源的密度，代表了矢量场通量源的分布；另外，散度是一个标量，是空间坐标的函数，所以也构成一个标量场. 并且如图 1.11 所示，用散度（源）分布的不同情况区分矢量场.

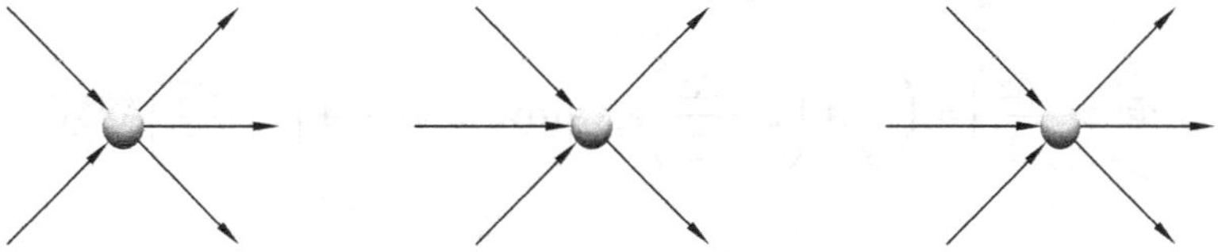

（a）$\nabla\cdot\boldsymbol{A}>0$，正源　　（b）$\nabla\cdot\boldsymbol{A}<0$，负源　　（c）$\nabla\cdot\boldsymbol{A}=0$，无源

图 1.11　散度的三种情形

若 $\operatorname{div}\boldsymbol{A}(\boldsymbol{r})=\rho\neq 0$ ，说明该位置存在场源，则该矢量场称为有源场，ρ为源密度. 其中正值说明存在矢量场源，图 1.11（a）中所处点产生这个场矢量；负值说明该点存在场的负源，

是矢量场的汇，图 1.11（b）中场在该点消失；若 $\mathrm{div}\boldsymbol{A}(\boldsymbol{r})=0$，说明所在点不能产生矢量场，不存在矢量场源. 如果空间中处处成立，是无矢量源的情况，那么该矢量场称为无源场，图 1.11（c）中场穿过该点. 这就是矢量散度的物理意义.

2. 散度的数学表达式

直角坐标系中，矢量场 $\boldsymbol{A}(\boldsymbol{r})$ 的散度表示为

$$\mathrm{div}\boldsymbol{A}(\boldsymbol{r})=\frac{\partial A_x}{\partial x}+\frac{\partial A_y}{\partial y}+\frac{\partial A_z}{\partial z}=\nabla\cdot\boldsymbol{A}$$

式中：$\nabla\cdot$ 表示散度运算. ∇ 算符的表达式为

$$\nabla=\boldsymbol{e}_x\frac{\partial}{\partial x}+\boldsymbol{e}_y\frac{\partial}{\partial y}+\boldsymbol{e}_z\frac{\partial}{\partial z} \tag{1.44}$$

证明 在矢量场 $\boldsymbol{A}(\boldsymbol{r})$ 所在的空间中建立如图 1.12 所示的直角坐标系. 不失一般性，可以建立六面分别平行于坐标面的方形体元，其中心的坐标为 (x,y,z)，对应于坐标轴 x、y、z 的边长分别为 Δx、Δy 和 Δz，则可以求出 $\boldsymbol{A}(\boldsymbol{r})$ 穿过这个体元的通量. 为此将其六个面分为平行于三个坐表面的三组，分别求解它们的通量.

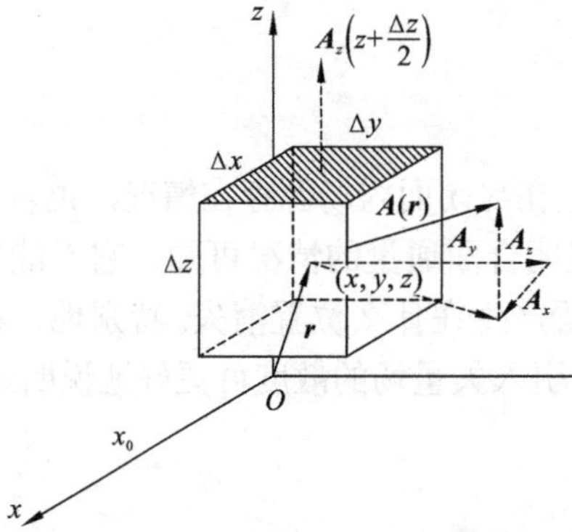

图 1.12 直角坐标中矢量散度的证明

先求平行于坐标面 xOy 的通量，它分为上下两个面元，上面一个是通过表面 $z+\dfrac{\Delta z}{2}$（图 1.12 中的阴影部分）的通量，为

$$\boldsymbol{\Phi}\left(z+\frac{\Delta z}{2}\right)=\int_{S_{z+\frac{\Delta z}{2}}}\boldsymbol{A}(\boldsymbol{r})\cdot\mathrm{d}\boldsymbol{S}=\int_{S_{z+\frac{\Delta z}{2}}}A_z\left(z+\frac{\Delta z}{2}\right)\boldsymbol{e}_z\cdot\mathrm{d}x\mathrm{d}y\boldsymbol{e}_z=A_z\left(z+\frac{\Delta z}{2}\right)\Delta x\Delta y$$

下面一个是表面 $z-\dfrac{\Delta z}{2}$，通过的通量为

$$\boldsymbol{\Phi}\left(z-\frac{\Delta z}{2}\right)=\int_{S_{z-\frac{\Delta z}{2}}}A_z\left(z-\frac{\Delta z}{2}\right)\boldsymbol{e}_z\cdot\mathrm{d}x\mathrm{d}y(-\boldsymbol{e}_z)=-A_z\left(z-\frac{\Delta z}{2}\right)\Delta x\Delta y$$

两者之和为

$$\left[A_z\left(z+\frac{\Delta z}{2}\right)-A_z\left(z-\frac{\Delta z}{2}\right)\right]\Delta x\Delta y=\Delta A_z(\boldsymbol{r})\Delta x\Delta y$$

式中：$\Delta A_z(\boldsymbol{r})$ 是两个面上的矢量场 z 分量的变化量. 类似地，还可以得到其他两组面的通量分别为 $\Delta A_y(\boldsymbol{r})\Delta z\Delta x$ 和 $\Delta A_x(\boldsymbol{r})\Delta y\Delta z$.

根据定义，散度是上述三个通量之和除以体元的体积 $\Delta x\Delta y\Delta z$ 的极限，对于这个三元自变量的情况，可得

$$\operatorname{div}\boldsymbol{A}(\boldsymbol{r})=\frac{\partial A_x}{\partial x}+\frac{\partial A_y}{\partial y}+\frac{\partial A_z}{\partial z}=\left(\boldsymbol{e}_x\frac{\partial}{\partial x}+\boldsymbol{e}_y\frac{\partial}{\partial y}+\boldsymbol{e}_z\frac{\partial}{\partial z}\right)\cdot(A_x\boldsymbol{e}_x+A_y\boldsymbol{e}_y+A_z\boldsymbol{e}_z)=\nabla\cdot\boldsymbol{A}(\boldsymbol{r})$$

第一个等式是定义直接得到的表达式，后面的等式分别是相应的矢量微分运算和散度运算符号的表示.

散度运算在圆柱坐标和球坐标表达式不同于直角坐标系的形式，分别为

$$\nabla\cdot=\left[\frac{1}{\rho}\frac{\partial}{\partial\rho}(\rho\boldsymbol{e}_\rho\cdot)+\frac{1}{\rho}\frac{\partial}{\partial\phi}(\boldsymbol{e}_\phi\cdot)+\frac{\partial}{\partial z}(\boldsymbol{e}_z\cdot)\right] \tag{1.45}$$

和

$$\nabla\cdot=\left[\frac{1}{r^2}\frac{\partial}{\partial r}(r^2\boldsymbol{e}_r\cdot)+\frac{1}{r\sin\theta}\frac{\partial}{\partial\theta}(\sin\theta\boldsymbol{e}_\theta\cdot)+\frac{1}{r\sin\theta}\frac{\partial}{\partial\phi}(\boldsymbol{e}_\phi\cdot)\right] \tag{1.46}$$

3. 散度定理

可以证明散度的体积分有下述恒等式:

$$\int_V\nabla\cdot\boldsymbol{A}(\boldsymbol{r})\mathrm{d}V=\oint_s\boldsymbol{A}(\boldsymbol{r})\cdot\mathrm{d}\boldsymbol{S} \tag{1.47}$$

上式称为散度定理（又称高斯定理），表明的是区域 V 中场 $\boldsymbol{A}(\boldsymbol{r})$ 的源与场 $\boldsymbol{A}(\boldsymbol{r})$ 在边界 S 上通量之间的关系. 在物理中的意义是区域 V 中 $\boldsymbol{A}(\boldsymbol{r})$ 的场源代数和等于它在边界 S 上通量；在数学中三重积分降低为二重积分.

证明 从散度定义，可以得到

$$\nabla\cdot\boldsymbol{A}(\boldsymbol{r})=\lim_{\Delta V\to 0}\frac{\oint_s\boldsymbol{A}(\boldsymbol{r})\cdot\mathrm{d}\boldsymbol{S}}{\Delta V}=\lim_{\Delta V\to\infty}\frac{\Delta\Phi}{\Delta V}=\frac{\mathrm{d}\Phi}{\mathrm{d}V}$$

即

$$\nabla\cdot\boldsymbol{A}(\boldsymbol{r})\mathrm{d}V=\mathrm{d}\Phi$$

两端积分得到定理的表达式.

1.4 矢量场的环流和旋度

散度描述矢量场产生和消失的源存在状况，但是场的方向变化特性没有描述出来，这可以用矢量场沿曲线积分的情况说明. 这就是矢量场的环流和旋度问题，下面分别说明它们的概念、定理和特性.

1.4.1 基本概念

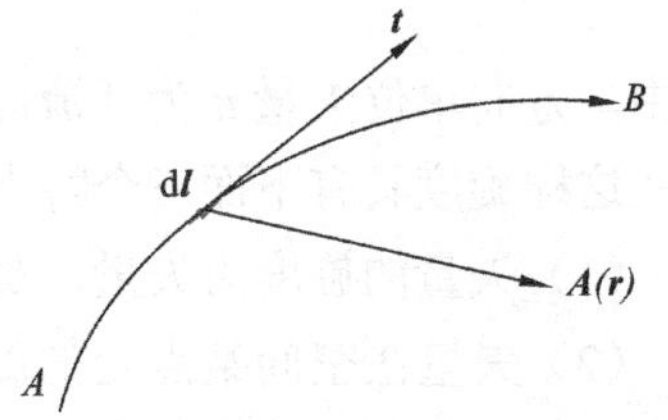

图 1.13 有向路径上的线元矢量和场矢量

线元矢量：具有方向的线元，它是空间中有向路径上的线元，其方向沿该点切向指向路径走向的方向. 图 1.13 中由 A 点指向 B 点的有向路径 $\overset{\frown}{AB}$，其上任意位置 $\boldsymbol{r}$ 处的线元 $\mathrm{d}\boldsymbol{l}$，使其方向沿该处的切线指向到 B

点的方向，就是该处的有向线元，称为线元矢量.

矢量场中，整个路径上每点的矢量和该点线元矢量存在标量积，它们在路径所有点上的总和定义为矢量的线积分. 根据这个定义，图 1.13 的路径上存在矢量场 $\boldsymbol{A}(\boldsymbol{r})$，则该矢量场在这条有向路径上的线积分表示为

$$F=\int_A^B \boldsymbol{A}(\boldsymbol{r})\cdot \mathrm{d}\boldsymbol{l} \tag{1.48}$$

上述积分路径如果是闭合路径，那么这个线积分称为环流. 这时在场矢量 $\boldsymbol{A}(\boldsymbol{r})$ 空间中，取一有向闭合路径 C 形成围绕空间点 P 的闭合曲线，则 $\boldsymbol{A}(\boldsymbol{r})$ 沿 C 的环流表达式为

$$F_C=\oint_C \boldsymbol{A}(\boldsymbol{r})\cdot \mathrm{d}\boldsymbol{l} \tag{1.49}$$

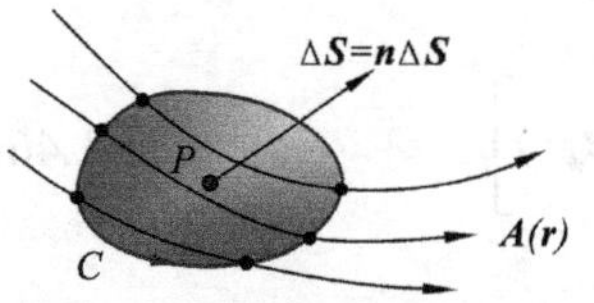

图 1.14　矢量的环流示意图

这种情形如图 1.14 图中 C 围成的面元矢量 $\Delta\boldsymbol{S}$. 该积分的值反映下面矢量场涡旋源分布情况.

（1）如果任意路径上积分值都为零，那么矢量场环流为零，表明所处空间上存在的矢量场无涡旋流动；

（2）反之，则矢量场存在涡旋运动.

显然，不同空间位置、不同路径相应的环流不同. 为了得到各点和路径无关的环流值，首先需要环流面密度的概念：在场矢量 $\boldsymbol{A}(\boldsymbol{r})$ 分布空间中，围绕空间某点 P 取一面元 $\Delta\boldsymbol{S}$，其边界曲线为 C，面元法线方向为 $\boldsymbol{n}$（图 1.14 所示），当面元面积无限缩小时，定义 $\boldsymbol{A}(\boldsymbol{r})$ 在点 P 处沿 $\boldsymbol{n}$ 方向的环流面密度为

$$D_F=\lim_{\Delta S\to 0}\frac{\oint_C \boldsymbol{A}\cdot \mathrm{d}\boldsymbol{l}}{\Delta S} \tag{1.50}$$

1.4.2　旋度的定义

引入的环流面密度概念中指明了沿某一指向的要求，这是和选择的有向路径有关. 可以理解，不同有向闭合路径对应不同指向的面元矢量，也会得到不同的环流面密度. 对于矢量场及其变化的确定性描述而言，显然需要寻找一个有确定值的量描述. 对物理场而言，其绝对值应该存在唯一的最大值. 将空间某点 P 环量密度值最大及其方向对应的这个矢量定义为矢量的旋度. 通常记为 $\mathrm{rot}\boldsymbol{A}(\boldsymbol{r})=\nabla\times\boldsymbol{A}(\boldsymbol{r})$（等号右端使用运算符号的记法）. 于是其定义式可写为

$$\mathrm{rot}\boldsymbol{A}=\boldsymbol{n}\lim_{\Delta S\to 0}\left.\frac{\oint_C \boldsymbol{A}\cdot \mathrm{d}\boldsymbol{l}}{\Delta S}\right|_{\max} \tag{1.51}$$

式中，方向单位矢量 $\boldsymbol{n}$ 为环流面密度最大的面元矢量的方向.

这样旋度具有下面三个特点.

（1）矢量的旋度为矢量，是空间坐标的函数，也是一个矢量场；

（2）矢量在空间某点处的旋度表征矢量场在该点处的涡旋源密度，这个密度是面密度. 如果矢量场在其所处空间中旋度处处为零，该空间不存在它的涡旋源，称为无旋场；

（3）矢量旋度构成的场是无源的. 因为旋度的散度恒等于零，即

$$\nabla \cdot \nabla \times \boldsymbol{A}(\boldsymbol{r}) \equiv 0 \tag{1.52}$$

1.4.3 旋度的数学表达式

可以证明直角坐标系中

$$\mathrm{rot}\boldsymbol{A}(\boldsymbol{r}) = \nabla \times \boldsymbol{A}(\boldsymbol{r}) = \begin{vmatrix} \boldsymbol{e}_x & \boldsymbol{e}_y & \boldsymbol{e}_z \\ \dfrac{\partial}{\partial x} & \dfrac{\partial}{\partial y} & \dfrac{\partial}{\partial z} \\ A_x & A_y & A_z \end{vmatrix} \tag{1.53}$$

式中：$\nabla\times$ 表示旋度运算，其行列式的表示形式为

$$\nabla \times = \begin{vmatrix} \boldsymbol{e}_x & \boldsymbol{e}_y & \boldsymbol{e}_y \\ \dfrac{\partial}{\partial x} & \dfrac{\partial}{\partial y} & \dfrac{\partial}{\partial z} \\ & & \end{vmatrix} \tag{1.54}$$

将式（1.53）展开后为

$$\mathrm{rot}\boldsymbol{A}(\boldsymbol{r}) = \boldsymbol{e}_x\left(\frac{\partial A_z}{\partial y} - \frac{\partial A_y}{\partial z}\right) + \boldsymbol{e}_y\left(\frac{\partial A_x}{\partial z} - \frac{\partial A_z}{\partial x}\right) + \boldsymbol{e}_z\left(\frac{\partial A_y}{\partial x} - \frac{\partial A_x}{\partial y}\right) \tag{1.55}$$

证明　根据定义，矢量场 $\boldsymbol{A}(\boldsymbol{r})$ 的旋度可写作分量形式，这里表示为

$$\mathrm{rot}\boldsymbol{A}(\boldsymbol{r}) = P(\boldsymbol{r})\boldsymbol{e}_x + Q(\boldsymbol{r})\boldsymbol{e}_y + M(\boldsymbol{r})\boldsymbol{e}_z$$

式中：$P(\boldsymbol{r})$、$Q(\boldsymbol{r})$ 和 $M(\boldsymbol{r})$ 分别为坐标轴 x，y，z 上的分量. 三个分量分别是相应坐标方向上的环流密度，根据定义有

$$P(\boldsymbol{r}) = \lim_{\Delta S_{\|yoz} \to 0} \frac{\oint_C \boldsymbol{A} \cdot \mathrm{d}\boldsymbol{l}}{\Delta S_{\|yoz}} \tag{1.56}$$

$$Q(\boldsymbol{r}) = \lim_{\Delta S_{\|zox} \to 0} \frac{\oint_C \boldsymbol{A} \cdot \mathrm{d}\boldsymbol{l}}{\Delta S_{\|zox}} \tag{1.57}$$

$$M(\boldsymbol{r}) = \lim_{\Delta S_{\|xoy} \to 0} \frac{\oint_C \boldsymbol{A} \cdot \mathrm{d}\boldsymbol{l}}{\Delta S_{\|xoy}} \tag{1.58}$$

式（1.56）～式（1.58）中的三个面元依次是闭合路径 C 在坐标面 yOz、zOx 和 xOy 上的投影. 研究三个坐标面上形成和坐标轴平行的矩形微分环路的情形，对于 x 分量作 yOz 面上投影路径的积分，则

$$P(\boldsymbol{r}) = \lim_{\Delta S_{yoz} \to 0} \frac{\oint_C [A_x(\boldsymbol{r})\mathrm{d}x + A_y(\boldsymbol{r})\mathrm{d}y + A_z(\boldsymbol{r})\mathrm{d}z]}{\Delta S_{yoz}} = \frac{\partial A_z}{\partial y} - \frac{\partial A_y}{\partial z} \tag{1.59}$$

类似地

$$Q(\boldsymbol{r}) = \frac{\partial A_x}{\partial z} - \frac{\partial A_z}{\partial x} \tag{1.60}$$

$$M(\boldsymbol{r}) = \frac{\partial A_y}{\partial x} - \frac{\partial A_x}{\partial y} \tag{1.61}$$

将式（1.59）～式（1.61）代入旋度的分量式中可得式（1.55）.

旋度运算在圆柱坐标系和球坐标系中的表达式分别为

$$
\nabla\times=\begin{vmatrix}\dfrac{\boldsymbol{e}_\rho}{\rho} & \boldsymbol{e}_\phi & \dfrac{\boldsymbol{e}_z}{\rho}\\ \dfrac{\partial}{\partial\rho} & \dfrac{\partial}{\partial\phi} & \dfrac{\partial}{\partial z}\\ & \rho & \end{vmatrix} \tag{1.62}
$$

$$
\nabla\times=\begin{vmatrix}\dfrac{\boldsymbol{e}_r}{r^2\sin\theta} & \dfrac{\boldsymbol{e}_\theta}{r\sin\theta} & \dfrac{\boldsymbol{e}_\phi}{r}\\ \dfrac{\partial}{\partial r} & \dfrac{\partial}{\partial\theta} & \dfrac{\partial}{\partial\phi}\\ & r & r\sin\theta\end{vmatrix} \tag{1.63}
$$

1.4.4 斯托克斯定理

对于旋度有如下的积分变换公式

$$
\oint_C \boldsymbol{A}\cdot \mathrm{d}\boldsymbol{l}=\int_S(\nabla\times\boldsymbol{A})\cdot\mathrm{d}\boldsymbol{S} \tag{1.64}
$$

它被称为斯托克斯定理. 它说明矢量场的旋度在曲面上的积分等于该矢量场在限定该曲面的闭合曲线上的线积分. 物理意义是矢量场沿有向闭合曲线上的环流等于该场涡旋源穿过该有向闭合曲线围成的有向曲面的通量. 在数学上二重积分降低为单重积分.

证明 设闭合曲线 C 围成的曲面由无限多端点在闭合曲线上的曲线构成，其中任意四条相交的不同曲线都能构成一个沿四条曲线经由它们的交点构成的封闭曲线. 取这个曲线的方向和闭合曲线 C 方向一致，那么它会具有自己的环流积分. 曲线的选择是任意的，这里分别选择沿曲面纵横分布的两组曲线（图 1.15）. 则相邻两条横向曲线和闭合曲线构成一个横向无限窄细长面元；相邻两条纵向曲线和闭合曲线构成纵向一个无限窄细长面元. 纵横两条细长面元的重复部分构成微分一个面元，它上面的矢量在这个微分面元的边缘上有环流面密度. 不矢一般性对于第 i–1 和第 i 条纵向曲线与第 j–1 和第 j 条横向曲线构成的微分面元，根据旋度的定义，有

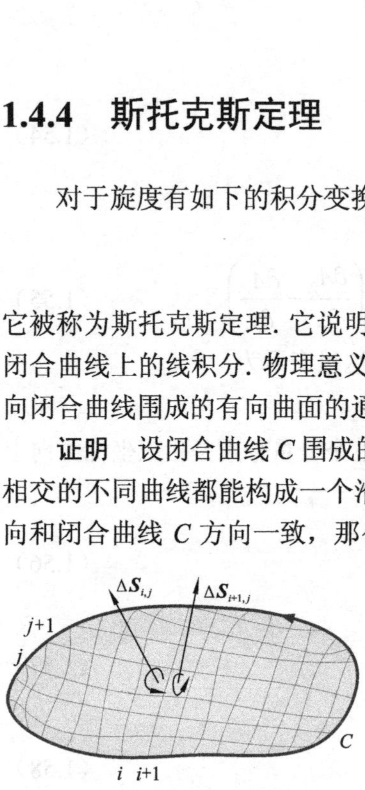

图 1.15 斯托克斯定理的证明

$$
\operatorname{rot}\boldsymbol{A}\big|_{i,j}=\boldsymbol{e}_{S_{i,j}}\lim_{\Delta S\to 0}\frac{\oint_C \boldsymbol{A}\cdot\mathrm{d}\boldsymbol{l}\big|_{i,j}}{\Delta S\big|_{i,j}}
$$

这个极限中环流积分路径由四段构成，分别是第 i–1 和第 i 条曲线与第 j–1 和第 j 条曲线上的线元. 第 0 条曲线和无穷多的最后一条都是闭合曲线 C 的一部分.

现在考察任意相邻的两个面元，例如第（i,j）个和第（i+1,j）面元，则上式极限的环流积分中沿第 i+1 条曲线的有向线元积分在两个面元的积分中等值反号. 于是对这所有的面元求和后，这些面元共有的线段的矢量线积分之和为零，只剩下闭合曲线 C 上线元的有向积分之和，这就是曲线 C 上的环流.

对于每个有向微分面元而言，根据旋度的定义式（1.51）可知它和旋度的标量积就等于这个微分面元边缘上的环流，这些面元和旋度的标量积之和则是旋度的面积分或者说旋度通

过该曲面的通量.

于是有曲线 C 上的环流等于它围成曲面上旋度的通量的结论，这正是斯托克斯定理的表达式给出的结果.

1.5 标量场的梯度

前面用图示法说明标量场空间分布的方法，即等值面和等值线. 这些方法在一定的制图规范下可以由面或线的疏密程度确定出场量在空间的变化情况. 但是在精确定量研究和分析要求中，图示法不能满足要求，这些需要严格的数学表述方式才能更好地解决，这就是函数的梯度. 为了正确理解梯度在标量场中的特殊意义，这里作下面几个问题的阐述.

1.5.1 方向导数

给定标量场 $u(\boldsymbol{r})$ 的方向导数是其在指定点 $P(\boldsymbol{r}_0)$ 沿某一指定方向对距离的变化率. 即

$$\left.\frac{\partial u}{\partial l}\right|_{P(\boldsymbol{r}_0)}=\lim_{\Delta l}\frac{u[P(\boldsymbol{r}_0+\Delta \boldsymbol{l})]-u[P(\boldsymbol{r}_0)]}{\Delta l} \tag{1.65}$$

这里 P 是问题考虑的指定点. 它表示标量场 $u(\boldsymbol{r})$ 沿有向曲线 $\boldsymbol{l}$ 上，由点 $P(\boldsymbol{r}_0)$ 到点 $P(\boldsymbol{r}_0+\Delta \boldsymbol{l})$ 的方向导数，如图 1.16 所示.

它可用偏导数和方向角 α、β、γ 的余弦表示. 根据图 1.16 中的几何关系，考虑空间点 P 处的有向线元可以绘制图 1.17. 可以看出 $\cos(\alpha)=\dfrac{\mathrm{d}x}{\mathrm{d}l}$、$\cos(\beta)=\dfrac{\mathrm{d}y}{\mathrm{d}l}$ 和 $\cos(\gamma)=\dfrac{\mathrm{d}z}{\mathrm{d}l}$ 等，于是有

$$\frac{\partial u}{\partial l}=\frac{\partial u}{\partial x}\frac{\partial x}{\partial l}+\frac{\partial u}{\partial y}\frac{\partial y}{\partial l}+\frac{\partial u}{\partial z}\frac{\partial z}{\partial l}=\frac{\partial u}{\partial x}\cos\alpha+\frac{\partial u}{\partial y}\cos\beta+\frac{\partial u}{\partial z}\cos\gamma \tag{1.66}$$

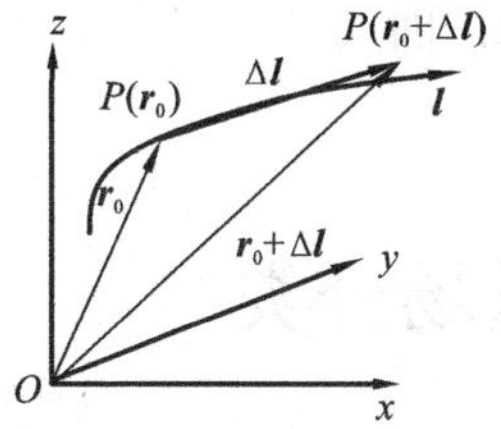

图 1.16 标量场的方向导数定义中的几何量

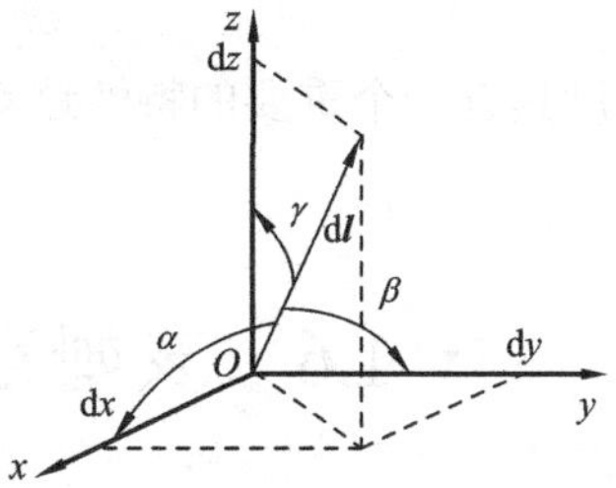

图 1.17 有向线元及其方向角示意图

1.5.2 梯度

显然不同方向上 P 点的方向导数是不同的. 这样就不能很好地表示标量场在空间变化的特征. 通常选取标量在空间上发生的最大变化及其方向作为特征量进行考察. 这个方向及其方向导数构成的矢量称为标量场梯度.

标量场梯度的定义式为

$$\mathrm{grad}u(x,y,z)=\left.\frac{\mathrm{d}u}{\mathrm{d}l}\right|_{\max}\boldsymbol{e}_{\max}=\nabla u \tag{1.67}$$

式中：梯度方向 $\boldsymbol{e}_{\max}$ 是所在点标量场变化率最大的方向，为垂直于等值面（线）的方向；右端是梯度的算符表示，可以证明某方向上的方向导数为梯度在该方向上的投影. 仔细考察图 1.17 可知

$$\cos\alpha=\boldsymbol{e}_x\cdot\boldsymbol{e}_l,\ \cos\beta=\boldsymbol{e}_y\cdot\boldsymbol{e}_l,\ \cos\gamma=\boldsymbol{e}_z\cdot\boldsymbol{e}_l$$

式中：$\boldsymbol{e}_l$ 为 $\mathrm{d}\boldsymbol{l}$ 的单位矢量. 于是表达式（1.66）变为

$$\frac{\partial u}{\partial l}=\frac{\partial u}{\partial x}\boldsymbol{e}_x\cdot\boldsymbol{e}_l+\frac{\partial u}{\partial y}\boldsymbol{e}_y\cdot\boldsymbol{e}_l+\frac{\partial u}{\partial z}\boldsymbol{e}_z\cdot\boldsymbol{e}_l=\left(\frac{\partial u}{\partial x}\boldsymbol{e}_x+\frac{\partial u}{\partial y}\boldsymbol{e}_y+\frac{\partial u}{\partial z}\boldsymbol{e}_z\right)\cdot\boldsymbol{e}_l=\nabla u\cdot\boldsymbol{e}_l$$

式中使用了 ∇ 算符的表达式. 所以有

$$\frac{\partial u}{\partial l}=\nabla u\cdot\boldsymbol{e}_l \tag{1.68}$$

一方面将式（1.67）代入上式表明如果方向导数具有最大值，就会和梯度的方向一致；另一方面任意方向上的方向导数是梯度在其上的投影.

由上述分析可以得出以下结论.

（1）标量场的梯度为一矢量，且是坐标位置的函数. 所以它构成一个矢量场——梯度场；

（2）标量场的梯度表征标量场变化规律：方向为标量场增加最快的方向，幅度表示标量场的最大增加率；

（3）梯度运算的直角坐标系表达式为

$$\nabla u=\frac{\partial u}{\partial x}\boldsymbol{e}_x+\frac{\partial u}{\partial y}\boldsymbol{e}_y+\frac{\partial u}{\partial z}\boldsymbol{e}_z$$

也可以证明梯度在圆柱坐标系和球面坐标系中的表达式分别为

$$\nabla u=\frac{\partial u}{\partial \rho}\boldsymbol{e}_\rho+\frac{1}{\rho}\frac{\partial u}{\partial \phi}\boldsymbol{e}_\phi+\frac{\partial u}{\partial z}\boldsymbol{e}_z$$

$$\nabla u=\frac{\partial u}{\partial r}\boldsymbol{e}_r+\frac{1}{r}\frac{\partial u}{\partial \theta}\boldsymbol{e}_\theta+\frac{1}{r\sin\theta}\frac{\partial u}{\partial \phi}\boldsymbol{e}_\phi$$

（4）梯度具有一个重要的特性这就是梯度的旋度等于零，即

$$\nabla\times\nabla u\equiv 0 \tag{1.69}$$

1.6 亥姆霍兹定理和矢量场分类

1.6.1 亥姆霍兹定理

对于矢量场，在有限区域内，它由矢量场的散度、旋度和边界条件（即矢量场在有限区域边界上的分布）唯一确定，称为亥姆霍兹定理. 它是矢量场确定唯一解的依据，说明要确定一个矢量场唯一，需要知道场源和边界条件这两个先决条件，其中场源有通量（辐射）源和涡旋源两种.

该定理对于电动力学有重要意义：由于它研究的主要对象电磁场是矢量场，所以对于电磁场遵循物理规律的数学表达式——麦克斯韦方程及其各种情况下的方程，它给出了能够确定电磁场唯一解的依据或要求.

1.6.2 矢量场分类

根据矢量场的场源存在情况或矢量场的散度和旋度值是否为零，将矢量场分为下面几类.

（1）调和场. 若矢量场 $\boldsymbol{F}$ 在某区域 V 内，处处有 $\nabla\cdot\boldsymbol{F}=0$ 和 $\nabla\times\boldsymbol{F}=0$，则在该区域 V 内，场 $\boldsymbol{F}$ 称为调和场.

（2）有源无旋场. 若矢量场 $\boldsymbol{F}$ 在某区域 V 内，处处有 $\nabla\times\boldsymbol{F}=0$，但在整个空间内有 $\nabla\cdot\boldsymbol{F}\neq 0$ 的位置，则称在该区域 V 内，场 $\boldsymbol{F}$ 为有源无旋场. $\nabla\cdot\boldsymbol{F}=\rho\neq 0$ 为矢量场通量源密度. 这个有源无旋场为保守场，因为保守场场矢量沿任何闭合路径积分结果等于零.

（3）无源有旋场. 若矢量场 $\boldsymbol{F}$ 在某区域 V 内，处处有 $\nabla\cdot\boldsymbol{F}=0$，但在整个空间内存在 $\nabla\times\boldsymbol{F}\neq 0$ 的位置，则称在该区域 V 内，场 $\boldsymbol{F}$ 为无源有旋场. $\nabla\times\boldsymbol{F}=\boldsymbol{J}\neq 0$ 为矢量场涡旋源密度.

（4）有源有旋场. 若矢量场 $\boldsymbol{F}$ 在某区域 V 内，但整个空间内有 $\nabla\cdot\boldsymbol{F}=\rho\neq 0$ 和 $\nabla\times\boldsymbol{F}=\boldsymbol{J}\neq 0$ 的位置，则称在该区域 V 内，场 $\boldsymbol{F}$ 是有源有旋场.

有源有旋场可分解一个有源无旋场和无源有旋场之和，即

$$\boldsymbol{F}(\boldsymbol{r})=\boldsymbol{F}_s(\boldsymbol{r})+\boldsymbol{F}_l(\boldsymbol{r})$$

其中有源无旋场是 $\boldsymbol{F}_s(\boldsymbol{r})$，它满足

$$\begin{cases}\nabla\cdot\boldsymbol{F}_s(\boldsymbol{r})=\rho(\boldsymbol{r}) & (\rho(\boldsymbol{r})\text{不处处为零})\\ \nabla\times\boldsymbol{F}_s(\boldsymbol{r})=0\end{cases}$$

而无源有旋场 $\boldsymbol{F}_l(\boldsymbol{r})$ 则是

$$\begin{cases}\nabla\cdot\boldsymbol{F}_l(\boldsymbol{r})=0\\ \nabla\times\boldsymbol{F}_l(\boldsymbol{r})=\boldsymbol{J}(\boldsymbol{r}) & (\boldsymbol{J}(\boldsymbol{r})\text{不处处为零})\end{cases}$$

习 题 1

（一）拓展题

1.1 作图说明不同坐标系中坐标值的确定方法和公式.

1.2 说明三种坐标系单位矢量的相同和不同的特点.

1.3 利用矩阵运算或关系式（1.26）和式（1.28）推导坐标单位矢量之间的转换关系式（1.27）和式（1.29）.

1.4 利用矢量和证明余弦定理.

1.5 对于二维矢量场 $\boldsymbol{F}(\boldsymbol{r})=\boldsymbol{F}(x,y)=\boldsymbol{e}_x(-y)+\boldsymbol{e}_y(x)$，求出力线方程，并定性绘制出该矢量场图形.

1.6 查找等值线的有关规范，绘出标量场 $u(\boldsymbol{r})=u(x,y)=y^2-x$ 的等值线. 并展示出你的处理过程和结果.

1.7 证明式（1.56）.

1.8 说明你对矢量场及其确定条件的理解.

1.9 请使用 MATLAB 绘制图 1.9（b）的球面.

（二）练习题

1.10 给定三个矢量 $\boldsymbol{A}=\boldsymbol{e}_x+\boldsymbol{e}_y2-\boldsymbol{e}_z3$、$\boldsymbol{B}=-\boldsymbol{e}_y4+\boldsymbol{e}_z$、和 $\boldsymbol{C}=\boldsymbol{e}_x5-\boldsymbol{e}_z2$. 求：

（1）$\boldsymbol{a}_A$；

（2）$|\boldsymbol{A}-\boldsymbol{B}|$；

（3）$\boldsymbol{A}\cdot\boldsymbol{B}$；

（4）θ_{AB}；

（5）$\boldsymbol{A}$ 在 $\boldsymbol{B}$ 上的分量；

（6）$\boldsymbol{A}\times\boldsymbol{B}$ 及其在 $\boldsymbol{C}$ 上的分量；

（7）$\boldsymbol{A}\cdot(\boldsymbol{B}\times\boldsymbol{C})$ 和 $(\boldsymbol{A}\times\boldsymbol{B})\cdot\boldsymbol{C}$；

（8）$(\boldsymbol{A}\times\boldsymbol{B})\times\boldsymbol{C}$ 和 $\boldsymbol{A}\times(\boldsymbol{B}\times\boldsymbol{C})$；

（9）$\boldsymbol{AB}$ 和 $\boldsymbol{BA}$.

1.11 三角形的三个顶点为 $P_1(0,1,-2)$、$P_2(4,1,-3)$ 和 $P_3(6,2,5)$. 先写出各点的位置矢量，然后（1）判断 $\triangle P_1P_2P_3$ 是否为直角三角形；（2）求三角形的面积.

1.12 求 $P'(-3,1,4)$ 点到 $P(2,-2,3)$ 点的距离矢量 $\boldsymbol{R}$ 及其的方向.

1.13 证明：若 $\boldsymbol{A}\cdot\boldsymbol{B}=\boldsymbol{A}\cdot\boldsymbol{C}$ 和 $\boldsymbol{A}\times\boldsymbol{B}=\boldsymbol{A}\times\boldsymbol{C}$，则 $\boldsymbol{B}=\boldsymbol{C}$.

1.14 如果给定一未知矢量与一已知矢量的标量积和矢量积，那么便可以确定该未知矢量. 设 $\boldsymbol{A}$ 为一已知矢量，$p=\boldsymbol{A}\cdot\boldsymbol{X}$ 而 $\boldsymbol{P}=\boldsymbol{A}\times\boldsymbol{X}$，且 p 和 $\boldsymbol{P}$ 已知，试求 $\boldsymbol{X}$.

1.15 在圆柱坐标中，一点的位置由 $\left(4,\dfrac{2\pi}{3},3\right)$ 定出，求该点：（1）在直角坐标中的坐标；（2）在球坐标中的坐标.

1.16 用球坐标表示的场 $\boldsymbol{E}=\boldsymbol{e}_r\dfrac{25}{r^2}$，求：

（1）在直角坐标中点 $(-3,4,-5)$ 处的 $|\boldsymbol{E}|$ 和 E_x；

（2）在直角坐标中点 $(-3,4,-5)$ 处 $\boldsymbol{E}$ 与矢量 $\boldsymbol{B}=\boldsymbol{e}_x2-\boldsymbol{e}_y2+\boldsymbol{e}_z$ 构成的夹角.

1.17 球坐标中两个点 (r_1,θ_1,ϕ_1) 和 (r_2,θ_2,ϕ_2) 定出两个位置矢量 $\boldsymbol{r}_1$ 和 $\boldsymbol{r}_2$. 证明两者间夹角的余弦为

$$\cos\gamma=\cos\theta_1\cos\theta_2+\sin\theta_1\sin\theta_2\cos(\phi_1-\phi_2)$$

1.18 一球面 S 的半径为 5，球心在原点上，计算：$\oint_S(\boldsymbol{e}_r3\sin\theta)\cdot\mathrm{d}\boldsymbol{S}$ 的值.

1.19 利用散度定义推导直角坐标系中的 ∇ 算子.

1.20 求解 $\nabla\cdot\boldsymbol{r}$、$\nabla\cdot[\boldsymbol{r}f(r)]$ 和 $\oint_{S=\text{半径为}a\text{的球面}}\boldsymbol{r}\cdot\mathrm{d}\boldsymbol{S}$.

1.21 求：

（1）矢量 $\boldsymbol{A}=\boldsymbol{e}_xx^2+\boldsymbol{e}_yx^2y^2+\boldsymbol{e}_z24x^2y^2z^3$ 的散度；

（2）$\nabla\cdot\boldsymbol{A}$ 对中心在原点的一个单位立方体的积分；

（3）$\boldsymbol{A}$ 对立方体表面的积分，验证散度定理.

1.22 研究旋度的直角坐标系表达式，给出式（1.60）或式（1.61）的详细推导.

1.23 求 $\nabla\times\boldsymbol{r}$；证明 $\nabla\times(f\boldsymbol{A})=f\nabla\times\boldsymbol{A}+\nabla f\times\boldsymbol{A}$.

1.24 求矢量 $\boldsymbol{A}=\boldsymbol{e}_xx+\boldsymbol{e}_yxy^2$ 沿圆周 $x^2+y^2=a^2$ 的线积分，再计算 $\nabla\times\boldsymbol{A}$ 对此圆面积的积分.

1.25 证明：

（1）$\nabla\cdot\boldsymbol{R}=3$；

（2）$\nabla\times\boldsymbol{R}=0$；

（3）$\nabla(\boldsymbol{A}\cdot\boldsymbol{R})=\boldsymbol{A}$；

（4）$\nabla\dfrac{1}{R}=-\dfrac{\boldsymbol{e}_R}{R^2}$.

其中 $\boldsymbol{R}=\boldsymbol{r}-\boldsymbol{r}'$，$\boldsymbol{r}'$ 和 $\boldsymbol{A}$ 为一常矢量.

1.26 一径向矢量场 $\boldsymbol{F}=\boldsymbol{e}_r f(r)$ 表示，如果 $\nabla\cdot\boldsymbol{F}=0$，试给出函数 $f(r)$ 的表达式.

1.27 求标量函数 $\varPsi=x^2yz$ 的梯度及 $\varPsi$ 在一个指定方向的方向导数，此方向由单位矢量

$$\boldsymbol{e}_x\frac{3}{\sqrt{50}}+\boldsymbol{e}_y\frac{4}{\sqrt{50}}+\boldsymbol{e}_z\frac{5}{\sqrt{50}}$$

定出；求 $(2,3,1)$ 点的方向导数值.

1.28 计算 $\nabla f(r)$.

1.29 现有三个矢量

$$\boldsymbol{A}=\boldsymbol{e}_r\sin\theta\cos\phi+\boldsymbol{e}_\theta\cos\theta\cos\phi-\boldsymbol{e}_\phi\sin\phi$$

$$\boldsymbol{B}=\boldsymbol{e}_\rho z^2\sin\phi+\boldsymbol{e}_\phi z^2\cos\phi+\boldsymbol{e}_z 2\rho z\sin\phi$$

$$\boldsymbol{C}=\boldsymbol{e}_x(3y^2-2x)+\boldsymbol{e}_y x^2+\boldsymbol{e}_z 2z$$

（1）哪些矢量可以由一个标量函数的梯度表示?哪些矢量可以由一个矢量函数的旋度表示?

（2）求出这些矢量的源分布.

1.30 利用散度定理及斯托克斯定理，在更普遍的意义下证明 $\nabla\times(\nabla u)=0$ 及 $\nabla\cdot(\nabla\times\boldsymbol{A})=0$.

1.31 对于习题 1.29 中的三个矢量场，分析它们分别属于哪种类型的矢量场?

第 2 章　基本物理量和实验定律

众所周知，物理学是一门实验科学. 作为物理学的一个分支学科，电动力学的基本物理问题也是在一定的实验观测基础上建立起来的. 在科学研究的探索过程中发现，电动力学研究的宏观电磁现象和电荷与电流相关，认识到电动力学宏观理论体系中的电场和磁场两个基本物理量，总结出库仑定律和安培定律两个基本实验规律. 鉴于它们对电动力学原理理解的重要性，本章对它们进行回顾性阐述和讨论.

2.1　电荷与电荷分布

科学研究表明，电荷分为性质不同的两种，即正电荷和负电荷，具有异性相吸、同性相斥的静电力作用特性. 在原子层面，最小的电荷量（q）是原子结构单元中的电子（e）、或质子（p）所带的电荷量. 两者所带电量虽相等，但性质相反，电子所带电荷为负电荷，质子所带为正电荷. 电子、质子的电荷量和质量情况如表 2. 1 所示，其中给出了国际单位制中单位为库仑（C）和千克（kg）的量值. 电子的这个电荷量就是所谓的基本电荷 e. 因为电子和电子、电子和质子存在空间距离，所以电荷并不是在空间上连续分布，而是离散存在的；电荷量也不是任意量值存在的，而是以基本电荷的整数倍存在的. 但是在电动力学的宏观表现上，其关注空间中的有形物质具有数量十分巨大的原子分子，再考虑到实际工程应用中的测量精度，可以把电荷量看作是连续分布和任意量值存在的情况处理.

表 2.1　电子和质子的质量与电荷量

亚原子的带电粒子	电荷（q）/C	质量（m）/kg
电子（e）	-1.602×10^{-19}	9.107×10^{-31}
质子（p）	1.602×10^{-19}	1.673×10^{-27}

于是电荷在不同分布空间的具体情况会有不同的概念和参数. 描述电荷空间分布的不同概念和参数如下.

2.1.1　体电荷分布和体电荷密度

若电荷是分布在某一三维空间体积内，则称为体电荷分布. 其空间的分布特性用体电荷密度表示. 体电荷密度定义为空间某点上单位体积内的电荷量. 在电荷空间 V 内的某一点 $\boldsymbol{r}$ 处任取体积元 $\Delta\tau$，其中电荷量为 Δq，则具体描述体电荷密度的数学表达式为

$$\rho_V(\boldsymbol{r})=\lim_{\Delta\tau\to0}\frac{\Delta q}{\Delta\tau}=\frac{\mathrm{d}q}{\mathrm{d}\tau} \tag{2.1}$$

上式中有两个等号，物理上看第一个等号两端的关系是体电荷密度的定义式. 它体现在一个非常小的实际物质体元上，任意电荷量连续分布的抽象，同时也隐含物理层面上电荷无限细分的局限. 在原子和分子大量聚集构成宏观物质的层面，电荷以电子电荷大小为基本单元的

量子化分布是一个基本事实，连续分布是宏观的抽象，它们依附的电子质子等物理实体具有不为零的微小体积，所以极限的数学过程也是抽象的. 这体现出此定义式中体元“宏观无限小、微观无限大”的物理概念：宏观上研究问题的空间尺寸很大，本定义式中要求体元接近于零，微观上看这个体元又包含很多原子，相对于电子这样的基本结构而言是十分巨大的. 后面本书中这样的定义式也是如此，不再一一解释. 等式的第二个等号表示微分记法，隐含了数学求解方法.

2.1.2 面电荷分布和面电荷密度

电荷分布在某一空间曲面上的情况称为面电荷分布，这是二维分布形式. 其空间的分布特性用面电荷密度表示. 面电荷密度定义为空间曲面某点处单位面积内的电荷量. 在电荷空间曲面 S 内的某一点 $\boldsymbol{r}$ 处取面元 ΔS，若其中有电荷量 Δq，则面电荷密度为

$$\sigma(\boldsymbol{r})=\lim_{\Delta S\to 0}\frac{\Delta q}{\Delta S}=\frac{\mathrm{d}q}{\mathrm{d}S} \tag{2.2}$$

2.1.3 线电荷分布和线电荷密度

电荷在空间曲线上的分布就是线电荷分布，这是一维的分布形式. 这一分布用线电荷密度来表示，为空间曲线某点处单位长度内的电荷量. 在电荷存在的空间曲线 l 上的某一点 $\boldsymbol{r}$ 处取线元 Δl，其中电荷量为 Δq，则线电荷密度为

$$\rho_l(\boldsymbol{r})=\lim_{\Delta l\to 0}\frac{\Delta q}{\Delta l}=\frac{\mathrm{d}q}{\mathrm{d}l} \tag{2.3}$$

2.1.4 点电荷

为了考虑空间某点的电荷分布情况，引入点电荷的理想概念，它是集中于感兴趣空间点上的电荷量，该点为一个几何点，空间尺寸为零. 如果给定空间中存在一个点电荷，其电荷量为 q，则它的密度为

$$\rho_V(\boldsymbol{r})=\lim_{\Delta\tau\to 0}\frac{q(\boldsymbol{r})}{\Delta\tau}=\begin{cases}0, & \text{点电荷位置外}\\ \infty, & \text{点电荷位置处}\end{cases} \tag{2.4}$$

这在物理问题的数学描述中显然是不合理的，通常引入非整形变量的δ函数来描述点电荷密度，它表示为

$$\delta(\boldsymbol{r}-\boldsymbol{r}_0)=\begin{cases}0, & \boldsymbol{r}\neq\boldsymbol{r}_0\\ \infty, & \boldsymbol{r}=\boldsymbol{r}_0\end{cases} \tag{2.5}$$

该函数有积分性质

$$\int\delta(\boldsymbol{r}-\boldsymbol{r}_0)\mathrm{d}V=\begin{cases}0, & \boldsymbol{r}\neq\boldsymbol{r}_0\\ 1, & \boldsymbol{r}=\boldsymbol{r}_0\end{cases}$$

和

$$\int\delta(\boldsymbol{r}-\boldsymbol{r}_0)f(\boldsymbol{r})\mathrm{d}V=\begin{cases}0, & \boldsymbol{r}\neq\boldsymbol{r}_0\\ f(\boldsymbol{r}_0), & \boldsymbol{r}=\boldsymbol{r}_0\end{cases}$$

这是δ函数的选择性. 这样点电荷 q 的空间密度可表示为

$$\rho_V(\boldsymbol{r}) = q(\boldsymbol{r})\delta(\boldsymbol{r}-\boldsymbol{r}_0) \tag{2.6}$$

若点电荷的电量为 1 C，则该点电荷是单位点电荷.

上述几种电荷分布中都作了密度的数学定义式，作了趋于零的极限处理，原因是物理上不存在无限小的电荷分布，在电动力学宏观的考虑中，物理空间的大小要求满足所谓的宏观无限小、微观无限大的条件. 这样可知，前三种空间连续分布的电荷都可以使用点电荷的合理积分得到，并进一步得到总电荷量. 这就体现出点电荷概念的重要性.

例 2.1 某一电子束，其电荷体密度为

$$\rho_V(\boldsymbol{r}) = -5\times10^{-6}\exp(-10^{10}\rho^2)\ \mathrm{C/m^2}$$

求 z 轴上单位长度内两平行面所构成体积空间中的电荷量.

解 这是一个体电荷问题，可利用定义 $\rho_V(\boldsymbol{r}) = \dfrac{\mathrm{d}q}{\mathrm{d}\tau}$. 它具有轴对称性，所以使用圆柱坐标系求解. 利用圆柱坐标系中的体元式（1.10）. 根据题意，单位长度上的电量为

$$Q = \iiint_V \rho_V(\boldsymbol{r})\mathrm{d}\tau = \int_0^1 \mathrm{d}z \int_0^{2\pi}\mathrm{d}\phi \int_0^{\infty}[-5\times10^{-6}\exp(-10^{10}\rho^2)\rho\mathrm{d}\rho] = 5\pi\times10^{-16}\ \mathrm{C}$$

2.2 电流与电流密度

正常情况下电子围绕原子核不断运动或在物质内随机自由运动，不呈现电流. 但在某些情况下宏观上会表现出许多电子定向移动的情况，这就是观察到的电流. 它是电磁现象的另一种物理原因，和电荷类似，也可以将它们区分成不同的类型.

2.2.1 电流的基本概念

电荷运动的现象可以使用电流描述. 电流强度是度量电流大小的物理量. 电流强度定义为单位时间内通过导体横截面的电荷量. 并定义正电荷运动的方向为电流方向. 根据此定义，可给出通过某时刻 t 某横截面 S 的电流强度定义式

$$i(t) = \lim_{\Delta t\to0}\frac{\Delta q}{\Delta t} = \frac{\mathrm{d}q}{\mathrm{d}t}\ \mathrm{A} \tag{2.7}$$

式中：Δq 为时间 Δt 内通过截面 S 单位面积的电量，简称为电流. 上式中为体现考察的时间，把时间变量 t 也显式写出来了，表示为时刻 t 的电流强度. 如果它是不随时间变化的恒定值，这就是熟知的直流电中的电流.

因为它不能很好地表示空间某一位置处的电荷流动情况，所以引入电流密度进一步说明横截面内电流的分布情况，定义为

$$J(t) = \lim_{S-0}\frac{i(t)}{S} \tag{2.8}$$

这是单位时间内通过单位横截面的电流. 可见直流电中的通过导体横截面 S 的电流 I 为 $I = J(t)S$. 不难想象，该定义还可以用于不受导体物质约束的运动电荷，描述清楚其运动方向和考虑的空间曲面的任意性. 相应于电荷的空间分布，它有如下的电流及参量定义方法.

2.2.2 体电流和体电流密度

电荷在一定体积空间内流动所形成的电流称为体电流. 如图 2.1 所示，设空间某点的正电荷流动方向为 $\boldsymbol{e}_J$，则在它的垂直方向上取一面元 $\Delta S_{\perp}$，若在 Δt 时间内穿过面元的电荷量为 Δq，则电流密度的大小为

$$|\boldsymbol{J}(\boldsymbol{r})| = \lim_{\Delta s \to 0} \frac{i(t)}{\Delta S_{\perp}} = \lim_{\substack{\Delta s \to 0 \\ \Delta t \to 0}} \frac{\Delta q}{\Delta t \cdot \Delta S_{\perp}} \tag{2.9}$$

方向为该点正电荷的运动方向.

上式可以直接写为

$$\boldsymbol{J}(\boldsymbol{r}) = \frac{\mathrm{d}i}{\mathrm{d}S_{\perp}} \boldsymbol{e}_J$$

其中已经省略了时间变量 t. 考虑某点处的任意方向面元 $\Delta \boldsymbol{S} = \Delta S \boldsymbol{e}_S$，则它与通过该点的垂直于电流方向的面元之间存在关系

$$\Delta S_{\perp} = \Delta S \boldsymbol{e}_S \cdot \boldsymbol{e}_J$$

那么有

$$\mathrm{d}i = \boldsymbol{J}(\boldsymbol{r}) \cdot \mathrm{d}\boldsymbol{S} \tag{2.10}$$

它就可以用来求解通过任意曲面的电流强度

$$\begin{aligned} i &= \int_S \boldsymbol{J}(\boldsymbol{r}) \cdot \mathrm{d}\boldsymbol{S} \\ &= \int_S \boldsymbol{J}(\boldsymbol{r}) \cdot \boldsymbol{n} \mathrm{d}S = \int_S |\boldsymbol{J}(\boldsymbol{r})| \cos\theta \mathrm{d}S \end{aligned} \tag{2.11}$$

式中：$\boldsymbol{n}$ 是和电流密度方向的夹角为 θ 的面元矢量的单位矢量（图 2.2）.

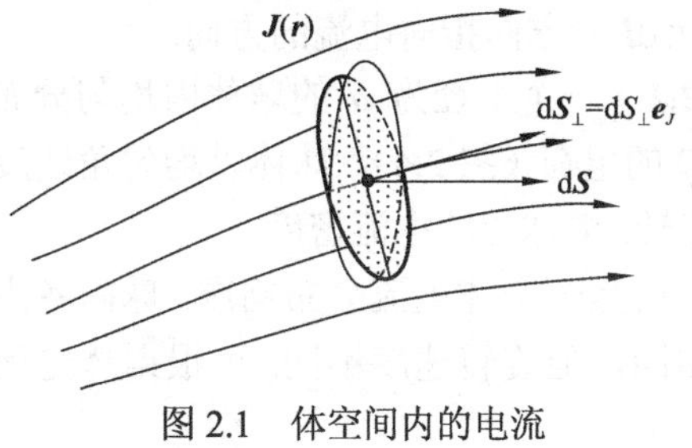

图 2.1　体空间内的电流

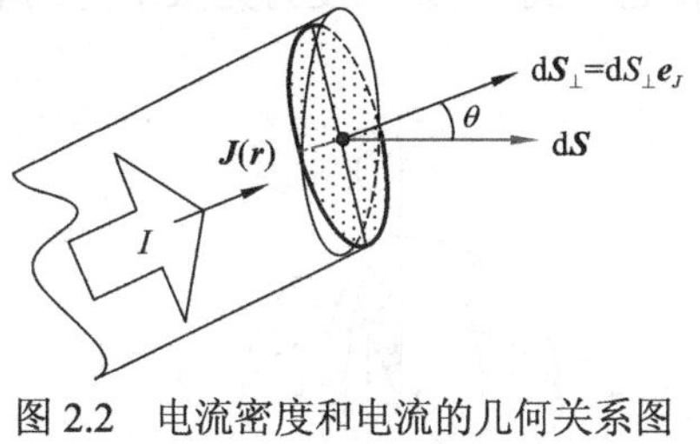

图 2.2　电流密度和电流的几何关系图

根据定义式可以得到，当已知点电荷 ρ_V 的运动速度为 $\boldsymbol{v}$ 时，则运动点电荷的形成的体电流密度可表示为

$$\boldsymbol{J} = \rho_V \boldsymbol{v} \tag{2.12}$$

2.2.3 面电流和面电流密度

当电荷只在一个薄层内流动时，形成的电流为面电流. 面电流密度的含义是单位时间内横穿单位长度曲线的电荷量. 如图 2.3 所示，电流在曲面 S 上流动，在垂直于电流方向取一线元 $\Delta l_{\perp}$，若穿过线元的电流为 Δi，则面电流密度的大小为

$$|\boldsymbol{J}_{\rm S}| = \lim_{\Delta l\to 0}\frac{\Delta i}{\Delta l_{\perp}} = \frac{{\rm d}i}{{\rm d}l} \tag{2.13}$$

电流方向仍取正电荷的运动方向.

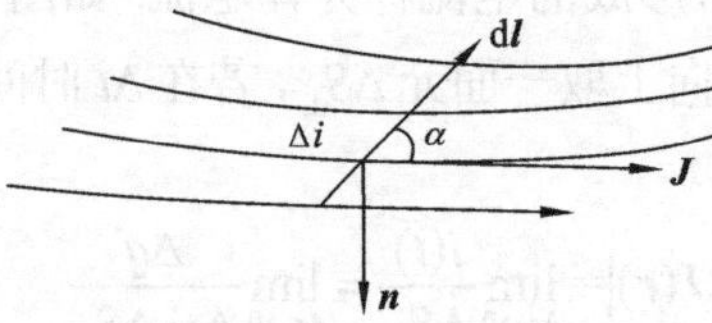

图 2.3 面电流中的方向关系

可以证明横穿任意曲线 l 的电流由下式求出

$$i = \int_l \boldsymbol{n}\cdot({\rm d}\boldsymbol{l}\times\boldsymbol{J}_{\rm S}) = \int_l \boldsymbol{J}_{\rm S}\cdot(\boldsymbol{n}\times{\rm d}\boldsymbol{l}) \tag{2.14}$$

式中，$\boldsymbol{n}$ 表示有向曲面和有向线元、电流的方向呈右手关系的法线方向，构型如图 2.3 所示.

若表面上电荷密度为 σ，这些电荷沿某方向以速度 $\boldsymbol{v}$ 运动，则面电流密度为

$$\boldsymbol{J}_{\rm S} = \sigma\boldsymbol{v} \tag{2.15}$$

2.2.4 线电流和线电流密度

电荷只在一条线上运动时，形成的电流即为线电流. 若已知线电荷密度 ρ_l 及其运动速度 $\boldsymbol{v}$，则得

$$\boldsymbol{J}_l = \rho_l\boldsymbol{v} \tag{2.16}$$

其实这就是式（2.12）. 也可以推广和理解为点电荷移动时所处位置的电流密度.

对于线电流而言，有一个十分重要的概念，即电流元 $I{\rm d}\boldsymbol{l} = |\boldsymbol{J}_l|{\rm d}\boldsymbol{l}$，因为任何电流分布都可以由它得到. 它是长度为无限小的线电流元. 线元 ${\rm d}\boldsymbol{l}$ 的方向指向电流的方向.

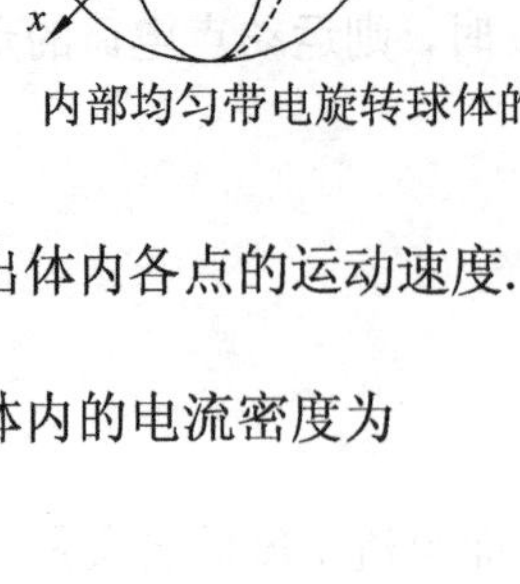

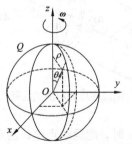

图 2.4 内部均匀带电旋转球体的电流

例 2.2 一个半径为 a 的球体内均匀分布总电荷量为 Q 的电荷（图 2.4），球体以均匀角速度 $\boldsymbol{\omega}$ 绕一直径旋转. 求球内的电流密度.

解 这是一个体电流分布问题. 球内各点的电荷密度相同，但旋转速度不同. 可根据体电流的公式求解.

首先求出体内各点的电荷密度是

$$\rho_V = \frac{Q}{V} = \frac{Q}{\frac{4}{3}\pi a^3} = \frac{3Q}{4\pi a^3}$$

再求出体内各点的运动速度. 球内离转轴为 $\boldsymbol{\rho}$ 的点的运动速度为

$$\boldsymbol{v} = \boldsymbol{\omega}\times\boldsymbol{\rho}$$

所以有求体内的电流密度为

$$\boldsymbol{J}(\boldsymbol{\rho}) = \frac{3Q}{4\pi a^3}\boldsymbol{\omega}\times\boldsymbol{\rho}$$

因为 $\rho = r\sin\theta$，而且根据图示的坐标系有 $\boldsymbol{\omega}\times\boldsymbol{e}_\rho = \omega\boldsymbol{e}_z\times\boldsymbol{e}_\rho = \omega\boldsymbol{e}_\phi$，所以有

$$\boldsymbol{J}(\boldsymbol{r}) = \frac{3Q}{4\pi a^3}\omega r\sin\theta\boldsymbol{e}_\phi$$

2.3 电流连续性方程

在宏观现象和不考虑电子湮灭等电子的产生与消亡现象时，基本电荷满足物质不灭的基本原理，这就是说电荷是守恒的. 这也导致电流的连续性存在.

电流连续性方程描述的就是这个物理规律，它说明某空间内电荷的变化量等于电荷的流入流出之和. 也就是说，如果 dt 时间内空间 V（图 2.5）内流出其表面 S 的电荷量为 dq，而电荷守恒要求 dt 时间内空间 V 内电荷改变量为-dq，则有该规律满足的积分方程

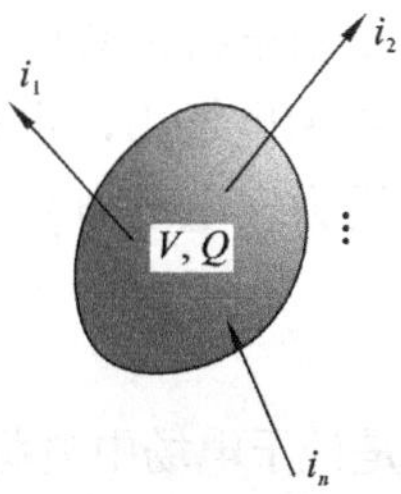

图 2.5　空间 V 中的电荷和电流出入

$$\int_V (\nabla\cdot\boldsymbol{J})\mathrm{d}V = -\int_V \frac{\partial\rho}{\partial t}\mathrm{d}V \tag{2.17}$$

式中：右端是空间 V 中电荷 Q 随时间的减少率；左端是通过包围 V 封闭曲面 S 的总电流. 因为根据散度定理式（1.47），$\oint_S \boldsymbol{J}\cdot\mathrm{d}\boldsymbol{S} = \int_V (\nabla\cdot\boldsymbol{J})\mathrm{d}V$. 它表明单位时间内电荷流入流出空间之和等于其内电荷的减少率，这是电荷守恒定律的内容. 其中如果有多个来源的电流，如图 2.5 中 i_1，i_2，…，i_n 个，每个等式左端也是这所有之和. 式（2.17）可以由式（2.7）推导出来.

式（2.17）要求被积函数相等，所以可以得到微分方程

$$\nabla\cdot\boldsymbol{J} + \frac{\partial\rho}{\partial t} = 0 \tag{2.18}$$

这是电荷守恒定律的微分形式，称为电流连续性方程，表示空间上电流的源等于电荷的减少量.

根据这一原理可知

（1）对于恒定电流，有

$$\frac{\partial\boldsymbol{J}}{\partial t} = 0, \qquad \frac{\partial\rho}{\partial t} = 0$$

所以恒定电流的电流连续性方程为

$$\nabla\cdot\boldsymbol{J} = 0, \qquad \oint_S \boldsymbol{J}\cdot\mathrm{d}\boldsymbol{S} = 0$$

一方面说明恒定电流是无源的，恒定电流通过空间任意曲面时电荷流入量与流出量是相等的；另一方面它也说明无源空间的任一点存在的电流之和为零，这也是电路理论中基尔霍夫电流定律的内容.

（2）对于面电流，电流连续性方程为

$$\oint_C \boldsymbol{J}_{\mathrm{S}}\cdot(\boldsymbol{n}\times\mathrm{d}\boldsymbol{l}) = -\int_C \frac{\partial\rho_{\mathrm{s}}}{\partial t}\mathrm{d}l$$

该式中的左端积分是通过电荷面上闭合曲线的电流通量. $\boldsymbol{n}$ 表示该闭合曲线 C 走向决定的该曲线围成的有向曲面的方向. 它和闭合曲线上线元矢量的矢量积沿该处曲面的切线垂直于线元矢量指向闭合曲线之外，表明该通量是流到闭合曲线所围区域之外的. 而矢量积本身类似于闭合面面元矢量退化到曲线上的情形.

若面电流是恒定的，则有 $\oint_C \boldsymbol{J}_{\mathrm{S}}\cdot(\boldsymbol{n}\times\mathrm{d}\boldsymbol{l}) = 0$. 这是电路网络节点上总电流为零的基尔霍夫定律的一个积分表达式.

2.4 电 场 强 度

2.4.1 电场的概念及其描述

电场是由电荷在其周围形成的一种物质，它的特性是能对处于其中的电荷产生力的作用. 该作用力称为电场力，也称库仑力，作用空间称为电场空间. 电场强度定义为单位电荷受到的电场作用力（电场力），用电场强度矢量 $\boldsymbol{E}$ 表示电场的大小和方向. 可得到定义式

$$\boldsymbol{E}=\lim_{q\to 0}\frac{\boldsymbol{F}}{q} \tag{2.19}$$

式中：$\boldsymbol{F}$ 是处于电场中电荷 q 所受的电场力，q 称为试验电荷. 对该式要理解下面问题.

（1）对 q 取极限是避免引入试验电荷影响原电场；

（2）电场强度的方向与电场力的方向一致；

（3）电场强度的大小与试验电荷 q 的电量无关.

2.4.2 库仑定律

库仑定律是库仑经过研究发现的一个实验定律，由它可以获得电场的表达式. 定律的内容是：真空中两个相距为 R、电量分别为 q_1，q_2 的点电荷（图 2.6）所受对方的作用力为

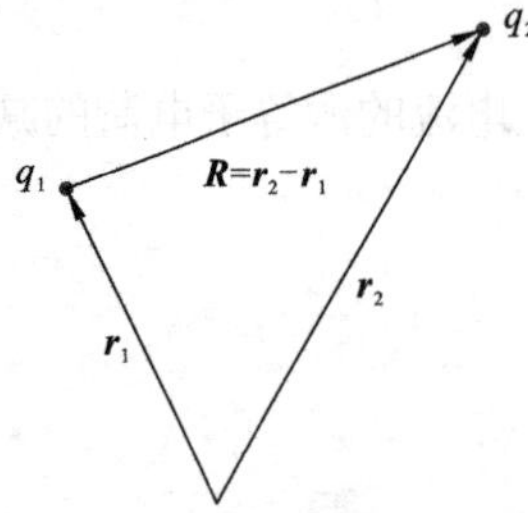

图 2.6　两个点电荷之间的几何关系

$$\boldsymbol{F}_{1\to 2}=\frac{q_1\cdot q_2}{4\pi\varepsilon_0 R^2}\boldsymbol{e}_R=\frac{q_1\cdot q_2}{4\pi\varepsilon_0 R^3}\boldsymbol{R} \tag{2.20}$$

式中：等式左端的下标表示是电荷 q_1 对电荷 q_2 的作用力；$R=|\boldsymbol{R}|,\boldsymbol{e}_R=\dfrac{\boldsymbol{R}}{R}$ 分别是两个电荷之间的距离和由电荷 q_1 指向电荷 q_2 的方向；$\varepsilon_0=\dfrac{1}{4\pi\times 9\times 10^9}\approx 8.85\times 10^{-12}$ F/m 是真空的介电常数.

它有以下几方面的内容.

（1）作用力的大小和电荷乘积成正比，与距离的平方成反比. 其中，后者是著名的平方反比率.

（2）作用力的方向是沿着两个点电荷连线，同号电荷是相互排斥的方向，异号电荷是相互吸引的方向.

（3）第（1）点所述的比例常数与选取的单位制有关，厘米克秒制中比例常数为 1. 上式中的常数 $\dfrac{1}{4\pi\varepsilon_0}$ 对应于国际单位制.

当然在使用这个规律的过程中，还要注意到它的局限性.

2.4.3 电荷产生电场的表达式

由库仑定律和电场强度的定义式可以得到真空中点电荷 q 在 P 点（称为场点或观察点）

处产生的电场强度公式为

$$\boldsymbol{E}(\boldsymbol{r})=\frac{q}{4\pi\varepsilon_0 R^2}\boldsymbol{e}_R=-\frac{q}{4\pi\varepsilon_0}\nabla\left(\frac{1}{R}\right) \tag{2.21}$$

式中：R 是场点到场源电荷 q 的距离.

它说明一个点电荷 q 在距离它 R 处的场点（观察点）产生的电场与其他电荷无关. 电场大小正比于其电荷量，和场点与它的距离平方成反比，正电荷电场的方向离开电荷，负电荷的电场指向电荷. 对比可见 2.4.2 节中实际描述点电荷 q_1 产生的电场及其对点电荷 q_2 的作用力，且它产生的电场是库仑定律表达式除以 q_2 得到. 其中的距离在点电荷处于原点时就是场点位置矢量的长度，即 $R=|\boldsymbol{r}|$. 如果点电荷位于坐标原点以外的某个空间点 $\boldsymbol{r}'$ 处（符号上加“′”号表示和源对应，后面的使用中不再重复说明），那么 $R=|\boldsymbol{r}-\boldsymbol{r}'|$. 所以当点电荷 q 位于坐标原点时它的电场表达式简化为

$$\boldsymbol{E}(\boldsymbol{r})=-\frac{q}{4\pi\varepsilon_0}\nabla\left(\frac{1}{r}\right)$$

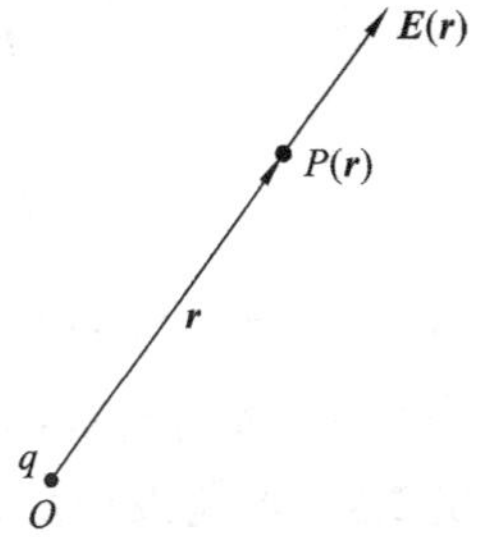

图 2.7　点电荷位于坐标原点和场点（观察点）的几何关系

图 2.7 绘出点电荷位于坐标原点的这种几何关系，式(2.21)的情况见图 2.6 中 q_1 电场中 q_2 所在场点的几何关系标示.

另一方面，对于给定电场 $\boldsymbol{E}$，它会对处在其空间中 $\boldsymbol{r}$ 点上的点电荷 q 产生 $\boldsymbol{F}=q\boldsymbol{E}(\boldsymbol{r})$ 的电场力.

2.4.4　点电荷系统产生的电场

如图 2.8 所示，给定由 N 个离散点电荷构成的电荷系统中，它们的电荷量分别为 $q_1,q_2,\cdots,q_N$；所处位置分别是 $\boldsymbol{r}_1',\boldsymbol{r}_2',\cdots,\boldsymbol{r}_N'$；若在考虑的空间点 $\boldsymbol{r}$ 上放置一个实验电荷，则它受到的电场力是这 N 个电荷电场力之矢量和，所以它们产生的电场为各个电荷产生电场的矢量和，即

$$\boldsymbol{E}(\boldsymbol{r})=\boldsymbol{E}_1+\boldsymbol{E}_2+\cdots+\boldsymbol{E}_N=\frac{1}{4\pi\varepsilon_0}\sum_{i=1}^{N}\frac{q_i}{|\boldsymbol{R}_i|^3}\boldsymbol{R}_i \tag{2.22}$$

式中，$\boldsymbol{R}_i=\boldsymbol{r}-\boldsymbol{r}_i'$ 是场点的位置矢量和第 i 个电荷所处位置的位置矢量之差，表示两者的相对位置关系. 它表明电场空间中的电场是所有电荷产生电场的矢量和，这就是电场的叠加原理.

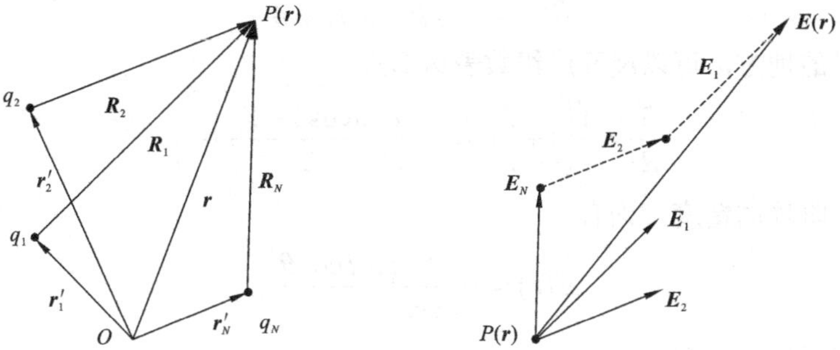

图 2.8　离散电荷系统及其产生的电场

当电荷距离很近形成空间的连续分布时，式（2.22）变为矢量积分公式，用以求得它们产生的电场. 具体过程为

（1）将电荷分布空间 V, 无限细分成微分区域 $\mathrm{d}V$;

（2）考察每个微分区域电荷的电场，可使用点电荷产生的电场公式，所以有

$$\mathrm{d}\boldsymbol{E}(\boldsymbol{r},\boldsymbol{r}')=\frac{\rho(\boldsymbol{r})\mathrm{d}V'}{4\pi\varepsilon_0 R^3}\boldsymbol{R},\qquad \boldsymbol{R}=\boldsymbol{r}-\boldsymbol{r}' \tag{2.23}$$

（3）使用矢量叠加原理，进行连续求和即得电场的矢量积分公式. 对于体分布、面分布和线分布，相应的积分公式分别为

$$\boldsymbol{E}(\boldsymbol{r})=\int_V \mathrm{d}\boldsymbol{E}(\boldsymbol{r},\boldsymbol{r}')=\frac{1}{4\pi\varepsilon_0}\int_V \frac{\rho(\boldsymbol{r}')}{R^3}\boldsymbol{R}\mathrm{d}V' \tag{2.24}$$

$$\boldsymbol{E}(\boldsymbol{r})=\frac{1}{4\pi\varepsilon_0}\int_S \frac{\rho_s(\boldsymbol{r}')}{R^3}\boldsymbol{R}\mathrm{d}S'=-\frac{1}{4\pi\varepsilon_0}\int_S \rho_s(\boldsymbol{r}')\nabla\left(\frac{1}{R}\right)\mathrm{d}S' \tag{2.25}$$

$$\boldsymbol{E}(\boldsymbol{r})=\frac{1}{4\pi\varepsilon_0}\int_l \frac{\rho_l(\boldsymbol{r}')}{R^3}\boldsymbol{R}\mathrm{d}l'=-\frac{1}{4\pi\varepsilon_0}\int_l \rho_l(\boldsymbol{r}')\nabla\left(\frac{1}{R}\right)\mathrm{d}l' \tag{2.26}$$

当然，这些积分区域可以扩展到整个空间，因为没有电荷的地方电荷密度为零，并不改变这些积分的实际计算结果.

例 2.3 电偶极子是距离很近的两个带等量异号电量的两个点电荷体系. 设点电荷电量为 q，相距为 l. 定义由负电量点电荷指向正电量点电荷连线的矢量 $\boldsymbol{l}$，则矢量 $\boldsymbol{p}=q\boldsymbol{l}$ 是电偶极子的电偶极矩矢量. 求真空中电偶极子在远离它的地方产生的电场.

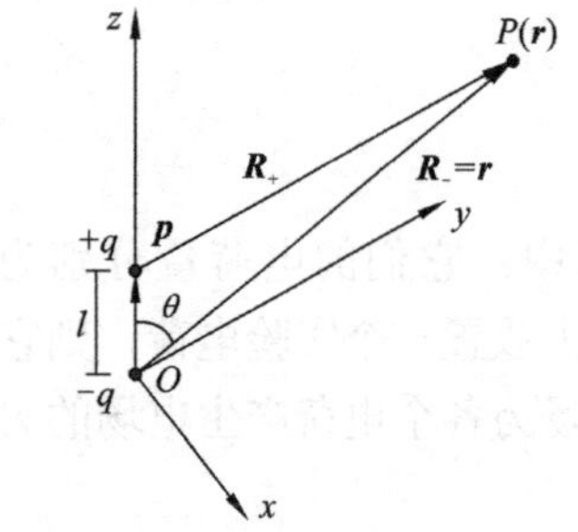

图 2.9 真空中的电偶极子

解 这是两个电荷构成的离散电荷的电场求解问题. 先建立如图 2.9 的坐标系，图中 $\boldsymbol{R}_+$ 和 $\boldsymbol{R}_-$ 分别是场点到正负点电荷的距离. 再使用式（2.22）的离散电荷体系的电场表达式求解. 于是有

$$\boldsymbol{E}(\boldsymbol{r})=\frac{q}{4\pi\varepsilon_0 R_+^2}\boldsymbol{e}_{R_+}-\frac{q}{4\pi\varepsilon_0 R_-^2}\boldsymbol{e}_{R_-}$$

考虑到 $\nabla\left(\frac{1}{R}\right)=-\frac{1}{R^2}\boldsymbol{e}_R$，所以

$$\boldsymbol{E}(\boldsymbol{r})=-\frac{q}{4\pi\varepsilon_0}\left[\nabla\left(\frac{1}{R_+}\right)-\nabla\left(\frac{1}{R_-}\right)\right]$$

因 $R_-=r$，利用 $\boldsymbol{r}=\boldsymbol{R}_-=\boldsymbol{l}+\boldsymbol{R}_+$，故

$$\frac{1}{R_+}=\frac{1}{\sqrt{r^2+l^2-2rl\cos\theta}}$$

在远离电偶极子的地方，可以展开成级数表达形式

$$\frac{1}{R_+}=\frac{1}{r}\left(1+\frac{l}{r}\cos\theta+\frac{l^2}{r^2}\frac{3\cos\theta-1}{2}+\cdots\right)$$

通常选择保留一阶项的精度，则有

$$\boldsymbol{E}(\boldsymbol{r})=-\frac{q}{4\pi\varepsilon_0}\nabla\left(\frac{l\cos\theta}{r^2}\right)$$

使用电偶极矩表示出来则有

$$E(r)=\frac{1}{4\pi\varepsilon_0}\left(\frac{3p\cdot r}{r^5}r-\frac{p}{r^3}\right)$$

当然也可以直接处理成球坐标的结果，即

$$E(r)=\frac{ql\cos\theta}{2\pi\varepsilon_0 r^3}e_r+\frac{ql\sin\theta}{4\pi\varepsilon_0 r^3}e_\theta$$

例 2.4 求真空中半径为 a、带电量为 Q 的导体球在球外空间中产生的电场.

解 这是一个空间电荷连续分布的以球心为对称中心的球对称问题，可使用矢量积分公式. 首先建立图 2.10 所示的坐标系，球心在坐标原点上. 球外空间任意距球心距离相等的点上，电场都大小相等，方向在其与球心的连线上，指向球面外法线方向. 所以求得一点情况，就可以知道球外的电场.

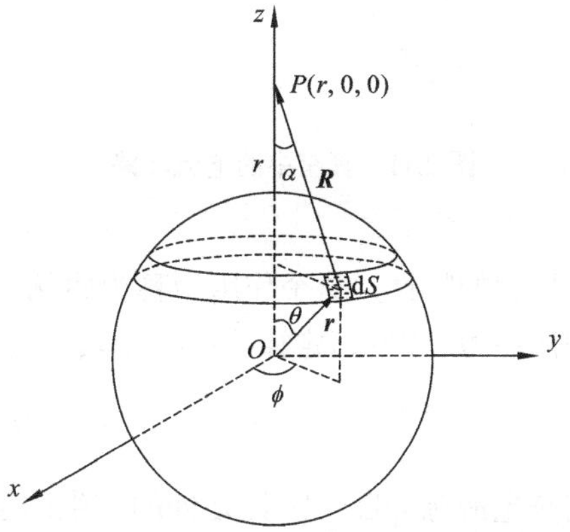

图 2.10 带电导体球在球外空间中产生的电场

因此，取处于 z 轴上的一点 $P(r,0,0)=P(z,0,0)$ 作为代表研究. 因为是导体球所以电荷均匀分布在球面上，于是球面上的面电荷密度为

$$\sigma_s=\frac{Q}{4\pi a^2}$$

取球面上的一个面元，引入中间参数 α 是面元和场点连线和 z 轴的夹角，使用球坐标系可以写出电场表达式. 因对称的关系，只需考虑沿位置矢量上的分量，故有

$$\mathrm{d}E_z=\frac{\sigma_s\cdot\mathrm{d}S}{4\pi\varepsilon_0}\cdot\frac{1}{R^2}\cdot\cos\alpha$$

球面上的面元用球坐标表示出来为

$$\mathrm{d}S=a\mathrm{d}\theta\cdot a\sin\theta\mathrm{d}\phi$$

根据几何关系有

$$\cos\alpha=\frac{z-a\cos\theta}{R}$$

$$R=\sqrt{a^2\sin^2\theta+(z-a\cos\theta)^2}$$

代入进行积分可以得到

$$E_z=\frac{\sigma_s\cdot a^2}{4\pi\varepsilon_0}\cdot\int_0^{2\pi}\mathrm{d}\phi\int_0^{\pi}\frac{z-a\cos\theta}{R^3}\sin\theta\mathrm{d}\theta=\frac{\rho_s\cdot a^2}{2\varepsilon_0}\cdot\int_0^{\pi}\frac{z-a\cos\theta}{R^3}\sin\theta\mathrm{d}\theta=\frac{Q}{4\pi\varepsilon_0 z^2}$$

对于求外空间任意一点，将其中的 z 用 r 取代即可，方向和位置矢量的方向相同.

2.5 安培定律 磁感应强度

2.5.1 安培定律

安培定律是描述真空中两个电流回路间相互作用力的规律. 它的内容是：真空中两电流回路 C_1，C_2，载流分别为 I_1，I_2，如图 2.11 所示，这两个回路之间存在相互作用力，并且 C_2

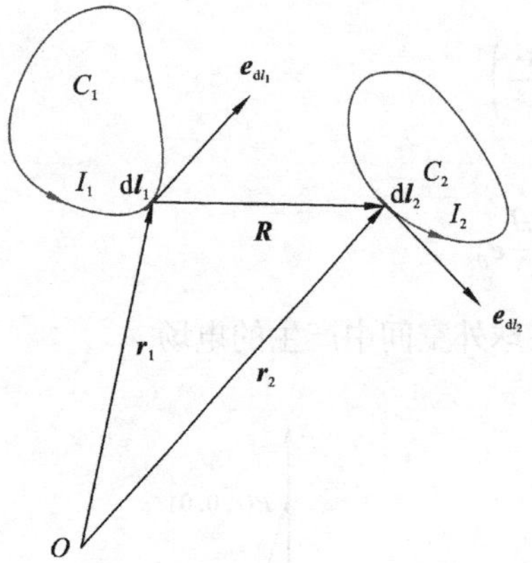

图 2.11　真空中的电流环路

上电流元 $I_2\mathrm{d}\boldsymbol{l}_2$ 受到 C_1 上电流元 $I_1\mathrm{d}\boldsymbol{l}_1$ 的作用力为

$$\mathrm{d}\boldsymbol{F}_{1\to2}=\frac{\mu_0}{4\pi}\cdot\frac{I_2\mathrm{d}\boldsymbol{l}_2\times(I_1\mathrm{d}\boldsymbol{l}_1\times\boldsymbol{R})}{R^3}\tag{2.27}$$

式中：$R=|\boldsymbol{R}|$，$\boldsymbol{R}=\boldsymbol{r}_2-\boldsymbol{r}_1$；真空中磁导率 $\mu_0=4\pi\times10^{-7}\,\mathrm{H/m}$. 这个作用力称为安培力，它存在的空间为磁场空间，安培力实际上就是磁场力.

2.5.2　磁场和磁感应强度

上述磁场空间存在的磁场是电流在其周围形成的一种物质，具有对处于其中的运动电荷（电流）产生作用力的特性，这个作用力称为磁场力. 磁场用磁感应强度 $\boldsymbol{B}$ 描述，是磁场对单位电流产生的磁场力. 由安培定律可以得到其表达式为

$$\mathrm{d}\boldsymbol{B}=\frac{\mu_0}{4\pi}\cdot\frac{(I_1\mathrm{d}\boldsymbol{l}_1\times\boldsymbol{R})}{R^3}\tag{2.28}$$

它是电流源 $I_1\mathrm{d}\boldsymbol{l}_1$ 在距其 R 处的产生的磁场，这就是著名的毕奥-萨伐尔定律（Biot-Savart law），表明磁场、场源和矢径三者之间的关系. 通常使用中，场源参量的下标“1”常被省略，或用上标“′”表示，这正是电场公式中的表示方法. 而且它对处于其中的电流源 $I\mathrm{d}\boldsymbol{l}$ 产生的作用力为

$$\mathrm{d}\boldsymbol{F}_m=I\mathrm{d}\boldsymbol{l}\times\mathrm{d}\boldsymbol{B}\tag{2.29}$$

容易理解多个电流源在空间产生的磁场也像电场一样符合叠加原理，所以对于任意回路而言，它产生的磁场是毕奥-萨伐尔定律对电流回路的积分，即

$$\boldsymbol{B}=\oint_C\frac{\mu_0}{4\pi}\cdot\frac{(I'\mathrm{d}\boldsymbol{l}'\times\boldsymbol{R})}{R^3}\tag{2.30}$$

例 2.5　求图 2.12 中半径为 a 的电流环在其轴线上产生的磁场.

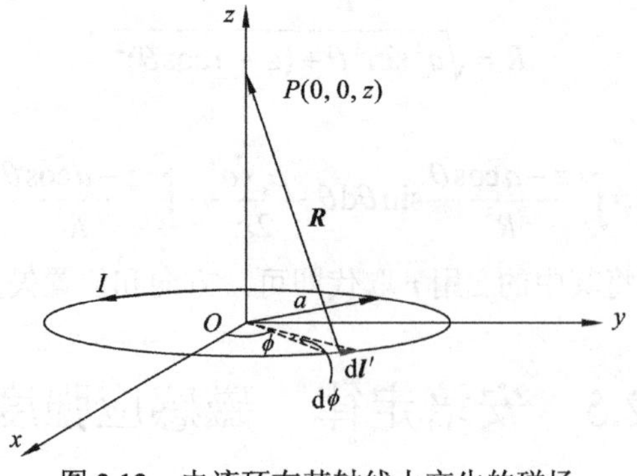

图 2.12　电流环在其轴线上产生的磁场

解　这是一个轴对称问题，建立如图 2.12 的圆柱坐标系. 则电流元的线元矢量为

$$\mathrm{d}\boldsymbol{l}'=\rho'\mathrm{d}\phi'\boldsymbol{e}_{\phi'}=a\boldsymbol{e}_{\phi'}\mathrm{d}\phi'$$

电流源为

$$I\mathrm{d}\boldsymbol{l}'=Ia\mathrm{d}\phi'\boldsymbol{e}_{\phi'}$$

源指向场点矢量是

$$\boldsymbol{R}=\boldsymbol{r}-\boldsymbol{r}'=z\cdot\boldsymbol{e}_z-a\cdot\boldsymbol{e}_{\rho'}$$

考虑到

$$\boldsymbol{e}_\rho=\cos\phi\boldsymbol{e}_x+\sin\phi\boldsymbol{e}_y$$

则可计算出轴线上磁场为

$$\boldsymbol{B}=\frac{\mu_0}{4\pi}\oint_C\frac{I\mathrm{d}\boldsymbol{l}'\times\boldsymbol{R}}{R^3}=\frac{\mu_0 I}{4\pi}\int_0^{2\pi}\frac{az\boldsymbol{e}_\rho+a^2\boldsymbol{e}_z}{(a^2+z^2)^{3/2}}\mathrm{d}\phi=\frac{\mu_0 I}{4\pi}\int_0^{2\pi}\frac{a^2\boldsymbol{e}_z}{(a^2+z^2)^{3/2}}\mathrm{d}\phi=\frac{\mu_0 I a^2}{2(a^2+z^2)^{3/2}}\boldsymbol{e}_z$$

式中后面的积分省略了源所在位置坐标的标识并用到了 $\boldsymbol{e}_\rho$ 对ϕ的积分为零的结果.

2.5.3 磁场的积分公式

电场场源连续分布时，它产生的电场可使用积分公式得到. 磁场也一样，当电流以回路的形式时就是式（2.30）表示的环路积分. 很多情况下要处理某种非回路形式的空间中电流产生的磁场，这时也可以用积分公式给出. 不同电流分布的积分公式分别为

1. 体电流密度的磁场

$$\boldsymbol{B}(\boldsymbol{r})=\int_V\mathrm{d}\boldsymbol{B}=\frac{\mu_0}{4\pi}\int_V\frac{[\boldsymbol{J}(\boldsymbol{r}')\mathrm{d}V'\times\boldsymbol{R}]}{R^3}\tag{2.31}$$

2. 面电流密度磁场

$$\boldsymbol{B}(\boldsymbol{r})=\int_S\mathrm{d}\boldsymbol{B}=\frac{\mu_0}{4\pi}\int_S\frac{[\boldsymbol{J}_S(\boldsymbol{r})\mathrm{d}S'\times\boldsymbol{R}]}{R^3}\tag{2.32}$$

3. 线电流密度的磁场

$$\boldsymbol{B}(\boldsymbol{r})=\int_l\mathrm{d}\boldsymbol{B}=\frac{\mu_0}{4\pi}\int_S\frac{[\boldsymbol{J}_l(\boldsymbol{r})\mathrm{d}l'\times\boldsymbol{R}]}{R^3}\tag{2.33}$$

例 2.6 载流直导线的磁场.

解 任意电流元 $I\mathrm{d}\boldsymbol{l}'$ 产生的元磁场 $\mathrm{d}\boldsymbol{B}$ 的方向都一致，遵循右手定则，只需求它的代数和. 建立如图 2.13 所示的圆柱坐标系.

使用线电流密度的磁场积分公式（2.33）可以求解. 载流直导线外的磁场大小为

$$B=\int_{z_1}^{z_2}\mathrm{d}B=\frac{\mu_0}{4\pi}\int_{z_1}^{z_2}\frac{I\mathrm{d}z\sin^3\theta}{\rho^2}$$

磁场的方向沿 $\boldsymbol{e}_\phi$. 这是因为它的方向和电流源方向、电流源到场点的矢量成右手关系. 引入变换

$$z=\rho\operatorname{arctan}(\pi-\theta)=-\rho\operatorname{arctan}\theta$$

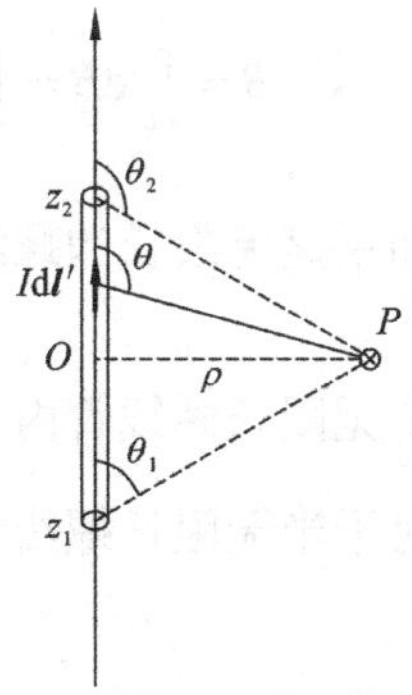

图 2.13 载流直导线的磁场

则有

$$\mathrm{d}z=\frac{\rho\mathrm{d}\theta}{\sin^2\theta}$$

积分可得

$$B = \int_{z_1}^{z_2} \mathrm{d}B\boldsymbol{e}_\phi = \boldsymbol{e}_\phi \frac{\mu_0}{4\pi}\int_{\theta_1}^{\theta_2} \frac{I\sin\theta\mathrm{d}\theta}{\rho} = \boldsymbol{e}_\phi \frac{\mu_0 I}{4\pi\rho}(\cos\theta_1 - \cos\theta_2)$$

这是有限长直线电流的结果. 将长直线电流用无限长作为近似，则有 $\theta_1 = 0$ 和 $\theta_2 = \pi$ ，所以

$$\boldsymbol{B} = \boldsymbol{e}_\phi \frac{\mu_0 I}{2\pi\rho}$$

实际中遇到的虽然不是真正的无限长直导线，对于闭回路中有一段长度为 l 的直导线，在其附近 ρ 远小于 l 的某个范围内可用上式近似.

例 2.7 载流螺旋线管中的磁场.

解 绕在圆柱面上的螺旋形线圈叫作螺线管，问题是求其轴线上的磁场分布. 设螺线管的半径为 R，总长度为 L，单位长度内的匝数为 n，线圈载流为 I. 如果螺线管是密绕的，计算轴向磁场时，可以忽略绕线的螺距，把它近似地看成是一系列圆线圈紧密并排起来组成的. 建立如图 2.14 所示的坐标系.

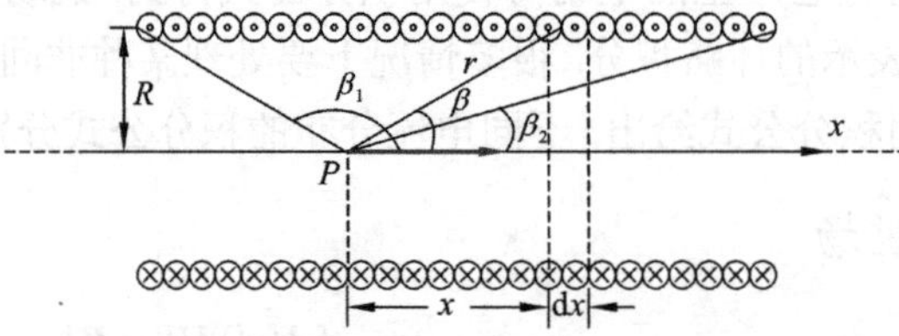

图 2.14 载流螺旋线管中的几何关系和磁场求解

考虑轴线上一点 P 的磁场. 根据例题 2.5 的结果，离开该点 l 处 $\mathrm{d}l$ 长度的线圈载流产生的磁场大小为

$$\mathrm{d}B = \frac{\mu_0}{2}\frac{R^2 nI\mathrm{d}x}{(R^2 + x^2)^{\frac{3}{2}}}$$

方向沿 $\boldsymbol{e}_x$. 其中

$$x = R\cot\beta$$
$$\mathrm{d}x = -R\csc^2\beta\mathrm{d}\beta$$
$$R^2 + x^2 = R^2\csc^2\beta$$

于是可以计算磁场的大小

$$B = \int_L \mathrm{d}B = \int_L \frac{\mu_0}{2}\frac{R^2 nI\mathrm{d}x}{(R^2 + x^2)^{\frac{3}{2}}} = \frac{\mu_0 nI}{2}\int_{\beta_1}^{\beta_2}(-\sin\beta)\mathrm{d}\beta = \frac{\mu_0 nI}{2}(\cos\beta_2 - \cos\beta_1)$$

如果是无限长的螺线管，那么有 $\beta_1 = \pi$ ，$\beta_2 = 0$ ，这时

$$B = \mu_0 nI$$

在整个无限长螺线管内部的空间里磁场都是均匀的，这个结论适用于其内的任意位置.

对于半无限长螺线管，图 2.14 中的左端：$\beta_1 = \dfrac{\pi}{2}$，$\beta_2 = 0$ ，它的大小为

$$B = \frac{\mu_0 nI}{2}$$

即在半无限长螺线管端点轴上的磁场强度比中间减少了一半，这符合只有无限长螺线管一半电流对磁场有贡献的事实.

2.6 叠加原理和电磁场对电荷的作用力

根据前面的讨论，可知电磁场在空间是满足叠加原理的，即空间某点上的电场或磁场是由所有场源在该点处产生的电场或磁场的矢量和. 可由式（2.24）~式（2.26）和式（2.31）~式（2.33）计算. 从物理上，这是电场力或磁场力在一点上叠加作用的结果.

叠加原理不仅是物理学中的一个重要原理，也是电动力学中的一个重要原理. 各种波动的叠加在很多情况下都是符合叠加原理的. 例如，光的相干和相消现象.

电荷在电场磁场共存的空间内，受到的是库仑力和安培力之和，这是洛伦兹力，其计算公式为

$$\boldsymbol{F} = q\boldsymbol{E} + q\boldsymbol{v} \times \boldsymbol{B} \tag{2.34}$$

该式右端的第一项来自电场对电荷的库仑力或电场力. 第二项为磁场力. 根据式（2.28）电流源受磁场的作用力为 $I\mathrm{d}\boldsymbol{l} \times \boldsymbol{B}$. 对于点电荷来讲，I 就是单位时间经过场点的电荷量 q，$\mathrm{d}\boldsymbol{l}$ 是该电荷单位时间经历的路径，这就形成了该项的结果. 因为一个点电荷相应的电流由式（2.11）给出，代入磁场力公式也可以得到这一项.

习 题 2

（一）拓展题

2.1 证明公式（2.12）.

2.2 研究电偶极子的场求解过程，试利用计算机技术绘出场线.

2.3 总结电磁场基本参量在国际单位制中的单位.

（二）练习题

2.4 一个体密度为 $\rho = 2.32 \times 10^{-7}\,\mathrm{C/m^3}$ 的质子束，通过 1kV 的电压加速后形成等速的质子束，质子束内的电荷均匀分布，束直径为 2 mm，束外没有电荷分布，试求电流密度和电流.

2.5 一个半径为 a 的均匀带电球体总电荷量为 Q，以匀角速度 ω 绕一个直径旋转，求球的电流密度分布和电流.

2.6 两点电荷 $q_1 = 8\mathrm{C}$ 位于 z 轴上 z=4 处，$q_2 = -4\,\mathrm{C}$ 位于 y 轴上 y=4 处，求点（4,0,0）处的电场强度. 试用计算机绘出来.

2.7 一点电荷+q 位于（$-a$,0,0）处，另一点电荷$-2q$ 位于（a,0,0）处，空间有没有电场强度 $\boldsymbol{E} = 0$ 的点? 如果有请确定出来.

2.8 一个很薄的无限大导电带电面，电荷面密度为σ. 证明：垂直于平面的 z 轴上 $z=z_0$ 处的电场强度 $\boldsymbol{E}$ 中，有一半是由平面上半径为 $\sqrt{3}z_0$ 的圆内的电荷产生的.

2.9 两个半径为 b、同轴的相同线圈，各有 N 匝，相互隔开距离为 d，如题 2.9 图所示. 电流 I 以相同的方向流过这两个线圈.

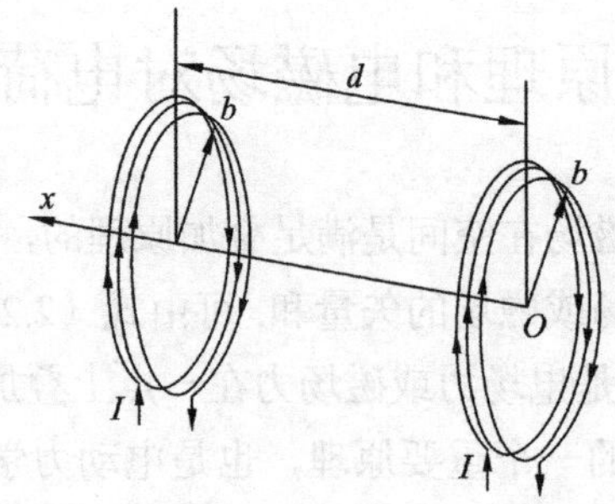

题 2.9 图

（1）求这两个线圈中心点处的磁感应强度 $\boldsymbol{B}$；

（2）证明：在中点处 $\mathrm{d}B_x/\mathrm{d}x$ 等于零；

（3）求出 b 与 d 之间的关系，使中点处 $\mathrm{d}^2B_x/\mathrm{d}x^2$ 也等于零.

2.10 一根通电流 I_1 的无限长直导线和一个通电流 I_2 的圆环在同一平面上，圆心与导线的距离为 d，如题 2.10 图所示. 证明：两电流间相互作用的安培力为 $F_m=\mu_0 I_1 I_2(\sec\alpha-1)$，这里 α 是圆环在直线最接近圆环的点所张的角.

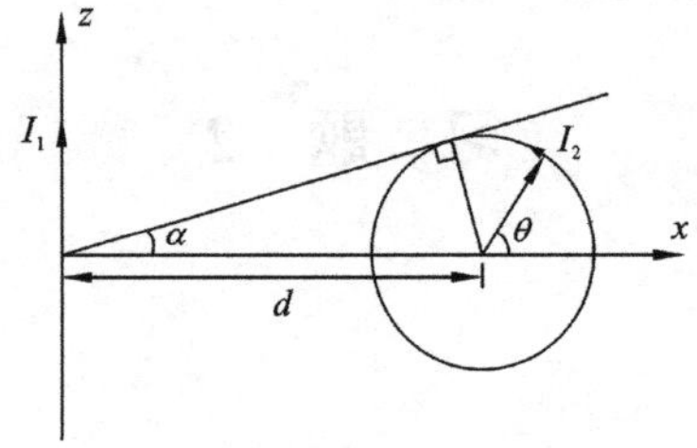

题 2.10 图

第3章　静电场分析

人类对静电场的认识和理解起源于静电现象. 静电现象在自然界中广泛存在，人们通过对其认识和掌握产生现代社会中许多静电和静电场的科学工程应用问题. 例如，富兰克林利用风筝将云层中的电荷引导下来观察到电荷存在而解释了雷电现象. 在当代电子信息系统广泛应用的条件下，静电现象对人类社会的影响已远远超出了自然电现象的影响. 一方面是以静电复印机和打印机为代表的典型应用；另一方面是各种电气设备、电子元器件和电路以及电子信息系统因静电造成的某些致命性损坏，因而静电场的研究具有重要意义. 本章在理解基本物理实验规律得到的有关概念和物理量基础上，讨论描述静电场的基本规律和求解静电场的基本原理、方法等基本问题.

3.1　基本概念和变量

什么是静电场呢?静电场就是电场不随时间变化的电场. 通常是由静止电荷或稳定分布的电荷产生的. 自然产生的静止电荷通常是中性系统中正负电荷分离而导致的局部净电荷，现代科学技术中也可以人为分离出来.

根据基本物理实验研究的总结，描述静电场的基本变量是场源和电场本身的参量. 源参量是电荷密度 $\rho(\boldsymbol{r})$，电场的参量是电场强度 $\boldsymbol{E}$ 和电通量密度 $\boldsymbol{D}$.

场源变量电荷密度 $\rho(\boldsymbol{r})$ 常指的是静止电荷分布. 电荷运动形成电流并用电流密度 $\boldsymbol{J}(\boldsymbol{r})$ 描述，而电场作用于自由电子就会产生这种运动，显然后者有自己相关的电场（本章将重点讨论）. 它们的定义及相关知识仍用 2.1 节的参量描述.

场参量电场强度 $\boldsymbol{E}(\boldsymbol{r})$ 表示电场对带电粒子产生电场力的能力，基本物理规律已在第 2 章中讨论了. 电通量密度 $\boldsymbol{D}(\boldsymbol{r})$ 是电场作用于束缚电荷的参量，表征了单位面积上穿过的束缚电荷量. 法拉第实验发现无界均匀各向同性电介质中，点电荷 q 的电通量密度为

$$\boldsymbol{D}(\boldsymbol{r}) = \frac{q}{4\pi r^2}\boldsymbol{e}_r$$

和点电荷的电场表达式对比，可以发现各向同性电介质材料中

$$\boldsymbol{D}(\boldsymbol{r}) = \varepsilon \boldsymbol{E}(\boldsymbol{r})$$

这就是众所周知的电介质中电场的本构方程在各向同性电介质材料中的形式. 可见各向同性电介质材料特性参数——介电常数 ε 是电通量密度大小和电场大小的比值，即

$$\varepsilon = \frac{|\boldsymbol{D}(\boldsymbol{r})|}{|\boldsymbol{E}(\boldsymbol{r})|}$$

3.2　真空中静电场的基本方程

与第 2 章讨论一样，首先掌握真空中电场的基本实验规律，本章对静电场的普遍规律就从真空中的情形开始讨论.

3.2.1 积分形式

根据电场基本实验规律的表达式和相关数学知识可以证明，真空中的静电场的通量满足下述方程：

$$\oint_S \boldsymbol{D}_0 \cdot \mathrm{d}\boldsymbol{S} = \sum_{i=1}^{N} q_i \tag{3.1}$$

式中：N 是封闭曲面 S 包围的点电荷的数目；q_i 是第 i 个点电荷所带电量；下标“0”表示真空中的情形. 这是包围点电荷分立存在的情形，如果是以密度 ρ 连续分布的电荷，则应为 $\int_V \rho \mathrm{d}V$，V 是 S 围成的空间体积. 也可以用它们的总电荷量 Q 表示，注意这个量是代数和. 式（3.1）是电场的高斯定理，它表征电场的通量特性，说明任何一个封闭曲面 S 上穿过的电（场）通量等于该曲面所包围电荷的代数和. 真空中式（3.1）也可以写为

$$\oint_S \boldsymbol{E}_0 \cdot \mathrm{d}\boldsymbol{S} = \frac{Q}{\varepsilon_0}$$

因为两个电场量之间的关系是真空中的本构关系

$$\boldsymbol{D}_0 = \varepsilon_0 \boldsymbol{E}_0 \tag{3.2}$$

真空中静电场沿任意闭合路径的环流等于零，即

$$\oint_C \boldsymbol{E}_0 \cdot \mathrm{d}\boldsymbol{l} = 0 \tag{3.3}$$

式中，C 是电场空间中的任意有向闭合路径. 式（3.3）是电场的守恒定理，表述电场的环流特性，说明静电场是一个无旋场. 因为式（3.3）说明在静电场中将单位点电荷沿任意一条闭合路径移动一周，电场力（也称静电力）做功为零，因为它两边乘于任何常数仍为零，任何点电荷的环流在静电场中也会等于零，相应的电场力做功也会为零，所以静电场为保守场. 这也说明静电场的电力线不构成闭合回路的特点.

高斯定理的证明

先考虑一个点电荷的情形. 那么，对于考虑的封闭面 S 包围的空间而言，该点电荷可能处于其内或其外. 图 3.1 中的点电荷 q' 是在曲面外的情况，可以看到一条电场线穿过闭合曲面时，必然两次穿过. 图中画出对应穿过的曲面面元分别是 $\mathrm{d}\boldsymbol{S}'$，$\mathrm{d}\boldsymbol{S}''$. 计算电场通量时，首先看到两者结果的符号相反，因为面元矢量的方向相反，而电场方向相同.

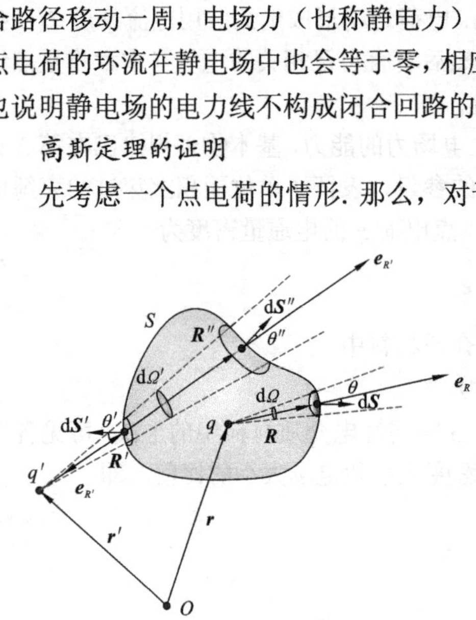

图 3.1　真空中电荷的电场穿过封闭曲面的情况

分析并计算这两个通量. 对于曲面上位于和电荷一条连线上的两个面元，向电荷张开相同的立体角 $\mathrm{d}\Omega'$，可以得到

$$\mathrm{d}\Omega' = \frac{\mathrm{d}S'\cos\theta'}{R'^2} = \frac{\mathrm{d}S''\cos\theta''}{R''^2}$$

式中：$\cos\theta' = \boldsymbol{e}_{R'} \cdot \boldsymbol{S}'$；$\cos\theta'' = \boldsymbol{e}_{R''} \cdot \boldsymbol{S}'' = -\boldsymbol{e}_{R'} \cdot \boldsymbol{S}' = -\cos\theta'$. 因此相对于两个面元的电场通量分别为

$$\frac{q'\boldsymbol{e}_{R'}\cdot \mathrm{d}\boldsymbol{S}'}{4\pi\varepsilon_0 R'^2}=\frac{q'}{4\pi\varepsilon_0}\left(\frac{\mathrm{d}S'\cos\theta'}{R^2}\right)=\frac{q'}{4\pi\varepsilon_0}\mathrm{d}\Omega'$$

和

$$\frac{q'\boldsymbol{e}_{R''}\cdot \mathrm{d}\boldsymbol{S}''}{4\pi\varepsilon_0 R''^2}=\frac{q'}{4\pi\varepsilon_0}\frac{\mathrm{d}S''\cos\theta''}{R''^2}=-\frac{q'}{4\pi\varepsilon_0}\mathrm{d}\Omega'$$

这两个面元的电通量之和为零. 该点电荷穿过这个闭合曲面的电场通量是由无数个这样的通量对构成，所以它们的通量之和为零. 即对于封闭面之外电荷产生的电场通过该封闭面的通量，高斯定理左端积分值为零.

而对于图 3.1 所示的点电荷 q 被包围的情况，它产生的场线只能一次通过封闭曲面. 每个面元相应的立体角 $\mathrm{d}\Omega$ 没有对应的负值方向的量，对整个封闭面的积分的结果就是一个 4π的立体角，得到的是高斯定理右端的一个电荷的结果.

可以严格证明：使坐标原点心在点电荷处，取包围该电荷闭合曲面的面元矢量 $\mathrm{d}\boldsymbol{S}=r^2\sin\theta\mathrm{d}\theta\mathrm{d}\phi\boldsymbol{e}_r$ 进行积分得到电场的通量，则有

$$\oiint_S \boldsymbol{E}\cdot\mathrm{d}\boldsymbol{S}=\oiint_S\frac{q}{4\pi\varepsilon_0 r^2}\boldsymbol{e}_r\cdot\mathrm{d}\boldsymbol{S}=\oiint_S\frac{q}{4\pi\varepsilon_0 r^2}r^2\sin\theta\mathrm{d}\theta\mathrm{d}\phi=\frac{q}{4\pi\varepsilon_0}\int_0^{2\pi}\mathrm{d}\phi\int_0^{\pi}\sin\theta\mathrm{d}\theta=\frac{q}{\varepsilon_0}$$

对于空间分布很多电荷的情形，空间电场是由所有的空间电荷产生电场的叠加，而对于任何一个封闭曲面而言，这些场只有曲面内外电荷产生的两类，相应于面外电荷的部分等于零，相应于面内电荷的部分等于这些电荷的代数和，所以，整体结果是通过一个封闭曲面的电场通量等于闭合面内电荷的代数和. 可以进一步理解为，如果这些电荷是连续分布的情况，求和过程变为积分过程. 因为真空的介电常数为常数，移到通量积分内部之后，就得到高斯定理的积分表达式（3.1）.

电场守恒定理的证明

对于点电荷 q 产生的场 $\boldsymbol{E}$，任选其中一条有向曲线路径 $\overset{\frown}{AB}$（图 3.2），则有

$$\int_l \boldsymbol{E}\cdot\mathrm{d}\boldsymbol{l}=\frac{q}{4\pi\varepsilon_0}\int_l\frac{\boldsymbol{e}_R\cdot\mathrm{d}\boldsymbol{l}}{R^2}=\frac{q}{4\pi\varepsilon_0}\int_{R_A}^{R_B}\frac{\mathrm{d}R}{R^2}$$

$$=\frac{q}{4\pi\varepsilon_0}\left(\frac{1}{R_A}-\frac{1}{R_B}\right)$$

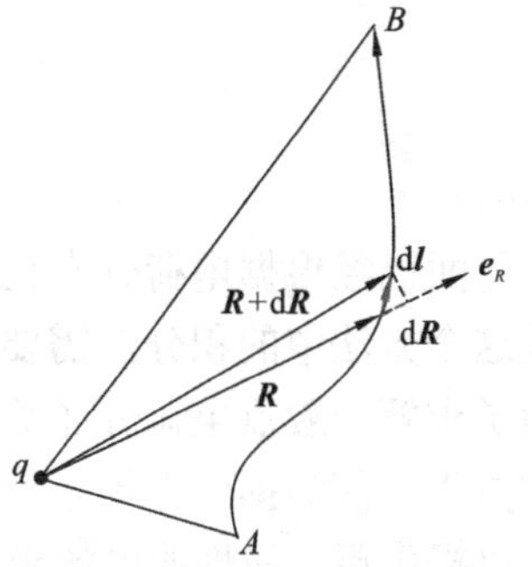

图 3.2　电场的路径积分示意图

显然 AB 两点重合时构成封闭曲线，上面的积分等于零，即有式（3.3）. 由于任意性可知，不管怎样的电荷分布产生的静电场，该定理都成立.

3.2.2　微分形式

这两个方程可以分别用微分形式写为

$$\nabla\cdot\boldsymbol{D}_0=\rho \tag{3.4}$$

$$\nabla\times\boldsymbol{E}_0=0 \tag{3.5}$$

它们分别称为真空静电场的散度方程和旋度方程.

证明如下.

对于散度方程，由电场的封闭曲面通量方程应用散度的高斯定理式（1.47），有

$$\oint_S \boldsymbol{D}_0 \cdot \mathrm{d}\boldsymbol{S} = \int_V \nabla \cdot \boldsymbol{D}_0 \mathrm{d}V$$

考虑到曲面内的电荷为空间内分布电荷之和，可以用电荷密度在该面所围空间的积分求出，$\Sigma q_i = \int_V \rho \mathrm{d}V$. 所以有

$$\int_V \nabla \cdot \boldsymbol{D}_0 \mathrm{d}V = \int_V \rho \mathrm{d}V$$

这要求方程两端的被积函数相等，得到的就是散度方程. 真空中该方程也可以写作

$$\nabla \cdot \boldsymbol{E}_0 = \frac{\rho}{\varepsilon_0} \tag{3.6}$$

电场高斯定理这一表达形式的物理意义是：静电场是有源场，场源是静电荷.

对于旋度方程，守恒定理积分方程的左端可以应用斯托克斯定理式（1.64），转换为

$$\oint_C \boldsymbol{E}_0 \cdot \mathrm{d}\boldsymbol{l} = \iint_S (\nabla \times \boldsymbol{E}_0) \cdot \mathrm{d}\boldsymbol{S}$$

为满足积分等式要求的恒为零结果，所以上式右端的被积函数必然等于零，这就得到旋度方程的微分形式.

该方程说明静电场无旋，是保守场. 根据标量场梯度的恒等关系，该方程说明静电场也可以用标量场表示出来.

综合两个方程的结果，可以知道真空中的静电场是有源无旋场，是保守场.

这两个方程是用来求解真空中电场的基本方程. 第一种情况是利用积分形式的高斯定理求解已知电荷分布产生的电场.

3.3 电位函数

前面已经根据电荷分布已知的情况利用电场的定义式和高斯定理的积分方程求解电场. 但是这个方法中的积分，需要场源电荷对称性分布等已知条件，通常一般问题不能满足. 因此为了求解一般点电荷分布等问题的电场，需要用到其他方法. 电场的旋度方程也是电场满足的方程，能够提供电场求解的其他可选方法. 事实上它和高斯定理共同形成的微分方程，还可以提供更一般性的电场求解方法.

3.3.1 电位函数的引入

1. 定义

根据前述电场的散度方程求解电场的不规则源分布等问题中，不易获得积分的结果，致使一般情况下的电场分布难于求解. 为此再考察旋度方程：这是一个恒等于零的电场矢量旋度，所以可根据标量场梯度的旋度恒为零的性质，将电场用一个标量表示出来，这个量就是电位函数，用 $\varphi(\boldsymbol{r})$ 表示，其梯度的负值等于电场强度，即

$$\boldsymbol{E}_0 = -\nabla \varphi(\boldsymbol{r}) \tag{3.7}$$

可见电位函数是与电场相关的一个辅助标量函数，表现了电场为保守场的本质. 它减小最快的方向就是电场的方向. 在直角坐标系中电场用它表示的公式为

$$E_0 = -\left(\frac{\partial \varphi}{\partial x}\boldsymbol{e}_x + \frac{\partial \varphi}{\partial y}\boldsymbol{e}_y + \frac{\partial \varphi}{\partial z}\boldsymbol{e}_z\right) \tag{3.8}$$

2. 电位差

电位差是电场空间中两个空间点之间的电位差值. 前面已经知道，和旋度方程相应的线积分方程反映出电场对单位点电荷沿积分路径做的功. 可以证明积分路径上两点的电位差和路径上电位函数的变化对应，就是电场对单位电荷做的功. 对于给定的有向路径 $\mathbf{d}\boldsymbol{l}$ ，电位函数的方向导数为电位梯度在该路径上的投影. 虑及电场和电位的微分关系，有积分式

$$\varphi = \int \mathrm{d}\varphi = -\int \boldsymbol{E}_0 \cdot \boldsymbol{e}_l \mathrm{d}l = -\int \boldsymbol{E}_0 \cdot \mathrm{d}\boldsymbol{l}$$

可见这是电场对移动过整个有向路径的单位电荷所做功的负值，是外力克服电场力要做的功. 此式也是电场和电位函数之间的积分关系，它是一个不定积分，体现出微分关系中电位函数对应电场的不唯一性. 在此通常考虑两点之间的问题，比如路径是由 A 点到 B 点的，则定义 B 点和 A 点的电位差为

$$\varphi_{BA} = \varphi_B - \varphi_A = \int_A^B \mathrm{d}\varphi = -\int_A^B \boldsymbol{E}_0 \cdot \mathrm{d}\boldsymbol{l} = \int_B^A \boldsymbol{E}_0 \cdot \mathrm{d}\boldsymbol{l} \tag{3.9}$$

这样路径起点和终点就确定电位差，和路径无关；但是与终点的电位和起始点的电位有关. 从物理上看，若电场沿路径方向做正功，则电位是下降的. 最简单的电池连接一个电阻（线）的电路中，电池的正极是 A 点、负极是 B 点，电池的电压 $U_{AB} = -\varphi_{BA}$ ，这也是电池外部电路中 AB 两点的电压. 外部电路中电位差的电场对电荷做正功，使电荷克服电阻的作用流过电路，从电池的正极移动到负极，电位下降（金属导体中带电粒子是电子，其移动方向和电场方向相反，从负极向正极移动）；电池内部则是化学或其他能量形式克服它在电池内对应的电场，使正离子从电池负极移动到电池的正极，维持电池的电压，电场做的是负功，电位上升. 式（3.9）正是其背后的原理. 该过程和式（3.9）一样反映两点之间的电位差和积分路径无关的特征，如果路径变成回路后，电位差为零.

3. 电位的参考点

前面的讨论可以表明，起始点的电位影响了电位值，由于电场是唯一的，这使得电位函数的绝对值没有物理意义. 尽管如此，相对值电位差却具有真正的物理意义，就是反映电场力做的功. 这给真实情况带来不便，因为要表示电场相应的电位函数的分布，就需要单值地确定场中任意位置的电位值. 为此规定场中参考电位的位置，确定电位的唯一值. 相应位置被称为电位参考点. 通常选式（3.9）中的 B 点作为参考点，其值常设为零.

这样就使得通常使用的电位是相对于参考点的物理量，也同时赋予电位物理意义. 显然参考点的不同选择就会有不同的电位数值. 这样就必须考虑电位参考点的选择问题. 原则上参考点的选择是任意的，但是使用中通常要考虑下面因素来确定.

（1）应使电位表达式有意义；

（2）应使电位表达式尽可能简单；

（3）一个问题（系统），只能有一个电位参考点.

这样依据当前建立的函数和物理要求，就可以确定某些给定电荷分布产生电场的电位函数. 在物理研究和工程问题中常把电位参考点的电位值设为零，且工程中将其称为“地”，

参考点所在的等位面称为电位参考面（地面）. 下面以实例的形式确定一些情形的电位函数.

情形 1 真空中点电荷的电位. 建立坐标系使点电荷 q 置于坐标原点(几何关系如图3.3). 根据库仑定律和积分式（3.9）可以求出图中任意一点 P 和参考点 Q 之间的电位差的表达式. 为了给出一个简单的意义明确的表达式，将参考点 Q 选在无穷远处，则有点电荷的电位函数为

$$\varphi = \frac{q}{4\pi\varepsilon_0 r} \tag{3.10}$$

这是一个简单和距离成反比的函数. 这种将无穷远作为电位参考点的情况一般用于电荷分布在有限区域的情形. 如果点电荷位于坐标原点之外的其他空间位置 $\boldsymbol{r}'$，其中的 r 就用 $R = |\boldsymbol{r} - \boldsymbol{r}'|$ 取代.

情形 2 真空中无限长均匀直线线电荷的电位. 将无限长线电荷置于圆柱坐标的 z 轴上. 假定线电荷的密度为 ρ_l，则它产生的电场为 $\boldsymbol{E}_0 = \dfrac{\rho_l}{2\pi\varepsilon_0 \rho}\boldsymbol{e}_\rho$（见拓展题 3.1）. 考虑到电位差的求解与路径无关性，可以选择如图 3.4 中的 $QP'P$ 路径进行积分，其中的 QP' 段垂直于线电荷，$P'P$ 段平行于线电荷. 则积分过程演变为

$$\varphi_P - \varphi_Q = \int_P^Q \boldsymbol{E}_0 \cdot \mathrm{d}\boldsymbol{l} = \int_P^{P'} \boldsymbol{E}_0 \cdot \mathrm{d}\boldsymbol{l} + \int_{P'}^Q \boldsymbol{E}_0 \cdot \mathrm{d}\boldsymbol{l} = \frac{\rho_l}{2\pi\varepsilon_0}(\ln\rho_Q - \ln\rho_P) \tag{3.11}$$

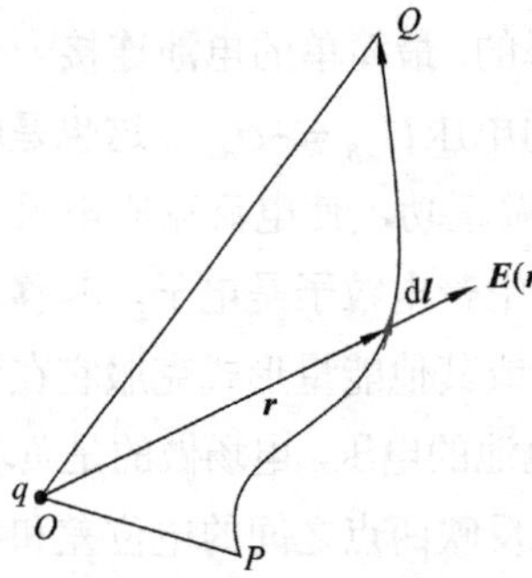

图 3.3　点电荷的电位参考点和电位

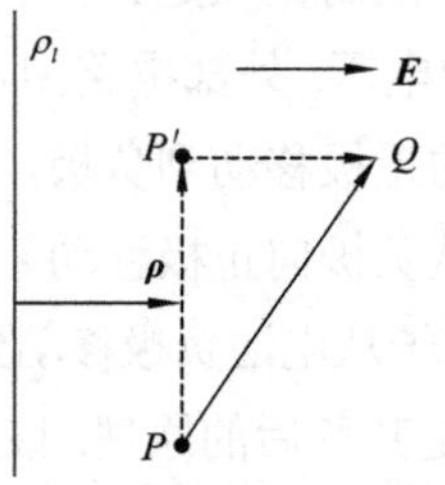

图 3.4　无限长均匀线电荷的电位

可以看到这时的参考点 Q 不能选作无穷远. 根据简单和表达式有意义的考虑，使 $\rho_Q = 1$ 的圆柱面为零电位参考面，则得到无限长线电荷的电位函数为

$$\varphi = -\frac{\rho_l}{2\pi\varepsilon_0}\ln\rho \tag{3.12}$$

最后，推而广之，将各种分布的电荷看成是点电荷集合，由电场的叠加性，将体分布、面分布和线分布的电荷在真空中产生电场的电位分别表示成下面的积分形式. 体分布时的电位是

$$\varphi(\boldsymbol{r}) = \frac{1}{4\pi\varepsilon_0}\int_V \frac{\rho(\boldsymbol{r}')}{R}\mathrm{d}V + C \tag{3.13}$$

面分布的电位是

$$\varphi(\boldsymbol{r}) = \frac{1}{4\pi\varepsilon_0}\int_S \frac{\rho_s(\boldsymbol{r}')}{R}\mathrm{d}S + C \tag{3.14}$$

线分布的电位是

$$\varphi(\boldsymbol{r}) = \frac{1}{4\pi\varepsilon_0}\int_l \frac{\rho_l(\boldsymbol{r}')}{R}\mathrm{d}l + C \tag{3.15}$$

而离散分布的点电荷体系的电位则表示为

$$\varphi(\boldsymbol{r})=\frac{1}{4\pi\varepsilon_0}\sum_i\frac{q_i(\boldsymbol{r}_i)}{R}+C \tag{3.16}$$

式中，R 是场点到相应点电荷源的距离. 有了这些标量运算结果就可以由式（3.7）得到电场矢量. 这是静电场的第二种求解方法.

例 3.1 对例题 2.3 中 $\boldsymbol{p}=q\boldsymbol{l}$（电偶极矩）的偶极子，先求它在真空中产生的电位，再求得电场.

解 首先求电位. 取无限远处为电位参考点，建立电偶极子位于坐标轴 z 的坐标系中，不同于例题 2.3，取坐标原点位于电偶极子的中心位置. 场点 P 处的电位是构成电偶极子两个点电荷的电位之和，所以得到

$$\varphi_{\rm P}=\frac{q}{4\pi\varepsilon_0}\left(\frac{1}{R_+}-\frac{1}{R_-}\right)$$

式中：$R_+=\boldsymbol{r}-\dfrac{\boldsymbol{l}}{2}$，$R_+=\sqrt{r^2+\dfrac{l^2}{4}-rl\cos\theta}$.

通常电偶极子尺寸很小，对于远小于它到场点位置的距离上取二阶有

$$\frac{1}{R_+}=\frac{1}{r\sqrt{1+\dfrac{l^2}{4r^2}-\dfrac{l}{r}\cos\theta}}\approx\frac{1}{r}+\frac{l}{2r^2}\cos\theta\quad(r\gg l)$$

对于 R_- 则有

$$\frac{1}{R_-}=\frac{1}{r\sqrt{1+\dfrac{l^2}{4r^2}+\dfrac{l}{r}\cos\theta}}\approx\frac{1}{r}-\frac{l}{2r^2}\cos\theta\quad(r\gg l)$$

这时

$$\varphi_{\rm P}\approx\frac{q}{4\pi\varepsilon_0}\cdot\frac{l}{r^2}\cos\theta$$

最后形成电偶极矩表示的形式为

$$\varphi_{\rm P}=\frac{\boldsymbol{p}\cdot\boldsymbol{r}}{4\pi\varepsilon_0 r^3} \tag{3.17}$$

电偶极子的电场为

$$\boldsymbol{E}_{\rm P}=-\nabla\varphi_{\rm P}=-\left(\boldsymbol{e}_r\frac{\partial}{\partial r}+\frac{\boldsymbol{e}_\theta}{r}\frac{\partial}{\partial\theta}+\frac{\boldsymbol{e}_\phi}{r\sin\theta}\frac{\partial}{\partial\phi}\right)\varphi_{\rm p}=-\frac{ql}{4\pi\varepsilon_0 r^3}(2\cos\theta\boldsymbol{e}_r+\sin\theta\boldsymbol{e}_\theta)$$

这里使用了球坐标系中的梯度运算. 这和例 2.3 中的结果相同.

3.3.2 电位函数的微分方程

为了得到电位函数的微分方程，先介绍拉普拉斯运算. 对于标量场，拉普拉斯运算是对标量场的梯度求散度的运算. 可记为

$$\nabla\cdot\nabla u=\nabla^2 u \tag{3.18}$$

式中，∇^2 称为拉普拉斯算符. 在直角坐标系中为

$$\nabla^2=\frac{\partial^2}{\partial x^2}+\frac{\partial^2}{\partial y^2}+\frac{\partial^2}{\partial z^2} \tag{3.19a}$$

圆柱坐标系和球坐标系中分别为

$$\nabla^2=\frac{1}{\rho}\frac{\partial}{\partial\rho}\left(\rho\frac{\partial}{\partial\rho}\right)+\frac{1}{\rho^2}\frac{\partial^2}{\partial\phi^2}+\frac{\partial^2}{\partial z^2} \tag{3.19b}$$

$$\nabla^2=\frac{1}{r^2}\frac{\partial}{\partial r}\left(r^2\frac{\partial}{\partial r}\right)+\frac{1}{r^2\sin\theta}\frac{\partial}{\partial\theta}\left(\sin\theta\frac{\partial}{\partial\theta}\right)+\frac{1}{r^2\sin^2\theta}\frac{\partial^2}{\partial\phi^2} \tag{3.19c}$$

对于矢量场 $\boldsymbol{F}$，这个算符作用后的运算为

$$\nabla^2\boldsymbol{F}=\nabla(\nabla\cdot\boldsymbol{F})-\nabla\times(\nabla\times\boldsymbol{F}) \tag{3.20}$$

显然直角坐标系中有

$$\nabla^2\boldsymbol{F}=\boldsymbol{e}_x\nabla^2F_x+\boldsymbol{e}_y\nabla^2F_y+\boldsymbol{e}_z\nabla^2F_z$$

现在可以根据静电场的两个方程得到电位的微分方程了. 根据旋度方程引入电位函数后，将其代入散度方程，稍做整理可以得到有源区的方程为

$$\nabla^2\varphi=-\rho/\varepsilon_0 \tag{3.21}$$

这是电位函数的泊松方程（Poisson equation）. 无源区该方程的形式为

$$\nabla^2\varphi=0 \tag{3.22}$$

称为电位函数的拉普拉斯方程（Laplace’s equation）. 显然这两个方程可用已经掌握的偏微分方程知识求解，得到电位函数，进而计算出电场. 这可以看作求解静电场的第三种方法.

3.4 介质中的静电场

前面讨论了真空中电场遵从的物理规律和求解问题. 那么如果是填充了实形物质的空间会怎么样呢? 电场问题中这些物质称为媒质. 在静电场的作用下，媒质中的电子和质子等带电粒子会出现响应电场作用的宏观表现，它们受到电场的库仑力作用后，或偏离平衡位置产生宏观的带电现象，或出现物质内部自由移动带电粒子定向的运动，形成电流. 带电粒子不能自由移动的媒质就是所谓的电介质，否则就是导电媒质.

3.4.1 电介质的极化

1. 电介质的极化现象

电介质又称绝缘体，在静电场的作用下，其中的电子和质子等带电粒子会受到电场的库仑力作用偏离平衡位置，出现宏观带电的现象. 因为仅能出现束缚在原子范围内的微小移动，所以这些带电粒子被称为束缚电荷. 电介质处于静电场中产生的上述宏观电现象就是电极化（electric polarization）现象，束缚电荷也因此被称为极化电荷. 微观上看电介质有三种基本极化情形.

（1）位移（电子）极化. 主要由原子构成的电介质出现这种现象. 根据原子结构的电子云模型，原子中的电子围绕原子在一定的范围内高速旋转，形成云雾状的电子运动空间. 尽管不同电子的电子云空间可能不同，但是都有一定的空间中心对称结构. 对称中心在原子核上，

因而原子中正负电荷的中心位置重合，呈现电中性. 在电场的作用下，电子云和原子核受反向电场力作用，两者的中心发生分离，从而呈现出原子两端带电的电偶极子形态. 宏观上大量原子表现出一致的这种变化，出现了宏观带电的极化现象. 图 3.5（a）是未受电场作用的原子中 s 和 p 电子的电子云形状；图 3.5（b）是电场作用前后电子云和正电荷中心的变化，其中上半部分两图分别是正负电荷分布的示意，下半部分两图是正负电荷中心的示意，图中标出了正负电荷 q 的中心位移量 l 和它们形成的电偶极矩 $\boldsymbol{p}$.

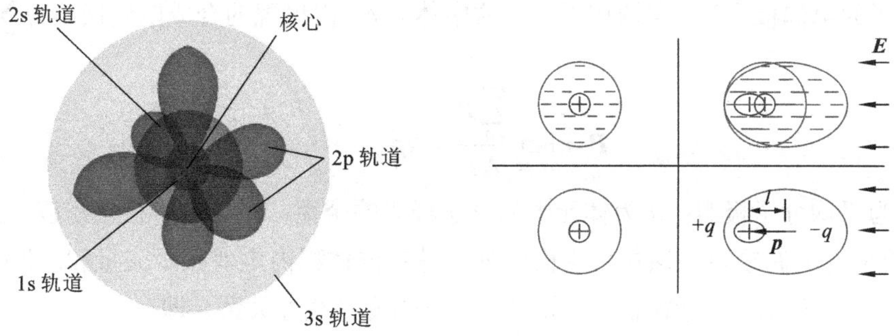

（a）电子云示意图　　（b）极化前后的电荷中心

图 3.5　介质的电子云结构和位移极化

（2）离子极化. 电介质的分子由正负离子构成，比如离子晶体. 这种物质中一种元素原子的电子转移到另一种元素的原子中，分别成为正负离子. 以离子晶体为例，正负离子有规律地等量排列成晶阵结构，正离子中心和其周围的负离子的中心重合，表现为电中性. 当电场作用后，类似与位移极化，正负离子电荷中心产生位移，导致宏观电荷和电偶极矩，这是离子极化，如图 3.6 所示. 它是以 NaCl 为例说明电场作用前后晶体结构变化的示意图. 左端是未受影响的氯化钠晶体的一个晶胞，具有晶格常数 d_0，受到电场 $\boldsymbol{E}$ 的作用后，一个晶面（虚线）沿电场方向发生移位，比如移到实线所示晶面，其中离子发生了位移 $\boldsymbol{d}$ ，晶格常数也变为 $\boldsymbol{d}_0'=\boldsymbol{d}_0+\boldsymbol{d}$ ，可以知道晶面上正负离子的中心离开的距离变化为 $|\boldsymbol{d}|$.

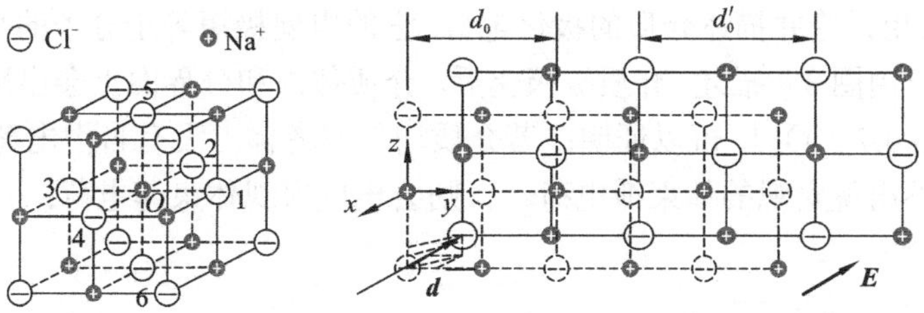

图 3.6　离子晶体结构（以 NaCl 为例）和离子极化示意图

（3）取向极化. 这是由极性分子构成的物质情形. 电介质的分子本身是电偶极子，具有固有电偶极矩，无外界作用时，它们杂乱无章随机取向，不产生宏观的电偶极矩. 在外电场的作用下，这些电偶极子会发生转动，趋于电场方向，出现宏观电偶极矩.

一般的单原子介质只有位移（电子）极化. 所有的化合物都会存在位移极化和取向极化或离子极化（但是宏观表现往往有主要次要之分，且工程上次要的可以忽略）. 多重物质的复合同时出现三种极化，并可能有更复杂的物理机制.

2. 极化强度矢量

不同介质的微观结构不同，表现为不同的电子壳层结构和不同的原子分子组合方式，置于电场中产生的电偶极子也会不同，就会出现不同的介质极化特性. 一种定量描述这一效应的方法是用极化强度矢量描述.

极化强度矢量 $\boldsymbol{P}$ 表示电介质被极化的程度. 设 $\boldsymbol{p}_i$ 表示第 i 个电偶极子对应的分子极矩（即一个分子的电偶极子），电场作用下介质中体元 $\Delta\tau$ 内出现的合成电偶极矩为 $\sum_{i=1}^{n}\boldsymbol{p}_i$，则有

$$\boldsymbol{P}=\lim_{\Delta\tau\to 0}\frac{\sum_{i=1}^{n}\boldsymbol{p}}{\Delta\tau}=N\boldsymbol{p}_{\mathrm{av}} \tag{3.23}$$

式中：$\boldsymbol{p}_{\mathrm{av}}$ 为平均分子极距；n 为体元中的分子极矩的个数；N 为分子极矩密度. 它是单位体积中介质的平均电偶极矩，该式表明极化强度是单位体积内电偶极矩矢量和. 研究表明，介质的极化强度在各向同性的情形下和其中的电场强度是线性关系，即

$$\boldsymbol{P}=\chi_{\mathrm{e}}\varepsilon_0\boldsymbol{E} \tag{3.24}$$

式中：χ_{e} 为介质的极化系数. 该式中的电场不是外加电场，而是介质中存在的总场.

由于这些电偶极子可以在空间产生电场，根据电偶极矩、极化强度、电场三者之间的关系，可用分子极矩讨论并描述介质的极化电荷. 根据电偶极子在空间产生场的电位表达式（3.17），将分子偶极子和极化强度的关系代入，就可以得到极化强度表示的电位为

$$\varphi_{\mathrm{P}}(\boldsymbol{r})=\frac{1}{4\pi\varepsilon_0}\int_{\tau}\frac{\boldsymbol{P}(\boldsymbol{r}')\cdot(\boldsymbol{r}-\boldsymbol{r}')}{|\boldsymbol{r}-\boldsymbol{r}'|^3}\mathrm{d}\tau \tag{3.25}$$

它产生的电场用电位和电场关系的定义式求出，即 $\boldsymbol{E}_{\mathrm{P}}=-\nabla\varphi_{\mathrm{P}}$. 相应的电通量密度为

$$\boldsymbol{D}_{\mathrm{P}}=\varepsilon_0\boldsymbol{E}_{\mathrm{P}}$$

3. 极化电荷

极化电荷的出现情况也可以用来描述介质的极化程度，并用来求解介质被极化后产生的电场. 可用分子极矩讨论并描述介质的极化电荷. 它的电偶极矩等于分子的平均电偶极矩，则介质极化的模型可由图 3.7 描述. 介质被极化后，介质体内和分界面上会出现分布电荷，这些就是极化电荷[图 3.7（a）]. 可以证明：若介质均匀或者体内没有自由电荷，则体元内的净束缚电荷为零，不出现宏观的体束缚电荷，否则会出现宏观体束缚电荷；介质表面上出现有宏观束缚电荷.

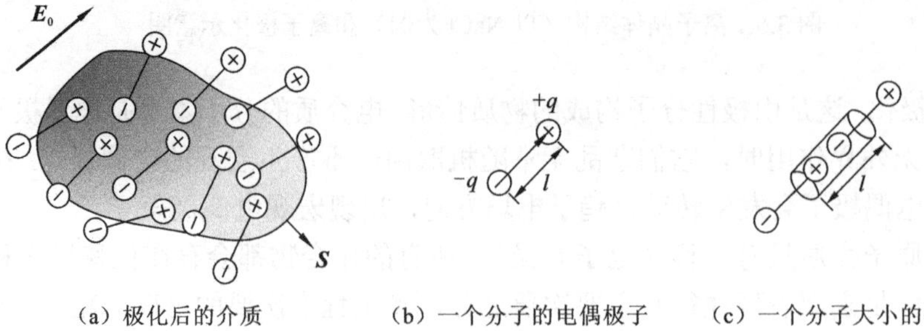

（a）极化后的介质　（b）一个分子的电偶极子　（c）一个分子大小的体元

图 3.7　介质极化时的极化电荷模型

根据此模型可得到极化电荷的计算公式. 为此考虑被极化介质的每个分子可看作是一个电偶极子 $\boldsymbol{p}=q\boldsymbol{l}$ 的情形[图 3.7（b）]，通过计算任意闭合面包围的束缚电荷得到极化电荷的有关公式. 这种电荷有两种分布情形.

（1）体极化电荷 ρ_{P}. 在介质体内取闭合面 S，在闭合面 S 所围体积 V 内取小体积元 $\mathrm{d}V=\boldsymbol{l}\cdot\mathrm{d}\boldsymbol{S}$ [图 3.7（c）]，穿出 $\mathrm{d}S$ 面的电荷量为

$$\mathrm{d}Q=qN\boldsymbol{l}\cdot\mathrm{d}\boldsymbol{S}=\boldsymbol{P}\cdot\mathrm{d}\boldsymbol{S}$$

穿出整个 S 面的电荷量为

$$Q=\oint_S\mathrm{d}Q=\oint_S\boldsymbol{P}\cdot\mathrm{d}\boldsymbol{S}$$

由电荷守恒和电中性性质，S 面所围电荷量为

$$q_{\mathrm{P}}=-Q=-\oint_S\boldsymbol{P}\cdot\mathrm{d}\boldsymbol{S}=-\int_V\nabla\cdot\boldsymbol{P}\mathrm{d}V$$

对比电荷密度和总电荷量的积分关系，有极化电荷密度和极化强度的关系为

$$\rho_{\mathrm{P}}=-\nabla\cdot\boldsymbol{P} \tag{3.26}$$

根据前面的讨论可知，若介质均匀极化（$\boldsymbol{P}$ 与空间位置无关），则介质无体极化电荷，也就是说均匀介质被极化后，内部一般不存在体极化电荷. 这和前面定性讨论的结果一样.

（2）面极化电荷 ρ_{sP}. 穿出面元 $\mathrm{d}S$ 的电荷量为

$$\mathrm{d}q_{\mathrm{sP}}=\boldsymbol{P}\cdot\mathrm{d}\boldsymbol{S}=\boldsymbol{P}\cdot\boldsymbol{n}\mathrm{d}S$$

根据电荷面密度的定义式有

$$\rho_{\mathrm{sP}}=\frac{\mathrm{d}q_{\mathrm{sP}}}{\mathrm{d}S}=\boldsymbol{P}\cdot\boldsymbol{n} \tag{3.27}$$

根据这个表达式，可以计算两种介质分界面上的极化电荷. 如图 3.8 所示，分界面 S 上下分别为不同的两种介质 2 和 1，根据上式得到的结果，可以得到两种介质表面上在对方介质中的面电荷密度. 考虑到表达式中的外法向方向是反向的，可以得到分界面上存在极化电荷的面密度为

$$\rho_{\mathrm{sP}}=(\boldsymbol{P}_1-\boldsymbol{P}_2)\cdot\boldsymbol{n} \tag{3.28}$$

其中，$\boldsymbol{n}$ 是由介质 1 指向介质 2 的分界面法线方向，这是在界面的介质 2 一侧出现的极化电荷量. 这说明不同介质的不同介电特性，会使不同介质分界面上存在极化电荷.

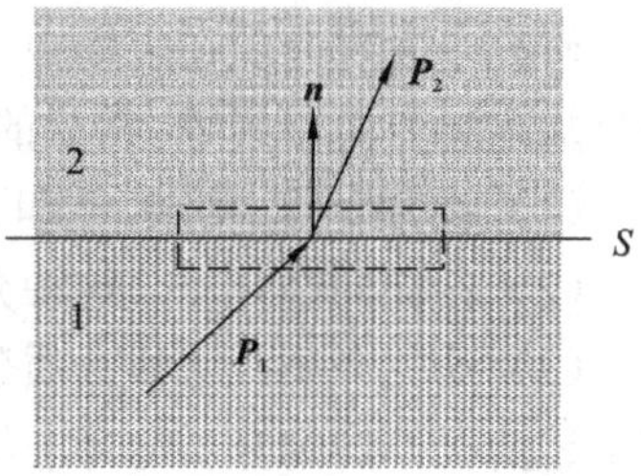

图 3.8　介质分界面上的极化

从上述分析中总结出极化电荷的主要特点有：①极化电荷不能自由运动，是束缚电荷；②根据电荷守恒定律，极化电荷总量为零；③极化介质分界面上一般存在极化电荷；④若极化介质内存在自由电荷，则在自由电荷处一般存在极化电荷.

3.4.2　介质中的静电场方程

从上面的分析可以看出在极化现象中，介质中的电子、原子核、离子或极性分子等带电粒子会偏离其热运动平衡位置，出现有序的电偶极子. 这些电偶极子产生的电场会叠加于原来电场之上，空间中的电场发生变化. 外加电场和极化电荷产生电场的矢量和构成介质中的电场，现在考察这个电场满足的规律.

1. 电场、电位移矢量和本构关系

对于介质存在的空间中，假定外加电场为 $\boldsymbol{E}_0$，它使介质极化后产生极化电荷 ρ_{P}. 这些电荷有自己的电场——极化电场 $\boldsymbol{E}_{\mathrm{P}}$. 这一电场和原来施加的电场叠加，构成了这一空间中的电场. 很明显，电场的变化与介质性质有关，因为不同的介质的极化响应不同，相应的极化电场也不同.

现在看这个电场的散度 $\nabla\cdot\boldsymbol{E}$. 根据前面的讨论可知，它的源包含两个：一个是外加电场的源 ρ；另一个是极化电荷 ρ_{P}. 所以有

$$\nabla\cdot\boldsymbol{E}=\frac{\rho+\rho_{\mathrm{P}}}{\varepsilon_0}$$

考虑到静电场高斯定理等式右端电荷的含义和式（3.26）可以得到

$$\nabla\cdot(\varepsilon_0\boldsymbol{E}+\boldsymbol{P})=\rho$$

引入电位移矢量

$$\boldsymbol{D}=\varepsilon_0\boldsymbol{E}+\boldsymbol{P} \tag{3.29}$$

作为描述介质存在空间中的电场参量. 将介质极化强度和电场之间的关系代入这个表达式可以得到电位移矢量和其中电场的关系，这就是著名的电介质本构关系. 在各向同性介质的情形下，应用关系式（3.24），可以得到

$$\boldsymbol{D}=\varepsilon\boldsymbol{E} \tag{3.30}$$

式中，$\varepsilon=\varepsilon_0(1+\chi_{\mathrm{e}})$ 称为介电常数，于是熟知的相对介电常数为 $\varepsilon_{\mathrm{r}}=1+\chi_{\mathrm{e}}$. 这个表达式就是各向同性介质的本构关系. 特殊地，在自由空间中，上式成为真空中的本构关系式（3.2）.

研究中发现介质在电场中的极化因电介质的复杂变化可以非常复杂，比如极化强度可以和外加电场方向不同等. 常见的介质有下面几类.

（1）线性介质：这是 $\boldsymbol{P}$ 和 $\boldsymbol{E}$ 为线性关系的介质.

（2）各向同性介质：这种介质中不同方向上的 ε 都为相同的常数.

（3）均匀介质：这种介质分布均匀，其介电常数处处相等.

和上述情况不同的介质称为非线性介质、各向异性介质、非均匀介质等.

2. 介质中静电场的基本方程

从电位移矢量的引入过程中可直接得到，在介电常数为 ε 的介质中有

$$\nabla\cdot\boldsymbol{D}=\rho\Leftrightarrow\oint_S\boldsymbol{D}\cdot\mathrm{d}\boldsymbol{S}=Q$$

这就是介质中静电场的高斯定律，依次是其微分形式散度方程和积分形式的通量方程. 其中宏观电荷 ρ 或 Q 分别是空间点上的自由电荷密度和闭合曲面包围的自由电荷代数和（也称净电荷）. 该式和真空中的高斯定理表达式形式相同. 微分式的物理解释为介质空间中电场的散度场源是空间中的自由电荷密度，积分式则说明封闭面的电通量等于其包围的净电荷.

在介质中，静电场仍然为保守场，介质中的环路定律保持真空中的形式，即

$$\nabla\times\boldsymbol{E}=0 \quad 和 \quad \oint_C\boldsymbol{E}\cdot\mathrm{d}\boldsymbol{l}=0$$

这两个依次是微分形式和积分形式.

这里重点强调微分表达式给出的介质静电场的基本方，分别是高斯定理

$$\nabla \cdot \boldsymbol{D} = \rho \tag{3.31}$$

和旋度定理

$$\nabla \times \boldsymbol{E} = 0 \tag{3.32}$$

同真空相比，可见它们的参量相同、数学表达式形式完全一样. 首先本书后面的讨论不再以下标区分电场是否处于真空；其次更重要的是真空中所有求解电场的方法都可以推广到介质空间使用.

3．介质中的电位方程

讨论各向同性的线性介质中的情况. 这时 ε 为常数，电位移矢量满足高斯定律，它和电场强度的关系由本构关系确定. 由于电场可以用电位函数表示，于是可以得到电位函数满足的方程. 将电位函数、本构关系依次代入高斯定理，可得

$$\rho = \nabla \cdot \boldsymbol{D} = \nabla \cdot (\varepsilon \boldsymbol{E}) = \varepsilon \nabla \cdot (-\nabla \varphi) = -\varepsilon \nabla^2 \varphi$$

所以

$$\nabla^2 \varphi = -\frac{\rho}{\varepsilon} \tag{3.33}$$

这就是介质中电位函数满足的方程. 可见它是一个泊松方程，如果是无源空间的话，它就变成拉普拉斯方程（3.23），也可以用来求解介质中的电位和电场.

3.4.3 介质中静电场的边界条件

前面章节中已经解决静电场在介质空间中满足的基本方程问题，包括电位移矢量、电场强度矢量和电位函数三者满足的方程. 它们都是静电场遵循物理规律的数学表示方式. 为了得到这些方程描述具体问题的确定解，按照亥姆霍兹定理或微分方程定解的数学要求，则必须给这些方程附加边界或边值条件. 在不同介质的空间中，这些条件就是静电场问题中介质分界面上的边界条件. 它们描述介质特性突变导致的电场突变，给出联系界面两边电场的关系.

1. 电位移矢量 $\boldsymbol{D}$ 的边界条件

首先说明电位移矢量的法向满足的边界条件是如下关系式

$$\boldsymbol{n} \cdot (\boldsymbol{D}_1 - \boldsymbol{D}_2) = \sigma_s \tag{3.34}$$

式中：下标 1，2 分别为介质 1 和介质 2；$\boldsymbol{n}$ 为所处分界位置由介质 2 指向介质 1 的分界面法向单位矢量；σ_s 为该处的自由面电荷密度. 我们可用静电场高斯定理的积分形式证明这个关系.

证明 不失代表性，考虑平面分界面的情形. 如图 3.9 所示，取分界面 S 上一点邻域内的圆形面元 ΔS. 建立以这个面元为横截面通过分界面长为 Δh 的圆柱体，其外表面构成高斯面.

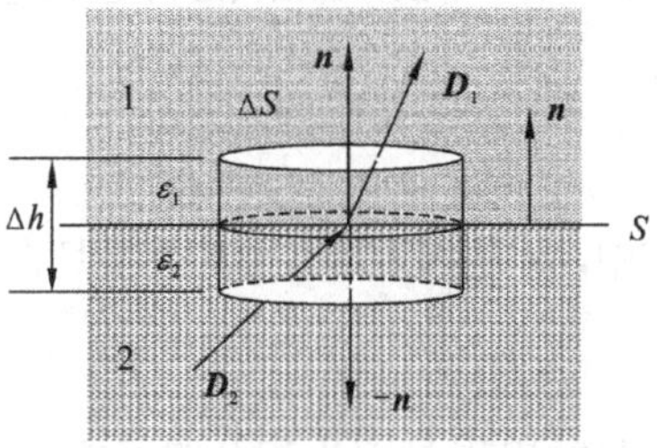

图 3.9　介质分界面两边的电位移矢量

于是电位移矢量对于这个高斯面的通量包含 3 部分.

第一部分是通过圆柱面通量，由于考虑的是边界上的问题，所以这个圆柱面的高度应为零，相应积分的值就应当等于零.

第二部分和第三部分分别是上下底面的通量，这两个积分分别为

$$\int_t \boldsymbol{D}_1 \cdot \mathrm{d}\boldsymbol{S}_t = \boldsymbol{D}_1 \cdot \boldsymbol{n}\Delta S \quad 和 \quad \int_b \boldsymbol{D}_2 \cdot \mathrm{d}\boldsymbol{S}_b = -\boldsymbol{D}_2 \cdot \boldsymbol{n}\Delta S$$

式中：下标 t 表示上表面，下标 b 表示下表面. 此处考虑到面元面积很小趋于一点时通过面元的电位移矢量都相等，下表面相对于上表面其外法向方向是反向的. 最后得到

$$\oint_S \boldsymbol{D} \cdot \mathrm{d}\boldsymbol{S} = (\boldsymbol{D}_1 - \boldsymbol{D}_2) \cdot \boldsymbol{n}\Delta S$$

根据高斯定理的积分形式可知

$$\oint_S \boldsymbol{D} \cdot \mathrm{d}\boldsymbol{S} = q = \int_{\Delta S} \sigma_s \mathrm{d}S = \sigma_s \Delta S$$

上式考虑到足够小的面元上面电荷可理解为均匀分布. 将这两个结果作简单的运算即得到式（3.34）. 它可以写作法向分量关系

$$D_{1n} - D_{2n} = \sigma_s \tag{3.35}$$

式中，下标 n 表示法向分量. 需要注意的是等式右端的面电荷密度为分界面上自由电荷面密度，不包括极化电荷. 所以若边界面上不存在自由电荷，则

$$(\boldsymbol{D}_1 - \boldsymbol{D}_2) \cdot \boldsymbol{n} = 0 \tag{3.36}$$

或

$$D_{1n} = D_{2n} \tag{3.37}$$

这也说明若边界面上不存在自由电荷，则电位移矢量的法向分量连续.

2. 电场强度 $\boldsymbol{E}$ 的边界条件

电场强度在边界上满足的边界条件是关系式

$$\boldsymbol{n} \times (\boldsymbol{E}_1 - \boldsymbol{E}_2) = 0 \tag{3.38}$$

用电场守恒定理可以证明它是成立的.

证明 考虑平面分界面的情形，在界面 S 上一点的邻域建立图 3.10 的矩形闭合路径. 闭合曲线的方向为顺时针方向；矩形垂直于界面的边长为 Δh，边界上的要求使它最终为零；平行于边界面的边长为 Δl. 这样电场沿着这个路径的积分有 4 个部分.

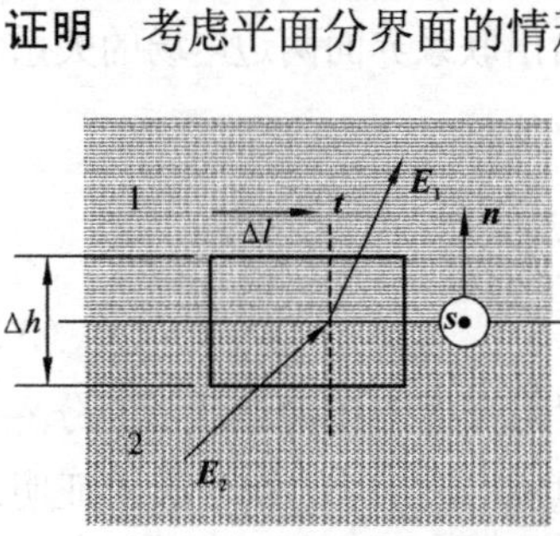

图 3.10 介质分界面两边的电场强度矢量

两个沿着垂直边上的积分，因为电场的值为有限值，而积分长度为零，所以这两部分的积分结果为零.

另外两个部分是平行于界面边上的积分. 对于介质 1 中的边长积分在这微小路径上为

$$\int_0^{\Delta l} \boldsymbol{E}_1 \cdot \mathrm{d}\boldsymbol{l} = \boldsymbol{E}_1 \cdot \boldsymbol{t}\Delta l$$

式中，$\boldsymbol{t}$ 是和矩形共面的界面切向单位矢量，方向沿矩形路径的方向. 介质 2 中路径上的积分为

$$\int_0^{\Delta l} \boldsymbol{E}_2 \cdot \mathrm{d}\boldsymbol{l} = -\boldsymbol{E}_2 \cdot \boldsymbol{t}\Delta l$$

符号的出现是因为积分路径方向和切向单位矢量 $\boldsymbol{t}$ 反向.

根据电场旋度为零的要求，这 4 部分积分之和为零，所以

$$\oint_C \boldsymbol{E}\cdot \mathrm{d}\boldsymbol{l} = \boldsymbol{E}_1\cdot \boldsymbol{t}\Delta l - \boldsymbol{E}_2\cdot \boldsymbol{t}\Delta l = 0$$

即

$$\boldsymbol{E}_1\cdot \boldsymbol{t} - \boldsymbol{E}_2\cdot \boldsymbol{t} = 0$$

令 $\boldsymbol{s}$ 是图中所示和 $\boldsymbol{t}$ 垂直的另一个界面切向，它们和界面由介质 2 指向介质 1 的法向单位矢量的关系是

$$\boldsymbol{t} = \boldsymbol{n}\times \boldsymbol{s}$$

代入上式并应用矢量点乘叉乘混合运算规则运算，得到式（3.38）.

从证明的过程中可知，它表明的物理意义是：在介质分界面上，电场的切向分量是连续的，即

$$E_{1t} = E_{2t} \tag{3.39}$$

3. 特殊分界面情形

上述边界条件在通常应用中可很好地近似为两种特殊情形.

第一种情形是理想介质分界面，这时边界上除了外加自由电荷之外只能出现束缚电荷，所以只要边界上不存在外加自由电荷，上述边界条件变为

$$\begin{cases}\boldsymbol{D}_1\cdot \boldsymbol{n} = \boldsymbol{D}_2\cdot \boldsymbol{n}\\ \boldsymbol{E}_1\times \boldsymbol{n} = \boldsymbol{E}_2\times \boldsymbol{n}\end{cases} \tag{3.40}$$

表明这时电位移矢量的法向分量和电场的切向分量在界面上都是连续的.

第二种情形是理想导体和理想介质分界面，这时因为理想导体内部的电场为零，所以边界条件变为

$$\begin{cases}\boldsymbol{D}\cdot \boldsymbol{n} = \sigma_{\mathrm{s}}\\ \boldsymbol{E}\times \boldsymbol{n} = 0\end{cases} \tag{3.41}$$

这里法向单位矢量的方向指向理想导体之外，说明理想导体表面静电场的电场切向分量等于零，电位移矢量的法向分量等于导体表面的面电荷密度.

4. 电位的边界条件

对于电位函数而言，根据电场和电位移矢量的边界条件得到：边界上电位函数满足关系

$$\varphi_1 - \varphi_2 = 0 \tag{3.42}$$

而且

$$\varepsilon_2\frac{\partial \varphi_2}{\partial n} - \varepsilon_1\frac{\partial \varphi_1}{\partial n} = \sigma_S\Big|_{\boldsymbol{n}\text{由}2\to 1} \tag{3.43}$$

5. 边界上的电场方向变化

对于介质边界面上不存在自由电荷情况，也可以简单地确定出两种介质中电场之间的方向关系为

$$\frac{\tan\theta_1}{\tan\theta_2} = \frac{\varepsilon_1}{\varepsilon_2} \tag{3.44}$$

式中：θ_1 和 θ_2 分别为介质 1 和介质 2 中电场和由介质 1 到介质 2 法向之间的夹角.

3.5 恒 定 电 场

在上节了解电介质中的电场问题. 如果物质是导电的，如常见的导体，那么同样的媒质中电场又服从什么样的规律呢?现在来分析这一问题.

3.5.1 基本概念和规律

1. 恒定电场的概念和基本变量

这种媒质称为导体，其中存在的自由电子可以在不同原子间运动. 在电场的作用下，会集体定向运动，形成电流. 实际情形中经常遇到空间中电流分布不随时间变化的情况，这就是恒定电流（steady current)，这时空间的电荷分布将不发生变化. 如果不存在其他原因的话，在恒定电流空间中会伴随一个电场，称这一电场为恒定电场.

空间中运动电荷通常有两种：一种是导电物质中的电子（或其他带电粒子）运动形成的电流，称为传导电流（conduction current）；另一种是真空中电子、离子等带电粒子运动形成的电流，称为运动电流（convection current）. 可见，和恒定电场关联的基本物理变量为空间中的电流密度 $\boldsymbol{J}$ 和电场强度 $\boldsymbol{E}$. 下面分析它们在这种情况下遵从的基本物理规律.

2. 恒定电场的基本方程

现在研究恒定电场的这两个基本参量满足的方程. 恒定电流在空间中不随时间变化，根据定义电荷密度及电荷运动速度不能随时间变化，于是用电流连续性定理得到电流满足

$$\nabla \cdot \boldsymbol{J} = 0 \tag{3.45}$$

对空间中的电场而言，它仍然是无旋的，即

$$\nabla \times \boldsymbol{E} = 0 \tag{3.46}$$

这两个就是恒定电场的基本方程. 利用高斯定理和斯托克斯定理可得到它们的积分形式. 这里不再列出. 这两个表达式表明恒定电场是无源无旋的调和场. $\boldsymbol{J}$ 是描述电场作用下导电物质中导电效应的电通量参量.

因为稳恒电场问题中电流恒定的本质，可以看到传统电路中的直流问题就是这种情况. 从恒定电场的两个基本方程可以得到电路原理中的基尔霍夫定律的电流和电压表达式. 例如，高斯定理的微分形式表明稳恒电场任意点上电流无源，说明注入与流经该点的电流之和为零. 对于电路而言这个点是电路上的一个节点，所以其表示结果是基尔霍夫电流定律的内容.

3. 本构关系

从物理角度分析，电流是运动的电荷宏观体现，而电荷会受电场的作用产生加速运动，如果没有其他物理机制，恒定电场和恒定电流的共存是矛盾的. 正如欧姆定律揭示的：真实的导电物质中存在电阻，抵消了恒定电场产生的加速效应，从而使它们可以共存. 这时有

$$I = \frac{U}{R}$$

式中：U为电压；I为电流；R为电阻，取单位长度上的关系时，R称为电阻率.

取空间中的图 3.11 所示的圆柱体元，电流密度、电场沿圆柱的轴线指向 a 的方向，面元 $\mathrm{d}\boldsymbol{S}$ 在体元长度 $\mathrm{d}\boldsymbol{l}$ 垂直面上的投影 $\mathrm{d}S_{\perp}=\mathrm{d}\boldsymbol{S}\cdot\boldsymbol{e}_l$. 则有 $U=\int_b^a \boldsymbol{E}\cdot\mathrm{d}\boldsymbol{l}$ 和 $I=\int_C \boldsymbol{J}\cdot\mathrm{d}\boldsymbol{S}$ ，而 $R=\dfrac{1}{\sigma}$. 于是得

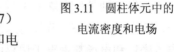

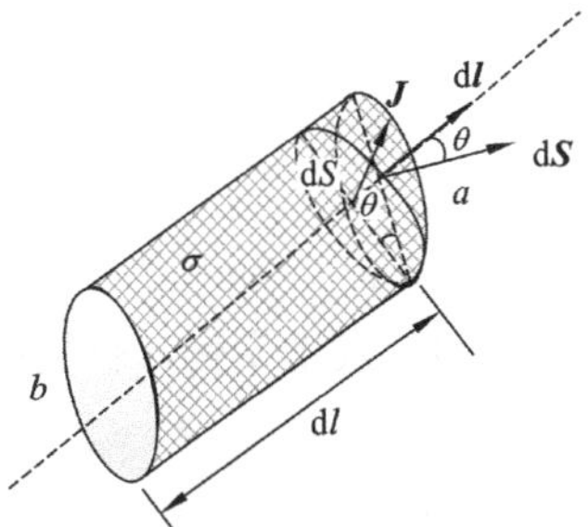

图 3.11　圆柱体元中的电流密度和电场

$$\boldsymbol{J}=\sigma\boldsymbol{E} \tag{3.47}$$

这是欧姆定律的微分形式，在导电媒质中它是电流密度和电场之间的本构关系. 由此公式可以推知：

（1）在理想导体内，恒定电场为 0；恒定电场可以存在于非理想导体内；

（2）在均匀导电媒质内，恒定电场 $\boldsymbol{E}$ 和 $\boldsymbol{J}$ 的方向相同.

4. 能量损耗

由前面讨论可知，恒定电场对于电流的作用被电阻作用所抵消. 当然，电场的作用就是对电荷做功，电阻则是消耗这一能量. 物理上电阻是载流子（金属导体中是自由电子、半导体中的电子空穴对、电解液中的离子等）和原子等背景媒质粒子（导体中是金属的原子、电解液中的溶质原子分子等）发生碰撞，转化为动能，使物质发热. 在前述的小体积元内，根据焦耳定律，可以求出它产生的是焦耳热功率，即

$$\mathrm{d}P=\frac{U^2}{R}=\frac{E^2(\mathrm{d}l)^2}{\dfrac{\mathrm{d}l}{\sigma\cdot\mathrm{d}S_{\perp}}}=\sigma E^2\cdot\mathrm{d}S_{\perp}\cdot\mathrm{d}l$$

所以，单位体积功率损耗为

$$p=\sigma E^2=\boldsymbol{J}\cdot\boldsymbol{E} \tag{3.48}$$

它是导电媒质焦耳功率损耗密度，也称为微分形式的焦耳定律.

至此我们可以理解导体中电场能量损耗的一个原因是电子（带电粒子）的碰撞产生热能；它的能量来源就是电源——电动势 E.

5. 电位及其方程

显然，恒定电场中仍可引入电位函数，其过程和静电场一样，其区别是该方程仅仅是拉普拉斯方程，即

$$\nabla^2\varphi=0$$

3.5.2　边界条件

类似电场边界条件推导，可以得到恒定电场的边界条件. $\boldsymbol{J}$ 的边界条件为

$$(\boldsymbol{J}_1-\boldsymbol{J}_2)\cdot\boldsymbol{n}=0 \quad 或 \quad J_{1n}=J_{2n} \tag{3.49}$$

$\boldsymbol{E}$ 的边界条件为

$$(\boldsymbol{E}_1-\boldsymbol{E}_2)\times\boldsymbol{n}=0 \quad 或 \quad E_{1t}=E_{2t} \tag{3.50}$$

说明导电媒质分界面两边，恒定电场的切向分量连续，电流密度的法向分量连续. 电位φ边界

条件为

$$\begin{gathered}\varphi_1-\varphi_2=0\\ \sigma_2\frac{\partial\varphi_2}{\partial n}=\sigma_1\frac{\partial\varphi_1}{\partial n}\end{gathered}\tag{3.51}$$

电场方向上发生变化，有折射关系

$$\frac{\tan\theta_1}{\tan\theta_2}=\frac{\sigma_1}{\sigma_2}\tag{3.52}$$

式中：θ_1和θ_2分别是导电媒质1和导电媒质2中电场和由导电媒质1到导电媒质2法向之间的夹角. 在式（3.52）中，若导电媒质的电导率$\sigma_2\to\infty$，则$\theta_1\to 0$. 由此可知在理想导体表面上，电流密度和电场都垂直于边界面.

3.5.3 恒定电场求解的静电比拟法

从场方程的角度看，恒定电场和静电场的参量、方程有很好的对应规律：两者的电场强度、电位相互对应；电流密度和电位移矢量、电导率和介电常数相互对应. 再加上前者的无源和后者的电荷密度的对应关系，两者各个方程也一一对应.

这样静电场的解决方法和得到的各种解，在满足对应等价的边界条件和源分布的条件下，可以直接变换成对等的恒定电场的参量后得到恒定电场的解. 反之也可以. 在相同边界条件下，如果通过实验或计算得到了一种场的解，就可通过对应物理量的置换得到另一种场的解方法，静电场中被称为静电比拟法.

3.6 导体系统的电容和电导

至此，已经全面地学习了静电场中求解电场所需的物理概念、控制方程、求解条件、一些典型问题求解等方面的知识. 那么一旦得到电场的空间分布，就要考虑用它解决实际电子应用工程中需要的电阻、电导、电容等电路参数和电场能量等方面的问题，这就需要知道电场强度、电位移矢量、电流密度和电位等电场参量与它们之间的关系. 电阻和恒定电场的关系在上节中已经讨论. 因此本节只讨论电路中的电容和电导.

在电磁学中学习过电容的概念并要求掌握电容的计算方法. 但当时所知电容器都是由两个导体组成的独立系统，电容是这两个导体组成系统的一种属性，表示它获得一定电位差所需要储存的电荷量，只和导体形状、尺寸、相对位置及其间的介质有关. 现在，这些概念可以扩展到多个导体构成的系统.

3.6.1 电容器和孤立导体的电容

电路中的电容器（capacitor）是由两片接近并相互绝缘的导体制成的电极组成的储存电荷和电能的器件. 它的电容（capacitance）定义为电容器导体板上电荷和其间电压之比. 若电容器的两个导体A，B的电位分别为φ_A，φ_B，带电量分别为Q_{AB}和Q_{BA}，则有AB导体的电位差为$\varphi_{AB}=\varphi_A-\varphi_B=U_{BA}$（即电压）. 电量之间的关系为$Q_{AB}=-Q_{BA}=Q$，根据定义，它的电容为

$$C_{AB}=\frac{Q}{U_{BA}}=\frac{Q_{AB}}{\varphi_A-\varphi_B}=\frac{Q_{BA}}{\varphi_B-\varphi_A} \tag{3.53}$$

从上式可知，这个比值表示电容器要具有一定电位差所需要储存的电荷量，为正值.

在电容的定义中用到了两个导体的电位差，如 3.3.1 节讨论电位数值本身就是一个相对于电位参考点的电位差. 如果把两个导体中电位较低看作是零电位的话（电子工程中的零电位就是接地电位），这个电位差就是电容器的加载电压.

对于整个空间只有一个导体的情形，这样的一个导体称为孤立导体. 它也可以看成是电容器，因为按照无穷远为零电位的设定要求，这个导体的对于参考电位形成电压，就会具有一定的电容. 它的电容为自身电位和其带电量之比，称为孤立导体的电容. 即如果孤立导体所带电荷量 q，而电位为φ，参照电容器电容的定义，则它的电容为

$$C=\frac{q}{\varphi} \tag{3.54}$$

根据此定义可知，一个带电导体球，若 a 是它的半径，则它在空间孤立存在时的电容为

$$C=4\pi\varepsilon_0 a$$

因为它的电位和所带电量的关系为 $\varphi=\dfrac{q}{4\pi\varepsilon_0 a}$. 一般孤立导体的电容很小，例如把地球作为导体球，其电容约为 $6.8\times10^{-4}\text{F}$.

现代电磁理论和电子工程研究发现，在电子信息系统的设计和应用中，仅考虑固定电容器的电容不能完全解释电路中的电容效应. 因为电子信息系统中上述讨论的孤立导体和双多导体问题演变成复杂的多导体系统，可以想象其中每个导体都具有对地电容（或者独立导体电容），也和其他的任何一个导体构成双导体电容（器）. 这时构成了一个导体系统电容问题，出现电路中越来越重要的分布电容和杂散电容问题，因为不合理的电路布局会导致系统中实际电容严重偏离工程要求，引起棘手的电磁兼容问题.

3.6.2 导体系统电容

对于多个导体构成的体系，各导体之间、导体与地之间均存在电容，那么这个系统的电容怎么描述呢?

1. 导体系统的电位和电位系数

（1）无穷空间情形. 假定导体系由 n 个导体构成，彼此离散分布于一定的位置，起初均不带电. 当导体 1 上带单位电荷时，使 n 个导体各自具有电位 φ_{i1} ($i=1, 2, \cdots, n$)；当导体 1 上带电荷 q_1 时，这些电位变为 $q_1\varphi_{i1}$. 同样，导体 j 上的单位电荷在每个导体上产生位 φ_{ij}，若带电荷量为 q_j，相应地产生在第 i 个导体上的电位变为 $q_j\varphi_{ij}$. 可以将单位电荷产生的电位解释为电位系数，并用 S_{ij} 表示. 这样导体 j 上的电荷 q_j 在导体 i 上的位可以写为 q_jS_{ij}；此时其他导体是不带电的；现设 n 个导体分别同时带电荷，第 i 个导体带电荷为 q_i，按照叠加原理，系统中任一导体的总电位可以直接叠加求得. 即导体 i 的总电位为

$$\varphi_i=\sum_{j=1}^{n}q_jS_{ij}\quad (i=1,2,\cdots,n)$$

其中，电位系数 S_{ij} 可区分为自电位系数 S_{ii} 和互电位系数 $S_{ij}\,(i\neq j)$，后者的值仅与导体系统的几何结构有关. 每个导体上的电位系数是由自身所带电荷产生的自电位系数和其他电荷互相感应的电荷产生的互电位系数构成的. 这样每个电荷上的电荷量分别由其自身的电量 q_{ii} $(i=1, 2,\cdots, n)$和互相感应的电荷 q_{ji} $(j=1, 2, \cdots, n)$构成，即

$$q_i=\sum_{j=1}^{n}q_{ij}$$

于是各个导体上的电位和各个导体上的电荷量之间的关系可以写为矩阵形式

$$\begin{pmatrix}\varphi_1\\ \varphi_2\\ \vdots\\ \varphi_n\end{pmatrix}=\begin{pmatrix}S_{11} & S_{12} & \cdots & S_{1n}\\ S_{21} & S_{22} & \cdots & S_{2n}\\ \vdots & \vdots & & \vdots\\ S_{n1} & S_{n2} & \cdots & S_{nn}\end{pmatrix}\begin{pmatrix}q_1\\ q_2\\ \vdots\\ q_n\end{pmatrix} \tag{3.55}$$

因此可证明系数 S_{ij} 是对称的. 设导体 j 上的电荷 q_j 在导体 i 上产生的电位为 q_jS_{ij}. 导体 i 上的电荷 q_i，它在导体 j 上产生的位 q_iS_{ji}. 但若 $q_i=q_j$，因两者的相对几何位置不变，则这两个电位相等，可得

$$S_{ij}=S_{ji}$$

这表明，如果导体 j 上分布有单位电荷或电荷 q，而其他导体不带电时，导体 i 所提高的电位与导体 i 上分布有单位电荷或电荷 q，而其他导体不带电时，导体 j 所提高的位是相同的.

*(2) 有限空间情形. 这时导体系统处于有限的空间，存在电位已知的边界. 则可把边界想象为等电位的一个导体界面，使刚才的系统变为 $n+1$ 个导体的问题，计算求和从零计起，各个导体的电荷会增加相对于边界导体引起的感应电荷部分，电位系数中也会增加这些电荷影响的部分，导致电位系数和无限空间的不同. 比如每个导体会出现因边界感应形成的部分电容，构成所谓的杂散电容，使电位和电荷之间的关系复杂化.

2. 导体系统的电容系数

(1) 无界空间情形. 如已知各导体的电位 φ_i，求解方程，反之也可得到电荷 q_i 的值. 得到的方程形式如 $q_i=C_{i1}\varphi_1+C_{i2}\varphi_2+C_{i3}\varphi_3+\cdots+C_{in}\varphi_n$，共有 n 个. 每个方程也可写为

$$q_i=\sum_{j=1}^{n}C_{ij}\varphi_j$$

或者以矩阵形式写为

$$\begin{pmatrix}q_1\\ q_2\\ \vdots\\ q_n\end{pmatrix}=\begin{pmatrix}C_{11} & C_{12} & \cdots & C_{1n}\\ C_{21} & C_{22} & \cdots & C_{2n}\\ \vdots & \vdots & & \vdots\\ C_{n1} & C_{n2} & \cdots & C_{nn}\end{pmatrix}\begin{pmatrix}\varphi_1\\ \varphi_2\\ \vdots\\ \varphi_n\end{pmatrix} \tag{3.56}$$

式中，系数 C_{ij} 为电容系数. 它与电位系数 S_{ij} 的关系为

$$C_{ij}=\frac{(-1)^{i+j}M_{ij}}{\Delta}$$

式中：Δ 为矩阵方程（3.56）中系数矩阵的行列式，而 M_{ij} 是行列式 Δ 中的余子式，消去其中的第 i 列和第 j 行即可得到.

容易证明 C_{ij} 也是对称的，所以

$$C_{ij} = C_{ji}$$

因此容易理解 C_{ii} 是自电容系数，而 C_{ij}（$i \neq j$）是互电容系数，其值也仅与导体系的几何结构有关.

现在根据前面的电容定义式考察 $q_i = \sum_{j=1}^{n} C_{ij}\varphi_j$. 将它的展开式写为

$$\begin{aligned} q_i &= -C_{i1}(\varphi_i - \varphi_1) - C_{i2}(\varphi_i - \varphi_2) - C_{i3}(\varphi_i - \varphi_3) - \cdots + C_{ii}\varphi_i - \cdots - C_{in}(\varphi_i - \varphi_n) \\ &\quad + C_{i1}\varphi_i + C_{i2}\varphi_i + C_{i3}\varphi_i + \cdots + C_{ii-1}\varphi_i + C_{ii+1}\varphi_i + \cdots + C_{in}\varphi_i \\ &= \sum_{j \neq i}^{n} C_{ij}(\varphi_j - \varphi_i) + \sum_{j=1}^{n} C_{ij}\varphi_i \end{aligned} \tag{3.57}$$

借助于电容器的定义可以说明方程的物理含义，该导体系构成一个电容器系，其中的电容会对应有系数 C_{ij} 和 C_{ii}. 上述表达式中导体的电荷也刚好是自带电荷和其他导体与它的感应电荷之和.

因为从定义的角度看

$$C_{ij} = \frac{q_{ji}}{\varphi_j - \varphi_i}$$

分子是两个导体之间相互感应对应的电荷，分母是两个导体之间的电位差，这正是两个导体之间的互电容系数. 对于相应于自身的电荷与自己产生的电位，构成了自电容系数：

$$C_{ii} = \frac{q_{ii}}{\varphi_{ii}}$$

*(2) 有限空间问题. 有限空间问题是工程中常见的情况. 这时上面讨论公式中出现不可忽视的边界感应的影响，导体的电荷中将增加这部分电荷 q_{i0}，相应的也增加了对应的电位 φ_{i0}. 对应地会出现相应的电容部分 C_{i0}，称为部分电容或杂散电容.

对应于表达式（3.57）的推导分析. 系数 C_{i0} 可表示为

$$C_{i0} = C_{ii} - \sum_{i \neq j}^{n} \left| C_{ij} \right| \tag{3.58}$$

或者自电容为

$$C_{ii} = \sum_{i \neq j}^{n} \left| C_{ij} \right| + C_{i0} \tag{3.59}$$

部分电容 C_{i0} 始终与导体 i 上的电荷联系在一起，称为导体 i 的杂散电容. 随着现代科学工程中电磁系统的随处应用，电磁兼容问题越来越突出，杂散电容问题成为必须考虑的复杂问题. 其复杂性可以从上述的讨论中看到，至少是和应用问题的复杂性紧密相关的.

3. 导体系统的端口电容

从电子工程的角度看，多个导体的静电系统等效为一个电容器系统或电容器网络，可以确定其中任意两导体为端口的输入电容. 例如图 3.12 中的三导体系统.

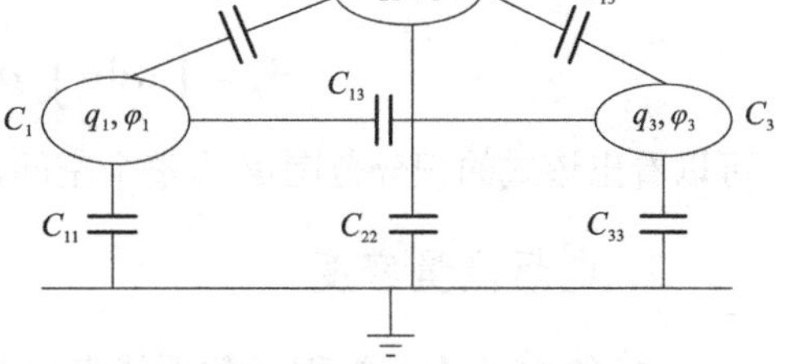

图 3.12　三导体系统电容的等效

容易写出各导体上的电位与其上的电荷之间的关系为

$$\begin{cases} q_1 = C_{11}\varphi_1 + C_{12}(\varphi_1 - \varphi_2) + C_{13}(\varphi_1 - \varphi_3) \\ q_2 = C_{22}\varphi_2 + C_{21}(\varphi_2 - \varphi_1) + C_{31}(\varphi_3 - \varphi_1) \\ q_3 = C_{33}\varphi_3 + C_{31}(\varphi_3 - \varphi_1) + C_{32}(\varphi_3 - \varphi_2) \end{cases}$$

利用这个方程可以求出每个导体与其电位的比值，它将由导体自电容和互电容表示出来.

3.6.3 漏电介质中导体系统的电导

对于多个理想导体构成的电容器系统，如果其间的介质漏电，在恒定电场的条件下可以得到系统中的电导. 导体与地之间的电导，称为导体自电导；导体之间的电导，称为导体互电导. 可以用静电比拟法得到电导的结果. 这时电导和电容相对应的量为

$$\boldsymbol{E} \leftrightarrow \boldsymbol{E};\ \boldsymbol{J} \leftrightarrow \boldsymbol{D}$$

$$\varphi \leftrightarrow \varphi;\ I \leftrightarrow q$$

$$\sigma \leftrightarrow \varepsilon;\ G \leftrightarrow C$$

3.7 电场能量　电场力

3.7.1 电场的能量

处于某电场电位为 φ 的空间点上的点电荷 q，所具有的电势能为将该点电荷由电位零点移到该空间点外力做的功负值，可以求得该电势能为 $q\varphi$. 由此可以获得分布电荷形成的电场空间的电场能量.

1. 电荷分布空间的电场能量

以单个电荷形成自身电位基础，可求出存在电荷分布 $\rho(\boldsymbol{r})$ 的空间 V 中系统的总能量为

$$W_e = \frac{1}{2}\int_V \rho(\boldsymbol{r})\varphi(\boldsymbol{r})\mathrm{d}V \tag{3.60}$$

式中，$\varphi(\boldsymbol{r})$ 为电荷在该空间产生电位.

证明　假定系统是以逐渐增加的形式形成的，电荷密度增加到 $\rho(\boldsymbol{r})$ 的系数 α 从 0 变化到 1，所以系统形成过程某个阶段，电荷空间分布为 $\alpha\rho(\boldsymbol{r})$，电位是 $\alpha\varphi(\boldsymbol{r})$，过程的变化使此时产生电荷增量：

$$\mathrm{d}[\alpha\rho(\boldsymbol{r})] = \rho(\boldsymbol{r})\mathrm{d}\alpha$$

则能量增量为 $\alpha\varphi(\boldsymbol{r})\rho(\boldsymbol{r})\mathrm{d}\alpha$，所以

$$W_\mathrm{e} = \int_0^1 \alpha\mathrm{d}\alpha \int_V \rho(\boldsymbol{r})\varphi(\boldsymbol{r})\mathrm{d}V = \frac{1}{2}\int_V \rho(\boldsymbol{r})\varphi(\boldsymbol{r})\mathrm{d}V$$

可以看出该式的积分范围 V 为整个空间，退化到电荷分布区域.

2. 电场能量密度

式（3.60）中，被积函数不能表示电场能量密度，而且需要知道场源分布和电场的辅助

参量电位或电场. 特殊地，无源的电场空间，由上述积分得到零电场能量的结果，显然不正确. 在应用中得到以电场参量表示的电场能量密度更有意义. 可以证明电场的能量密度为

$$w_e = \frac{1}{2}\boldsymbol{D}(\boldsymbol{r})\cdot\boldsymbol{E}(\boldsymbol{r}) \tag{3.61}$$

证明 $$W_e = \frac{1}{2}\int_V \nabla\cdot\boldsymbol{D}(\boldsymbol{r})\cdot\varphi(\boldsymbol{r})\mathrm{d}V = \frac{1}{2}\oint_S[\boldsymbol{D}(\boldsymbol{r})\cdot\varphi(\boldsymbol{r})]\cdot\mathrm{d}\boldsymbol{S} + \frac{1}{2}\int_V \boldsymbol{D}(\boldsymbol{r})\cdot\boldsymbol{E}(\boldsymbol{r})\mathrm{d}V$$

上式的推导过程中利用了电场高斯定理和散度恒等式. 根据推导过程可知，积分应遍及整个空间，即 S 为包围整个空间的闭合面. 可以理解 $\varphi\sim\frac{1}{r}$，$\boldsymbol{D}\sim\frac{1}{r^2}$，$\mathrm{d}\boldsymbol{S}\sim r^2$ 这三个关系是成立的，所以当 $r\to\infty$ 时，$[\boldsymbol{D}(\boldsymbol{r})\cdot\varphi(\boldsymbol{r})]\cdot\mathrm{d}\boldsymbol{S}\big|_{r\to\infty}\to 0$，这样上式结果中的第一项为零. 于是

$$W_e = \frac{1}{2}\int_V \boldsymbol{D}(\boldsymbol{r})\cdot\boldsymbol{E}(\boldsymbol{r})\mathrm{d}V$$

考虑到以能量密度表示的空间能量表示式应该为

$$W_e = \int_V w_e \mathrm{d}V$$

对比两式，就可得到式（3.61）的结论. 由上述表达式，可以知道在各向同性介质中，电场的能量密度为

$$w_e = \frac{1}{2}\varepsilon E^2 \tag{3.62}$$

3.7.2 静电力

静电场通过对带电体施加作用力和其中的物质进行能量、物质等方面的交换或输运. 这个作用力称为静电力或库仑力.

根据前面对电场知识的学习和讨论，电场力可以用库仑定律求解，它需要被作用电荷的信息. 带电体受电场力作用产生位移的话，就要消耗电场能量. 现已知空间电场能量的空间分布，所以借助电场能量的潜在变化，可以用来得到静电力. 这种方法称为虚位移法.

若系统内导体受静电力的作用形成位移，则作用力和位移的标量积为电场克服外力所做的功，虚位移法中这个值用作静电场能量的变化量来求解静电力. 这适用于以下两种情况.

一是多导体系统中的电荷保持不变，相应于带电系统充电后与外电源脱离关系. 假设系统内某一导体因受静电力的作用引起某种位移，那么静电力一定等于电场能量的空间减少率，其公式为

$$\boldsymbol{F} = -\nabla W_e\big|_{q=常数} \tag{3.63}$$

这样可得到在这种情况下电荷所在表面所受的静电力. 并能证明在导体表面单位面积上所受的电场力是一种张力. 图 3.13 给出一个导体表面，在导体内部有 $\boldsymbol{E}=0$ 和 $W_e=0$. 假定导体的某个面元 ΔS 向外移动了一个微小位移 Δl，则这个面元和它经过它移动的位移构成一个空间体元 $\Delta S\Delta l$，该体元内的电场能量变为零. 该体元的电场能量减少量为该空间原有的电场能量，即 $\Delta W_e = w_e\Delta S\Delta l$，利用上式知道，对应面元

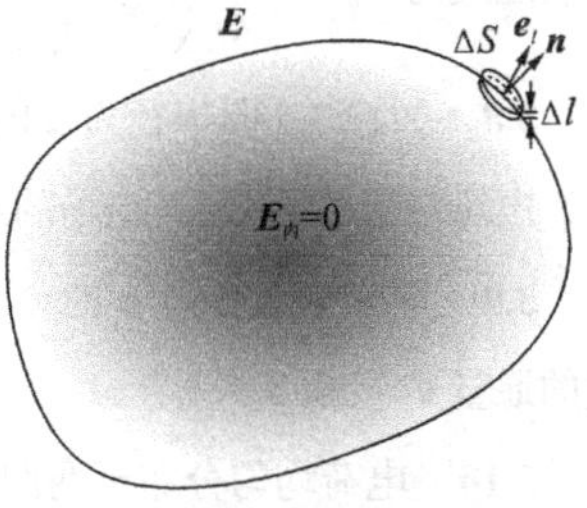

图 3.13 导体表面的位移产生的电场能量变化

上受到的静电力为

$$F = -\nabla W_e\big|_{q=\text{常数}, l\text{方向}} = \lim_{\Delta l \to 0}\frac{\Delta W_e}{\Delta l}e_l = w_e \Delta S e_n$$

转换为单位面积上的受力为

$$f = \frac{F}{\Delta S} = w_e e_n = \frac{1}{2}\varepsilon |E|^2 e_n = \frac{1}{2}\sigma_s |E| e_n \tag{3.64}$$

另一种情况是导体系统的电位不变，相应于和外加恒压源相连的情形. 如果某一导体发生位移，将引起所有导体上的电荷量发生变化. 这时外力为

$$F = \nabla W_e\big|_{\varphi=\text{常数}} \tag{3.65}$$

在这种情况下，外源提供的能量一半用于电场储能，另一半用于静电力做功. 因为若导体电位为 φ_i，其上的电荷增量为 Δq_i，所以外源做功为

$$\Delta W = \sum_{i=1}^{n}\Delta q_i \varphi_i$$

电场能量的增量为

$$\Delta W_e = \frac{1}{2}\sum_{i=1}^{n}\Delta q_i \varphi_i \tag{3.66}$$

习 题 3

（一）拓展题

3.1 求电荷密度为 σ_s 的无限大面电荷线、电荷密度为 ρ_l 无限长线电荷在空间中产生的电场. 总结可利用高斯定理求解静电场的条件要求和求解步骤.

3.2 非均匀介质中的电位方程是什么样的?

3.3 详细证明边界条件.

3.4 查找微带线的典型参数，将其作为平行板电容，计算其单位长度上的电容.

3.5 制作恒定电场和静电场的参量方程对比表，考察分析它们的对应关系.

3.6 用关系式（3.46）说明或证明基尔霍夫电压定律.

（二）练习题

3.7 设 1911 年卢瑟福在实验中使用的是半径为 r_a 的球体原子模型，其球体内均匀分布有总电荷量为 $-Ze$ 的电子云，在球心有一正电荷 Ze（Z 是原子序数，e 是质子电荷量），通过实验得到球体内的电通量密度表达式为 $D_0 = e_r \frac{Ze}{4\pi}\left(\frac{1}{r^2}-\frac{r}{r_a^3}\right)$，试证明.

3.8 如题 3.8 图半径为 a 的球形带电体，电荷总量 Q 均匀分布在球体内. 求：（1）空间中的电场分布；（2）电场的散度；（3）电场的旋度.

3.9 真空中半径为 a 的一个球面，球的两极点处分别设置点电荷 q 和 $-q$，试计算球赤道平面上电通密度的通量 Φ（题 3.9 图）.

3.10 电荷均匀分布于两圆柱面间的区域中，体密度为 ρ_0 C/m^3，两圆柱面半径分别为 a 和 b，轴线相距为 c（$c < b-a$），如题 3.10 图所示. 求空间各部分的电场.

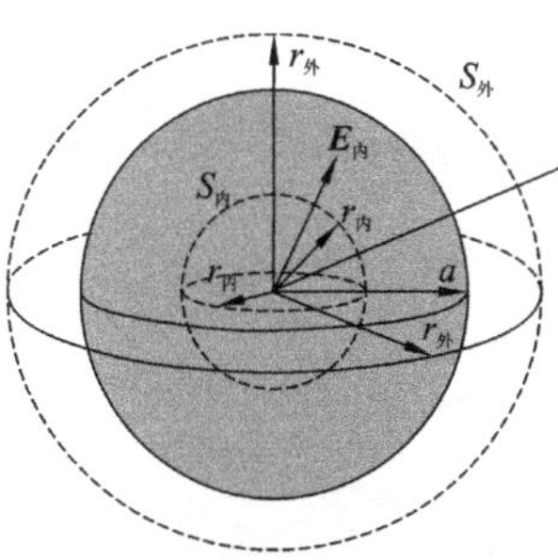

题 3.8 图

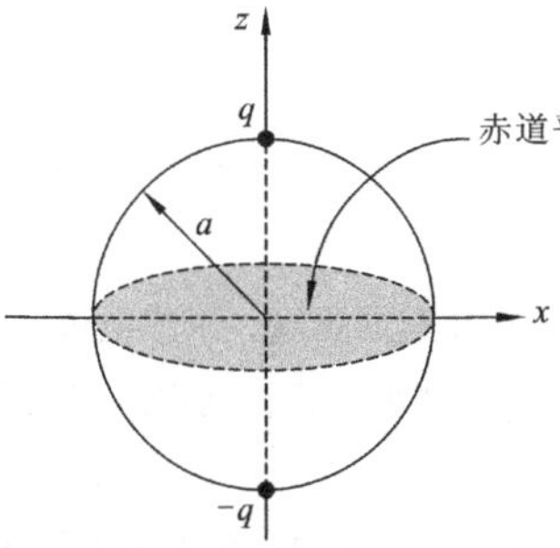

题 3.9 图

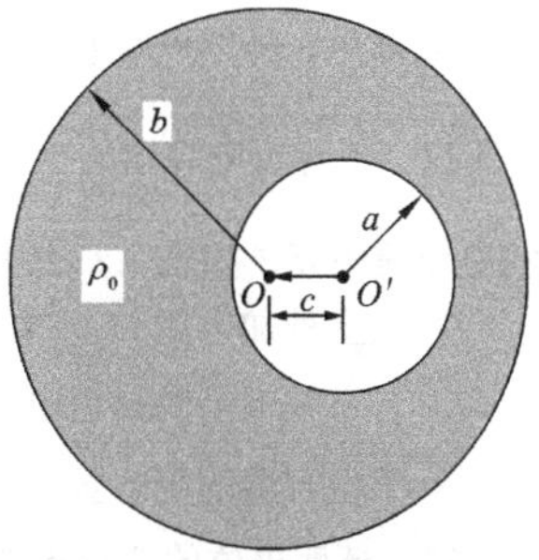

题 3.10 图

3.11 半径为 a 的带电导体球，已知球体电位为 U，求它在真空中的电位分布及电场.

3.12 驻极体是外加电场消失后，仍保持极化状态的电介质体. 求半径为 a，永久极化强度 $\boldsymbol{P}$ 为常量的球形驻极体中的极化电荷分布.

3.13 半径为 a 的球中充满密度 $\rho(\boldsymbol{r})$ 的体电荷，已知电位移分布为

$$D(r)=\begin{cases} r^3+Ar^2 & (r\leqslant a) \\ \dfrac{a^5+Aa^4}{r^2} & (r\geqslant a) \end{cases}$$

式中，A 为常数. 试求电荷密度 $\rho(\boldsymbol{r})$.

3.14 一个半径为 a 薄导体球壳内表面涂覆了一薄层绝缘膜，球内充满总电荷量为 Q 的体电荷，球壳上充有电荷量 Q. 已知球内部的电场为 $\boldsymbol{E}=\boldsymbol{e}_r(r/a)^4$，设球内介质为真空. 求：

（1）球内的电荷分布；

（2）球壳外表面的电荷面密度.

3.15 长度为 L 的细导线带有均匀电荷，其电荷线密度为ρ.

（1）计算线电荷平分面上任意点的电位；

（2）利用直接积分法计算线电荷平分面上任意点的电场 $\boldsymbol{E}$，并用 $\boldsymbol{E}=-\nabla\varphi$ 核对.

3.16 一点电荷 $+q$ 位于 $(-a,0,0)$，另一点电荷 $-2q$ 位于 $(a,0,0)$，求空间的零电位面.

3.17 电场中有一半径为 a 的圆柱体，已知柱内外的电位函数分别为

$$\begin{cases} \varphi(r)=0 & (r\leqslant a) \\ \varphi(r)=A\left(r-\dfrac{a^2}{r}\right)\cos\varphi & (r\geqslant a) \end{cases}$$

（1）求圆柱内、外的电场强度；

（2）这个圆柱是什么材料制成的?表面有电荷分布吗?

3.18 在线性均匀各向同性介质中，已知电位移矢量的 z 分量为 $D_z=20\ \text{nC/m}^2$，极化强度为 $\boldsymbol{P}=\boldsymbol{e}_x 9-\boldsymbol{e}_y 21+\boldsymbol{e}_z 15\ \text{nC/m}^2$. 求：介质中的电场强度 $\boldsymbol{E}$ 和电位移矢量 $\boldsymbol{D}$.

3.19 半径为 a 的球形电介质体，相对介电常数 $\varepsilon_r=4$，若在球心处存在一点电荷 Q，求极化电荷分布.

3.20 已知 $y>0$ 的空间中没有电荷，下列函数中哪些是可能的电位的解?

（1）$e^{-y}\operatorname{ch}x$；（2）$e^{-y}\cos x$；（3）$e^{-\sqrt{2}y}\cos x\sin x$；（4）$\sin x\sin y\sin z$

3.21 一个半径为 R 的介质球，介电常数为 ε，球内的极化强度 $\boldsymbol{P}=\boldsymbol{e}_r\dfrac{K}{r}$（$K$ 为常数）. 求：

（1）束缚电荷体密度和面密度；

（2）自由电荷密度；

(3) 球内、外的电场和电位分布.

3.22 平行板电容器的长、宽分别为 a 和 b，极板间距离为 d. 电容器的一半厚度$\left(0\sim\dfrac{d}{2}\right)$用介电常数为 ε 的电介质填充，如题 3.22 图所示.

(1) 板上外加电压 U_0，求板上的自由电荷面密度、束缚电荷；

(2) 若已知板上的自由电荷总量为 Q，求此时极板间电压和束缚电荷；

(3) 求电容器的电容量.

3.23 证明电位的边界条件式 (3.42)、式 (3.43) 和电场方向变化式 (3.44).

3.24 利用电位函数，求解平行板电容器的电位分布，设已知的外加电压为 U. 绘出电容器的极板间距的电场线和等电位线.

3.25 厚度为 t、介电常数为 $\varepsilon = 4\varepsilon_0$ 的无限大介质板，放置于均匀电场 $\boldsymbol{E}_0$ 中，板的法线与其成角 θ_1，如题 3.25 图所示. 求：

(1) 使板的法线与板内电场 $\boldsymbol{E}$ 夹角 $\theta_2 = \dfrac{\pi}{4}$ 的 θ_1 值；

(2) 介质板两表面的极化电荷密度.

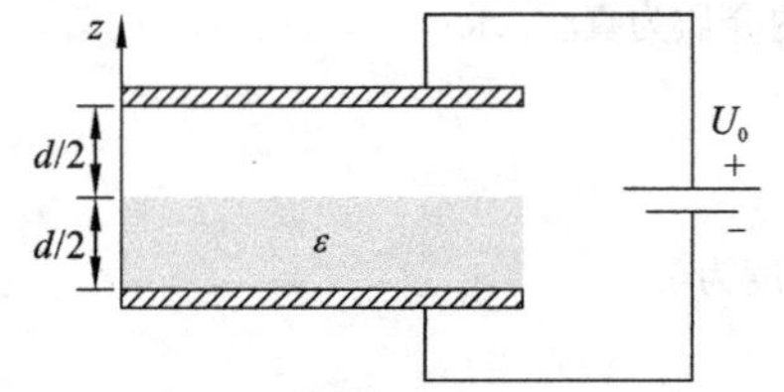

题 3.22 图

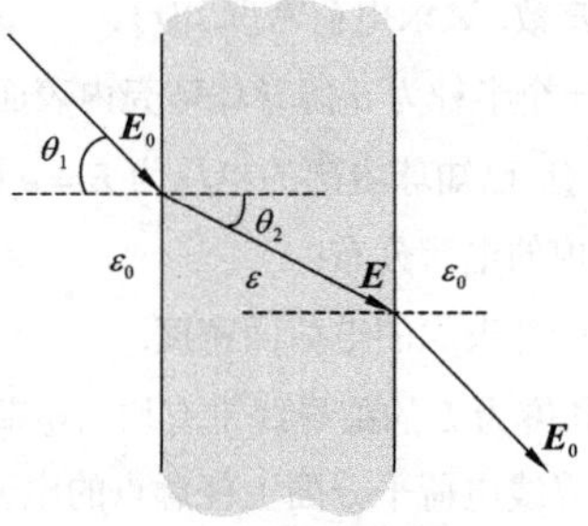

题 3.25 图

3.26 两种电介质的相对介电常数分别为 $\varepsilon_{r_1}=2$ 和 $\varepsilon_{r_2}=3$，其分界面为 $z=0$ 平面. 如果已知介质 1 中的电场的 $\boldsymbol{E}_1 = \boldsymbol{e}_x 2y - \boldsymbol{e}_y 3x + \boldsymbol{e}_z(5+z)$，那么对于介质 2 中的 $\boldsymbol{E}_2$ 和 $\boldsymbol{D}_2$，可得到什么结果? 能否求出它们在介质 2 中任意点的值?

3.27 电场中一半径为 a、介电常数为 ε 的介质球，已知球内、外的电位函数分别为

$$\begin{cases}\varphi_1 = -E_0 r\cos\theta + \dfrac{\varepsilon-\varepsilon_0}{\varepsilon+2\varepsilon_0}a^3E_0\dfrac{\cos\theta}{r^2} & (r\geqslant a)\\[2ex] \varphi_2 = -\dfrac{3\varepsilon_0}{\varepsilon+2\varepsilon_0}E_0 r\cos\theta & (r\leqslant a)\end{cases}$$

验证球表面的边界条件，并计算球表面的束缚电荷密度.

3.28 同轴线内导体半径为 a，外导体半径为 b. 内外导体间充满介电常数分别为 ε_1 和 ε_2 的两种理想介质，分界面半径为 c. 已知外导体接地，内导体电压为 U，如题 3.28 图.

(1) 确定导体间的 $\boldsymbol{D}$ 和 $\boldsymbol{E}$ 分布；

(2) 求出同轴线单位长度的电容.

3.29 球形电容器内导体半径为 a，外球壳半径为 b. 其间充满介电常数为 ε_1 和 ε_2 的两种均匀介质，这两种介质的分界面在大圆面上，如题 3.29 图. 设内导体带电荷为 q，外球壳接地，求球壳间的电场和电位分布.

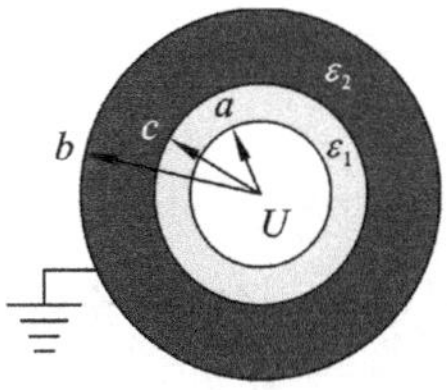

题 3.28 图

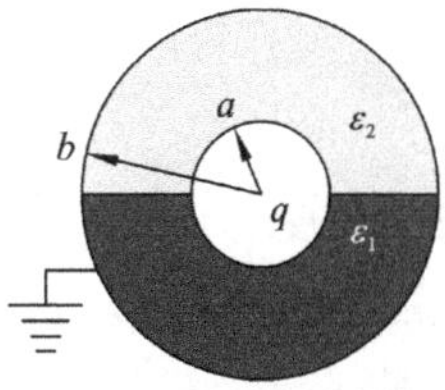

题 3.29 图

3.30 设同轴线的内导体半径为 a，外导体的内半径为 b，内、外导体间填充电导率为 σ 的导电媒质，如题 3.30 图所示，求同轴线单位长度的漏电电导.

3.31 同轴线填充两种媒质，结构如题 3.31 图所示. 两种介质介电常数分别为 ε_1 和 ε_2，导电率分别为 σ_1 和 σ_2，设同轴线内外导体电压为 U. 求：

（1）导体间的 $\boldsymbol{E}$，$\boldsymbol{J}$，φ；

（2）分界面上自由电荷分布.

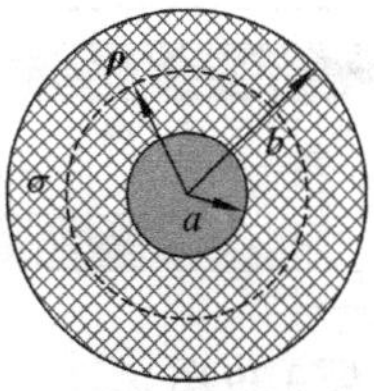

题 3.30 图

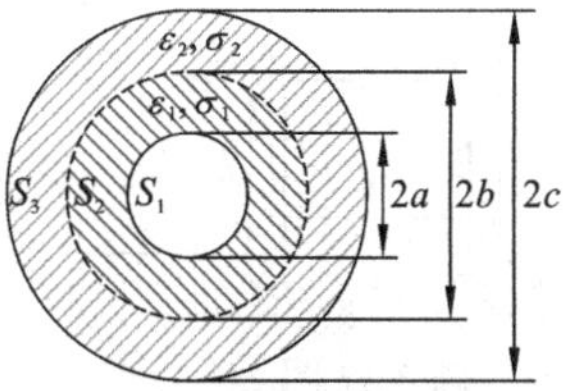

题 3.31 图

3.32 证明：平行双线单位长度的电容为 $C=\dfrac{\pi\varepsilon_0}{\ln\left(\dfrac{D}{a}\right)}$. 设平行双导线的半径为 a，导线轴线距离为 D，且 $D \gg a$.

3.33 证明：同轴线内外导体间单位长度电容为 $C=\dfrac{2\pi\varepsilon}{\ln\left(\dfrac{b}{a}\right)}$，其参数如题 3.33 图所示.

3.34 证明：同轴线单位长度的静电储能 W_e 等于 $\dfrac{q_l^2}{2C}$. 其中：q_l 为单位长度上的电荷量；C 为单位长度上的电容.

3.35 已知同轴线内外导体半径分别为 a、b，导体间部分填充扇形介质，介质介电常数为 ε，结构如题 3.35 图所示. 已知内外导体间电压为 U. 求：导体间单位长度内的电场能量.

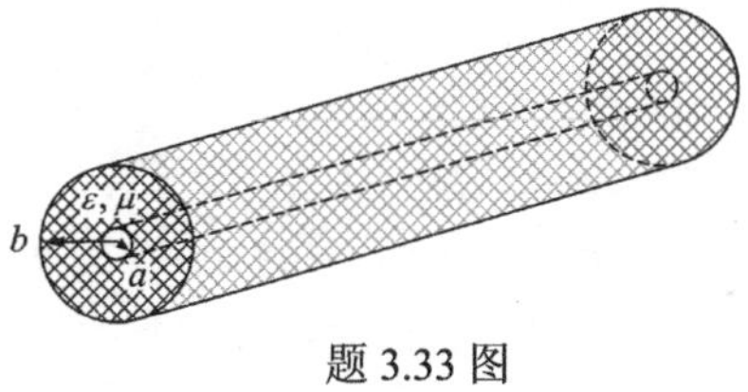

题 3.33 图

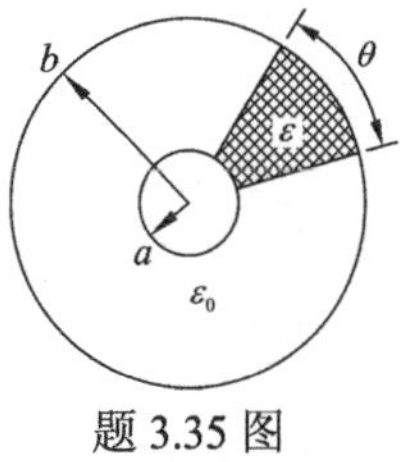

题 3.35 图

3.36 一体密度为 $\rho = 2.32\times10^{-7}\ \mathrm{C/m^3}$ 的质子束，束内的电荷均匀分布，束直径为 2 mm，束外没有电荷分布，试计算质子束内部和外部的径向电场强度.

3.37 如题 3.37 图所示，两平行的金属板，板间距离为 d，竖直地插入在电容率为 ε 的液体中，两板间

加电压 U，证明液面升高

$$h=\frac{1}{2\rho g}(\varepsilon-\varepsilon_0)\left(\frac{U}{d}\right)^2$$

其中 ρ 为液体的质量密度.

3.38 在介电常数为ε的无限大介质中，存在均匀电场 $\boldsymbol{E}_0$. 开出如（1）～（3）的空腔，求各空腔中的电场强度和电位移矢量：

（1）平行于电场强度的空腔；

（2）底面垂直与电场强度的圆盘形空腔；

（3）小球形空腔.

3.39 如题 3.39 图的系统左端的电介质块部分放置于平行板电容中，求其所受静电力.

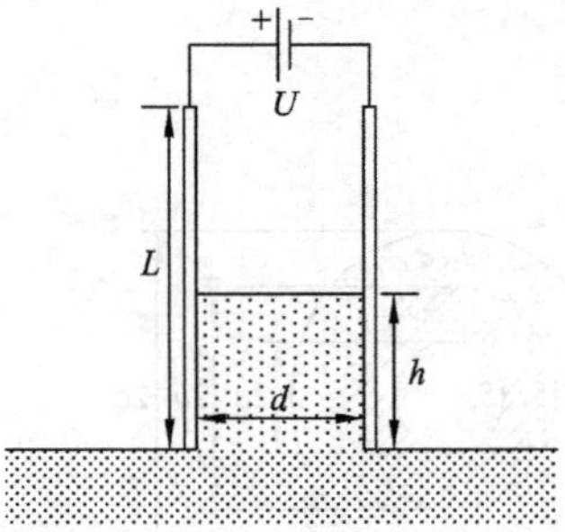

题 3.37 图

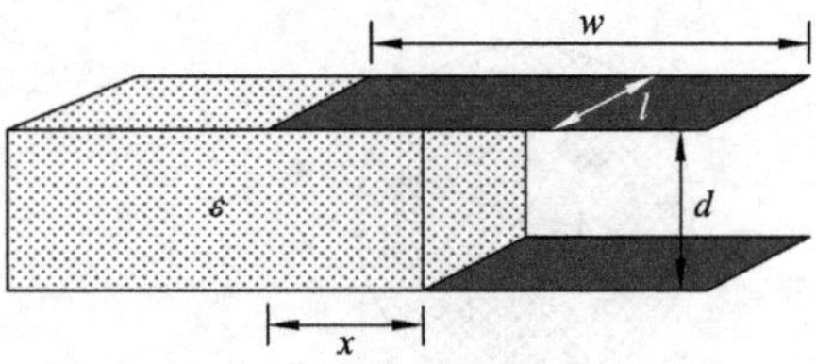

题 3.39 图

第4章　静电场边值问题的求解方法

仔细分析第3章对静电场基本支配方程的研究过程可知，媒质中静电场的空间分布完全可以由二阶偏微分方程的求解获得. 因为利用辅助函数电位，静电场的散度定理（3.31）和旋度定理（3.32）变为泊松方程（3.33）或对应的拉普拉斯方程（导电时的电流分析等情形用这个方程）. 这两个方程是二阶偏微分方程，包含了源的分布情况，根据亥姆霍兹定理，或者仔细分析第3章对静电场求解过程可知，静电场的求解变成边值问题的求解，并称为静态场边值问题的求解. 所以根据边界条件的特点，可以寻求具体问题中该方程的适宜解法.

由于现实问题的媒质分布、源分布导致问题的边界情况十分复杂. 从电位的方程本身看，可以进行积分求解，也可以使用微分求解，还可以使用物理和数学上的其他特殊方法，但这要依据实际情况进行选择. 根据解的形式和过程，通常解法也可归纳为解析法和数值法两类，前者又分为直接解法和间接解法. 直接解法从电位函数的泊松方程或拉普拉斯方程出发，利用数学手段直接得到场分布的解析解. 著名的有格林函数（积分）法、分离变量法、保角变换法. 间接解法依据一定的物理原则，将问题等效为某种已知或简单的情况，然后得到场分布的解. 其中，镜像法就是代表方法.

数值解法通常针对十分复杂的物理场景，尽管数学方程原则上可以求解，但是难以在数学和物理等效上得到简单的解析解，这时可以借助数值手段得到数值解. 这一方面已成为电磁科学和工程领域中的研究学科方向——计算电磁学，本书只以有限差分方法作简单说明.

4.1　格林函数法

4.1.1　点电荷的 δ 函数表示方法和格林函数

1. 点电荷及其 δ 函数表示

前面的章节中已经讨论了点电荷的概念，了解点电荷是一个电荷体积减小为零时的一种理想处理. 这时电荷的体密度将变为无穷大，这是需要解决的一个数学表达问题. 为此引入点电荷 q 的δ函数表示式（2.6）：

$$\rho(\boldsymbol{r})=q\delta(\boldsymbol{r}-\boldsymbol{r}')=\begin{cases}0, & \boldsymbol{r}\neq\boldsymbol{r}'\\ \infty, & \boldsymbol{r}=\boldsymbol{r}'\end{cases} \tag{4.1}$$

若 $q=1$，则这个点电荷称为单位点电荷. 式中的函数 $\delta(\boldsymbol{r}-\boldsymbol{r}')$ 是数学上的广义函数，它具有的一个重要特性就是所谓的抽样特性，即

$$\int_{\tau} f(\boldsymbol{r})\delta(\boldsymbol{r}-\boldsymbol{r}')\mathrm{d}\tau=f(\boldsymbol{r}') \tag{4.2}$$

这就使任意荷电量的点电荷得以用数学函数描述出来.

2. 单位点电荷的电位方程和解

有了点电荷的合适函数表示之后，可以将它们的电位满足的泊松方程直接写出来. 单位点电荷的电位微分方程为

$$\nabla^2\varphi = -\frac{\delta(\boldsymbol{r}-\boldsymbol{r}')}{\varepsilon_0} \tag{4.3}$$

因 ε_0 为常量，将其移到方程左端使之成为

$$\nabla^2\varepsilon_0\varphi = -\delta(\boldsymbol{r}-\boldsymbol{r}')$$

方程左端拉普拉斯算子作用的函数为 $\varepsilon_0\varphi$，它的解称为格林函数 $G(\boldsymbol{r},\boldsymbol{r}')$，即

$$G(\boldsymbol{r},\boldsymbol{r}') = \varepsilon_0\varphi(\boldsymbol{r},\boldsymbol{r}') \tag{4.4}$$

3. 单位点电荷电位的格林函数表达式

根据已经建立的结果，可通过对比单位点电荷的电位函数

$$\varphi(\boldsymbol{r}-\boldsymbol{r}') = \frac{1}{4\pi\varepsilon_0|\boldsymbol{r}-\boldsymbol{r}'|}$$

得到格林函数的表达式. 这是一个无界空间内的函数. 和式（4.4）相比，可知无界空间内单位点电荷的格林函数为

$$G(\boldsymbol{r},\boldsymbol{r}') = \frac{1}{4\pi|\boldsymbol{r}-\boldsymbol{r}'|} \tag{4.5}$$

在距离单位点电荷无穷远处的格林函数值为零.

该格林函数的严格求解过程如下：

对于单位点电荷，为其建立位于坐标原点的球坐标系，于是原点之外空间中的格林函数的方程是一个拉普拉斯方程，考虑电场的球对称性，该方程可变为

$$\nabla^2 G(\boldsymbol{r}) = \frac{1}{r^2}\frac{\mathrm{d}}{\mathrm{d}r}\left[r^2\frac{\mathrm{d}}{\mathrm{d}r}G(\boldsymbol{r})\right] = 0$$

简单的两次积分可得到

$$G(\boldsymbol{r}) = -\frac{C_1}{r} + C_2$$

考虑无穷远处为零的要求，可以确定 $C_2=0$，然后只要确定 C_1 就可得到格林函数的表达式.

现利用点电荷所在位置的方程，直接对它积分可得到

$$\int_\tau \nabla^2 G(\boldsymbol{r})\mathrm{d}\tau = \int_\tau[-\delta(\boldsymbol{r})]\mathrm{d}\tau = -1$$

上式方程的左端为梯度散度的积分，利用高斯定理转化为梯度的面积分，将 $G(\boldsymbol{r}) = \frac{C_1}{r}$ 代入对左端积分，考虑点电荷电场积分的过程，得到

$$C_1 = \frac{1}{4\pi}$$

所以，格林函数有

$$G(\boldsymbol{r}) = \frac{1}{4\pi r}$$

变换坐标原点的位置，使点电荷处于 $\boldsymbol{r}'$ 处得到结果和以前得到表达式一样，即式（4.5）.

可以看出，场源点和场点置换之后不改变格林函数的值

$$G(\boldsymbol{r},\boldsymbol{r}')=G(\boldsymbol{r}',\boldsymbol{r}) \tag{4.6}$$

这是格林函数的对称性，又称互易性.

4.1.2 电位函数的积分公式

现在获得了点电荷的格林函数，根据建立的电场知识，可通过叠加得到分布电荷源的电位. 显然这个积分的结果和电荷的空间分布情况有关，比如前面讲解的情况是有限空间中的电荷分布的结果. 对于更一般的分布情形，格林定理给出了电位函数积分方程的一般结果.

1. 格林定理

格林定理包含两个恒等式，分别是格林第一恒等式和第二恒等式，它们的论证如下. 对于高斯定理 $\int_\tau \nabla\cdot\boldsymbol{A}\mathrm{d}\tau=\oint_S \boldsymbol{A}\cdot\mathrm{d}\boldsymbol{S}$，使矢量场 $\boldsymbol{A}=\phi\nabla\varphi$，其中的$\phi$，$\varphi$为空间区域内的两个标量函数. 显然有

$$\nabla\cdot(\phi\nabla\varphi)=\phi\nabla^2\varphi+\nabla\phi\cdot\nabla\varphi$$

和

$$\phi\nabla\varphi\cdot\boldsymbol{n}=\phi\frac{\partial\varphi}{\partial n}$$

将它们代入高斯定理，得到格林定理第一恒等式，即

$$\int_\tau(\phi\nabla^2\varphi+\nabla\phi\cdot\nabla\varphi)\mathrm{d}\tau=\oint_S\phi\frac{\partial\varphi}{\partial n}\mathrm{d}S \tag{4.7}$$

将式中两个标量函数位置互换得到的表达式与原来表达式相减，可得到格林定理第二恒等式，即

$$\int_\tau(\phi\nabla^2\varphi-\varphi\nabla^2\phi)\mathrm{d}\tau=\oint_S\left(\phi\frac{\partial\varphi}{\partial n}-\varphi\frac{\partial\phi}{\partial n}\right)\mathrm{d}S \tag{4.8}$$

2. 电位函数积分公式的表达形式

对于格林第二恒等式，令ϕ为单位点电荷的格林函数，即$\phi=G(\boldsymbol{r},\boldsymbol{r}')$，$\varphi$为电位函数，则该等式变为

$$\int_\tau[G(\boldsymbol{r},\boldsymbol{r}')\nabla^2\varphi-\varphi\nabla^2G(\boldsymbol{r},\boldsymbol{r}')]\mathrm{d}\tau=\oint_S\left[G(\boldsymbol{r},\boldsymbol{r}')\frac{\partial\varphi}{\partial n}-\varphi\frac{\partial}{\partial n}G(\boldsymbol{r},\boldsymbol{r}')\right]\mathrm{d}S$$

考虑到泊松方程得到上式变为

$$\int_\tau\left[-G(\boldsymbol{r},\boldsymbol{r}')\frac{\rho(\boldsymbol{r}')}{\varepsilon_0}-\varphi\nabla^2G(\boldsymbol{r},\boldsymbol{r}')\right]\mathrm{d}\tau=\oint_S\left[G(\boldsymbol{r},\boldsymbol{r}')\frac{\partial\varphi}{\partial n}-\varphi\frac{\partial}{\partial n}G(\boldsymbol{r},\boldsymbol{r}')\right]\mathrm{d}S$$

上式中，左端第二项构成的积分中，单位格林函数的拉普拉斯运算结果为δ函数的负值，应用δ函数的选择特性，其结果为电位函数. 再将左端的第一项积分移到方程右端，得

$$\varphi(\boldsymbol{r})=\frac{1}{\varepsilon_0}\int_\tau G(\boldsymbol{r},\boldsymbol{r}')\rho(\boldsymbol{r}')\mathrm{d}\tau+\oint_S\left[G(\boldsymbol{r},\boldsymbol{r}')\frac{\partial\varphi}{\partial n}-\varphi\frac{\partial}{\partial n}G(\boldsymbol{r},\boldsymbol{r}')\right]\mathrm{d}S$$

将方向导数和梯度的关系代入得到

$$\varphi(\boldsymbol{r})=\frac{1}{\varepsilon_0}\int_\tau \rho(\boldsymbol{r}')G(\boldsymbol{r},\boldsymbol{r}')\mathrm{d}\tau+\oint_S [G(\boldsymbol{r},\boldsymbol{r}')\nabla\varphi(\boldsymbol{r}')-\varphi(\boldsymbol{r}')\nabla G(\boldsymbol{r},\boldsymbol{r}')]\cdot\mathrm{d}\boldsymbol{S} \tag{4.9}$$

这就是电位函数的积分公式.

对于不同的电荷分布情况，可以得到更具体的电位函数积分公式. 在有限空间分布的情况下，公式第一项的被积函数在电荷分布区域之外都是零，所以它变成电荷分布区域上的积分；而第二项的积分考虑是无穷空间的闭合曲面，这时考虑电位函数和格林函数都和距离成反比，它们的梯度和距离的二次方成反比，所以被积函数和距离的三次方成反比，面元正比于距离的平方，积分的结果和距离为反比关系，于是无穷大闭合面的积分结果为零，这样就得到

$$\varphi(\boldsymbol{r})=\frac{1}{\varepsilon_0}\int_\tau \rho(\boldsymbol{r}')G(\boldsymbol{r},\boldsymbol{r}')\mathrm{d}\tau'=\frac{1}{4\pi\varepsilon_0}\int_\tau \frac{\rho(\boldsymbol{r}')\mathrm{d}\tau'}{|\boldsymbol{r}-\boldsymbol{r}'|} \tag{4.10}$$

这正是前面讨论中得到的电位函数积分公式. 如果考虑电荷在无界空间的分布问题，在闭合面包围的无电荷分布的空间中电位函数的积分公式变为

$$\varphi(\boldsymbol{r})=\oint_S [G_0(\boldsymbol{r},\boldsymbol{r}')\nabla\varphi(\boldsymbol{r}')-\varphi(\boldsymbol{r}')\nabla G_0(\boldsymbol{r},\boldsymbol{r}')]\cdot\mathrm{d}\boldsymbol{S} \tag{4.11}$$

式中：积分面 S 为包围这部分无源空间的边界面.

4.1.3 电位函数解的唯一性

上面讨论表明对真空中静电场的求解，变为求解标量电位函数的拉普拉斯方程或泊松方程问题. 上述问题称为边值问题，无论是物理的要求或是数学方程的求解要求，都必须为定解给定边界条件或边值条件.

1. 边值条件的分类

通常根据给定的边界条件的不同，电位函数的边值条件可以分为下面几类.

第一类：给定整个场域边界上的电位函数值，即

$$\varphi|_S=f_1(S) \tag{4.12}$$

式中：$f_1(S)$ 为边界点 S 上已知的函数. 这是第一类边值条件，表明整个边界上的电位函数均已知，也叫作狄利克雷（Dirichlet）边界条件，这类问题称为狄利克雷问题.

第二类：给定待求电位函数在边界上的法向导数值，即

$$\left.\frac{\partial\varphi}{\partial n}\right|_s=f_2(S) \tag{4.13}$$

式中：$f_2(S)$ 也是边界点 S 上的已知的函数. 因 $\frac{\partial\varphi}{\partial n}=E_n$，故相当于给定边界表面上电场强度的法向分量. 这是第二类边值条件，整个边界上的电位法向导数已知，称为诺伊曼（Neumann）边界条件.

第三类：在边界上的点或给定电位函数值或给定法向导数值，即边界上已知条件分为两部分，一部分给定电位函数 $f_1(S)$ 的值，另一部分给定的是电位函数的法向导数 $f_2(S)$ 的值. 这是第三类边界条件，也就是说一部分边界上电位已知，另一部分边界上的电位法向导数已知. 这类问题也称为混合边值问题.

2. 唯一性定理

对于上述边界条件界定的边值问题而言，唯一性定理可叙述为：给定上述任何一类边值条件，泊松方程或拉普拉斯方程的解是唯一的. 也就是说对任何一个静态场，边界条件给定后，空间各处的场就被唯一确定.

可以用反证法证明唯一性定理的正确性.

设有两组可能的解 φ_1 和 φ_2 存在，它们都满足泊松方程（拉普拉斯方程是其特例），即

$$\nabla^2\varphi_1=-\frac{\rho}{\varepsilon_0}$$

$$\nabla^2\varphi_2=-\frac{\rho}{\varepsilon_0}$$

根据叠加定理，其差值 $\varphi_1-\varphi_2$ 满足拉普拉斯方程，即

$$\nabla^2(\varphi_1-\varphi_2)=0$$

构建一个任意的连续矢量

$$\boldsymbol{F}=(\varphi_1-\varphi_2)\nabla(\varphi_1-\varphi_2)$$

根据散度定理有

$$\int_V\nabla\cdot[(\varphi_1-\varphi_2)\nabla(\varphi_1-\varphi_2)]\mathrm{d}V=\oint_S[(\varphi_1-\varphi_2)\nabla(\varphi_1-\varphi_2)]\times\mathrm{d}S$$

利用矢量恒等式 $\nabla\cdot(\varPsi\boldsymbol{A})=\psi\nabla\cdot\boldsymbol{A}+\boldsymbol{A}\cdot\nabla\varPsi$ 及两个电位函数差值满足拉普拉斯方程的情况，则上式等号左边变为

$$\int_V(\varphi_1-\varphi_2)\nabla^2(\varphi_1-\varphi_2)\mathrm{d}V+\int_V[\nabla(\varphi_1-\varphi_2)]^2\mathrm{d}V=\int_V[\nabla(\varphi_1-\varphi_2)]^2\mathrm{d}V$$

而右边在边界面上的面积分为

$$\oint_S[(\varphi_1-\varphi_2)\nabla(\varphi_1-\varphi_2)]\cdot\mathrm{d}\boldsymbol{S}=\oint_S\left[(\varphi_1-\varphi_2)\frac{\partial(\varphi_1-\varphi_2)}{\partial n}\right]\mathrm{d}S$$

于是得到

$$\int_V[\nabla(\varphi_1-\phi_2)]^2\mathrm{d}V=\oint_S\left[(\varphi_1-\varphi_2)\left(\frac{\partial\varphi_1}{\partial n}-\frac{\partial\varphi_2}{\partial n}\right)\right]\mathrm{d}S$$

这样不管哪一类边界条件已知，都可以得到

$$\int_V[\nabla(\varphi_1-\varphi_2)]^2\mathrm{d}V=0$$

因为在边界上第一类边值问题的 $\varphi_1-\varphi_2=0$，第二类边值问题 $\left.\frac{\partial\varphi_1}{\partial n}\right|_S-\left.\frac{\partial\varphi_2}{\partial n}\right|_s=0$，分别是右侧面积分被积函数的第一个因子和第二个因子；第三类边值问题中可能是第一个因子为零，可能是第二个因子为零.

考虑是平方项的积分，则必须有

$$\nabla(\varphi_1-\varphi_2)=0$$

这两个电位函数的差为常数，即

$$\varphi_1-\varphi_2=C$$

式中：常数 C 在场中各处都是相同的，根据空间电位函数选定在同一电位参考点上的要求，则该常数也应为零，因此无论在场中何处，都有

$$\varphi_1=\varphi_2$$

这就证明了静电场的唯一性定理（uniqueness theorem）. 事实上，对于后续章节中的时变电磁场，在给定电磁场的初始值和边值后，麦克斯韦方程组的解也是唯一的.

唯一性定理的重要性并不限于数学上的结论，它为某些复杂电磁问题求解方法的建立提供了理论根据，当直接求解泊松方程或拉普拉斯方程出现困难时，有时就想找到一个可能的函数，只要它能同时满足泊松方程或拉普拉斯方程和相关的边界条件，就可以确信它是所要求的解，而且是唯一正确的解. 需要注意：电位分布和电荷分布相互制约，给定电位条件，其法向导数就不能任意，反之亦然. 还需注意：唯一性定理提出的是定解的必要条件.

4.2　分离变量法

历史上在研究物理问题的过程中，大多数物理过程的定量分析和求解时，遇到的基本方程都是多变量的偏微分方程，特别是在电磁学、热学、声学及其应用科学的问题中常见的二阶偏微分方程. 这些方程求解所需的函数表示，不论是数学过程和求得的解都遇到困难. 这一阶段中，产生了这些方程及其解的一些重要的数学求解过程和函数. 分离变量法就是其中一种数学求解过程. 本节将详细讨论直角坐标系、圆柱坐标系和球坐标系中的分离变量法及其在电场求解问题中的应用.

4.2.1　分离变量法的基本知识和原理

1. 分离变量法的基础

分离变量法的应用基础有两个. 一是线性叠加原理，故它只能解决线性系统定解问题. 在用分离变量法的过程中多次应用叠加原理，不仅方程的解是所有特解的线性叠加，而且处理非齐次泛定方程问题时，把方程条件也视为几种类型叠加的结果，从而将其“分解”. 线性叠加原理的物理表述为：“几个物理量共同作用产生的结果，等效于各个物理量单独作用时各自产生效果的总和”. 二是本征函数系的正交完备性. 只有本征函数系是正交完备的，才能将平方可积的初始条件按本征函数展开为傅里叶级数. 由于可以把二阶常微分方程转变为共同的表达形式，即斯特姆-刘维（sturm-liouville）型方程，对其各种的本征函数系的正交完备问题可归结为斯特姆-刘维型本征值问题.

2. 分离变量法的基本目的和方法

分离变量法的基本目的是使求解偏微分方程的混合问题得到简化. 作为实现这一目的的一种方法，它对符合变量分离要求的方程（传统上是具有齐次边界条件的齐次线性方程）实施变量分离，将偏微分方程的原边值问题转化为常微分方程的初值问题. 其中变量分离是指在一些空间位置的正交坐标系中，一个三维的空间坐标多变量函数可以用一维空间坐标的独立变量函数相乘构成. 数学研究结果证明，在直角坐标系、圆柱坐标系和球坐标系中，这一结论都是适用的. 这样会使得原方程分离成几个单变量常微分方程，可以使多变量的偏微分方程简化为微分方程求解.

根据前面章节的讨论，对于静电场的泊松方程或拉普拉斯方程，其数学形式和物理内涵表明只要坐标系合适都可以运用分离变量法求解，因为电场满足叠加原理. 本书分析直角坐标系、圆柱坐标系和球坐标系三种常见坐标系中静电场问题的分离变量法，包括其过程、结果和应用. 用直角坐标系的情形做详细分析，圆柱坐标系和球坐标系的情形作简要说明.

4.2.2 直角坐标系中的问题

1. 分离变量法求解的一般过程

无源空间中的静电场的基本方程是电位函数的拉普拉斯方程式（3.22）. 直角坐标系中电位表示为三维空间直角坐标 (x,y,z) 的函数，对拉普拉斯算符作直角坐标的操作，则电位的拉普拉斯方程变为

$$\frac{\partial^2\varphi}{\partial x^2}+\frac{\partial^2\varphi}{\partial y^2}+\frac{\partial^2\varphi}{\partial z^2}=0$$

利用前面讨论的原理，这个方程可以使用分离变量法. 即电位函数可写成三个单变量函数为因子的乘积，这三个因子分别以三个坐标为自变量. 设

$$\varphi(x,y,z)=X(x)Y(y)Z(z) \tag{4.14}$$

将其代入原方程得

$$Y(y)Z(z)\frac{\mathrm{d}^2X(x)}{\mathrm{d}x^2}+X(x)Z(z)\frac{\mathrm{d}^2Y(y)}{\mathrm{d}y^2}+X(x)Y(y)\frac{\mathrm{d}^2Z(z)}{\mathrm{d}z^2}=0$$

除以乘积形式的电位函数得

$$\frac{1}{X(x)}\frac{\mathrm{d}^2X(x)}{\mathrm{d}x^2}+\frac{1}{Y(y)}\frac{\mathrm{d}^2Y(y)}{\mathrm{d}y^2}+\frac{1}{Z(z)}\frac{\mathrm{d}^2Z(z)}{\mathrm{d}z^2}=0$$

显然上述方程的三项分别是三个自变量的函数，它表明这三项的和为常数零. 考虑到空间位置的任意性，要求三项分别都是常数. 可令三个自变量的函数的方程分别为

$$\begin{cases}\dfrac{1}{X(x)}\dfrac{\mathrm{d}^2X(x)}{\mathrm{d}x^2}=k_x^2\\[2ex]\dfrac{1}{Y(y)}\dfrac{\mathrm{d}^2Y(y)}{\mathrm{d}y^2}=k_y^2\\[2ex]\dfrac{1}{Z(z)}\dfrac{\mathrm{d}^2Z(z)}{\mathrm{d}z^2}=k_z^2\end{cases} \tag{4.15}$$

式中：k_x,k_y,k_z 是分离常数，且 $k_x^2+k_y^2+k_z^2=0$.

这是三个二阶齐次常微分方程，它们的形式完全相同，只要求得其中一个的解，就可以得到全部. 这里以 x 分量的解为例讨论. 根据常微分方程的知识可知，它的解可以由指数函数构建. 对于自然常数 e 的指数函数，可以写为

$$X(x)=B_1'\exp(k_xx)+B_2'\exp(-k_xx) \tag{4.16}$$

这里有三种情况. 一是 k_x 为虚数，形如 $k_x=\mathrm{j}\beta$，则可写为

$$X(x)=A_1\cos\beta x+A_2\sin\beta x \tag{4.17}$$

若 k_x 为实数，则可写为

$$X(x)=B_1\sinh(k_xx)+B_2\cosh(k_xx) \tag{4.18}$$

若 $k_x=0$，则

$$X(x)=C_1x+C_2 \tag{4.19}$$

因子 $Y(y)$和 $Z(z)$的解也是一样的过程得到. 这样可以得到三个分离因子的基函数解. 然后每组 (k_x,k_y,k_z) 相应的因子相乘，得到电位函数 φ 的一个基函数. 最后将这些函数叠加得到 φ 的通解. 其中存在一组待定常数和分离常数，它们由边界条件或初值确定. 这样就可得到直角坐标系下的电位函数的解析解.

2. 具体应用分析

为了掌握分离变量法在具体问题中的使用步骤，下面用一个实例来说明.

例 4.1 无限长金属导体槽如图 4.1 所示，其顶面电位为 U，其余三面接地，求导体槽内电位分布.

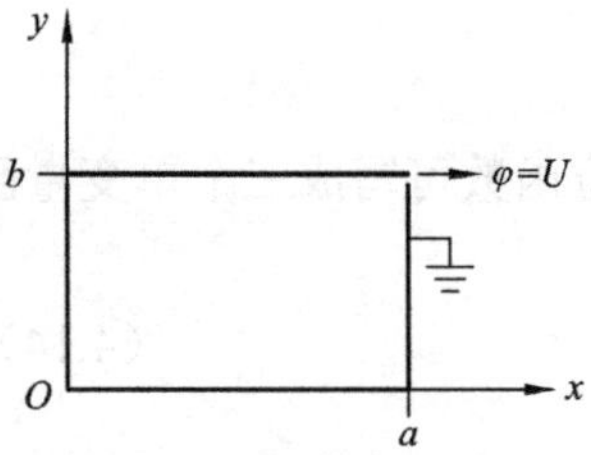

图 4.1 例题 4.1 图

分析 这是一个无源空间静电场电位拉普拉斯方程的求解问题，边界条件已知，是边值问题，可以使用分离变量法. 根据给出的电位分布边界，坐标面和边界面相互垂直或平行的直角坐标系中能得到最简单的边界值的函数表达式，利于求得解析解. 所以采用直角坐标系.

解 第一步，先基于边界条件分析，选择直角坐标系，写出它的方程和边界条件. 因为导体槽内为无源区，所以电位满足的是拉普拉斯方程. 根据分析建立如图 4.1 所示的直角坐标系后，因为是一个无限长的矩形槽，所以电位和 z 无关，于是电位的拉普拉斯方程的最终表达式为

$$\frac{\partial^2\varphi}{\partial x^2}+\frac{\partial^2\varphi}{\partial y^2}=0 \tag{4.20}$$

根据已知条件，边界条件的表达式可为

$$\begin{cases}\varphi|_{x=0}=0 \quad (0\leqslant y<b) & (4.21\text{a})\\ \varphi|_{x=a}=0 \quad (0\leqslant y<b) & (4.21\text{b})\\ \varphi|_{y=0}=0 \quad (0\leqslant x\leqslant a) & (4.21\text{c})\\ \varphi|_{y=b}=U \quad (0\leqslant x\leqslant a) & (4.21\text{d})\end{cases}$$

第二步，分离变量，将电位函数分离成 x 坐标的单变量函数 $X(x)$ 和 y 坐标的单变量函数 $Y(y)$ 的乘积，即

$$\varphi=X(x)Y(y) \tag{4.22}$$

第三步，得到两个函数的微分方程. 将式（4.22）代入方程式（4.20）后，得到两个微分方程

$$\begin{cases}\dfrac{\mathrm{d}^2X(x)}{\mathrm{d}x^2}+k^2X(x)=0\\ \dfrac{\mathrm{d}^2Y(y)}{\mathrm{d}y^2}-k^2Y(y)=0\end{cases}$$

式中：$k_x^2+k_y^2=0$. 假设 $k_x^2=-k^2$，则 $k_y^2=k^2$.

第四步，得到函数的通解. 上述两个方程具有相同的形式，但常数是反号的. 假定关于 x 的微分方程为正常数，根据常微分方程的知识得到它们的解.

当 $k=0$ 时，有

$$\begin{cases} X(x)=A_0x+B_0 \\ Y(y)=C_0y+D_0 \end{cases} \qquad (A_0,B_0,C_0,D_0\text{待定})$$

所以

$$\varphi=X(x)Y(y)=(A_0x+B_0)(C_0y+D_0)$$

当 $k\neq 0$ 时，根据式（4.17）、式（4.18）得到φ的解为

$$\varphi=[A\sin(kx)+B\cos(kx)][C\sinh(ky)+D\cosh(ky)]$$

式中：A，B，C 和 D 为待定系数. 因为三角函数具有周期性，所以解中的分离变量 k 可以取一系列特定的值 $k_n\,(n=1, 2, 3, \cdots)$，上述解进一步写为

$$\varphi=[A_n\sin(k_nx)+B_n\cos(k_nx)][C_n\sinh(k_ny)+D_n\cosh(k_ny)] \quad (n=1,2,3,\cdots)$$

这些是相互独立的解，所以电位函数的通解为它们的线性组合，即

$$\begin{aligned}\varphi&=(A_0x+B_0)(C_0y+D_0)\\&\quad+\sum_{n=1}^{\infty}[A_n\sin(k_nx)+B_n\cos(k_nx)][C_n\sinh(k_ny)+D_n\cosh(k_ny)]\end{aligned} \tag{4.23}$$

第五步，确定待定常数，得到定解. 利用边界条件确定这些常数. 在矩形槽位于 y 轴的边界上 $x=0$，电位函数满足条件式（4.21a），代入式（4.23）中，要求

$$B_n=0 \quad (n=0,1,2\cdots)$$

在矩形边界的平行于 y 轴 $x=a$ 的边界上，电位函数满足条件式（4.21b），通解中就要求

$$A_0=0,\quad k_n=\frac{n\pi}{a} \quad (n=1,2,\cdots)$$

在矩形边界的位于 x 轴的边界上 $y=0$，电位函数满足条件式（4.21c），通解中还需要

$$D_n=0 \quad (n=0,1,2\cdots)$$

在矩形边界的平行于 x 轴 $y=b$ 的边界，电位函数满足条件式（4.21d），进一步使通解成为

$$U=\sum_{n=1}^{\infty}A_nC_n\sin\left(\frac{n\pi}{a}x\right)\sinh\left(\frac{n\pi}{a}y\right)$$

为了确定式中的常数，可以利用傅里叶变换来确定. 根据傅里叶变换的知识，得

$$U=\sum_{n=1}^{\infty}f_n\sin\left(\frac{n\pi}{a}x\right)\sinh\left(\frac{n\pi}{a}y\right)$$

式中：

$$f_n=\frac{2}{a}\int_0^a U\sin\frac{n\pi x}{a}\,\mathrm{d}x=\begin{cases}\dfrac{4U}{n\pi} & (n=1,3,5\cdots)\\ 0 & (n=2,4,6\cdots)\end{cases}$$

所以

$$A_nC_n=\frac{f_n}{\sinh\left(\dfrac{n\pi}{a}b\right)}$$

最后得到接地导体槽内部电位分布为

$$\varphi=\frac{4U}{\pi}\sum_{n=0}^{\infty}\frac{1}{(2n+1)\sinh\left[\dfrac{(2n+1)\pi b}{a}\right]}\sin\left[\frac{(2n+1)\pi x}{a}\right]\sinh\left[\frac{(2n+1)\pi y}{a}\right]$$

4.2.3 圆柱坐标系的分离变量法

1. 基本方程和变量分离

对于适宜在圆柱坐标系中分析求解的静电场问题，仍考虑无源空间. 考虑电位函数的拉普拉斯方程式（3.22），因为柱坐标系中的拉普拉斯算子为 $\nabla^2=\frac{1}{\rho}\frac{\partial}{\partial\rho}\left(\rho\frac{\partial}{\partial\rho}\right)+\frac{1}{\rho^2}\frac{\partial^2}{\partial\phi^2}+\frac{\partial^2}{\partial z^2}$，所以具体方程变为

$$\frac{1}{\rho}\frac{\partial}{\partial\rho}\left(\rho\frac{\partial\varphi}{\partial\rho}\right)+\frac{1}{\rho^2}\frac{\partial^2\varphi}{\partial\phi^2}+\frac{\partial^2\varphi}{\partial z^2}=0 \tag{4.24}$$

为简单起见，现在考虑与 z 无关的二维情形，电位为ρ，ϕ的函数. 则变量分离为

$$\varphi=R(\rho)\Phi(\phi) \tag{4.25}$$

2. 方程转换和分离

将变量分离的函数代入式（4.24），可以将方程变换为微分方程的形式，即

$$\frac{\Phi(\phi)}{\rho}\frac{\mathrm{d}}{\mathrm{d}\rho}\left[\rho\frac{\mathrm{d}R(\rho)}{\mathrm{d}\rho}\right]+\frac{R(\rho)}{\rho^2}\frac{\mathrm{d}^2\Phi(\phi)}{\mathrm{d}\phi^2}=0$$

它使得下述各式成立.

方程（一）

$$\frac{1}{\Phi(\phi)}\frac{\mathrm{d}^2\Phi(\phi)}{\mathrm{d}\phi^2}=k_\phi^2 \tag{4.26}$$

式中：k_ϕ^2 为常数.

方程（二）

$$\frac{\rho}{R(\rho)}\frac{\mathrm{d}}{\mathrm{d}\rho}\left[\rho\frac{\mathrm{d}R(\rho)}{\mathrm{d}\rho}\right]=k_\rho^2 \tag{4.27}$$

式中：k_ρ^2 为常数，并且 $k_\phi^2+k_\rho^2=0$.

3. 通解

令 $k_\phi^2=-\gamma^2$ 考虑常微分方程（4.26），如果 $\gamma=0$，其解为

$$\Phi(\phi)=A+B\phi$$

但是因为静电场是恒定的，所以周期性要求常数 B_0 等于零. 如果 $\gamma\neq0$，其解为

$$\Phi(\phi)=A\sin(\gamma\phi)+B\cos(\gamma\phi)$$

因为电位函数要求是空间位置的单值函数，满足 $\Phi(\phi)=\Phi(2\pi+\phi)$ 的周期性，所以要求 γ 为整数. 按照熟知的整数符号表示，即 $\gamma=n$.

对于 $k_\rho^2=\gamma^2=n^2$. 使得微分方程（4.27）变为

$$\rho^2\frac{\mathrm{d}^2}{\mathrm{d}\rho^2}R(\rho)+\rho\frac{\mathrm{d}R(\rho)}{\mathrm{d}\rho}-n^2R(\rho)=0$$

这是一个柯西-欧拉变系数常微分方程. 当 $n\neq0$ 时，其解为

$$R(\rho)=C\rho^n+D\rho^{-n}$$

若 $n=0$，则

$$R(\rho)=C_0+D_0\ln\rho$$

考虑到每个 n 的取值都是方程的解，它们叠加后得到最后通解为

$$\varphi=(C_0+D_0\ln\rho)+\sum_{n=1}^{\infty}\{\rho^n[A_n\sin(n\phi)+B_n\cos(n\phi)]\}+\sum_{n=1}^{\infty}\{\rho^{-n}[C_n\sin(n\phi)+D_n\cos(n\phi)]\} \quad (4.28)$$

利用给定问题的边界条件，确定该式中的所有常数，得到定解.

4. 应用实例

例 4.2 真空空间的均匀电场 $\boldsymbol{E}_0$ 中，轴线与电场垂直地放置一根半径为 a、介电常数为 ε 的无限长均匀各向同性介质圆柱体. 求该圆柱内外的电位函数和电场强度.

分析 设介质圆柱的轴线与坐标系的 z 轴重合，外加电场与 x 轴重合，则可以建立如图 4.2 的圆柱坐标系. 它符合和 z 无关的圆柱坐标的电位函数的情形. 它的通解是式（4.28）. 只要通过边界条件确定其中的待定常数可以得到电位的分布，在利用电场和电位的关系就可以得到电场的结果.

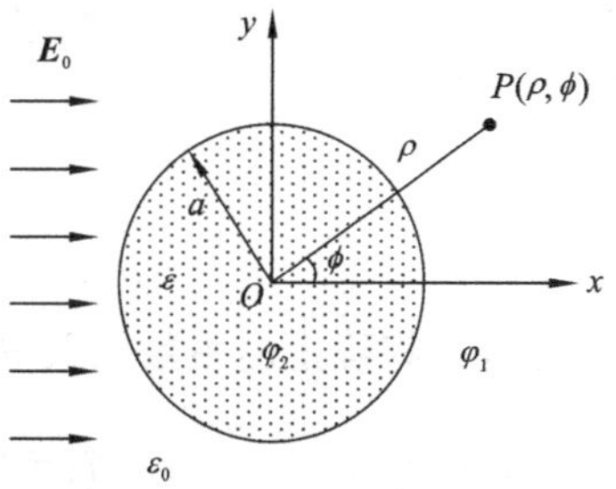

图 4.2 均匀电场中的介质圆柱和空间电位

解 第一步：确定边界条件. 这个问题的边界有距离圆柱轴为 0，a 和无穷远三个，设 φ_2 和 φ_1 分别是圆柱内外的电位，即

当 $\rho=0$ 时，根据电位是常数的事实，把它选作电位参考点，所以有

$$\varphi_2\big|_{\rho=0}=0$$

当 $\rho=a$ 时，这是介质圆柱和真空的分界面，根据电位的边界条件式(3.42)和式(3.43)，有

$$\varphi_1\big|_{\rho=a}=\varphi_2\big|_{\rho=a}$$

$$\varepsilon_0\frac{\partial\varphi_1}{\partial\rho}\bigg|_{\rho=a}=\varepsilon\frac{\partial\varphi_2}{\partial\rho}\bigg|_{\rho=a}$$

当 $\rho=\infty$ 时，电场趋近于外加电场 $\boldsymbol{E}_0$，所以有

$$\varphi_1\big|_{\rho\to\infty}=\int_{\infty}^{0}\boldsymbol{E}\cdot\boldsymbol{e}_x\mathrm{d}x=-E_0\rho\cos\phi\big|_{\rho\to\infty}$$

第二步：现确定待定的常数.

因为离轴无穷远的地方电位函数只能是方位角 ϕ 的余弦函数，所以圆柱外的电位函数通解式（4.28）中的 n 只能等于 1，而且还要求求和号之外的项为零. 所以有

$$C_0=D_0=A_n=C_n=0$$
$$B_1=-E_0$$

这样

$$\varphi_1=-E_0\rho\cos\phi+\frac{D_1}{\rho}\cos\phi$$

式中剩下系数 D_1 待确定.

考虑圆柱表面处电位相等的边界条件，则要求圆柱内的电位具有一致的函数形式，所以

$$\varphi_2 = C\rho\cos\phi + \frac{D}{\rho}\cos\phi$$

式中：C，D 为待定系数. 为满足 $\rho = 0$ 处电位为零的边界条件，则要求该式第二项为零，即 $D = 0$. 所以圆柱内的电位函数为

$$\varphi_2 = C\rho\cos\phi$$

这时联合使用电位函数及其法向导数在圆柱面上连续的条件，得到方程组

$$\begin{cases} -E_0 a + \dfrac{D_1}{a} = Ca \\ -\varepsilon_0 E_0 - \varepsilon_0 \dfrac{D_1}{a^2} = \varepsilon C \end{cases}$$

解之，得

$$C = \frac{-2\varepsilon_0}{\varepsilon + \varepsilon_0} E_0$$

$$D_1 = \frac{\varepsilon - \varepsilon_0}{\varepsilon + \varepsilon_0} a^2 E_0$$

第三步：将确定的系数代入得到圆柱面内外的电位分别为

$$\varphi_1 = -E_0\rho\cos\phi + \frac{\varepsilon - \varepsilon_0}{\varepsilon + \varepsilon_0} a^2 E_0 \frac{1}{\rho}\cos\phi$$

$$\varphi_2 = -\frac{2\varepsilon_0}{\varepsilon + \varepsilon_0} E_0\rho\cos\phi$$

电场由关系式 $\boldsymbol{E} = -\nabla\varphi$ 运算得到，分别是

$$\boldsymbol{E}_1 = \boldsymbol{e}_\rho\left[1 + \left(\frac{\varepsilon - \varepsilon_0}{\varepsilon + \varepsilon_0}\right)\frac{a^2}{\rho^2}\right]E_0\cos\phi + \boldsymbol{e}_\phi\left[-1 + \left(\frac{\varepsilon - \varepsilon_0}{\varepsilon + \varepsilon_0}\right)\frac{a^2}{\rho^2}\right]E_0\sin\phi$$

$$\boldsymbol{E}_2 = \boldsymbol{e}_x \frac{2\varepsilon_0}{\varepsilon + \varepsilon_0} E_0$$

4.2.4 球坐标系中的问题

1. 具体方程和变量分离

在适宜球坐标系中分析求解的静电场问题上，也是考虑无源空间中电位的问题. 因为球坐标系中的拉普拉斯算子为

$$\nabla^2 = \frac{1}{r^2}\frac{\partial}{\partial r}\left(r^2\frac{\partial}{\partial r}\right) + \frac{1}{r^2\sin\theta}\frac{\partial}{\partial\theta}\left(\sin\theta\frac{\partial}{\partial\theta}\right) + \frac{1}{r^2\sin^2\theta}\frac{\partial^2}{\partial\phi^2}$$

可得到球坐标系中方程具体形式为

$$\frac{1}{r^2}\frac{\partial}{\partial r}\left(r^2\frac{\partial\varphi}{\partial r}\right) + \frac{1}{r^2\sin\theta}\frac{\partial}{\partial\theta}\left(\sin\theta\frac{\partial\varphi}{\partial\theta}\right) + \frac{1}{r^2\sin^2\theta}\frac{\partial^2\varphi}{\partial\phi^2} = 0 \qquad (4.29)$$

仍然考虑与 ϕ 无关的二维情形，电位为 r、θ 的函数. 则变量分离为

$$\varphi = R(r)\Theta(\theta) \qquad (4.30)$$

2. 方程变换和分离

经过变量分离之后，将方程变换为

$$\frac{1}{R(r)}\frac{\mathrm{d}}{\mathrm{d}r}\left(r^2\frac{\mathrm{d}R(r)}{\mathrm{d}r}\right)+\frac{1}{\Theta(\theta)\sin\theta}\frac{\mathrm{d}}{\mathrm{d}\theta}\left(\sin\theta\frac{\mathrm{d}\Theta(\theta)}{\mathrm{d}\theta}\right)=0 \tag{4.31}$$

它要求其中两项分别为正负相反的一个常数，则形成两个方程

$$\frac{\mathrm{d}}{\mathrm{d}r}\left(r^2\frac{\mathrm{d}R(r)}{\mathrm{d}r}\right)=\lambda R(r) \tag{4.32}$$

$$\frac{1}{\sin\theta}\frac{\mathrm{d}}{\mathrm{d}\theta}\left(\sin\theta\frac{\mathrm{d}\Theta(\theta)}{\mathrm{d}\theta}\right)=-\lambda\Theta(\theta) \tag{4.33}$$

3. 求解

对于方程（4.33），作变量变换 $x=\cos\theta$，则有 $\frac{\mathrm{d}}{\mathrm{d}\theta}=\frac{\mathrm{d}}{\mathrm{d}x}\frac{\mathrm{d}x}{\mathrm{d}\theta}=-\sin\theta\frac{\mathrm{d}}{\mathrm{d}x}$，于是得到勒让德方程

$$\frac{\mathrm{d}}{\mathrm{d}x}\left[(1-x^2)\frac{\mathrm{d}\Theta(x)}{\mathrm{d}x}\right]+\lambda\Theta(x)=0 \tag{4.34}$$

对于这里讨论的三维空间中的静电场问题，研究空间为 x 从 1 到-1，要求其具有有界的稳定解，为此要求常数 λ 满足

$$\lambda=m(m+1)\quad(m=0,1,2\cdots)$$

它相应的解为 m 阶勒让德多项式，记为 $\mathrm{P}_m(x)$，且具有表达式

$$\mathrm{P}_m(x)=\frac{1}{2^m m!}\frac{\mathrm{d}^m}{\mathrm{d}(\cos\theta)^m}(\cos\theta^2-1)^m \tag{4.35}$$

可以证明勒让德多项式是正交的，即

$$\int_{-1}^{1}\mathrm{P}_m(\cos\theta)\mathrm{P}_n(\cos\theta)\mathrm{d}(\cos\theta)=\begin{cases}0 & (m\neq n)\\ 1 & (m=n)\end{cases}$$

这个性质对于定解过程很有用. 它的前五个多项式是

$$\mathrm{P}_0(\cos\theta)=1$$

$$\mathrm{P}_1(\cos\theta)=\cos\theta$$

$$\mathrm{P}_2(\cos\theta)=\frac{1}{2}(3\cos^2\theta-1)$$

$$\mathrm{P}_3(\cos\theta)=\frac{1}{2}(5\cos^3\theta-3\cos\theta)$$

$$\mathrm{P}_4(\cos\theta)=\frac{1}{2}(35\cos^4\theta-30\cos^2\theta+3)$$

这样得到函数 $\Theta(\theta)$ 的解为

$$\Theta(\theta)=\Theta_{0m}\mathrm{P}_m(\cos\theta)$$

其中 Θ_{0m} 为常数.

现在看方程（4.32），它还是柯西-欧拉变系数常微分方程. 对于 $\lambda=m(m+1)$ 的整数而言，它存在两个特解 r^m 和 $r^{-(m+1)}$，所以它的解为

$$R(r)=Ar^m+Br^{-(m+1)}$$

最后得到通解为

$$\varphi=\sum_{m=0}^{\infty}\{[A_m r^m+B_m r^{-(m+1)}]\mathrm{P}_m(\cos\theta)\} \tag{4.36}$$

4. 应用实例

例 4.3 真空空间的均匀电场 $\boldsymbol{E}_0$ 中，放置一个半径为 a 的导体球. 确定球外的电位函数和电场强度.

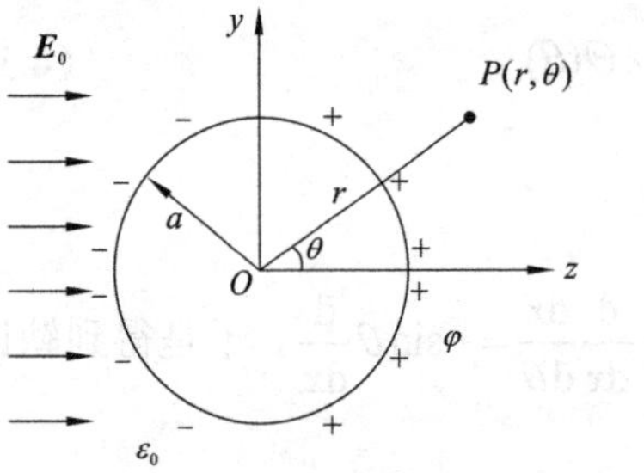

图 4.3 均匀电场中的导体球与空间电位

分析 设外加电场的方向沿坐标系的 z 轴，建立如图 4.3 所示的球坐标系. 这是空间电场和电位和ϕ无关的情形. 它的通解符合式（4.36）. 只要通过边界条件确定其中的待定常数可以得到电位的分布，再利用电场和电位的关系就可以得到电场的结果.

解 第一步：确定边界条件. 这个问题的边界为 $r=a$ 时，根据导体是等位体的事实，把它选作电位参考点，即有

$$\varphi|_{\rho=a}=0$$

当 $r\to\infty$ 时，电场趋近于外加电场，所以有

$$\varphi|_{r\to\infty}=-E_0 r\cos\theta|_{r\to\infty}$$

第二步：确定待定的常数.

导体表面电位为零的条件代入通解式（4.36），得

$$\sum_{m=0}^{\infty}\{[A_m r^m+B_m r^{-(m+1)}]\mathrm{P}_m(\cos\theta)\}=0$$

现在利用勒让德函数的正交性. 将其两端乘以 $P_n(\cos\theta)$，对 θ 从 0 到 π 积分，得到

$$A_m a^m\left(\frac{2}{2m+1}\right)+B_m a^{-(m+1)}\left(\frac{2}{2m+1}\right)=0$$

则有

$$B_m=-A_m a^{2m+1}$$

再考虑无穷远处电位的边界条件，代入通解式（4.36）得到电位函数为

$$\sum_{m=0}^{\infty}A_m r^m\mathrm{P}_m(\cos\theta)=-E_0 r\cos\theta=-E_0 r\mathrm{P}_1(\cos\theta)$$

可见必须有 $m=1$，这样确定出待定系数只有 A_1，且

$$A_1=-E_0$$

相应的也只有

$$B_1=E_0 a^3$$

第三步：将确定的系数代入得到导体外的电位为

$$\varphi=-E_0\left(1-\frac{a^3}{r^3}\right)r\cos\theta$$

电场由关系式 $\boldsymbol{E}=-\nabla\varphi$ 运算得到，即

$$\boldsymbol{E}=\boldsymbol{e}_r E_0\left(1+\frac{2a^3}{r^3}\right)\cos\theta+\boldsymbol{e}_\theta E_0\left(-1+\frac{a^3}{r^3}\right)\sin\theta$$

4.3 镜 像 法

在处理科学问题和实际工程问题的过程中，经常发现不同领域、不同区域的等效问题，它们的解是等效的，也就是说其中一个问题的解可以用来解决其等效问题. 镜像法是解决静电场等效问题的一种典型方法，是静电场边值问题的一种间接解法. 这种方法由威廉·汤姆森于 1848 年提出，最先用于计算一定形状导体面附近的电荷所产生的静电场，后来发展到可以计算某些稳定电磁场. 镜像法常常很简便地得到场的解析解，但只有边界面几何形状很简单的情形才可能成功地设置电像，故不是普遍适用的方法. 尽管如此在电磁场问题中镜像法已不限于静电学范围，它已应用于计算稳恒磁场、稳恒电流场和天线的辐射场等许多重要的电磁场问题. 下面分析它的基本原理、用法和典型问题的结果.

4.3.1 镜像法的基本原理

镜像法基于电磁场的唯一性定理，使用虚拟场源，将它和原有场源在无限空间中的场叠加，保持电场边界条件不变，保证求解电场的唯一和不变. 为此，形成了下面的思路和方法.

1. 镜像法基本思路

在电荷所在空间的导体（或介质）分界面上，会产生感应电荷（或极化电荷），最后一起形成待解空间的电场. 镜像法通过在分界面相对于这些电荷的另一侧适当位置，设置适当量的假想电荷（称为电荷的像或像电荷），等效地代替实际界面上的感应电荷或极化电荷，保证场的边界条件不变，获得待解空间的电场. 根据唯一性定理，在求解空间中，源电荷与像电荷产生的电场就是实际存在的电场. 又因为等效电荷一般位于其原电荷关于边界面的镜像点处，这些等效电荷称为镜像电荷.

2. 镜像电荷的确定方法

根据前述思路，可以得出镜像电荷的确定方法. 一是镜像电荷所处区域应选在其要等效电荷的区域之外（通常也是求解区域以外）的空间；二是根据唯一性原理的要求，镜像电荷的引入要保持原问题的边界条件不变，即镜像电荷和原电荷一起形成的电场在求解区域边界上保持和原来的相同.

在具体问题的运用过程中可以这样进行：确定求解空间的电荷分布和边界之后，先寻找分界面上感应电荷或极化电荷，在其区域之外的位置放置替代它们的等效电荷，然后再假定边界不存在，整个空间都是问题所在空间的媒质，给出原电荷和所有镜像电荷的电场叠加表达式，最后根据给定的边界条件确定镜像电荷的电荷量、符号和位置（常见问题的结果中会处在原电荷相对于边界面的镜像点上）. 把这些镜像电荷和原电荷电场的叠加表达式用于求解空间，就得到具体问题电场的解. 本节使用静电场的典型镜像问题来说明具体使用方法和结果.

4.3.2 平面接地导体边界问题

1. 点电荷对无限大接地导体平面的镜像

问题：给定一个点电荷处于一个无限大的平面接地导体之外，确定该点电荷所在空间的电场.

可以理解为只要得到其电位表达式就可以了. 对这个问题建立如图 4.4（a）的坐标系. 则无限大接地导体平面是 $z=0$ 的平面，点电荷 q 位于 z 轴上 $z=h$ 处.

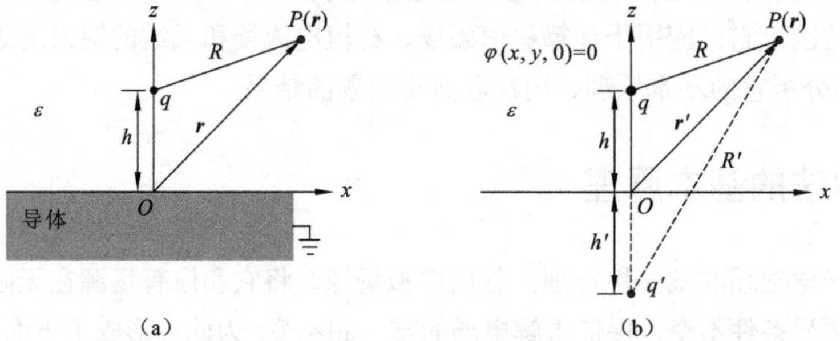

图 4.4 无限大的平面接地导体外的点电荷的电场问题

根据镜像法的一般原理要求和问题的物理特点，用镜像法的应用过程，可以确定出镜像电荷（等效电荷）应为位于 z 轴上 $z'=-h$、荷电量为 $-q$ 的电荷. 具体分析如下.

原电荷的电场使导体表面产生感应电荷，这些感应电荷也在原电荷的空间产生的电场，最终形成空间的电场. 为了获得感应电荷的电场和取消导体边界面，整个空间媒质充满整个空间，要求 $\varphi(x,y,0)=0$. 根据镜像法的原理，给定镜像电荷 q' 和它的位置 $\boldsymbol{r}'$，如图 4.4（b）所示，可以求出空间内的电位分布为两个电荷的电位叠加：

$$\varphi(x,y,z)=\frac{1}{4\pi\varepsilon}\left(\frac{q}{R}+\frac{q'}{R'}\right)$$

式中：R 和 R' 分别是场点 $P(\boldsymbol{r})$ 到电荷和镜像电荷的距离 $R=\sqrt{x^2+y^2+(z-h)^2}$、$R'=\sqrt{(x-x')^2+(y-y')^2+(z-z')^2}$. 使其中的 $z=0$，并具有零值，则必须有镜像电荷的电量和位置是

$$\begin{cases} q'=-q \\ z'=-h \end{cases} \tag{4.37}$$

这样点电荷 q 在空间中产生电场的电位为

$$\varphi=\frac{q}{4\pi\varepsilon}\left(\frac{1}{\sqrt{x^2+y^2+(z-h)^2}}-\frac{1}{\sqrt{x^2+y^2+(z+h)^2}}\right) \quad (z\geqslant 0)$$

可以证明无限大导体分界面上感应电荷总量和镜像电荷电量相等. 因为导体表面的感应电荷密度为

$$\rho_s=D_n=-\varepsilon E_n=-\varepsilon\frac{\partial\varphi}{\partial n}=-\varepsilon\left.\frac{\partial\varphi}{\partial z}\right|_{z=0}=\frac{-qh}{2\pi(x^2+y^2+h^2)^{\frac{3}{2}}}$$

而它们分布的特点是圆对称分布，对称点是经过点电荷的法线和导体表面的交点. 所以积分求得总感应电荷量为

$$
\begin{aligned}
q_{\text{in}} &= \int_S \rho_s \mathrm{d}S = \int_{-\infty}^{+\infty}\int_{-\infty}^{+\infty} \frac{-qh}{2\pi(x^2+y^2+h^2)^{\frac{3}{2}}}\mathrm{d}x\mathrm{d}y \\
&= \frac{-q}{2\pi}\int_0^{\infty} \frac{2\pi\rho h \mathrm{d}\rho}{(\rho^2+h^2)\sqrt{\rho^2+h^2}} \\
&= \frac{-q}{2}\int_0^{\infty} \frac{h\mathrm{d}\rho^2}{(\rho^2+h^2)^{\frac{3}{2}}} \\
&= -\frac{qh}{2}(-2)\frac{1}{(\rho^2+h^2)^{\frac{1}{2}}}\Bigg|_0^{\infty} = -q
\end{aligned}
$$

2．直线线电荷对无限大接地导体平面的镜像

将上述问题中的点电荷换成和导体平面平行的直线线电荷后，也可以用镜像法确定镜像电荷. 设线电荷密度为 ρ_l，位于导体上面 x 轴上 h 处，让线电荷的走向沿 z 轴方向，对这个问题建立如图 4.5（a）的坐标系. 则得到镜像电荷的密度 ρ_l' 和 x 轴上位置 x' 分别为

$$
\begin{cases} \rho_l' = -\rho_l \\ x' = -h \end{cases} \tag{4.38}
$$

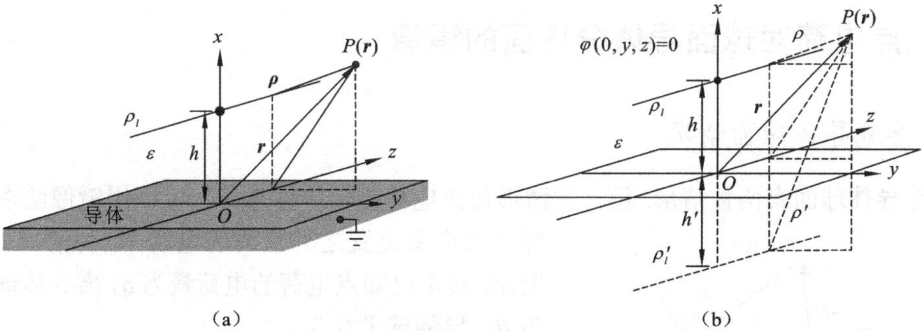

图 4.5　无限大的平面接地导体外线电荷的镜像问题

取消导体边界面，整个空间媒质充满整个空间，要求 $\varphi(0,y,z)=0$. 由等效问题，给定镜像电荷 ρ_l' 和它的位置 $\boldsymbol{r}'$，如图 4.5（b）. 参照式（3.11），为无限长直线电荷在其周围空间产生电场的电位为

$$
\varphi = \frac{\rho_l}{2\pi\varepsilon}(\ln\rho_Q - \ln\rho_P)
$$

式中：下标 P 为场点；Q 为电位参考点，ρ_P 和 ρ_Q 分别为它们到线电荷所在直线的距离. 可以求出空间内的电位分布为两个线电荷的电位叠加为

$$
\varphi(x,y,z) = \frac{1}{2\pi\varepsilon}[\rho_l(\ln\rho_Q - \ln\rho_P) + \rho_l'(\ln\rho_Q' - \ln\rho_P')]
$$

式中：ρ 为场点到线电荷的距离；ρ' 为其镜像所在直线的距离. 用上述关于镜像电荷的结果，进而得到这种情况下的空间电位为

$$
\varphi(x,y,z) = \frac{\rho_l}{2\pi\varepsilon}\ln\left(\frac{R}{R'}\right) = \frac{\rho_l}{2\pi\varepsilon}\ln\frac{\sqrt{y^2+(x+h)^2}}{\sqrt{y^2+(x-h)^2}}
$$

3. 点电荷对相交接地导体平面的问题

如图 4.6（a）所示，两半无限大接地导体平面垂直相交. 要满足在导体平面上电位为零，则必须引入 3 个镜像电荷. 同时，图 4.6（a）也表示出其镜像参数.

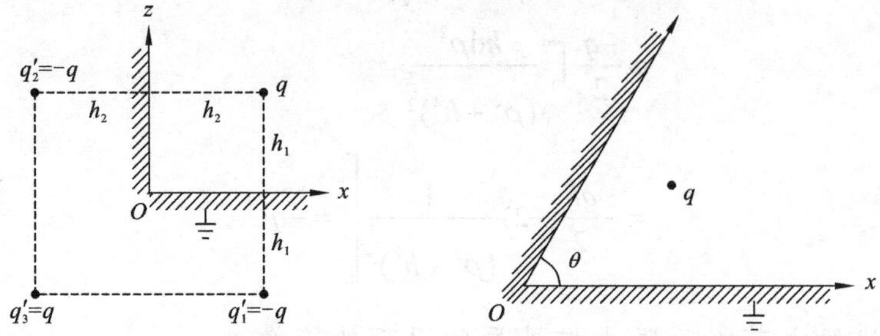

（a）半无限大相交接地导体点电荷的镜像法　　（b）夹角$\theta=\dfrac{\pi}{n}$的接地导体的点电荷空间

图 4.6　相交接地导体平面点电荷所在空间的镜像问题

一般地，对于非垂直相交的两导体平面构成的边界如图 4.6（b）所示，满足夹角为 $\theta=\dfrac{\pi}{n}$ 的条件，也可以用镜像法求解. 这时，所有镜像电荷数目为 $2n-1$ 个，位置分别在导体表面的镜像位置上. 写出电位的表达式，使用边界条件确定镜像电荷位置，可得到空间中的电位.

4.3.3　点电荷对球面导体分界面的镜像

1. 接地导体球面情况

接地导体球面有两种情形. 第一种情形是点电荷置于导体球外，可以用镜像法求得导体球外点电荷位置之外空间的电场. 这种情况如图 4.7 所示. 其中已知点电荷的电荷量为 q，离导体球心距离为 d，导体球半径为 a.

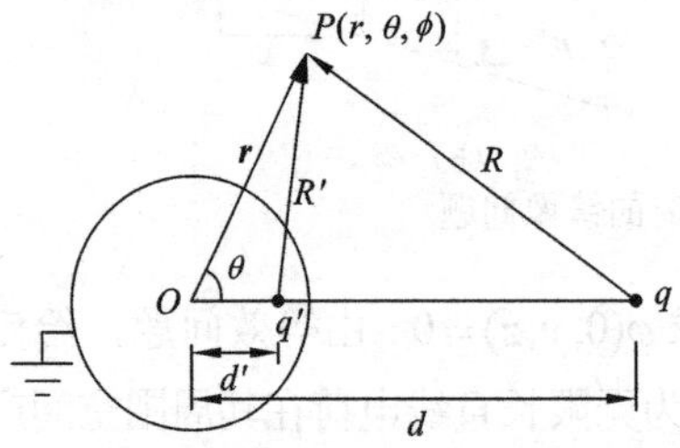

图 4.7　接地导体球外点电荷及其镜像

根据镜像法的要求，这时镜像电荷位于球面内，可令镜像电荷电量为 q'，与球心距离为 d'. 显然镜像电荷在球心与电荷 q 连线上. 取消球面后空间中任意点处电位为

$$\varphi=\frac{1}{4\pi\varepsilon}\left(\frac{q}{R}+\frac{q'}{R'}\right)$$

式中
$$R=\sqrt{r^2+d^2-2rd\cos\theta}\,,\qquad R'=\sqrt{r^2+d'^2-2rd'\cos\theta}$$

要保持边界条件不变，由边界条件可知 $\varphi|_{r=a}=0$，因此有

$$\varphi|_{r=a}=\frac{1}{4\pi\varepsilon}\left(\frac{q}{R}+\frac{q'}{R'}\right)\bigg|_{r=a}=\frac{1}{4\pi\varepsilon}\left(\frac{q}{\sqrt{a^2+d^2-2ad\cos\theta}}+\frac{q'}{\sqrt{a^2+d'^2-2ad'\cos\theta}}\right)=0$$

该式要求

$$\begin{cases}(a^2+d^2)q'^2-(a^2+d'^2)q^2=0\\ 2a(dq'^2-d'q^2)=0\end{cases}$$

解得

$$\begin{cases} q' = -\dfrac{a}{d}q \\ d' = \dfrac{a^2}{d} \end{cases} \quad 或 \quad \begin{cases} q' = -q \\ d' = d \end{cases} （舍去）$$

即确定的镜像电荷为

$$\begin{cases} q' = -\dfrac{a}{d}q \\ d' = \dfrac{a^2}{d} \end{cases} \tag{4.39}$$

所以，点电荷 q 对接地导体球的镜像电荷的电量为 $-q$，处在球心和点电荷之间的连线上距球心 $d' = \dfrac{a^2}{d}$ 的位置上.

所求球外空间中点电荷之外位置的电位为

$$\varphi = \frac{q}{4\pi\varepsilon}\left(\frac{1}{\sqrt{r^2 + d^2 - 2rd\cos\theta}} - \frac{a}{d\sqrt{r^2 + a^4/d^2 - 2r(a^2/d)\cos\theta}}\right)$$

根据镜像原理知电荷 q 在接地导体球面上产生的感应电荷为

$$q_{\text{in}} = -\frac{a}{d}q$$

第二种情形是点电荷 q 位于接地导体球壳内（图 4.8）.

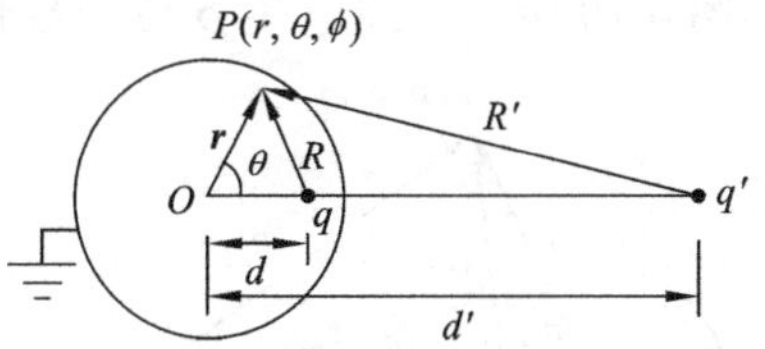

图 4.8　接地导体球壳内点电荷及其镜像

利用同样的过程可以求得，其镜像电荷的电量为 $q' = -\dfrac{a}{d}q$，位于球外球心到电荷连线延长线上距球心 $d' = \dfrac{a^2}{d}$ 处.

但是空间的电位为

球壳外

$$\varphi = 0$$

球壳内

$$\varphi = \frac{q}{4\pi\varepsilon}\left(\frac{1}{\sqrt{r^2 + d^2 - 2rd\cos\theta}} - \frac{a}{d\sqrt{r^2 + a^4/d^2 - 2r(a^2/d)\cos\theta}}\right)$$

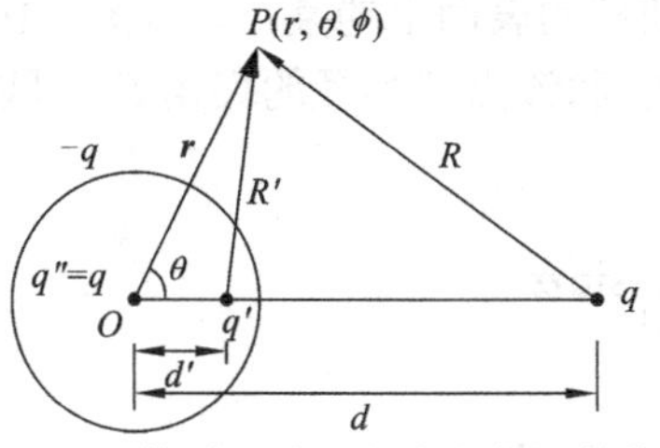

图 4.9　不接地导体球外点电荷及其镜像

2. 不接地导体球面的情况

仅说明球外存在点电荷的情况，其几何关系如图 4.9 所示，求导体球外空间的电场. 这时其不接地导致导体球面电位不为 0，球面上存在正、负感应电荷（感应电荷总量为 0）. 可按如下步骤求解.

第一步：假设导体球面接地，则球面上存在电量为 q' 的感应电荷，镜像电荷可采用前面的方法确

定. 这样得到镜像电荷 1 的电量为

$$q' = -\frac{a}{d}q$$

位于球心和点电荷的连线上，距球心的距离为

$$d' = \frac{a^2}{d}$$

第二步：断开接地. 将电量为 q' 的电荷加到导体球面上，电荷均匀分布在球面上，以使导体球为等势体.

第三步：均匀分布在导体球面上的电荷 q' 可以用位于球心的等量点电荷等效. 这样得到镜像电荷 2 的电量为

$$q'' = -q' = \frac{a}{d}q$$

位于球心位置.

于是可以写出球外空间某点电位为

$$\varphi = \frac{1}{4\pi\varepsilon}\left(\frac{q}{R} + \frac{q'}{R'} + \frac{q''}{r}\right)$$

4.3.4 线电荷对导体圆柱界面的镜像

考虑线电荷平行放置于接地导体圆柱之外的情况，求解空间中的电场. 这个问题的几何构形如图 4.10 所示，线电荷 ρ_l 位于导体圆柱外，距离轴心 d.

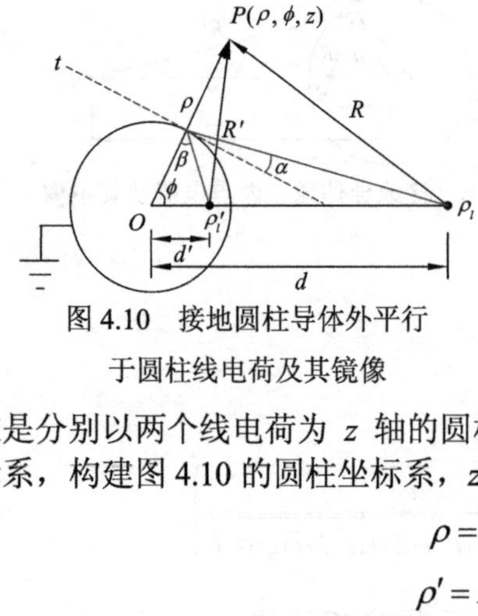

图 4.10　接地圆柱导体外平行于圆柱线电荷及其镜像

这里使用电场来求解. 很明显，空间的电场应该关于线电荷与圆柱的轴构成的平面对称. 所以设镜像线电荷为 ρ_l'，处在线电荷和圆柱的轴连线上与轴心距离为 d' 的位置. 则两个线电荷产生的电场分别为

$$\boldsymbol{E} = \frac{\rho_l}{2\pi\varepsilon\rho}\boldsymbol{e}_\phi$$

$$\boldsymbol{E}' = \frac{\rho_l'}{2\pi\varepsilon\rho'}\boldsymbol{e}_{\phi'}$$

这是分别以两个线电荷为 z 轴的圆柱坐标系的表达式. 它们构成一个体系时需要使用一个坐标系，构建图 4.10 的圆柱坐标系，z 轴是接地导体的轴. 这时上述两式中的距离分别为

$$\rho = R = \sqrt{\rho^2 + d^2 - 2\rho d\cos\phi}$$

$$\rho' = R' = \sqrt{\rho^2 + d'^2 - 2\rho d'\cos\phi}$$

这是根据图 4.10 中的几何关系按照余弦定理得到的. 在圆柱的表面上的某点，有图 4.10 中所示该点的切线 t 和它与线电荷的垂直连线的夹角 α 以及它和该点的半径的夹角 β. 可以写出该点上两个线电荷产生电场在这个切线上的分量分别是

$$E_t = \frac{\rho_l}{2\pi\varepsilon}\frac{1}{\sqrt{a^2 + d^2 - 2ad\cos\phi}}\sin\alpha$$

$$E_t' = \frac{\rho_l'}{2\pi\varepsilon}\frac{1}{\sqrt{a^2 + d'^2 - 2ad'\cos\phi}}\sin\beta$$

根据边界条件有

$$\frac{\rho_l}{2\pi\varepsilon}\frac{1}{\sqrt{a^2+d^2-2ad\cos\phi}}\sin\alpha+\frac{\rho_l'}{2\pi\varepsilon}\frac{1}{\sqrt{a^2+d'^2-2ad'\cos\phi}}\sin\beta=0$$

考虑到三角形的正弦定理，则有

$$\sin\alpha=\frac{d}{R}\sin\phi$$

$$\sin\beta=\frac{d'}{R'}\sin\phi$$

将上述三个式子联立整理得到

$$[\rho_l'd'(a^2+d^2)+\rho_l d(a^2+d'^2)]-2add'(\rho_l+\rho_l')\cos\phi=0$$

由于ϕ的任意性，可得

$$\begin{cases}\rho_l d(a^2+d^2)+\rho_l'd'(a^2+d'^2)=0\\ \rho_l+\rho_l'=0\end{cases}$$

解得

$$\begin{cases}\rho_l'=-\rho_l\\ d'=a^2/d\end{cases}\quad 或 \quad \begin{cases}\rho_l'=-\rho_l\\ d'=d\end{cases}\quad（舍去）$$

最后得到镜像为

$$\begin{cases}\rho_l'=-\rho_l & （电量）\\ d'=a^2/d & （位置）\end{cases}\tag{4.40}$$

4.3.5 点电荷对电介质分界面的镜像

这里仅介绍平面分界面的情形. 这个问题描述为点电荷 q 位于两种电介质分界面上方 h，介质 1、2 的介电常数分别是 ε_1 和 ε_2，如图 4.11（a）所示，求空间电场分布.

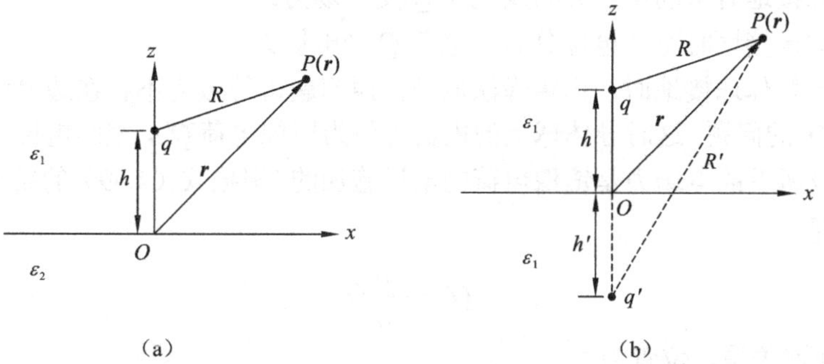

图 4.11　点电荷对无限大介质平面分界面的镜像问题

这里使用镜像法得到极化电荷的镜像. 在分界面的两侧对称地存在等量异号的极化电荷，同时圆对称性地分布在经过点电荷的法线和分界面的交点周围. 这样这两种极化电荷会有自己的镜像电荷，镜像点都会处于点电荷的法线上.

设介质 1 中电位函数为 φ_1，介质 2 中电位函数为 φ_2. 则介质 1 中的电位为原电荷和介质 2 所在空间中的镜像电荷所产生. 建立图 4.11（b）坐标系，设镜像电荷电量为 q'，位于原点和关于分界面的对称点上，整个空间都假定充满的是介质 1，就可得到介质 1 中电位为

$$\varphi_1(x,y,z)=\frac{1}{4\pi\varepsilon_1}\left(\frac{q}{\sqrt{x^2+y^2+(z-h)^2}}+\frac{q'}{\sqrt{x^2+y^2+(z+h)^2}}\right)\quad(z>0)$$

介质 2 中的电位 φ_2 为原电荷和介质 1 所在空间中的镜像电荷所产生. 仍使用上述坐标系，设镜像电荷电量为 q''，位于原点电荷处，整个空间都假定充满的是介质 2，可得到介质 2 中电位为

$$\varphi_2(x,y,z)=\frac{1}{4\pi\varepsilon_2}\cdot\frac{q+q''}{\sqrt{x^2+y^2+(z-h)^2}}\quad(z<0)$$

现在应用边界条件，在 $z=0$ 面上电位的边界条件要求

$$\begin{cases}\varphi_1|_{z=0}=\varphi_2|_{z=0}\\ \varepsilon_1\dfrac{\partial\varphi_1}{\partial z}\bigg|_{z=0}=\varepsilon_2\dfrac{\partial\varphi_2}{\partial z}\bigg|_{z=0}\end{cases}$$

得到

$$\begin{cases}\dfrac{q+q'}{\varepsilon_1}=\dfrac{q+q''}{\varepsilon_2}\\ q-q'=q+q''\end{cases}$$

解得

$$\begin{cases}q'=\dfrac{\varepsilon_1-\varepsilon_2}{\varepsilon_1+\varepsilon_2}q\\ q''=-q'=-\dfrac{\varepsilon_1-\varepsilon_2}{\varepsilon_1+\varepsilon_2}q\end{cases}\tag{4.41}$$

上式即点电荷在介质分界面上的镜像电荷电量.

例 4.4 真空中一点电荷 Q 位于导体球附近. 导体球半径为 a，点电荷距离球心距离为 d. 求：

（1）导体球接地时空间电位分布及电荷 Q 受电场力；

（2）导体球未接地时空间电位分布及电荷 Q 受电场力.

解 （1）当导体球接地时，由镜像法原理，原问题可等效为不存在边界的空间中只存在 Q 和镜像电荷 Q' 的问题. 这时导体球上的电荷等效为镜像电荷 Q'，空间电位是两者产生的电位之和，电荷 Q 所受的电场力是镜像电荷的电场施加的. 根据式（4.39）的结果，可以知道镜像电荷的电量是

$$Q'=-\frac{a}{d}Q$$

采用图 4.7 的几何关系，位置为

$$d'=\frac{a^2}{d}$$

则有球外空间中的电位为

$$\varphi=\frac{Q}{4\pi\varepsilon_0}\left(\frac{1}{\sqrt{r^2+d^2-2rd\cos\theta}}-\frac{a}{d\sqrt{r^2+a^4/d^2-2r(a^2/d)\cos\theta}}\right)\quad(r>a)$$

而求内空间因为导体球接地，所以电位为零.

因为镜像电荷的电场为 $\boldsymbol{E}'=\dfrac{Q'}{4\pi\varepsilon_0 R'^2}\boldsymbol{e}_{R'}$，所以电荷 Q 受静电力为

$$\boldsymbol{F}=\frac{QQ'}{4\pi\varepsilon_0(d-d')^2}\boldsymbol{e}_r=-\frac{adQ^2}{4\pi\varepsilon_0(d^2-a^2)^2}\boldsymbol{e}_r$$

是被导体球吸引的.

（2）当导体球不接地时，根据 4.3.3 节情况 2 的镜像法结果，原问题可等效为空间只存在 Q 和镜像电荷 Q' 和 Q''，不存在边界的问题. 两个电荷的存在情况分别是

$$\begin{cases}Q'=-\dfrac{a}{d}Q\\ d'=\dfrac{a^2}{d}\end{cases}\quad \text{和} \quad \begin{cases}Q''=\dfrac{a}{d}Q\\ d''=0\end{cases}$$

利用图 4.9 的几何关系写出球外空间中的电位则为

$$\varphi=\frac{Q}{4\pi\varepsilon_0}\left(\frac{1}{\sqrt{r^2+d^2-2rd\cos\theta}}-\frac{a}{d\sqrt{r^2+a^4/d^2-2r(a^2/d)\cos\theta}}+\frac{a}{dr}\right)\quad (r>a)$$

而求内空间因为导体球，所以电位等于镜像电荷 Q'' 在球面上产生的电位，为

$$\varphi=\frac{1}{4\pi\varepsilon_0}\frac{Q}{d}\quad (r\leqslant a)$$

因为镜像电荷的电场为 $\boldsymbol{E}=\boldsymbol{E}'+\boldsymbol{E}''=\dfrac{Q'}{4\pi\varepsilon_0 R'^2}\boldsymbol{e}_{R'}+\dfrac{Q''}{4\pi\varepsilon_0 r^2}\boldsymbol{e}_r$，所以电荷 Q 受静电力为

$$\boldsymbol{F}=\frac{QQ'}{4\pi\varepsilon_0(d-d')^2}\boldsymbol{e}_r+\frac{QQ''}{4\pi\varepsilon_0 d^2}\boldsymbol{e}_r=-\frac{adQ^2}{4\pi\varepsilon_0(d^2-a^2)^2}\boldsymbol{e}_r+\frac{aQ^2}{4\pi\varepsilon_0 d^3}\boldsymbol{e}_r$$

*4.4 数 值 解 法

前面几节基于电位函数的精确求解，讲解电场的直接、间接求解方法. 对于规则边界和简单分界空间的问题得到解析函数的表达式，能够精确确定电场. 但是在科学和工程领域，面临的大量问题空间构型复杂，形成十分复杂的界面，哪怕是现在广泛深入生活领域的高频和数字电路的板上片上结构. 上述解法都难于求解. 电磁场的数值解法融合计算理论和计算机技术的迅速发展，成为计算电磁学这一重要分支. 计算电磁学形成了许多求解电场的数值解法，它们在一定精度内获得问题的数值解. 这些解法不局限于静电场，对于磁场和时变电磁场的使用问题也广泛应用，并工程化成为商业电磁问题工程软件. 随着其独立发展，涉及的算法种类繁多，其中的核心都是电场和磁场方程的数值计算问题，在求解区域内进行网格划分和插值计算. 本节以电位函数微分方程的有限差分数值解法介绍数值解法的基本原理和关键问题.

4.4.1 有限差分法简介

有限差分法（finite difference method，FDM）是电磁场计算机数值模拟最早采用的方法之一，至今仍被广泛运用. 它直接将微分问题变为代数问题的近似数值解法，数学概念直观，表达式简单. 求解电磁场时，有限差分法把求解空间划分为差分网格，用有限的网格节点代

替连续的求解空间；用泰勒级数展开等方法，把方程中的导数用网格节点上的函数值的差商代替，形成离散方程，从而建立以网格节点上的值为未知数的代数方程组，进行求解.

发展至今，电磁场有限差分法基本差分方式用差分的精度可以划分为一阶、二阶和高阶等差分方式；用差分的空间形式可划分为中心差分方式和前后向差分方式；如果考虑时间，差分格式还可以分为显格式、隐格式、显隐交替格式等. 现在的应用中会使用它们的组合构成不同的差分方式. 差分方法在多维问题中会形成差分网格，网格形式、步长通常根据实际边界条件和计算稳定条件来决定.

4.4.2 基于电位方程的静电场有限差分法原理

静电场的电位方程可以归结为泊松方程（4.3）的代表形式，如果无源空间的话，它转化为拉普拉斯方程（3.22）. 不失代表性，讨论直角坐标系中的问题. 要求解的方程是

$$\frac{\partial^2\varphi}{\partial x^2}+\frac{\partial^2\varphi}{\partial y^2}+\frac{\partial^2\varphi}{\partial z^2}=0 \tag{4.42}$$

这里选择第一项进行讨论. 图 4.12 中绘出一维情况下电位函数对位置微分差分近似的几何关系. 图 4.12（a）和（b）分别为曲线上对应于差分位置 i 的 B 点处电位函数 $\varphi(x)$ 对 x 的一阶和二阶导数，它们是该点的切线，图中用直线表示，差分的间隔为 h；前一个位置 A（i-1 处）和后一个位置 C（i+1 处）对 B 点一阶和二阶导数的中心差分近似是 A-C 的连线，用虚线表示. 图 4.12（a）中绘出的 A-B 点连线和 B-C 连线分别是对 B 点一阶导数的后向差分和前向差分近似的连线，它们用点划线表示. 这样近似后，一阶导数的中心差分是

$$\frac{\mathrm{d}\varphi}{\mathrm{d}x}\approx\frac{\varphi(x_{i+1})-\varphi(x_{i-1})}{2h} \tag{4.43}$$

前向差分是

$$\frac{\mathrm{d}\varphi}{\mathrm{d}x}\approx\frac{\varphi(x_{i+1})-\varphi(x_i)}{h} \tag{4.44}$$

后向差分是

$$\frac{\mathrm{d}\varphi}{\mathrm{d}x}\approx\frac{\varphi(x_i)-\varphi(x_{i-1})}{h} \tag{4.45}$$

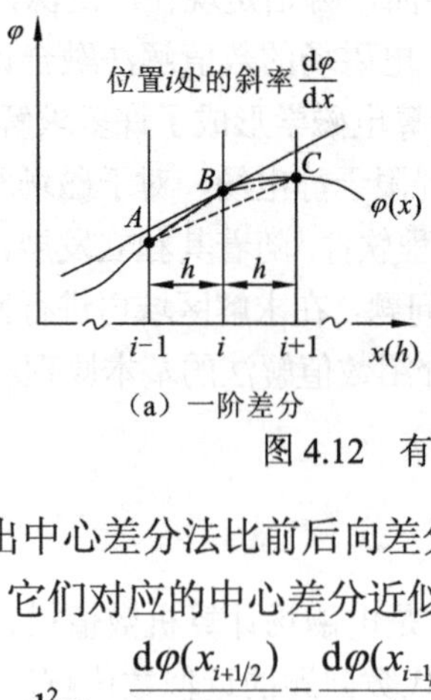

（a）一阶差分

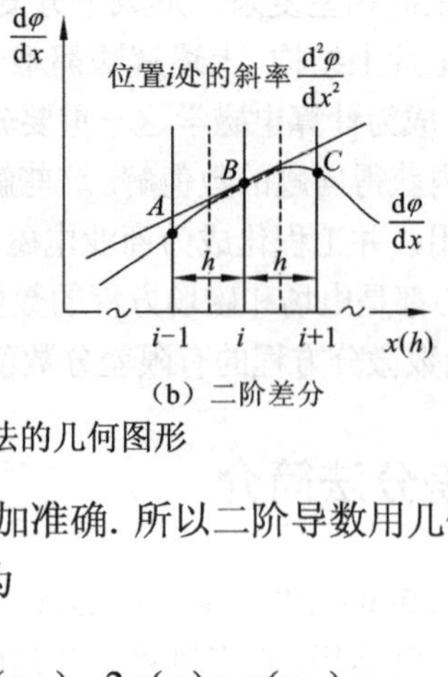

（b）二阶差分

图 4.12　有限差分法的几何图形

可以明显看出中心差分法比前后向差分法更加准确. 所以二阶导数用几何图 4.12（b）中的中心差分近似. 它们对应的中心差分近似公式为

$$\frac{\mathrm{d}^2\varphi}{\mathrm{d}x^2}\approx\frac{\dfrac{\mathrm{d}\varphi(x_{i+1/2})}{\mathrm{d}x}-\dfrac{\mathrm{d}\varphi(x_{i-1/2})}{\mathrm{d}x}}{h}\approx\frac{\varphi(x_{i+1})-2\varphi(x_i)+\varphi(x_{i-1})}{h^2} \tag{4.46}$$

式（4.46）的中心差分近似具有二阶误差（误差和间隔 h 的平方成反比），将两个近似值用类似式（4.44）的展开都可以得到它们只有一阶准确度（误差和间隔 h 成反比）.

在电位函数的拉普拉斯方程中，首先建立有限差差分的空间离散点网格，然后用中心差分近似公式计算出每个点上的电位值. 网格的划分根据空间、边界、精度和计算稳定度的情况，选择网格的形式和格点间隔. 均匀间隔的中心差分用于一般的无源三维空间时，一维的差分方程也要扩展为三维的表达式，相邻点的取用和公式的运用和网格的划分形式有关. 扩展后的公式为

$$\frac{\mathrm{d}\varphi}{\mathrm{d}x} \approx \frac{\varphi(x_{l+1}, y_m, z_n) - \varphi(x_{l-1}, y_m, z_n)}{2h} \tag{4.47}$$

这是在直角坐标系的 x 坐标方向定义的中心差分公式. y 和 z 方向上的一阶导数也有类似的表达式. 相应地中心差分的二阶导数表达式为

$$\frac{\mathrm{d}^2\varphi}{\mathrm{d}x^2} \approx \frac{\varphi(x_{l+1}, y_m, z_n) - 2\varphi(x_l, y_m, z_n) + \varphi(x_{l-1}, y_m, z_n)}{h^2} \tag{4.48}$$

考虑到拉普拉斯方程的要求，可得到求解空间中任意一个格点（l, m, n）处的电位为

$$\begin{aligned}\varphi(x_l, y_m, z_n) = \frac{1}{6}[&\varphi(x_{l+1}, y_m, z_n) + \varphi(x_{l-1}, y_m, z_n) + \varphi(x_l, y_{m+1}, z_n) \\ &+ \varphi(x_l, y_{m-1}, z_n) + \varphi(x_l, y_m, z_{n+1}) + \varphi(x_l, y_m, z_{n-1})]\end{aligned} \tag{4.49}$$

这是用计算空间中和计算点相邻六个点的电位得到的算术平均值. 对于均匀间隔的情况六个点所在球面上的电位平均值等于它的球心电位.

实际问题中根据求解区域的边界条件，对边界点进行计算边界处理，然后选用适用的优化算法迭代得到满足精度的计算结果，就可以确定满足要求的电场电位分布了. 作为例子，给出可编程软件 FlexPDE 中微带线问题的有限差分的部分程序代码、网格划分图和计算结果，如图 4.13 所示. 该问题通过使用有限差分法解得微带线空间中电位的分布，转化为由电容贮存电场能量，再利用电容和它贮存电场能量的关系求得电容.

```
VARIABLES
  V

DEFINITIONS
  Kdiel= 6
  Kmetal=1e6
  Kair=1
  K = Kair   { default K to Kair - this will
change in some layers/regions }
  V0 = 0
  V1 = 1
  Eps0 = 8.854e-12
{ Farads/M }
  Eps0mm = 0.001*Eps0
{ Farads/mm }
  W =
integral(0.5*K*eps0mm*grad(V)^2)
{ Stored Energy }
  C = 1.0e6*2*W/(V1-V0)^2
{ Capacitance in microFarads }

EQUATIONS
  V : DIV(K*GRAD(V)) = 0
```

（a）有限差分的程序

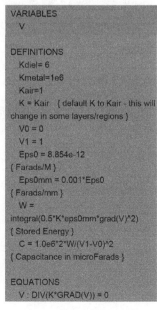

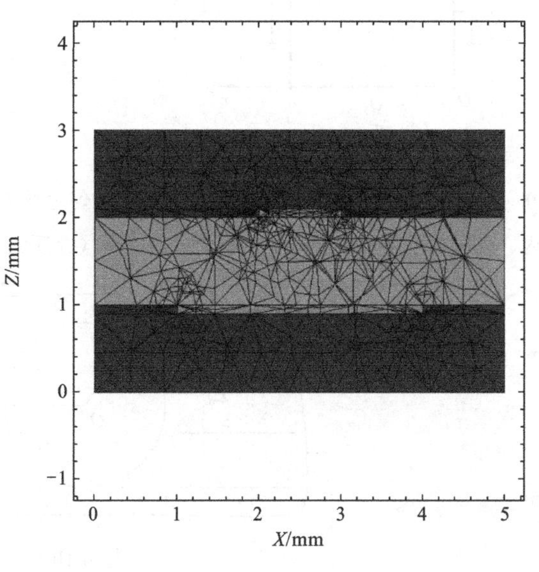

（b）网格划分图

图 4.13　可编程软件 FlexPDE 微带线问题

习 题 4

（一）拓展题

4.1 用课堂上的分析步骤，重做教材例 4.1，试绘出等值线图.

4.2 对于例题 4.2，（1）为什么加入介质圆柱产生了电场的变化？（2）求解一边系数 C 和 D_1，并由电位函数推导出电场的表达式；（3）使用编程语言，绘出电位图和电场图，说明它们的特征.

4.3 对于例题 4.3，（1）为什么加入导体球产生了电场的变化？（2）由电位函数推导出电场的表达式；（3）使用编程语言，绘出电位图和电场图，说明它们的特征；（4）试确定导体球表面的电荷分布.

4.4 根据图 4.8 的结果，试求解它相应系统的电容.

4.5 如果 4.3.3 节中导体球面已经外加电压 U，情况会怎么样呢？

4.6 对镜像法作个总结，阐述自己的理解.

4.7 研究图 4.13 的实例，说明程序中相应于电位求解的方程和参数，进一步研究编程软件 FlexPDE 中的这个例子.

（二）练习题

4.8 如题 4.8 图所示的导体槽，底面保持电位，其余两面电位为零，求槽内的电位的解.

4.9 如题 4.9 图所示，在均匀电场 $\boldsymbol{E}_0=\boldsymbol{e}_x E_0$ 中垂直于电场方向放置一根无限长导体圆柱，圆柱的半径为 a. 求导体圆柱外的电位 φ 和电场 $\boldsymbol{E}$ 以及导体表面的感应电荷密度 σ .

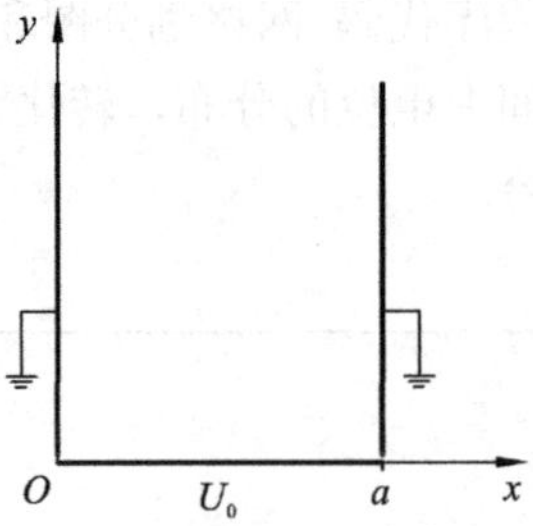

题 4.8 图

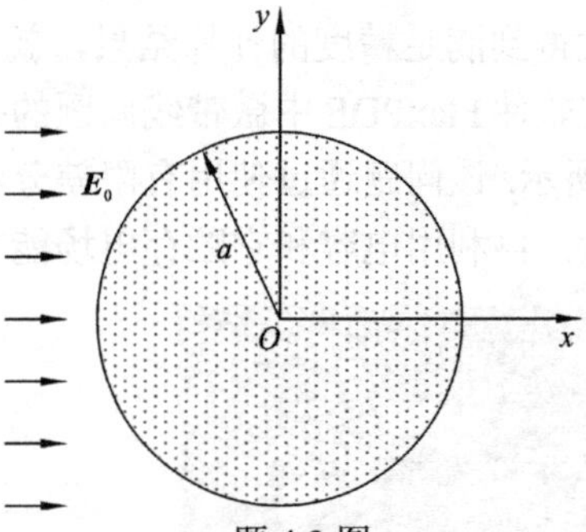

题 4.9 图

4.10 如题 4.10 图所示，无限大的介质中外加均匀电场 $\boldsymbol{E}_0=\boldsymbol{e}_z E_0$，在介质中有一个半径为 a 的球形空腔. 求空腔内、外的电场 $\boldsymbol{E}$ 和空腔表面的极化电荷密度（介质的介电常数为 ε）.

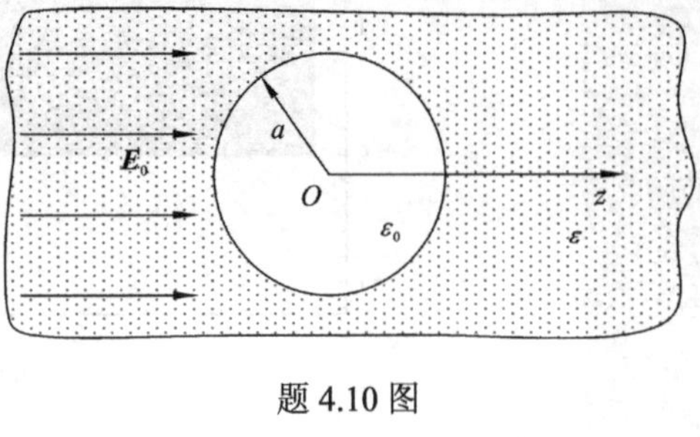

题 4.10 图

4.11 一个点电荷 q 与无限大导体平面距离为 d，如果把它移到无穷远处，需要做多少功？

4.12 如题 4.12 图所示，一个点电荷 q 放在 60° 的接地导体角域内的点(1, 1, 0)处. 求：(1) 所有镜像电荷的位置和大小；(2) 点 $x=2$，$y=1$ 处的电位.

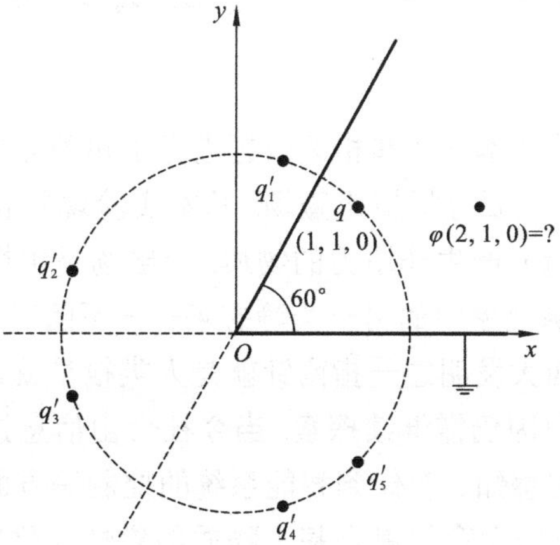

题 4.12 图

4.13 基于拓展题 4.6 装电位求解的方程、参数的分析和有限差分原理的分析，选择自己熟悉的语言，写出一段计算电位的代码.

第 5 章　恒定磁场分析

在第 3 章中对静电场的基本规律和相关问题进行了相关分析，并在第 4 章讨论其电位函数的基本求解方法. 本章主要分析恒定磁场. 基本实验现象和总结的基本规律都体现磁场是一种对电流（运动电荷）产生作用力的物质. 当磁场是由恒定电流产生的时候，这个磁场就是恒定磁场，是电磁现象中的另一类静态场——不随时间变化的磁场. 磁场很早就被人类认知，我国著名的四大发明之一指南针就是人类很早就认识和使用磁现象的证据，虽然涉及的地磁及其产生原因仍需继续探索. 当今社会由信息技术支撑成为信息化社会并向智能社会演变，在信息的感知、存储到智能系统的控制等方面利用磁现象也是一个重要方面. 生活中常用的大容量磁盘存储就是基于物质的磁性变化实现的. 研究和认识恒定磁场的本质、支配规律及其与物质相互作用，掌握有关应用中磁场的基本确定方法具有很重要的现实意义.

5.1　恒定磁场的基本变量

和电场的存在一样，为了描述恒定磁场（stationary magnetic field）的内在规律，需要一些必要的物理量来描述它. 和磁场直接相关的物理量主要有：

（1）电流密度矢量：它表示单位时间内通过单位面积的正电荷量，通过的方向为正电荷的移动方向，是产生磁场的源，定义式见第 2.2 节的有关表达式. 符号为 $\boldsymbol{J}(\boldsymbol{r})$；单位为 C/(m^{2}s) 或 A/m^2. 和电场的源相比，它有方向，是一个矢量性源变量.

（2）磁通密度（magnetic flux density）：又称为磁感应强度，符号为 $\boldsymbol{B}$；其大小为 $|\boldsymbol{B}|=\dfrac{\mathrm{d}\Phi}{\mathrm{d}S}$，表示单位面积上的磁通量，单位为 T 或 Wb/m^2. 作为一种通量，它也有方向，是一个矢量. 方向由产生它的电流方向按右手螺旋定则确定，定义式见式（2.28）.

（3）磁场强度（magnetic field strength）：符号为 $\boldsymbol{H}$；单位为 A/m. 表示磁场对电流或磁体具有磁力作用的能力的矢量. 根据实验研究电流元产生的磁场强度和它对一个电流元的磁场力分别是

$$\boldsymbol{H}=\frac{1}{4\pi}\left(\frac{I'\mathrm{d}\boldsymbol{l}'\times\boldsymbol{R}}{R^2}\right),\quad \mathrm{d}\boldsymbol{F}=I\mathrm{d}\boldsymbol{l}\times\mu\boldsymbol{H}$$

考虑到磁场强度和磁感应强度的关系，这就是式（2.28）和式（2.29），因为磁感应强度和磁场强度两者由磁介质的本构关系联系. 在真空中为

$$\boldsymbol{B}=\mu_0\boldsymbol{H} \tag{5.1}$$

式中：真空的磁导率为 $\mu_0=4\pi\times10^{-7}$ H/m.

5.2 真空中恒定磁场的基本方程

5.2.1 基本定律和磁场的积分公式

首先讨论磁感应强度的问题. 实验研究中用通量描述磁场的有关现象，总结出了磁感应强度. 根据通量的定义，磁场对于封闭曲面 S 的通量 Φ 可以用磁感应强度 $\boldsymbol{B}$ 对这个封闭面的标量积分表示，即

$$\Phi=\oint_S \boldsymbol{B}\cdot \mathrm{d}\boldsymbol{S} \tag{5.2}$$

这表明磁感应强度是单位面积上的磁场通量，所以称为磁通密度. 这是一个矢量，其大小为

$$|\boldsymbol{B}|=\frac{\mathrm{d}\Phi}{\mathrm{d}S}$$

其方向由产生它的电流方向按右手螺旋定则确定. 这是由安培定律和毕奥-萨伐尔定律两个实验规律得到的，安培力和磁感应强度的相应公式为式（2.27）和式（2.28），根据磁场的矢量积分公式得到闭合电流回路产生的磁场由积分公式（2.30）确定. 根据式（5.1）真空中的关系可知，电流元 $I'\mathrm{d}\boldsymbol{l}'$ 和闭合回路 C 在场点 $\boldsymbol{r}$ 处产生磁场的磁场强度的表达式分别为

$$\mathrm{d}\boldsymbol{H}=\frac{1}{4\pi}\cdot\frac{I'\mathrm{d}\boldsymbol{l}'\times\boldsymbol{R}}{R^3}\quad(\boldsymbol{R}=\boldsymbol{r}-\boldsymbol{r}') \tag{5.3}$$

$$\boldsymbol{H}=\frac{1}{4\pi}\oint_C\frac{I'\mathrm{d}\boldsymbol{l}'\times\boldsymbol{R}}{R^3}\quad(\boldsymbol{R}=\boldsymbol{r}-\boldsymbol{r}') \tag{5.4}$$

5.2.2 真空中恒定磁场的高斯定理

根据磁通密度的定义可以证明：真空中磁感应强度矢量穿过任意闭合曲面的磁通量为 0，即

$$\oint_S \boldsymbol{B}\cdot\mathrm{d}\boldsymbol{S}=0 \tag{5.5}$$

它表明通过闭合曲面的磁场通量是连续的. 这就是磁通连续性定律，也称为磁场高斯定理的积分形式. 对于磁力线来说，它表明磁力线在空间是连续闭合曲线.

证明 考虑对于距离 R、任意矢量 $\boldsymbol{A}(\boldsymbol{r})$ 和标量 $\varphi(\boldsymbol{r})$，有

$$\nabla\frac{1}{R}=\frac{1}{R^2}\boldsymbol{e}_R$$

$$\int_V\nabla\cdot\boldsymbol{A}(\boldsymbol{r})\mathrm{d}V=\oint_S\boldsymbol{A}(\boldsymbol{r})\cdot\mathrm{d}\boldsymbol{S}$$

$$\oint_S\mathrm{d}\boldsymbol{S}\times\boldsymbol{A}=\int_V(\nabla\times\boldsymbol{A})\mathrm{d}V$$

以及

$$\nabla\times\nabla\varphi=0$$

考察闭合曲面的磁通量有

$$\oint_S\boldsymbol{B}\cdot\mathrm{d}\boldsymbol{S}=\oint_S\left(\frac{\mu_0}{4\pi}\oint_C\frac{I'\mathrm{d}\boldsymbol{l}'\times\boldsymbol{R}}{R^3}\right)\cdot\mathrm{d}\boldsymbol{S}=\oint_C\frac{\mu_0I'\mathrm{d}\boldsymbol{l}'}{4\pi}\cdot\oint_S\frac{\boldsymbol{e}_R\times\mathrm{d}\boldsymbol{S}}{R^2}=\oint_C\frac{\mu_0I'\mathrm{d}\boldsymbol{l}'}{4\pi}\cdot\int_\tau\nabla\times\nabla\frac{1}{R}\mathrm{d}\tau=0$$

对式（5.5）利用散度定理可以得到

$$\nabla\cdot\boldsymbol{B}=0 \tag{5.6}$$

这是磁通量连续定律的微分形式，也称磁场的高斯定理. 它一方面表明磁场是无源的，另一方面表明自然界中不存在孤立的磁荷（和电荷对应）.

5.2.3　恒定磁场的安培环路定理

场的环流是磁场沿一闭合路径 C 的线积分，表示为 $\oint_C \boldsymbol{H}\cdot \mathrm{d}\boldsymbol{l}$. 可以证明，对于任何闭合曲线，恒定磁场的环流都有如下关系

$$\oint_C \boldsymbol{H}\cdot \mathrm{d}\boldsymbol{l} = \sum_k I_k = I_{总} \tag{5.7}$$

式中：I_k 是闭合曲线 C 环绕的第 k 个电流. 如果这些电流是连续分布，中间的求和要使用式（2.11）. 这就是积分形式的安培环路定理. 其物理意义是：在恒定磁场中，磁场强度矢量沿任意闭合路径的环量等于其与回路交链的电流之和. 需要注意，尽管电流为闭合回路环绕的所有电流的代数和，但是公式中闭合曲线上的磁场是空间所有电流产生的磁场.

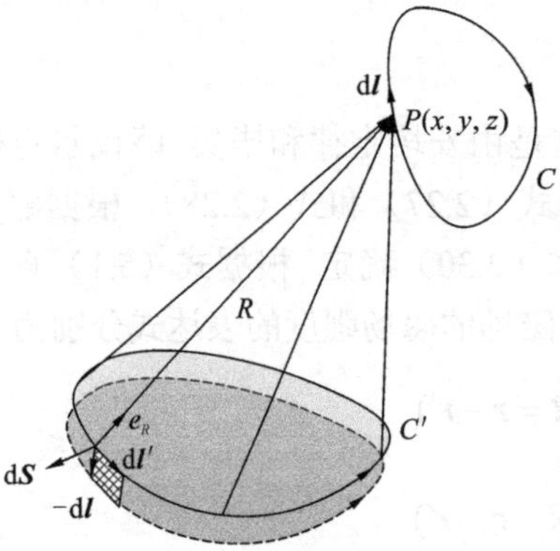

图 5.1　两个闭合路径上电流的相互作用

证明　考虑如图 5.1 所示的两个闭合路径，其中路径 C' 是电流 I' 的回路，它包围的曲面对闭合路径 C 上的观察点 $P(\boldsymbol{r})$ 构成立体角 Ω. 可以写出闭合路径 C 上由电流闭合回路 C' 产生的磁场的环流为

$$\oint_C \boldsymbol{H}\cdot \mathrm{d}\boldsymbol{l} = \oint_C \frac{I'}{4\pi}\oint_{C'} \frac{\mathrm{d}\boldsymbol{l}'\times \boldsymbol{e}_R}{R^2}\cdot \mathrm{d}\boldsymbol{l} = \frac{I'}{4\pi}\oint_C\oint_{C'} \frac{(\mathrm{d}\boldsymbol{l}\times \mathrm{d}\boldsymbol{l}')\cdot \boldsymbol{e}_R}{R^2}$$

考察观察点 P 的改变 $\mathrm{d}\boldsymbol{l}$ 引起的立体角改变 $\mathrm{d}\Omega$. 显然，这跟电流回路 C' 产生位移 $-\mathrm{d}\boldsymbol{l}'$ 的结果是一样的. 根据矢量乘积的意义可知，上述积分中被积函数的矢量积为观察点沿环路微小改变量和电流回路中电路微小改变量引起的、相对于观察点的面元改变量 $\mathrm{d}\boldsymbol{S} = -\mathrm{d}\boldsymbol{l}\times \mathrm{d}\boldsymbol{l}'$，而它和观察点与场源点之间相对位置矢量的单位矢量 $\boldsymbol{e}_R$ 的乘积负值就是它在与 $\boldsymbol{e}_R$ 垂直的平面上投影的面积 $\mathrm{d}S_\perp$. 根据立体角的定义，可知观察点变化的立体角变化为

$$\mathrm{d}\Omega = \frac{(-\mathrm{d}\boldsymbol{l}\times \mathrm{d}\boldsymbol{l}')\cdot(-\boldsymbol{e}_R)}{R^2} = \frac{\mathrm{d}S_\perp}{R^2}$$

得到环流为

$$\oint_C \boldsymbol{H}\cdot \mathrm{d}\boldsymbol{l} = \oint_C \frac{I'}{4\pi}\mathrm{d}\Omega = \frac{I'}{4\pi}\Delta\Omega$$

现确定 $\Delta\Omega$. 以所观察点在位置为原点的球坐标系得 $\mathrm{d}S_\perp = R^2\sin\theta\mathrm{d}\theta\mathrm{d}\phi$，所以电流闭合回路上积分后立体角的改变量为

$$\Delta\Omega = \oint_C \mathrm{d}\Omega = \oint_C\oint_{C'} \frac{(\mathrm{d}\boldsymbol{l}\times \mathrm{d}\boldsymbol{l}')\cdot \boldsymbol{e}_R}{R^2} = 2\pi\oint_C \sin\theta\mathrm{d}\theta$$

这有下面两种情形.

情形 1　两个回路不交链. 这时的积分起点和终点的立体角值相等，使得立体角的改变量

为零. 即得

$$\oint_C \boldsymbol{H}\cdot \mathrm{d}\boldsymbol{l} = 0$$

情形 2 两个回路交链. 积分中必有环流回路的一点经过电流回路所围的某一曲面，而此曲面使这个交点两侧的紧邻点对电流回路的立体角分别为 2π 和 -2π，即上面立体角积分中 $\boldsymbol{e}_R$ 的指向在曲面两边反向，使对角度的积分值为 2. 这样得到整个环流路径的立体角改变为 4π. 所以

$$\oint_C \boldsymbol{H}\cdot \mathrm{d}\boldsymbol{l} = I'$$

可见 I' 是积分路径包围的电流或穿过积分路径所围曲面的电流，并且电流的方向和积分路径的方向成有螺旋关系时为正值，否则为负值.

上述结果为对一个电流回路的情况，若有很多电流回路存在，其中有 N 个回路是交链的，则

$$\oint_C \boldsymbol{H}\cdot \mathrm{d}\boldsymbol{l} = \sum_{k=1}^{N} I'_k \tag{5.8}$$

式中：I'_k 为积分路径包围的电流；$\boldsymbol{H}$ 是积分路径上存在的磁场.

根据斯托克斯定理，环流积分等于旋度的面积分，考虑电流为电流密度通过某个曲面的通量，即可以得到

$$\int_S \nabla\times\boldsymbol{H}\cdot \mathrm{d}\boldsymbol{S} = \int_S \boldsymbol{J}'\cdot \mathrm{d}\boldsymbol{S}$$

所以有

$$\nabla\times\boldsymbol{H} = \boldsymbol{J}' \tag{5.9}$$

这个表达式就是安培环路定理的微分形式. 它表明磁场是有旋场，是一种非保守场. 该场的涡旋源是电流密度. 需注意，本书在后续的叙述中因为电流密度作为源的意义在方程中十分明了，上标“′”不再标出.

根据前面的讨论，真空中恒定磁场的基本方程和规律归结为表 5.1.

表 5.1 真空中恒定磁场的基本方程和规律

积分形式	微分形式	物理规律
$\oint_S \boldsymbol{B}\cdot \mathrm{d}\boldsymbol{S} = 0$	$\nabla\cdot\boldsymbol{B} = 0$	磁场的高斯定理
$\oint_C \boldsymbol{H}\cdot \mathrm{d}\boldsymbol{l} = \sum_{k=1}^{N} I_k$	$\nabla\times\boldsymbol{H} = \boldsymbol{J}$	安培环路定理

这些方程可以用来求解空间中的磁场. 根据已知电流的空间分布的情况，电流在空间产生的磁场由这些方程求解，首先可以看到下面两种方法.

（1）利用安培环路定理求解：当电流呈轴对称分布时，可利用安培环路定理的积分形式求解空间磁场分布. 若存在一闭合路径 C，使得在其上磁场强度的线积分整段或分段为定值，则用安培环路定理解出.

（2）建立方程直接求解：若已知空间电流 $\boldsymbol{J}(\boldsymbol{r})$ 分布，使用双叉乘方法，则可建立方程

$$\nabla^2\boldsymbol{H} = -\nabla\times\boldsymbol{J}$$

理论上，最后一个微分方程可以用来直接求解磁场. 同时，如果电流空间分布复杂的一般情形下，显然难于求解，所以要寻找专门的方法来求解，例如，利用辅助函数.

5.3 矢量磁位

5.3.1 矢量磁位引入　库仑规范

根据上节讨论，一般情况下求解磁场时可考虑引入矢量磁位（或称磁矢位）求解磁场. 根据真空中恒定磁场的高斯定理，磁场是无源的，而根据矢量场旋度的散度恒为零的性质，可引入一个矢量场 $\boldsymbol{A}(\boldsymbol{r})$ 用于表示磁场：

$$\boldsymbol{B}=\nabla\times\boldsymbol{A}(\boldsymbol{r}) \tag{5.10}$$

因为 $\nabla\cdot(\nabla\times\boldsymbol{A})\equiv 0$，所以保证了 $\nabla\cdot\boldsymbol{B}=0$ 的性质.

由于磁场的唯一性，使得引入的矢量磁位也应和它一一对应，以保证解的唯一性. 但是如果令

$$\boldsymbol{A}'(\boldsymbol{r})=\boldsymbol{A}(\boldsymbol{r})+\nabla\Phi(\boldsymbol{r})$$

则有

$$\nabla\times\boldsymbol{A}'(\boldsymbol{r})=\nabla\times\boldsymbol{A}(\boldsymbol{r})+\nabla\times\nabla\Phi(\boldsymbol{r})=\nabla\times\boldsymbol{A}(\boldsymbol{r})=\boldsymbol{B}$$

且

$$\nabla\cdot\boldsymbol{A}'(\boldsymbol{r})=\nabla\cdot\boldsymbol{A}(\boldsymbol{r})+\nabla\cdot\nabla\Phi(\boldsymbol{r})$$

$$\nabla\cdot\boldsymbol{A}'(\boldsymbol{r})-\nabla\cdot\boldsymbol{A}(\boldsymbol{r})=\nabla^2\Phi(\boldsymbol{r})\neq 0$$

这说明 $\boldsymbol{A}(\boldsymbol{r})$ 和 $\boldsymbol{A}'(\boldsymbol{r})$ 为性质不同的两种矢量场，意味着满足 $\boldsymbol{B}=\nabla\times\boldsymbol{A}(\boldsymbol{r})$ 的 $\boldsymbol{A}(\boldsymbol{r})$ 有无限多个. 这就必须引入新的限定条件，限定 $\boldsymbol{A}(\boldsymbol{r})$ 的选取，保证唯一性. 这种新引入的限定条件称为规范条件. 在恒定磁场中，一般采用库仑规范，即令

$$\nabla\cdot\boldsymbol{A}(\boldsymbol{r})=0 \tag{5.11}$$

5.3.2 磁矢位方程和求解

对于矢量磁位的定义，考虑到真空中磁场和磁感应强度的关系，可以得到

$$\boldsymbol{H}=\frac{1}{\mu_0}\nabla\times\boldsymbol{A}(\boldsymbol{r})$$

根据安培环路定理，得到双叉乘运算的表达式

$$\nabla\times\nabla\times\boldsymbol{A}=\mu_0\boldsymbol{J}$$

考虑

$$\nabla\times\nabla\times\boldsymbol{A}=\nabla(\nabla\cdot\boldsymbol{A})-\nabla^2\boldsymbol{A}$$

再联合使用库仑规范得到矢量磁位的方程为

$$\nabla^2\boldsymbol{A}=-\mu_0\boldsymbol{J} \tag{5.12}$$

可以求出矢量磁位为

$$\boldsymbol{A}=\frac{\mu_0}{4\pi}\int_V\frac{\boldsymbol{J}}{R}\mathrm{d}V+\boldsymbol{C}\quad(\boldsymbol{C}\text{为常矢量}) \tag{5.13}$$

这表明：矢量磁位的方向与电流密度的方向相同；引入矢量磁位可以简化磁场的计算. 根据产生磁场的电流分布不同，可以得到体分布、面分布和线分布电流的矢量磁位的表达式为

$$\begin{cases} \boldsymbol{A}=\dfrac{\mu_0}{4\pi}\displaystyle\int_\tau \frac{\boldsymbol{J}}{R}\mathrm{d}\tau+\boldsymbol{C} \\ \boldsymbol{A}=\dfrac{\mu_0}{4\pi}\displaystyle\int_S \frac{\boldsymbol{J}_S}{R}\mathrm{d}S+\boldsymbol{C} \\ \boldsymbol{A}=\dfrac{\mu_0}{4\pi}\displaystyle\int_c \frac{I}{R}\mathrm{d}\boldsymbol{l}+\boldsymbol{C} \end{cases} \tag{5.14}$$

这可以和前面述及的建立方程直接求解对比说明：和式（5.12）对应，存在磁场强度的方程，即 5.2.3 节（2）中的最后一个表达式. 两者的不同之处在于等式的右端，一个是单纯的矢量，另一个是磁场的方程右端需要做旋度运算.

5.3.3 磁偶极子

1. 磁偶极子的概念

从物理实体上看，磁偶极子是一个封闭的小圆环电流，例如半径很小的一个圆形载流线圈，当场点到载流小线圈的距离远大于它的尺寸时，这个载流小线圈就是一个磁偶极子，所以磁偶极子就是小电流环. 若该磁偶极子的圆环面积为 S，电流为 I，它也可用磁偶极矩（磁矩）描述为

$$\boldsymbol{p}_m = I\boldsymbol{S} \tag{5.15}$$

其中面元的方向和电流方向成右手关系.

2. 磁场分析

因为磁偶极子是一个小圆环电流，可假设其半径为 a，取坐标系使其位于 xOy 平面内，小电流环的圆心与球坐标系的原点重合，如图 5.2（a）所示. 那么空间任意一点的 $P(r,\theta,\phi)$ 上的磁场可用矢量积分公式或磁矢位求出. 这里选择后者求解它的磁场.

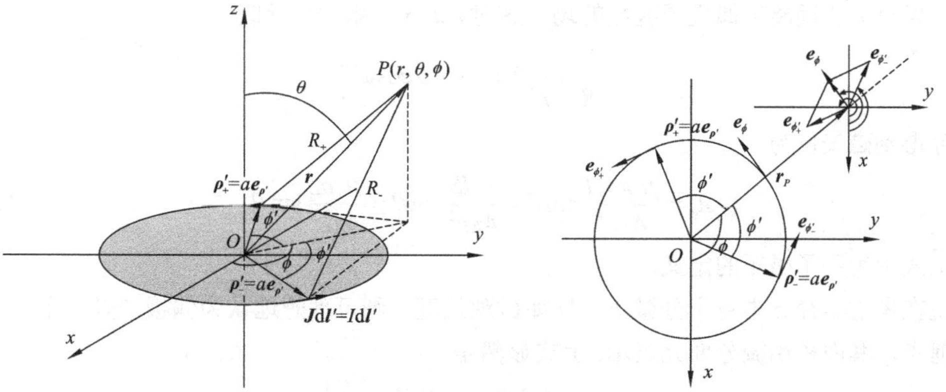

（a）小圆环电流及其坐标系　　（b）xOy 面中各种方向的投影

图 5.2　磁偶极子及其场

根据图 5.2（a）中的关系，取电流环上关于 P 点所在 ϕ 平面对称的两点 $(a,\phi-\phi',0)$ 和 $(a,\phi+\phi',0)$ 上的电流元 $J\mathrm{d}l = J\mathrm{d}\boldsymbol{l}'$ 研究，并分别用下标“－”和“＋”区分这两点对应的参量. 这个构型在 xOy 面上的投影如图 5.2（b）所示，根据其中的几何关系，它们在场点处产生的合成磁矢位只有 $\boldsymbol{e}_\phi$ 分量，即

$$\mathrm{d}\boldsymbol{A} = 2\mathrm{d}A_\phi \boldsymbol{e}_\phi = 2\mathrm{d}A_1 \cos\phi' \boldsymbol{e}_\phi$$

其中

$$\mathrm{d}A_1 = \frac{\mu_0}{4\pi}\frac{I\mathrm{d}l'}{R}$$

是电流元的磁矢位，场点到电流元的距离 $R=\sqrt{a^2+r^2-2ar\sin\theta\cos\phi'}$. 因为磁矢位的方向和电流元的方向一致，只需要确定电流元方向合成后的方向即可得到这两个电流元的磁矢位的方向. 电流元的方向为 $\mathrm{d}\boldsymbol{l}' = a\mathrm{d}\phi'\boldsymbol{e}_{\phi'}$，使上述两点电流方向和 P 点切向沿电流方向的单位矢分别是

$$\boldsymbol{e}_{\phi'_-} = -\boldsymbol{e}_x \sin(\phi'_-) + \boldsymbol{e}_y \cos(\phi'_-) = -\boldsymbol{e}_x \sin\left(\frac{\pi}{2}+\phi-\phi'\right) + \boldsymbol{e}_y \cos\left(\frac{\pi}{2}+\phi-\phi'\right)$$

$$\boldsymbol{e}_{\phi'_+} = -\boldsymbol{e}_x \sin\left(\frac{\pi}{2}+\phi+\phi'\right) + \boldsymbol{e}_y \cos\left(\frac{\pi}{2}+\phi+\phi'\right)$$

和

$$\boldsymbol{e}_\phi = -\boldsymbol{e}_x \sin\phi + \boldsymbol{e}_y \cos\phi$$

整理后得

$$\boldsymbol{e}_{\phi'_-} + \boldsymbol{e}_{\phi'_+} = 2\cos\phi' \boldsymbol{e}_\phi$$

于是得到

$$\mathrm{d}\boldsymbol{A} = \boldsymbol{e}_\phi \frac{\mu_0 I}{4\pi}\left(2\frac{a\cos\phi'\mathrm{d}\phi'}{R}\right)$$

而整个磁偶极子在该点磁矢位是它对 ϕ' 在 $0\sim\pi$ 的积分，即

$$A = A_\phi(r,\theta) = \frac{\mu_0 I}{4\pi}\left(2\int_0^\pi \frac{a\cos\phi'\mathrm{d}\phi'}{R}\right)$$

如果只关心远离磁偶极子区域的场，这时 $r \gg a$，那么有近似

$$\frac{1}{R} \approx \frac{1}{r}\left(1+\frac{a}{r}\sin\theta\cos\phi'\right)$$

可积分得到磁矢位为

$$A_\phi = \frac{\mu_0 \pi a^2 I}{4\pi r^2}\sin\theta = \frac{\mu_0 IS}{4\pi r^2}\sin\theta = \frac{\mu_0 p_{\mathrm{m}}}{4\pi r^2}\sin\theta \tag{5.16}$$

上式中用到了磁矩的定义.

现在考虑半径 a 本身十分微小，比如微观尺度，则可理想地认为偶极子是一个位于原点的几何点，其面积用微分面元表示. 上式显然是

$$\boldsymbol{A} = \frac{\mu_0 \boldsymbol{p}_{\mathrm{m}} \times \boldsymbol{e}_r}{4\pi r^2} = -\frac{\mu_0 \boldsymbol{p}_{\mathrm{m}}}{4\pi} \times \nabla\frac{1}{r} \tag{5.17}$$

并在磁偶极子之外的区域成立. 于是得到磁偶极子的磁场为

$$\boldsymbol{B}=\nabla\times\boldsymbol{A}=-\nabla\times\left(\frac{\mu_0\boldsymbol{p}_{\mathrm{m}}}{4\pi}\times\nabla\frac{1}{r}\right)=\frac{\mu_0}{4\pi}\nabla\times\nabla\times\frac{\boldsymbol{p}_{\mathrm{m}}}{r}$$

运用矢量微分恒等式$\nabla\times\nabla\times\boldsymbol{F}=\nabla(\nabla\cdot\boldsymbol{F})-\nabla^2\boldsymbol{F}$，考虑磁偶极子之外的区上$\nabla^2\frac{1}{r}=0$，则可得

$$\boldsymbol{B}=-\mu_0\nabla\left(\frac{\boldsymbol{p}_{\mathrm{m}}\cdot\boldsymbol{r}}{4\pi r^3}\right)\tag{5.18}$$

现分析这个表达式中磁偶极子的参量. 式（5.18）被微分的是一个标量，可表示为

$$\varphi_{\mathrm{m}}=\frac{\boldsymbol{p}_{\mathrm{m}}\cdot\boldsymbol{r}}{4\pi r^3}\tag{5.19}$$

这样显然有

$$\boldsymbol{H}=-\nabla\varphi_{\mathrm{m}}\tag{5.20}$$

可见磁偶极子的磁场是无旋的，φ_{m}被称为磁标位. 该函数和电场的电位形式一致. 对应于电偶极矩的形式，可以引入磁荷

$$q_{\mathrm{m}}=\frac{I\mathrm{d}S}{\mathrm{d}l}\tag{5.21}$$

得到

$$\varphi_{\mathrm{m}}=\frac{q_{\mathrm{m}}\mathrm{d}\boldsymbol{l}\cdot\boldsymbol{r}}{4\pi r^3}\tag{5.22}$$

由此形成磁偶极子解释的两种模型——电流模型（安培模型）和磁荷模型（静磁模型），它们分别在恒定磁场分析和磁性材料分析中采用.

5.4 磁性介质中的恒定磁场

现在考虑充满物质空间中的磁场问题，需要研究物质存在时的磁场. 与真空的情况不同，物质会和已有磁场相互作用，从而影响空间磁场的分布，换句话说，这种情况下的磁场是包含原有磁场和物质对该磁场产生效应的总和. 根据磁场对电流或运动电荷产生磁力作用的特性可知，微观上构成物质原子分子的电子和质子等带电粒子的运动会受到磁场的磁力作用，产生宏观上的磁场效应，这种效应就是物质的磁化现象.

5.4.1 物质的磁化

1. 分子电流模型

物质对磁场的宏观效应源于原子的微观结构. 根据原子中电子围绕原子核的旋转研究结果，可建立分子电流模型：构成物质的原子和分子中，电子在绕原子核做旋转运动，造成其外层电子绕原子分子运动的外在表现为电流，称为分子电流 i. 分子电流的磁特性可用分子磁矩表示，定义为

$$\boldsymbol{p}_{\mathrm{m}}=i\mathrm{d}\boldsymbol{S}\tag{5.23}$$

式中：i 为电子运动形成的微观电流；$\mathrm{d}\boldsymbol{S}$ 为分子电流所围矢量面元，其方向由分子电流的方

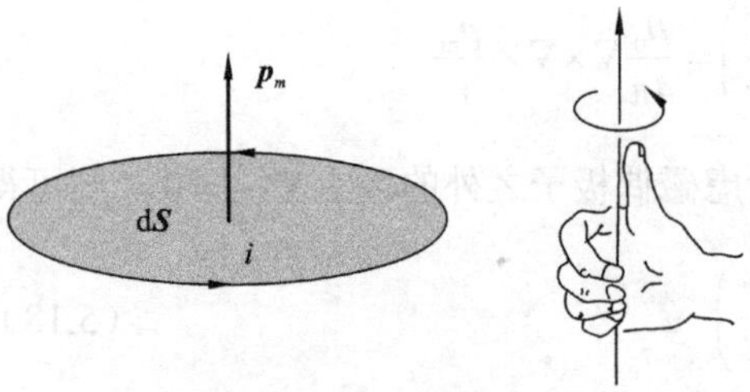

图 5.3　分子电流模型

向按右手规则确定，即用右手四指指向分子电流的方向弯曲，右手拇指的指向为面元的方向，如图 5.3 所示.

可以理解分子电流将产生微观磁场. 将它看作一个磁偶极子可以得到其在空间产生的磁场由式（5.17）给出，即 $\boldsymbol{A}_{p_m}=-\dfrac{\mu_0\boldsymbol{p}_{\mathrm{m}}}{4\pi}\times\nabla\dfrac{1}{r}$.

2. 物质的磁化现象

通常大部分物质在没有受到磁场影响时，分子磁矩取向杂乱无章，磁介质宏观上没有任何磁特性表现. 但是存在外加磁场施加于物质时，大量分子的分子磁矩将受加磁场影响，以一定的方式趋向于外加磁场方向，从而表现出宏观上磁特性. 这一过程称为物质磁化. 这一现象如图 5.4 所示.

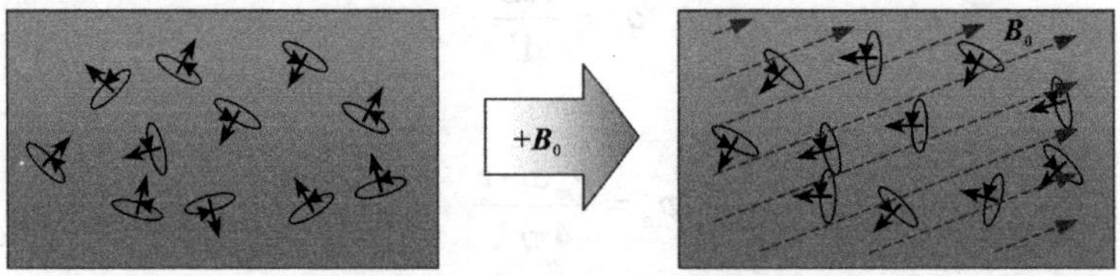

图 5.4　物质磁化的微观解释

3. 磁化强度矢量和物质磁性分类

为了描述物质在磁场作用下被磁化的程度，用磁化强度矢量描述物质的磁化特性，其定义式为

$$\boldsymbol{M}=\lim_{\Delta V\to 0}\frac{N\boldsymbol{p}_{\mathrm{m}}\Delta V}{\Delta V}=N\boldsymbol{p}_{\mathrm{m}} \tag{5.24}$$

式中：N 是单位体积中的分子磁矩数量，即分子磁矩的密度；假定每个分子磁矩等于平均分子磁矩后，便得到右端的乘积表达式.

可以看出它是单位体积内分子磁矩的矢量和，这也是其物理意义. 这样单位体积物质相应磁化强度可产生的磁场为

$$\mathrm{d}\boldsymbol{A}_{\mathrm{M}}=\frac{\mu_0}{4\pi}\left[\boldsymbol{M}(\boldsymbol{r}')\times\nabla'\frac{1}{R}\right]\mathrm{d}\tau \tag{5.25}$$

实验观察到一般介质被磁化的程度与磁场强度成正比，即

$$\boldsymbol{M}=\chi_{\mathrm{m}}\boldsymbol{H} \tag{5.26}$$

式中：χ_{m} 为磁介质的磁化率（磁化系数），是无量纲常数，可正可负. 前者称为顺磁性物质，后者称为抗磁性物质. 研究表明，除上述两种磁性物质之外，还有铁磁性物质、抗铁磁性物质和铁氧体物质等. 它们的分类与磁场、与温度的相关性，以及典型物质及其磁化率如表 5.2 所示.

表 5.2　典型物质及其磁化特性

类别	影响因素		滞后现象	材料实例	磁化率 χ_m
	磁场	温度			
抗磁性	无	无	无	水	-9.0×10^{-6}
顺磁性	无	有	无	铝	2.2×10^{-5}
铁磁性	有	有	有	铁	3 000
反铁磁性	有	有	有	Tb（Terbium）	9.51×10^{-2}
亚铁磁性	有	有	有	$MnZn(Fe_2O_4)_2$	2 500

虽然物质的原子是不断运动的，根据前述分子电流模型来看，已经不考虑原子核的影响. 如果从亚原子结构中的电子和原子核的相对运动来看，不论其运动范围或是运动速度，原子中电子围绕原子核的旋转运动占有主导地位. 如果从对磁场力产生的作用来看，也因为原子核质量远远大于电子，磁场力引起的运动也远远不及电子. 这就导致物质的磁性来自构成物质的原子，原子的磁性又主要来自原子中电子的结果. 而分子电流模型只是考虑外层电子的简单模型，其结果似乎只能出现趋于顺应外加磁场方向的情况（图 5.4）和无外加磁场影响时的无磁性情况，而不应该出现表中这么多的磁化特性和物质. 其原因是什么呢?

首先，现代科学研究表明，组成物质原子就像原子核和电子构成一个小小的“太阳系”，原子核好像太阳，而核外电子就仿佛是围绕太阳运转的行星，如图 5.5（a）所示. 另外，电子除了绕着原子核公转以外，自己还有自转（叫作自旋），就像地球绕太阳的运动情况，如图 5.5（b）所示. 根据原子中电子结构的量子力学模型，原子中电子的磁性有两个来源. 一个来源是原子中电子绕原子核作轨道运动时也能产生轨道磁性，称为轨道磁矩，图 5.5（b）中用 $\boldsymbol{p}_{mo}$ 表示；另一个来源是电子本身具有自旋，因而能产生自旋磁性，称为自旋磁矩，图 5.5（b）中用 $\boldsymbol{p}_{ms}$ 表示.

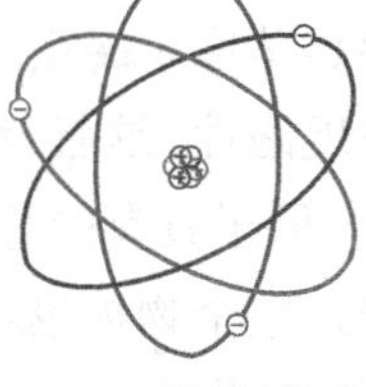

（a）原子结构

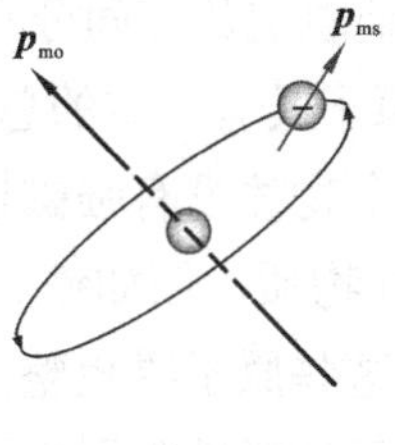

（b）电子磁矩

图 5.5　原子结构和电子磁矩

其次，电子以分层的方式分布于原子核周围. 每一层填充不同数量的电子，它又由称为轨道的亚层构成. 根据量子力学的研究结果第一层中有 1s 亚层的一种轨道. 第二层有两个亚层：1 个 2s 轨道和 3 个 2p 轨道. 第三层有三个亚层：1 个 3s 轨道、3 个 3p 轨道和 5 个 3d 轨道，依此类推. 除个数不同外，不同轨道的空间形状和空间对称性也不同. 另除 s 轨道电子空间分布具有球对称性外，其他轨道的空间分布不具有球对称性（图 5.6 中所示是量子力学给出的各种轨道的电子空间分布）. 显然每层充满电子时，所有轨道都存在，它们将在空间均匀分配.

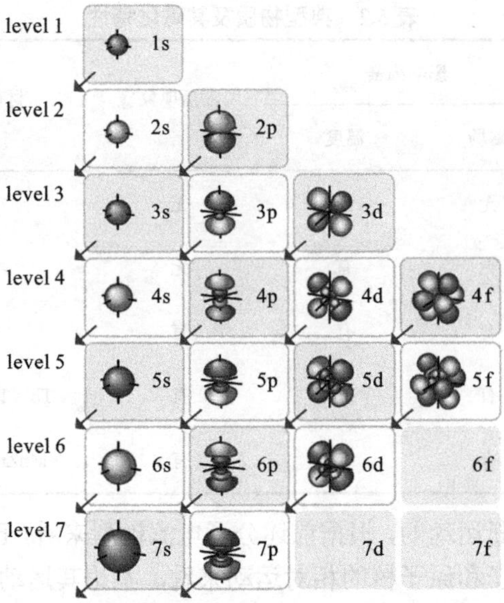

图 5.6 量子力学给出的各种轨道的电子空间分布

不同电子只有向上自旋和向下自旋两种自旋，每个轨道最多能容纳两个自旋方向相反的电子. 这些电子在不同的轨道中分布时，按照能量最低原理由内层向外填充，能量低的轨道充满电子后，填充其后较高能量的轨道.

可以理解电子的自转会使电子本身具有磁性，就如同体电流密度一样，成为一个小小的磁铁，具有 N 极和 S 极；而这些电子绕原子核旋转又类似于电流（这就是分子电流模型对应的部分）产生磁场的情况. 由于内层（亚层）电子是充满的，它不但自旋磁性会抵消而对外不显现磁性，轨道相应的分子电流磁矩也会抵消对外不显现磁性，所以磁化现象可被理解为外层电子的问题.

而对于大多数外层轨道，一方面会出现不能满填充的情况，导致自旋方向不同的电子数目不同，使这些电子自旋磁矩不能相互抵消，另一方面外层电子轨道除了 s 轨道电子空间分布具有球对称性外，其他轨道的空间分布不具有球对称性，轨道缺失也会出现轨道磁矩的显现. 这都可以导致整个原子具有一定的总磁矩. 但如果这些原子磁矩之间没有相互作用，它们是混乱排列的，那么整个物体没有强磁性，甚至不呈现磁性. 这就使无外加磁场情况下一般的无磁性物质. 对于磁性物质，例如铁、钴、镍，整个原子具有的总磁矩被一种称为“交换作用”的作用机制，使这些原子磁矩整齐地排列起来，整个物体也就有了磁性. 当剩余的电子数量不同时，物体显示的磁性强弱也不同. 例如：铁的原子中没有被抵消的电子磁矩数最多；原子的总剩余磁性最强；而镍原子中自转没有被抵消的电子数量很少，所有它的磁性比较弱.

物质的抗磁性是一些物质的原子中电子磁矩互相抵消，合磁矩为零. 但是当受到外加磁场作用时，电子轨道运动会发生变化，而且在与外加磁场的相反方向产生很小的合磁矩. 这样表示物质磁性的磁化率便成为很小的负数（量）. 一般抗磁（性）物质的磁化率约为-10^{-6}. 常见的抗磁物质有水、金属铜、碳和大多数有机物和生物组织. 抗磁物质的一个重要特点是磁化率不随温度变化. 物质抗磁性的应用主要有：由物质的磁化率研究相关的物质结构是磁化学的一个重要研究内容；一些物质如半导体中的载（电）流子在一定的恒定（直流）磁场和高频磁场同时作用下会发生抗磁共振（常称回旋共振），由此可测定半导体中载流子（电子和空穴）的符号和有效质量；由生物抗磁（性）组织的磁化率异常变化可推测该组织的病变（如癌变）.

4. 磁化电流

显然，磁介质被磁化后，分子电流的分布会出现宏观上的一致性，内部和表面可能会出现附加电流，称这种电流为磁化电流（束缚电流，图 5.7）.

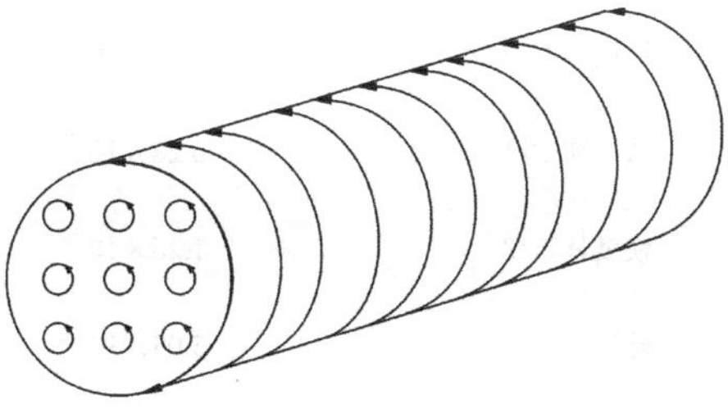

图 5.7　物质磁化形成的磁化电流

若媒质的磁化强度为 $\boldsymbol{M}$，则体磁化电流密度为

$$\boldsymbol{J}_{\mathrm{m}} = \nabla \times \boldsymbol{M} \tag{5.27}$$

在磁介质的表面上，表现为面磁化电流，即

$$\boldsymbol{J}_{\mathrm{sm}} = \boldsymbol{M} \times \boldsymbol{n} \tag{5.28}$$

这可以由物质中所有磁化强度产生磁场的积分表达式得到：

$$\boldsymbol{A}(\boldsymbol{r}) = \frac{\mu_0}{4\pi}\int_{\tau'} \boldsymbol{M} \times \nabla' \frac{1}{R} \mathrm{d}\tau' = \frac{\mu_0}{4\pi}\int_{\tau'} \frac{\nabla' \times \boldsymbol{M}}{R} \mathrm{d}\tau' + \frac{\mu_0}{4\pi}\oint_{S'} \frac{\boldsymbol{M} \times \boldsymbol{n}'}{R} \mathrm{d}S'$$

上式使用到微分关系式

$$\boldsymbol{M} \times \nabla' \frac{1}{R} = \frac{\nabla' \times \boldsymbol{M}}{R} - \nabla' \times \left(\frac{\boldsymbol{M}}{R}\right)$$

和矢量积分公式

$$\oint_S \mathrm{d}\boldsymbol{S} \times \boldsymbol{A} = \int_V (\nabla \times \boldsymbol{A}) \mathrm{d}V$$

将该式和矢量磁位的体积分、面积分表达式对比可以得到上述两个公式，并且表明物质中磁化强度产生的磁场是由物质体内的体磁化电流和表面的面磁化电流共同产生的.

5. 磁场强度

磁场强度是另一个表示磁场的物理量，和电场相比如同电场的电场强度. 若外加磁场的磁感应强度为 $\boldsymbol{B}_0$，磁化电流产生的磁感应强度为 $\boldsymbol{B}'$，则媒质存在空间的磁场为两者的叠加，即 $\boldsymbol{B} = \boldsymbol{B}_0 + \boldsymbol{B}'$. 磁场强度定义为

$$\boldsymbol{H} = \frac{\boldsymbol{B}}{\mu_0} - \boldsymbol{M} \tag{5.29}$$

对于各向同性的磁介质，该式变为

$$\boldsymbol{B} = \mu \boldsymbol{H} \tag{5.30}$$

式中：μ 为磁介质的磁导率，$\mu = \mu_0\mu_{\mathrm{r}} = \mu_0(1+\chi_{\mathrm{m}})$；$\mu_{\mathrm{r}}$ 是磁介质的相对磁导率. 因为

$$\boldsymbol{H} = \frac{\boldsymbol{B}}{\mu_0} - \boldsymbol{M} = \frac{\boldsymbol{B}}{\mu_0} - \chi_{\mathrm{m}}\boldsymbol{H}$$

关系式（5.30）表示磁介质所处空间中磁感应强度和磁场强度的关系由磁介质的磁导率确定，它是磁介质的本构关系. 表 5.3 中给出常见均匀各向同性磁介质的磁导率、相对磁导率和应用.

表 5.3　常见均匀各向同性磁介质的磁导率、相对磁导率和应用

材料	磁导率 μ/（H m^{-1}）	相对磁导率 μ_r	应用
铁氧体 U 60	1.00×10^{-05}	8	超高频扼流圈
铁氧体 M33	9.42×10^{-04}	750	谐振电路的磁芯
镍（纯 99%）	7.54×10^{-04}	600	—
铁氧体 N41	3.77×10^{-03}	3 000	电源电路
铁（纯 99.8%）	6.28×10^{-03}	5 000	—
铁氧体 T38	1.26×10^{-02}	10 000	宽带阻抗变换器
硅钢	5.03×10^{-02}	40 000	直流发电机，电源变压器
超坡莫合金	1.26	1 000 000	磁头

5.4.2　磁介质中磁场的基本方程

前面几章讨论已经阐明：物质中的磁场是由外加磁场引起的物质磁化效应和原磁场叠加，那么这个综合磁场满足的基本方程式什么呢？这就是它的散度方程和旋度方程.

散度方程是关于磁感应强度的，其表达式为

$$\oint_S \boldsymbol{B}\cdot \mathrm{d}\boldsymbol{S}=0 \tag{5.31}$$

它说明在磁介质中，磁力线仍然是连续的. 根据通量积分的高斯公式，它具有微分形式

$$\nabla\cdot\boldsymbol{B}=0 \tag{5.32}$$

这是磁场的高斯定理，它说明磁场是无源场. 这和现代物理研究的结果是符合的，因为现代物理研究至今没有发现和电荷相对应的所谓磁荷.

旋度方程是关于磁场强度的. 磁场强度满足的方程和真空中的形式一致，即

$$\oint_C \boldsymbol{H}\cdot \mathrm{d}\boldsymbol{l}=I \tag{5.33}$$

或者用微分形式表示为

$$\nabla\times\boldsymbol{H}=\boldsymbol{J} \tag{5.34}$$

这个方程称为磁场的旋度方程，式中的电流和电流密度不包含磁化电流部分.

旋度方程的证明如下：

外加磁场和磁化电流的磁场都满足真空中磁场的安培环路定理，所以根据安培环路定理有

$$\oint_C \frac{\boldsymbol{B}}{\mu_0}\cdot \mathrm{d}\boldsymbol{l}=I+I'_{\mathrm{m}}$$

式中：I 是外加电流；I'_{m} 是磁化电流. 而磁化电流 I'_{m} 为

$$I'_{\mathrm{m}}=\int_S \boldsymbol{J}_{\mathrm{m}}\cdot \mathrm{d}\boldsymbol{S}$$

所以有

$$\oint_C \frac{\boldsymbol{B}}{\mu_0} \cdot \mathrm{d}\boldsymbol{l} = I + \int_S \boldsymbol{J}_{\mathrm{m}} \cdot \mathrm{d}\boldsymbol{S}$$

代入磁化电流和磁化强度矢量的关系有

$$\oint_C \frac{\boldsymbol{B}}{\mu_0} \cdot \mathrm{d}\boldsymbol{l} = I + \int_S \nabla \times \boldsymbol{M} \cdot \mathrm{d}\boldsymbol{S}$$

应用通量积分的高斯公式，整理得

$$\oint_C \left(\frac{\boldsymbol{B}}{\mu_0} - \boldsymbol{M} \right) \cdot \mathrm{d}\boldsymbol{l} = I$$

式中的被积函数正是磁场强度，所以式（5.33）成立. 微分形式（5.34）只需要使用斯托克斯定理公式（1.64）和电流强度的公式（2.11）作变换即可得到.

这个证明过程一方面可以看出使用磁场强度这个物理量的好处，就是它使磁介质空间中的安培环路定理保持了和真空中同样的形式. 另一方面还能看出磁场是一种涡旋场，它的涡旋源是电流密度矢量，并且这个涡旋源中的电流或电流密度不包含磁化电流部分.

在此，散度方程的证明略，读者可类比电场旋度方程的证明过程得到.

根据以上分析得出结论，稳恒磁场是有旋无源场，它的涡旋源是电流.

由于这些方程和真空中的形式相同，所以可以用和真空中一样的方法来求解其中磁场. 其中一种方法就是引入辅助矢量——矢量磁位方便求解. 它和磁感应强度的关系、规范条件以及符号表示都可以使用真空中形式. 所以其满足的方程仍是泊松方程的形式，即

$$\nabla^2 \boldsymbol{A} = -\mu \boldsymbol{J} \tag{5.35}$$

5.4.3 磁场的边界条件

和静电场中的考虑一样，如果空间中的物质不同，那么要确定空间中磁场的分布，必须辅以物质边界上的磁场条件. 因为在两种物质分界面处，物质磁导率的不同会导致磁场发生突变. 这就是边界面两边磁场矢量间的关系，称为磁场边界条件. 磁场边界条件由磁场基本方程的积分形式导出. 它分为磁感应强度和磁场强度两个边界条件，说明分别如下.

1. 磁感应强度的边界条件

在边界面上，磁感应强度的法向分量连续，即

$$\boldsymbol{n} \cdot (\boldsymbol{B}_1 - \boldsymbol{B}_2) = 0 \tag{5.36}$$

证明类似于静电场电位移矢量的情况：利用磁场高斯定理的积分形式证明，过程类似电位移矢量边界条件的证明. 该式还可以写为

$$B_{2n} = B_{1n}$$

2. 磁场强度的边界条件

对于磁场强度而言，界面两边磁场强度切向分量的变化量等于面电流密度，即

$$\boldsymbol{n} \times (\boldsymbol{H}_1 - \boldsymbol{H}_2) = \boldsymbol{J}_{\mathrm{S}} \tag{5.37}$$

它的证明和静电场的电场强度边界条件证明过程类似，过程参考电场强度边界条件的证

明. 利用几何关系可写为

$$H_{1t}-H_{2t}=J_S$$

3. 特殊边界情况

针对磁场强度的边界条件，若介质分界面上，不存在自由电流，则有这种分界面上的磁场强度切向分量连续，即

$$H_{1t}=H_{2t} \tag{5.38}$$

或

$$H_1\sin\theta_1=H_2\sin\theta_2 \tag{5.39}$$

式中：角度 θ_1 和 θ_2 是边界面两侧磁场强度和介质 2 指向介质 1 法向的夹角. 再考虑各向同性磁介质中磁感应强度的边界条件，可以写成

$$\mu_1H_1\cos\theta_1=\mu_2H_2\cos\theta_2 \tag{5.40}$$

则可以得到分界面两边磁场方向与介质特性的关系式

$$\frac{\tan\theta_1}{\tan\theta_2}=\frac{\mu_1}{\mu_2} \tag{5.41}$$

特殊地，如果磁介质 1 是空气（真空），介质 2 是铁磁物质，那么会有 $\mu_2\gg\mu_1$. 这导致

$$\theta_1\ll\theta_2$$

或者说 $\theta_1\to 0$，说明空气中铁磁性物质表面的磁场几乎是垂直于其表面的.

还可以推知如果介质表面无自由电流，由磁感应强度的切向分量之差求得表面上的磁化电流. 因为根据磁场强度的定义有 $\boldsymbol{B}=\mu_0\boldsymbol{H}+\mu_0\boldsymbol{M}$，所以

$$\boldsymbol{n}\times(\boldsymbol{B}_1-\boldsymbol{B}_2)=\boldsymbol{n}\times(\mu_0\boldsymbol{H}_1-\mu_0\boldsymbol{H}_2)+\boldsymbol{n}\times(\mu_0\boldsymbol{M}_1-\mu_0\boldsymbol{M}_2)$$

该式右端第一项为零. 第二项展开后的两项分别是两种磁介质在表面磁化电流 $\boldsymbol{J}_{\mathrm{ms}_1}$ 和 $\boldsymbol{J}_{\mathrm{ms}_2}$ 的代数和 $\boldsymbol{J}_{\mathrm{sm}}$. 所以

$$\boldsymbol{n}\times(\boldsymbol{B}_1-\boldsymbol{B}_2)=\boldsymbol{J}_{\mathrm{sm}} \tag{5.42}$$

当介质外是真空时，这个磁化电流密度就是介质表面的磁化电流.

4. 矢量磁位的边界条件

将矢量磁位和磁感应强度的关系代入边界条件，可得到矢量磁位的边界条件

$$\begin{aligned}&\boldsymbol{A}_1=\boldsymbol{A}_2\\&\frac{1}{\mu_1}(\nabla\times\boldsymbol{A}_1)_t-\frac{1}{\mu_2}(\nabla\times\boldsymbol{A}_2)_t=\boldsymbol{J}_{\mathrm{S}}\end{aligned} \tag{5.43}$$

最后说明：上述边界条件关系式中，下标和方向符号的意义与电场情况相同.

5.4.4 利用标量磁位求解磁场

在无自由电流的空间中，磁场强度是无旋的，可以对应电场的情况，人为地引入和标量电位函数相应的标量磁位，得到和静电场完全一致的控制方程、边界条件，求解方法也和静电场边值问题完全相似. 令 φ_{m} 为标量磁位，则

$$\boldsymbol{H}=-\nabla\varphi_{\mathrm{m}} \tag{5.44}$$

在均匀的磁介质中，无磁化电流，则其控制方程为拉普拉斯方程，即

$$\nabla^2\varphi_{\mathrm{m}}=0 \tag{5.45}$$

例 5.1 求一个半径为 a 的磁介质球置于均匀磁场 $\boldsymbol{H}_0=\boldsymbol{e}_z H_0$ 中被磁化后的磁场.

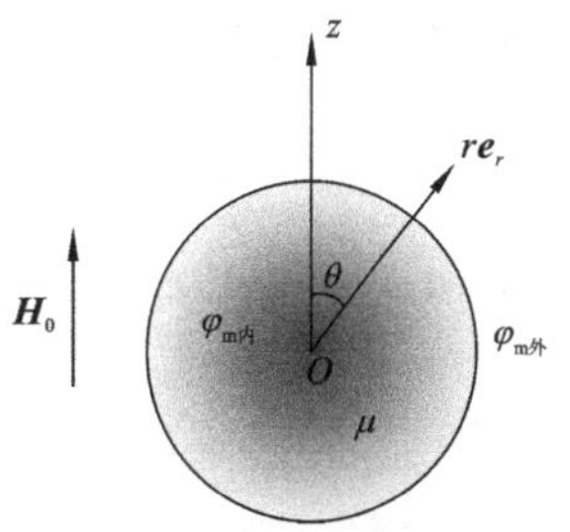

图 5.8 均匀磁场中的磁介质球

解 根据题意，可作出如图 5.8 所示坐标系的几何图形. 这时磁介质球的球心置于坐标原点上. 因为空间中没有自由电流，所以空间的磁场可用标量磁位求得. 如图中所示，设球内外的标量磁位分别是 $\varphi_{\mathrm{m内}}$ 和 $\varphi_{\mathrm{m外}}$. 则它们都满足方程（5.45）. 这类似于均匀电场中的电介质球问题.

令球心处的标量磁位为零，可以写出标量磁位的三个边界上的边界条件为

$$\begin{aligned}
&r\to\infty, &&\varphi_{\mathrm{m外}}=-H_0 r\cos\theta\\
&r=a, &&\varphi_{\mathrm{m内}}=\varphi_{\mathrm{m外}}\\
& &&\mu_0\frac{\partial\varphi_{\mathrm{m外}}}{\partial r}=\mu\frac{\partial\varphi_{\mathrm{m内}}}{\partial r}\\
&r=0, &&\varphi_{\mathrm{m内}}=0
\end{aligned}$$

于是使用球坐标系分离变量求解法求得它的解. 因为标量磁位和ϕ轴无关，所以它的通解符合式（4.36），即

$$\varphi_{\mathrm{m}}=\sum_{n=0}^{\infty}\{[A_n r^n+B_n r^{-(n+1)}]\mathrm{P}_n(\cos\theta)\}$$

根据第一个边界条件，距离磁介质球球心无穷远处的标量磁位表达式，因为它是 $\cos\theta$ 的函数，所以有 $n=1$，上式中勒让德函数只能保留一阶勒让德函数的项，标量磁位的表达式变为

$$\varphi_{\mathrm{m}}=(A_1 r+B_1 r^{-2})\cos\theta$$

对于球外，无穷远处第二项为零，可以确定球外 $A_1=-H_0$. 得到球外标量磁位的表达式

$$\varphi_{\mathrm{m外}}=\left(-r+\frac{B}{r^2}\right)H_0\cos\theta$$

根据第三个边界条件，因为球心处的标量磁位等于零，所以要求球内第二项的系数 $B_1=0$，即

$$\varphi_{\mathrm{m内}}=Ar\cos\theta$$

使用第二个边界条件有

$$\begin{cases}A-\dfrac{H_0}{a^3}B=-H_0\\[2mm] \mu A+\dfrac{2\mu_0 H_0}{a^3}B=-\mu_0 H_0\end{cases}$$

使用行列式求解方法，则系数行列式为

$$\Delta_{AB}=\begin{vmatrix}1 & -H_0/a^3\\ \mu & 2\mu_0 H_0/a^3\end{vmatrix}=\frac{2\mu_0 H_0+\mu H_0}{a^3}$$

A 的行列式为

$$\Delta_A=\begin{vmatrix}-H_0 & -H_0/a^3\\ -\mu_0H_0 & 2\mu_0H_0/a^3\end{vmatrix}=\frac{-3\mu_0H_0^2}{a^3}$$

B 的行列式为

$$\Delta_B=\begin{vmatrix}1 & -H_0\\ \mu & -\mu_0H_0\end{vmatrix}=-\mu_0H_0+\mu H_0$$

所以有

$$A=\frac{\Delta_A}{\Delta_{AB}}=-\frac{3\mu_0}{2\mu_0+\mu}H_0$$

$$B=\frac{\Delta_B}{\Delta_{AB}}=\frac{\mu-\mu_0}{2\mu_0+\mu}a^3$$

将它们代入球内外的标量磁位表达式得到

$$\varphi_{\text{m内}}=-\frac{3\mu_0}{2\mu_0+\mu}H_0r\cos\theta$$

$$\varphi_{\text{m外}}=\left(-r+\frac{\mu-\mu_0}{2\mu_0+\mu}\frac{a^3}{r^2}\right)H_0\cos\theta$$

根据磁场强度和标量磁位的关系式（5.44），运算后得到球内外的磁场分别是

$$\boldsymbol{H}_{内}=\boldsymbol{e}_z\frac{3\mu_0}{\mu+2\mu_0}H_0$$

$$\boldsymbol{H}_{外}=(\boldsymbol{e}_r\cos\theta-\boldsymbol{e}_\theta\sin\theta)H_0+(\boldsymbol{e}_r\cos\theta+\boldsymbol{e}_\theta\sin\theta)\frac{\mu-\mu_0}{2\mu_0+\mu}\frac{a^3}{r^3}H_0$$

现在分析球内的磁场. 因为它是磁化效应的总场，所以可写为外加磁场 $\boldsymbol{H}_0$ 和磁化响应产生的磁场 $\boldsymbol{H}_\text{m}$ 之和，这样有

$$\boldsymbol{H}_0+\boldsymbol{H}_\text{m}=\boldsymbol{e}_z\frac{3\mu_0}{\mu+2\mu_0}H_0$$

则

$$\boldsymbol{H}_\text{m}=-\boldsymbol{e}_z\frac{\mu-\mu_0}{\mu+2\mu_0}H_0$$

表明磁化介质球若是顺磁性物质，则在球内产生一个反向磁场. 相应的球体内的磁化强度为

$$\boldsymbol{M}=\left(\frac{\mu}{\mu_0}-1\right)\boldsymbol{H}_{内}=\boldsymbol{e}_z\frac{3(\mu-\mu_0)}{\mu+2\mu_0}H_0$$

磁介质球表面的等效磁荷为

$$\sigma_\text{m}=\boldsymbol{M}\cdot\boldsymbol{n}=\frac{3(\mu-\mu_0)}{\mu+2\mu_0}H_0\cos\theta$$

这样球内外的磁场分别用磁化强度表示为

$$\boldsymbol{H}_{内}=\boldsymbol{e}_z\left(H_0-\frac{|\boldsymbol{M}|}{3}\right)$$

$$\boldsymbol{H}_{外}=\boldsymbol{e}_z\boldsymbol{H}_0+(\boldsymbol{e}_r2\cos\theta+\boldsymbol{e}_\theta\sin\theta)\frac{|\boldsymbol{M}|}{3}\frac{a^3}{r^3}$$

5.5 电　感

在电子系统工程的电路分析设计中，磁场问题首先表现为电感问题，可以是作为元器件存在的电感器的电感，也可以表现为电路中的分布电感. 电感是通电导体在其周围产生磁场的效应，是磁场变化中产生电动势的现象. 当一个导体回路里电流随时间变化时，会在自己回路中产生感应电动势，这是自感现象；而空间中有两个或两个及以上的多个回路时，其中一个回路中的电流变化会在其他回路中产生感应电动势，这是互感现象. 对此，定义了自感系数和互感系数这两个电路中与磁场相关的基本参数.

5.5.1 自感系数

某电流回路产生的磁场穿过回路本身的磁通量与自己的电流强度之比被定义为自感系数（简称电感），用 L 表示，即

$$L=\frac{\varPhi}{I} \tag{5.46}$$

式中：磁通量 $\varPhi=\oint_C \boldsymbol{B}\cdot \mathrm{d}\boldsymbol{S}$，$\boldsymbol{B}=\frac{\mu}{4\pi}\oint_C \frac{I\mathrm{d}\boldsymbol{l}\times \boldsymbol{R}}{R^3}$. 考虑矢量磁位和磁感应强度的关系，磁通量也可以写为

$$\varPhi=\oint_C \boldsymbol{A}\cdot \mathrm{d}\boldsymbol{l} \tag{5.47}$$

若回路由 N 匝线圈绕成，则线圈的总磁通量为各单匝线圈磁通量之和，称为磁链（又称全磁通）. 若 N 匝线圈密绕，其中每个回路的总磁通量为

$$\varPsi=N\varPhi_1 \tag{5.48}$$

式中：$\varPhi_1$ 为仅有一圈回路的磁通量，所以磁链为它的 N 倍. 如果这个回路 C 的载流为 I，其产生的磁场穿过回路 C 所形成的自感磁链相应的自感系数仍由式（5.46）表示形式，只需要将其中的磁通量用磁链代替即可.

由上述公式可见，回路自感仅与回路自身的几何形状、尺寸和媒质磁导率有关，与回路中载流无关. 还可以看到单个回路和 N 匝线圈（密绕）的电感之间的关系，即后者为前者的 N^2 倍.

实际应用中，具有电流的回路通常是由导体构成，导体的截面并非无限小，其内部也会有由于自身电流产生的磁场分布. 越来越多的工程问题中自感的求解需要考虑电流真实回路的截面问题，这时将自感分为内自感和外自感. 内自感是穿过导线内部的磁链（内磁链）算出的自感，可用 L_i 表示. 通常计算内磁链时认为电流均匀穿过导线的横截面，其中的任意一条磁感应线只交链导线中电流 I 的一部分. 跟导线外部的磁链（外磁链）相关的自感称为外自感 L_o，计算时假定电流集中于导线的几何轴线上，而把导体内侧的边缘线作为回路的边界.

5.5.2 互感系数

两个彼此靠近的回路 C_1 和 C_2（图 5.9），回路 C_1 中电流 I_1 产生的磁场在回路 C_2 交链的

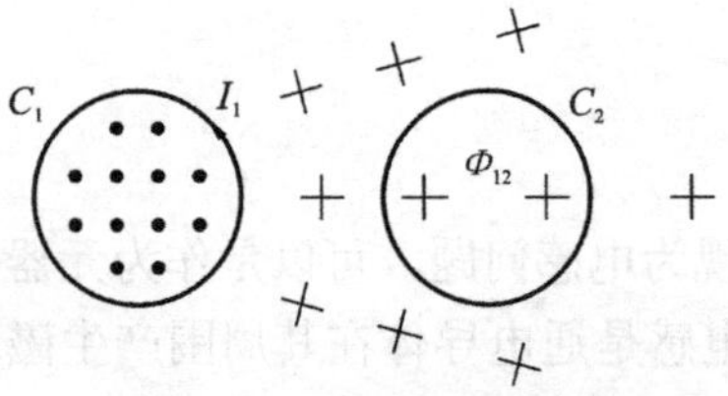

图 5.9　两个靠近的电流回路

磁通量为 Φ_{12}，则定义回路 C_1 对 C_2 的互感系数为

$$L_{12} = \frac{\Phi_{12}}{I_1} \tag{5.49}$$

其中交链磁通为

$$\Phi_{12} = \oint_{C_2} \boldsymbol{B}_1 \cdot \mathrm{d}\boldsymbol{S}_2$$

积分中的磁场为回路 1 的电流产生，积分曲面是回路 2 围成的有向曲面. 可见回路互感仅与两回路的几何形状、尺寸、相对位置和媒质磁导率有关.

考虑到两个回路之间的作用是相互的，回路 1 对回路 2 的作用是回路 1 对回路 2 的互感系数 L_{12}，反之，也有回路 2 对回路 1 的互感系数 L_{21}. 可以证明这两个互感相等，即

$$L_{21} = L_{12}$$

且有

$$L_{21} = L_{12} = \frac{\mu}{4\pi}\oint_{C_2}\oint_{C_1}\frac{\mathrm{d}\boldsymbol{l}_1 \cdot \mathrm{d}\boldsymbol{l}_2}{R_{12}} \tag{5.50}$$

这个公式称为诺伊曼公式.

证明　根据互感的定义式有

$$\Phi_{12} = L_{12} \cdot I_1$$

将回路 1 的磁场在回路 2 中的交链磁通代入得到

$$L_{12} \cdot I_1 = \int_{S_2} \boldsymbol{B}_1 \cdot \mathrm{d}\boldsymbol{S}_2 = \int_{S_2} \nabla \times \boldsymbol{A}_1 \cdot \mathrm{d}\boldsymbol{S}_2$$

其中引入矢量磁位，再应用通量的高斯公式得到

$$L_{12} \cdot I_1 = \frac{\mu}{4\pi}\oint_{C_2}\oint_{C_1}\frac{I_1}{R_{12}}\mathrm{d}\boldsymbol{l}_1 \cdot \mathrm{d}\boldsymbol{l}_2$$

即

$$L_{12} = \frac{\mu}{4\pi}\oint_{C_2}\oint_{C_1}\frac{\mathrm{d}\boldsymbol{l}_2 \cdot \mathrm{d}\boldsymbol{l}_1}{R_{21}}$$

同样的过程，可以得到

$$L_{21} = \frac{\mu}{4\pi}\oint_{C_2}\oint_{C_1}\frac{\mathrm{d}\boldsymbol{l}_1 \cdot \mathrm{d}\boldsymbol{l}_2}{R_{12}}$$

这样诺伊曼公式得到证明.

对于上述过程作外自感的情况的考虑，诺伊曼公式可以用来计算外自感，并被称为外自感的诺伊曼公式. 从该公式及其论证过程可知，两个回路若分别是 N_1 和 N_2 匝的密绕线圈，则得到的互感是两个相应单回路的 N_1N_2 倍.

5.6　磁场的能量问题

5.6.1　磁场能量

磁场是对电流产生磁场力作用的一种物质，它具有能量. 可以理解该能量是在磁场产生的过程中储存起来的. 可以用电流回路产生磁场作为典型，通过磁场的建立过程讨论磁场能

量表达式. 这种情况下，磁场的能量是在建立电流过程中外界能源提供的，即电流建立过程中，外界能源克服磁场力所做的功转化为磁能. 根据法拉第电磁感应定律（第 6 章讨论）可知，磁场建立的过程中磁场发生了变化，这个变化的磁场会产生反抗磁场建立的电动势，对于某个通过电流 I_j 的电路 j，假定经历一个准静态过程，且电路为没有焦耳损耗的理想电路，它们之间的关系为

$$u_j = -\mathscr{E}_j = \frac{\partial \Phi_j}{\partial t} \tag{5.51}$$

式中：u_j 是该电路中的电压；$\mathscr{E}_j$ 是磁场变化产生的电动势；Φ_j 是磁通. 电源就是在对抗这个电动势的过程中做功的.现在讨论这个功的表达式. 可以知道在电压为 u_j 时若具有电荷变化量 $\mathrm{d}q_j$，则对应的做功变化量为

$$\mathrm{d}W_j = u_j \mathrm{d}q_j$$

这样，形成的磁场能量 $\mathrm{d}W_\mathrm{m}$ 就是它的负值. 而根据电流的定义知道

$$\mathrm{d}q_j = i_j \mathrm{d}t$$

对于 N 个回路构成的体系而言，则有

$$\mathrm{d}W_\mathrm{m} = -\sum_{j=1}^{N} \mathrm{d}W_j = -\sum_{j=1}^{N} u_j i_j \mathrm{d}t$$

将感应电动势的表达式（5.51）代入有

$$\mathrm{d}W_\mathrm{m} = \sum_{j=1}^{N} i_j \mathrm{d}\Phi_j$$

N 个导体回路的系统磁通 $\Phi_j = \sum\limits_{k=1}^{N} L_{kj} i_k$，所以有

$$\mathrm{d}W_\mathrm{m} = \sum_{j=1}^{N} \mathrm{d}W_j = \sum_{j=1}^{N}\sum_{k=1}^{N} i_j L_{kj} \mathrm{d}i_k$$

假定回路中的电流从零开始以由 0 到 1 百分比α建立至最终的电流值，则某一时刻系统中 j 回路中的电流为 $i_j = \alpha I_j$，而 k 回路中的电流增量为 $\mathrm{d}I_k = I_k \mathrm{d}\alpha$，即

$$\mathrm{d}W_\mathrm{m} = \sum_{j=1}^{N} I_j \sum_{k=1}^{N} I_k L_{kj} \alpha \mathrm{d}\alpha$$

到达最终状态是α 从 0 到 1 的积分，所以磁场能量为

$$W_\mathrm{m} = \int_0^{W_\mathrm{m}} \mathrm{d}W_\mathrm{m} = \sum_{j=1}^{N}\sum_{k=1}^{N} I_j I_k L_{kj} \int_0^1 \alpha \mathrm{d}\alpha = \frac{1}{2}\sum_{j=1}^{N}\sum_{k=1}^{N} I_j I_k L_{kj} \tag{5.52}$$

若单个回路，则

$$W_\mathrm{m} = \frac{1}{2} L I^2$$

这是电感器中储存的磁场能量公式. 若双回路系统，则

$$W_\mathrm{m} = \frac{1}{2} L_{11} I_1^2 + L_{12} I_1 I_2 + \frac{1}{2} L_{22} I_2^2$$

式中：下标 1 和下标 2 分别为两个回路的电流和电感.

5.6.2 磁能密度

磁场能量式（5.52）给出了磁场空间中的磁场总能量，它使用电路参数和产生磁场的电流. 但是基于磁场分布直接描述磁场能量分布，这个表达式就不能给出能量密度. 现在进一步考察 N 个回路系统磁场能量公式和磁场参量的关系. 首先使用电感和互感的定义式，即

$$W_{\mathrm{m}} = \frac{1}{2}\sum_{j=1}^{N} I_j \Phi_j$$

考虑到磁通量的定义式，将上式进一步变成

$$W_{\mathrm{m}} = \frac{1}{2}\sum_{j=1}^{N} I_j \int_S \boldsymbol{B}\cdot \mathrm{d}\boldsymbol{S}_k$$

将磁场用矢量磁位表示后，有

$$W_{\mathrm{m}} = \frac{1}{2}\sum_{j=1}^{N} I_j \int_S \nabla\times\boldsymbol{A}\cdot \mathrm{d}\boldsymbol{S}_k = \frac{1}{2}\sum_{j=1}^{N} I_j \int_C \boldsymbol{A}\cdot \mathrm{d}\boldsymbol{l}_k$$

将电流推广到体电流分布情况，则上式的求和过程变为积分，即

$$W_{\mathrm{m}} = \frac{1}{2}\sum_{j=1}^{N} I_j \int_C \boldsymbol{A}\cdot \mathrm{d}\boldsymbol{l}_k = \frac{1}{2}\int_C \boldsymbol{A}\cdot \mathrm{d}\boldsymbol{l}_k \int_S \boldsymbol{J}\cdot \mathrm{d}\boldsymbol{S}_j = \frac{1}{2}\int_C\int_S (\boldsymbol{A}\cdot \mathrm{d}\boldsymbol{l}_k)(\boldsymbol{J}\cdot \mathrm{d}\boldsymbol{S}_j)$$

注意回路 j 和 k 之间的关系，上式的积分变为

$$W_{\mathrm{m}} = \frac{1}{2}\int \boldsymbol{J}\cdot\boldsymbol{A}\mathrm{d}V$$

式中：$\boldsymbol{J}$ 为体电流；$\boldsymbol{A}$ 是在 $\mathrm{d}V$ 处产生的磁位；V 为整个空间. 利用该式得到磁能密度的表达式为

$$w_{\mathrm{m}} = \frac{1}{2}\boldsymbol{B}\cdot\boldsymbol{H} \tag{5.53}$$

证明 将电流和矢量磁位用磁场参量的表达式表示出来，即

$$\begin{aligned} W_{\mathrm{m}} &= \frac{1}{2}\int_V \boldsymbol{J}\cdot\boldsymbol{A}\mathrm{d}V \\ &= \frac{1}{2}\int_V \nabla\times\boldsymbol{H}\cdot\boldsymbol{A}\mathrm{d}V \\ &= \frac{1}{2}\int_V \nabla\cdot(\boldsymbol{H}\times\boldsymbol{A})\mathrm{d}V + \frac{1}{2}\int_V \boldsymbol{H}\cdot(\nabla\times\boldsymbol{A})\mathrm{d}V \\ &= \frac{1}{2}\int_V \nabla\cdot(\boldsymbol{H}\times\boldsymbol{A})\mathrm{d}V + \frac{1}{2}\int_V \boldsymbol{H}\cdot\boldsymbol{B}\mathrm{d}V \end{aligned}$$

分别考察上式中最后的两项积分. 第一项中的积分可由通量积分的高斯定理变为 $\boldsymbol{H}\times\boldsymbol{A}$ 的闭合曲面通量（积分），因为 $|\boldsymbol{H}|\propto\frac{1}{R^2}$、$|\boldsymbol{A}|\propto\frac{1}{R}$ 和 $\mathrm{d}S\propto R^2$ 呈正比关系，导致当 $R\to\infty$ 时，$(\boldsymbol{H}\times\boldsymbol{A})\cdot\mathrm{d}\boldsymbol{S}\to 0$，最终使第一项的积分为零. 这样只剩下第二项.

若将磁场能量密度记为 w_{m}，则

$$W_{\mathrm{m}} = \int_V w_{\mathrm{m}}\mathrm{d}V$$

对比两个积分可以得到磁场强度和磁感应强度表示的磁能密度表达式（5.53）. 并且容易得到各向同性磁介质中

$$w_m = \frac{1}{2}\mu|\boldsymbol{H}|^2 = \frac{1}{2\mu}|\boldsymbol{B}|^2 \tag{5.54}$$

5.7 磁 场 力

磁场力的计算问题，可用已建立的实验定律来求解. 例如两个电流回路之间磁场力可用安培定律计算，其公式为式（2.27）的积分. 或者可通过洛伦兹力公式计算磁场对运动电荷的磁场力，即

$$\boldsymbol{F}_m = q\boldsymbol{v}\times\boldsymbol{B}$$

对于给定的磁场可产生的磁力，也可以类似于静电力，用功和能的方法来计算，这个计算方法就是用磁场能量的空间变化率计算磁场力的虚位移法. 其原理是能量守恒定律，即外力做功 W_F 等于磁场能量的变化 ΔW_m 与磁场力做功 W_{F_m} 之和，公式表示为

$$W_F = \Delta W_m + W_{F_m}$$

磁场力做功的增量为

$$\mathrm{d}W_{F_m} = \boldsymbol{F}_m\cdot \mathrm{d}\boldsymbol{l}$$

在求解过程中使用的方法是：假定磁场能量的变化全部是磁场力对外做功，则

$$\mathrm{d}W_m = -\boldsymbol{F}_m\cdot \mathrm{d}\boldsymbol{l}$$

所以磁场力为

$$\boldsymbol{F} = -\frac{\mathrm{d}W_m}{\mathrm{d}l}\boldsymbol{e}_l = -\nabla W_m\cdot\boldsymbol{e}_l$$

对于电路系统有两种情况.

情况一：系统电流保持不变，则

$$F_l = -\left.\frac{\mathrm{d}W_m}{\mathrm{d}l}\right|_{i\text{不变}} \tag{5.55}$$

情况二：系统磁链保持不变，则

$$F_l = -\left.\frac{\mathrm{d}W_m}{\mathrm{d}l}\right|_{\Psi\text{不变}} \tag{5.56}$$

例 5.2 如图 5.10 所示，一对宽为 a、相距 h 的平行带状线，其中流有相反方向的电流 I. 如果带线宽 $a \gg h$，忽略边沿效应，求带线间单位长度上的作用力.

分析 在 $a \gg h$ 条件下，忽略边沿效应，可以认为带线间的磁场是均匀的. 利用虚位移法求解磁场力.

解 由安培环路定理，带线间的磁场

$$H = \frac{I}{a}$$

所以带线间磁能密度为

$$w_m = \frac{1}{2}\mu_0\frac{I^2}{a^2}$$

单位长度总的磁场能量

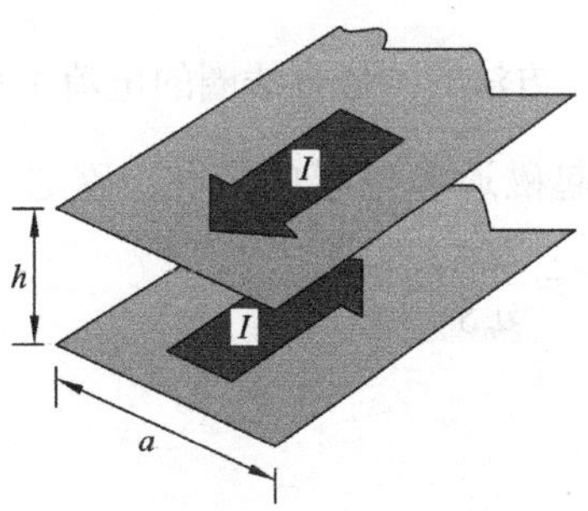

图 5.10　平行带线的作用力

$$W_{\mathrm{m}} = w_{\mathrm{m}} ha = \frac{\mu_0 I^2 h}{2a}$$

对于图中坐标系 $z=h$ 处的导体，由式 $F = -\mathrm{d}W_{\mathrm{m}}/\mathrm{d}l\big|_{I=C}\,\boldsymbol{e}_l$ 得带线间单位长度作用力为

$$\boldsymbol{F} = -\frac{\mathrm{d}W_{\mathrm{m}}}{\mathrm{d}h}\boldsymbol{e}_z = -\frac{\mu_0 I^2}{2a}\boldsymbol{e}_z$$

为吸引力.

例 5.3 求线圈匝数为 N，通过电流 I，磁路中的磁通量（简称磁通）为 Φ，铁芯面积 S 的电磁铁对衔铁的举力.

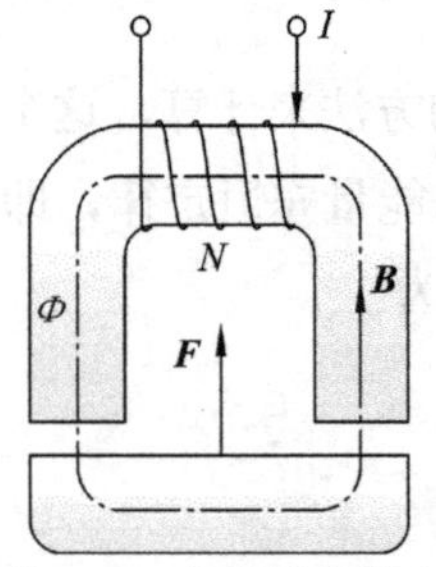

图 5.11 电磁铁的举力

衔铁是电磁接触器中的一个重要组成部分. 电磁接触器的传动装置是一个电磁机构，由线圈、铁芯(静止铁芯)、衔铁(活动铁芯)、极靴、铁轭和空气隙等组成. 铁芯是固定起来的，在工作状态下不能活动，衔铁则是可动的. 在整个机构中衔铁和铁芯构成闭合磁路，可由其间的磁力吸引而连接起来（图 5.18）. 电磁机构通过衔铁与相应的机械机构的动作状态和动作过程，将电磁线圈产生的电磁能转换为机械能，带动触点使之闭合或者断开以实现控制目的. 衔铁一般是由软磁性材料制造，如纯铁、铸铁、硅钢及坡莫合金等.

解 将图 5.11 所示的结构中磁场力（举力）的方向设为直角坐标系的 z 方向，铁芯和衔铁的间隙上下面的位置分别为 z_0 和 z，则空气间隙的长度为 $\Delta z = z_0 - z$. 通过衔铁产生一个虚位移 $\mathrm{d}z$ 引起的磁场能量潜在变化 ΔW_{m} 求得举力. 可假设两种条件分别用两种方法求解.

方法一 维持电源的电压，保持磁路中的磁通量 Φ 不变. 磁路中衔铁和铁芯的间隙具有的磁场能量为

$$W_{\mathrm{m0}} = 2\left(\frac{B^2}{2\mu_0} S\Delta z\right) = \frac{\Phi^2}{\mu_0 S}\Delta z$$

整个磁路系统中的磁能 W_{m} 改变都是这部分能量的改变，所以这时利用虚位移法可以求得举力为

$$\boldsymbol{F} = -\nabla W_{\mathrm{m}}\big|_{\Phi=C} = -\boldsymbol{e}_z \frac{\partial W_{\mathrm{m}}}{\partial z} = \boldsymbol{e}_z \frac{\Phi^2}{\mu_0 S}$$

方法二 假设线圈的电流不变化，用电感中的磁能 $W_{\mathrm{m}} = \frac{1}{2}LI^2$ 来求解. 这时间隙的变化会引起磁通和电感的变化. 磁通量 Φ 等于磁动势 NI 除以铁芯磁阻 R_{m} 和两个间隙的磁阻 $R_{\mathrm{m0}} = \dfrac{2\Delta z}{\mu_0 S}$，即

$$\Phi = \frac{NI}{R_{\mathrm{m}} + \dfrac{2\Delta z}{\mu_0 S}}$$

所以得到磁场能量为

$$W_{\mathrm{m}} = \frac{1}{2}LI^2 = \frac{1}{2}\Phi I = \frac{NI^2}{2\left(R_{\mathrm{m}} + \dfrac{2\Delta z}{\mu_0 S}\right)}$$

用虚位移法得到

$$\boldsymbol{F}=-\nabla W_{\mathrm{m}}\Big|_{I=C}=\boldsymbol{e}_z\frac{\Phi^2}{\mu_0 S}$$

可以看到两种方法的结果都是一样的.

习　题　5

（一）拓展题

5.1　给定平行长直导线通反向电流 I，研究其磁场.

5.2　理解并详细证明磁场切向分量的边界条件.

5.3　对于常见的线圈电感器，查找其电感计算公式，选择公式证明.

（二）练习题

5.4　真空中直线长电流 I 的磁场有一等边三角形回路，如题 5.4 图所示，求三角形回路的磁通.

5.5　通过电流密度为 $\boldsymbol{J}$ 的均匀电流的长圆柱导体中有一平行的圆柱形空腔，如题 5.5 图所示. 计算各部分的磁感应强度 $\boldsymbol{B}$，并证明腔内的磁场是均匀的.

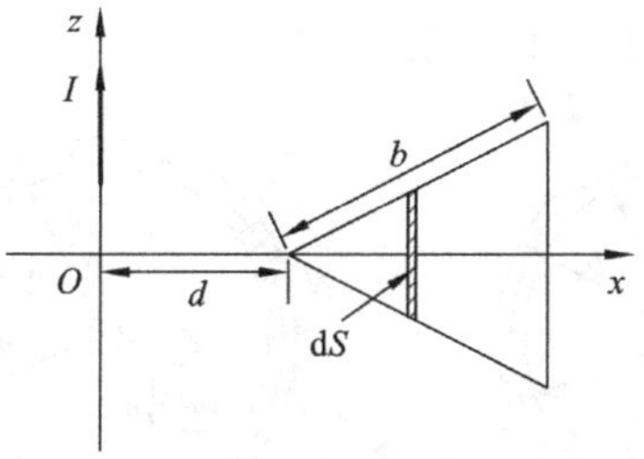

题 5.4 图

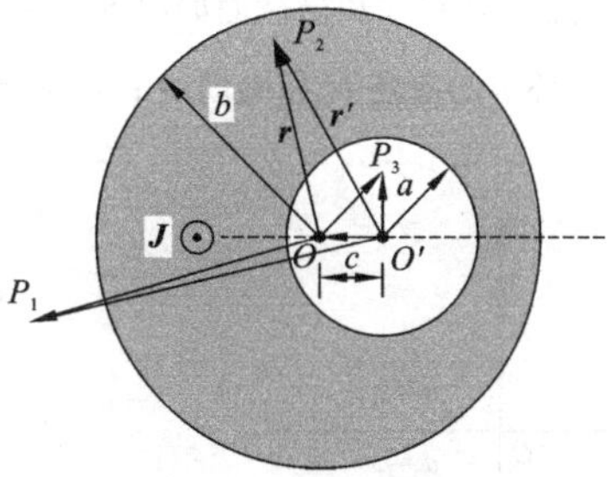

题 5.5 图

5.6　求无限长直线电流的矢量位和磁感应强度.（利用线积分表达式积分求得有限长的表达式，附加常矢量后得到矢位）.

5.7　计算半径为 a 的无限长直导体内通有均匀分布电流 I 的空间中磁场强度 $\boldsymbol{H}$ 分布.

5.8　内、外半径分别为 a，b 的无限长导体圆管，导体内沿轴向有恒定的均匀传导电流（题 5.8 图），体电流密度为 $\boldsymbol{J}$，导体磁导率为 μ. 求导体内外的磁场强度和磁感应强度.

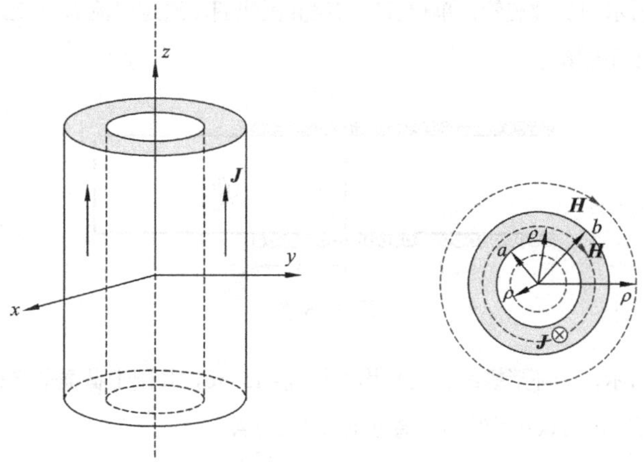

题 5.8 图

5.9 下面的矢量函数中哪些可能是磁场？如果是，求其源变量 $\boldsymbol{J}$.

（1）$\boldsymbol{H} = a\rho\boldsymbol{e}_\rho, \boldsymbol{B} = \mu_0\boldsymbol{H}$（圆柱坐标）；

（2）$\boldsymbol{H} = (-ay)\boldsymbol{e}_x + ax\boldsymbol{e}_y, \boldsymbol{B} = \mu_0\boldsymbol{H}$；

（3）$\boldsymbol{H} = ax\boldsymbol{e}_x - ay\boldsymbol{e}_x, \boldsymbol{B} = \mu_0\boldsymbol{H}$；

（4）$\boldsymbol{H} = ar\boldsymbol{e}_\phi, \boldsymbol{B} = \mu_0\boldsymbol{H}$（球坐标系）.

5.10 由矢量位的表示式（5.12），证明磁感应强度的积分公式

$$\boldsymbol{B}(\boldsymbol{r}) = \frac{\mu_0}{4\pi}\int_\tau \frac{\boldsymbol{J}(\boldsymbol{r}') \times \boldsymbol{R}}{R^3}\mathrm{d}\tau'$$

并证明 $\nabla \cdot \boldsymbol{B} = 0$.

5.11 半径为 a 磁介质球，具有磁化强度为

$$\boldsymbol{M} = (Az^2 + B)\boldsymbol{e}_z$$

其中，A 和 B 为常数，求磁化电流和等效磁荷.

5.12 如题 5.12 图所示，无限长直线电流 I 垂直于磁导率分别为 μ_1 和 μ_2 的两种磁介质的分界面，试求两种磁介质中的磁感应强度 $\boldsymbol{B}_1$ 和 $\boldsymbol{B}_2$；给出磁化电流分布.

5.13 铁心磁环尺寸和横截面如题 5.13 图，已知铁心磁导率 $\mu \gg \mu_0$，磁环上绕有 N 匝线圈，通有电流 I. 求：（1）磁环中的磁场 $\boldsymbol{H}$ 和磁通 Φ；（2）若在铁心上开一小切口，再计算它们.

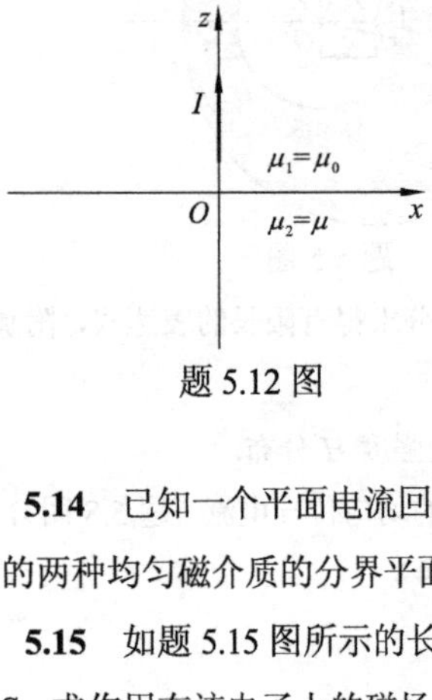

题 5.12 图

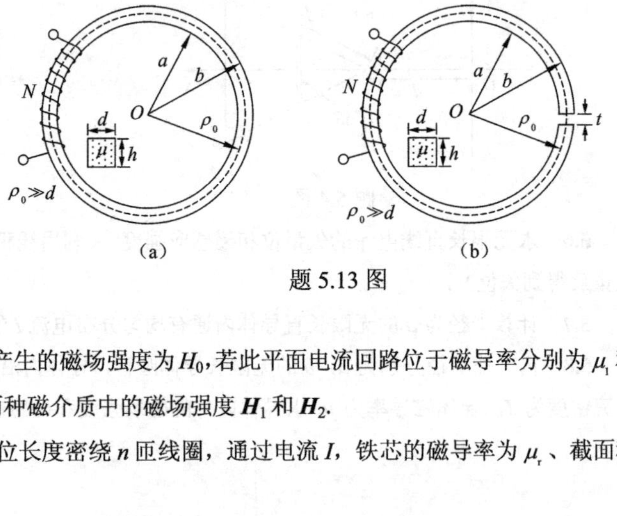

题 5.13 图

5.14 已知一个平面电流回路在真空中产生的磁场强度为 H_0，若此平面电流回路位于磁导率分别为 μ_1 和 μ_2 的两种均匀磁介质的分界平面上，试求两种磁介质中的磁场强度 $\boldsymbol{H}_1$ 和 $\boldsymbol{H}_2$.

5.15 如题 5.15 图所示的长螺旋管，单位长度密绕 n 匝线圈，通过电流 I，铁芯的磁导率为 μ_r、截面积为 S，求作用在该电子上的磁场力.

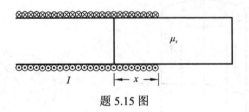

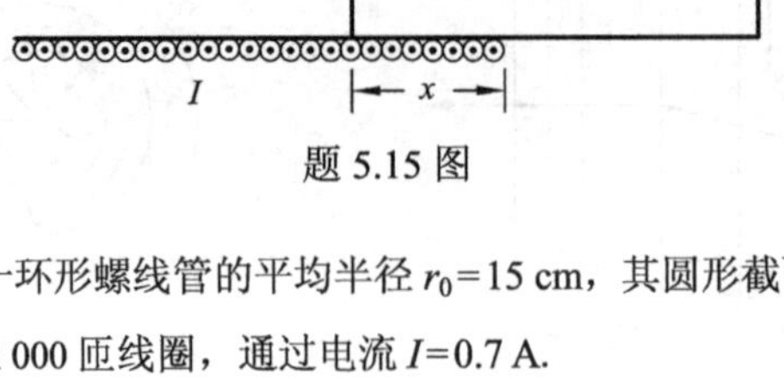

题 5.15 图

5.16 如题 5.16 图所示，一环形螺线管的平均半径 r_0=15 cm，其圆形截面的半径 a=2 cm，铁芯的相对磁导率 $\mu_r = 1\,400$，环上绕 $N = 1\,000$ 匝线圈，通过电流 I=0.7 A.

（1）计算螺旋管的电感；

（2）在铁芯上开一个 $l_0 = 0.1$ cm 的空气隙，再计算电感，（假设开口后铁芯的磁导率 μ_r 不变）；

（3）求空气隙和铁芯内的磁场能量的比值.

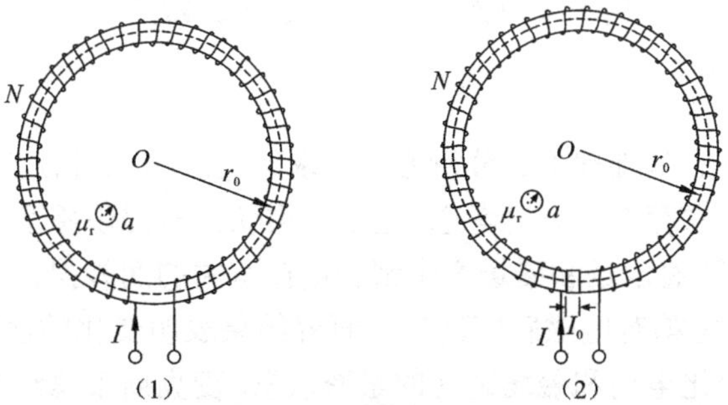

题 5.16 图

5.17 设同轴线内径为 a，外径为 b，内外导体间为真空，导体磁导率为 μ_0. 求同轴线单位长度的自感.

5.18 设导线半径为 a，导线间距为 D（$D \gg a$）. 求平行双导体传输线单位长度自感.

第 6 章　时变电磁场

前面章节对静态场的基础理论、分析方法、求解方法和应用做了详细的讨论. 其特点是认为电场和磁场各自独立存在，分开考虑. 这是人类认为电磁现象互不相关的认识时期和限定条件下的研究结果. 随着电场和磁场产生都和电荷有关的面纱揭开，它们之间的联系也被科学家关注和研究. 法拉第对电磁感应现象的研究结果表明变化的磁场会产生电场. 从此开始，逐渐揭开随时间变化电场和磁场之间的紧密联系. 麦克斯韦总结并分析前人关于电场和磁场的实验规律，提出位移电流的假说，又说明变化电场产生磁场的问题. 这样形成以麦克斯韦方程为核心的经典电磁场理论. 该理论反映出电场和磁场共存的事实，被合并称为电磁场，电场和磁场仅是它的两个物理量. 它们随时间变化时就被称为时变电磁场. 本章主要分析和讨论时变电磁场的基本规律、方程及其基本处理方法.

6.1　电磁感应定律

6.1.1　电磁感应现象和法拉第-楞次定律

电磁感应现象是法拉第于 1831 年发现. 即当穿过导体回路的磁通量发生变化时，回路中会出现感应电流的现象，其实质是磁场的变化会产生电场. 后续的实验研究工作总结出定量的关系式.

磁场中的一个闭合导体回路由于某种原因引起穿过这个回路的磁通量发生变化时，回路中就产生了感应电动势和感应电流，感应电动势的大小正比于磁通对时间的变化率，数学表达式为

$$\mathscr{E}_{\text{in}} = -\frac{\mathrm{d}\Phi}{\mathrm{d}t} \tag{6.1}$$

式中：Φ 为穿过导体回路的磁通，单位为韦伯（Wb）；感应电动势 $\mathscr{E}_{\text{in}}$ 的单位为伏特（V）. 应当注意的是，当导体回路不止一圈时，公式推导中涉及的是磁链（全磁通）. 这就是法拉第-楞次电磁感应定律.

这个表达式中的负号是由楞次给出，具有明确的物理意义，即感应电动势等于磁通变化率的负值，感应电流产生的磁场总是对抗原来的磁通变化. 按照惯例规定感应电动势的正方向和磁场的正方向之间符合右手螺旋关系，如图 6.1（a）所示. 当回路中磁通 Φ 增加时，$\frac{\mathrm{d}\Phi}{\mathrm{d}t} > 0$，则感应电动势 $\mathscr{E}_{\text{in}} < 0$，这样感应电流产生的磁场有阻止原磁场增大的趋势，如图 6.1（b）所示；反之，当磁通 Φ 减小时，$\frac{\mathrm{d}\Phi}{\mathrm{d}t} < 0$，则感应电动势 $\mathscr{E}_{\text{in}} > 0$，感应电流产生的磁场有阻止原磁场减小的趋势，如图 6.1（c）所示. 因此，闭合回路中的感应电动势（或感应电流）的方向总是企图阻止回路中磁通的变化，这就是楞次定律.

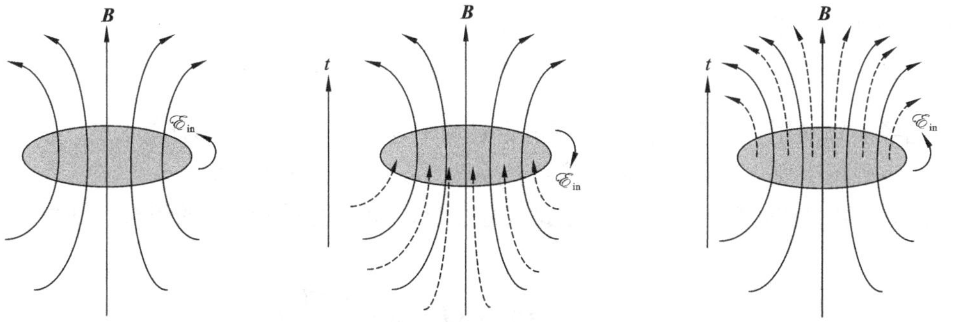

（a）电动势和磁场方向　　（b）磁通增加　　（c）磁通减小

图 6.1　感应电动势和磁通的关系

6.1.2　磁通变化情况和感应电场

现在详细分析引起磁通变化的因素和其产生的电动势. 这时感应电动势看成是电场力作用的结果，表明空间产生了新的电场. 仔细分析可以发现磁通变化可以有下面三种情形.

情形 1　闭合回路是静止的，但与之交链的磁场是随时间变化的. 这时回路中产生的感应电动势称为感生电动势. 根据式（6.1）感生电动势可由下式计算：

$$\mathscr{E}_{in} = -\int_S \frac{d\boldsymbol{B}}{dt} \cdot d\boldsymbol{S} \tag{6.2}$$

电动势的存在说明导体上存在电位差，根据电位差和电场的关系可以知道这时产生了一个电场. 这个电场是由磁场（磁通）变化引起的，它称为感生电场.

情形 2　闭合回路相对于稳恒磁场之间存在相对运动，并导致磁场穿过的回路面积发生变化. 那么式（6.1）变为

$$\mathscr{E}_{in} = -\frac{d\int_S \boldsymbol{B} \cdot d\boldsymbol{S}}{dt} \tag{6.3}$$

这时回路中的感应电动势称为动生电动势. 回路包围面积的变化由回路的移动引起. 考虑边缘某点的回路线元矢量 $d\boldsymbol{l}$，它以速度 $\boldsymbol{v}$ 进行运动，则时刻 t 的位移为 $\boldsymbol{v}t$. 于是有面积变化面元矢量 $d\boldsymbol{S} = \boldsymbol{v}t \times d\boldsymbol{l}$. 所以得到

$$\mathscr{E}_{in} = \oint_C (\boldsymbol{v} \times \boldsymbol{B}) \cdot d\boldsymbol{l} \tag{6.4}$$

不失一般性，考虑如图 6.2 所示的电路结构，取任意导体回路中任意一个发生位移的微小单元 AB 分析. 可以把它看成一个长为 A 指向 B 的有向直导体棒 $d\boldsymbol{l}$，假定它在恒定磁场 $\boldsymbol{B}$ 中以速度 $\boldsymbol{v}$ 运动，则导体中自由电子受到的洛伦兹力为 $\boldsymbol{F} = -e(\boldsymbol{v} \times \boldsymbol{B})$.

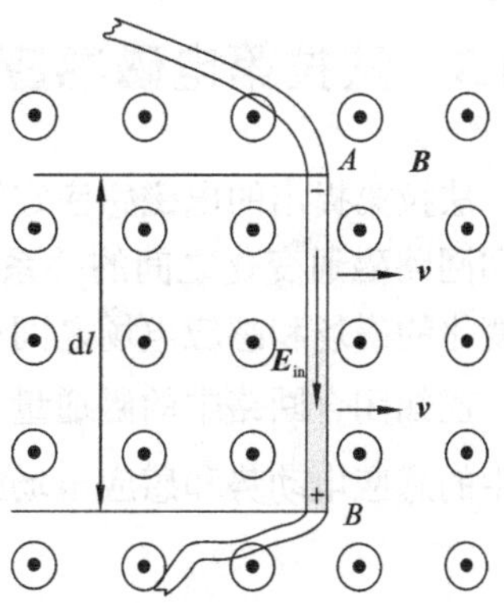

图 6.2　导体回路的尺寸在均匀磁场中发生变化的情形

电子受到的这个作用力可以认为也是由一个电场施加的，并把它称为动生电场. 类似单位电荷在电场中所受的电场力用以定义电场强度，动生电场可表示为

$$\boldsymbol{E}' = \frac{\boldsymbol{F}}{-e} = \boldsymbol{v} \times \boldsymbol{B} \tag{6.5}$$

由图 6.2 可见，动生电场 $\boldsymbol{E}'$ 的方向由 A 指向 B，该电

场沿导体 d$\boldsymbol{l}$ 的积分为导体 AB 之间的电位差，即

$$\varphi_{AB}=-\int_A^B \boldsymbol{E}'\cdot \mathrm{d}\boldsymbol{l}=\int_A^B(\boldsymbol{v}\times\boldsymbol{B})\cdot\mathrm{d}\boldsymbol{l} \tag{6.6}$$

这就是已经熟知的用于计算一段导线在恒定磁场中运动产生电动势的计算公式. 考虑到闭合回路在恒定磁场中变化，积分的起点和终点重合，它变成表达式（6.4）.

情形 3 当存在时变磁场又存在回路尺寸变化，即上述两种情况的组合，则总的感应电动势为

$$\mathscr{E}_{\text{in}}=\oint_C(\boldsymbol{v}\times\boldsymbol{B})\cdot\mathrm{d}\boldsymbol{l}-\int_S\frac{\partial\boldsymbol{B}}{\partial t}\cdot\mathrm{d}\boldsymbol{S} \tag{6.7}$$

它的两项分别是动生电动势和感生电动势. 这时对应磁通变化产生的电场称为感应电场 $\boldsymbol{E}_{\text{in}}$.

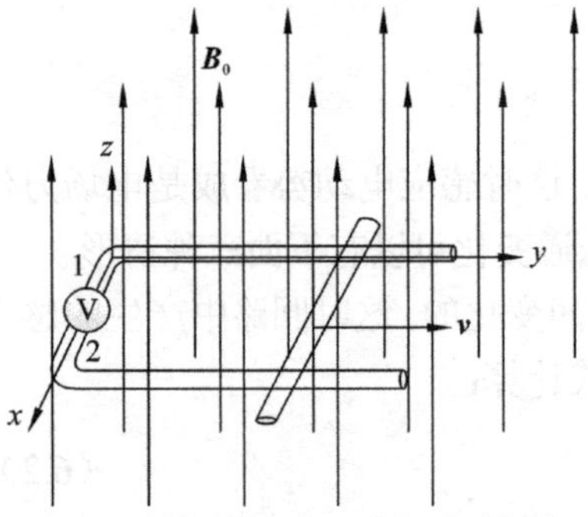

图 6.3 均匀磁场中一边运动线框中的感应电动势

例 6.1 图 6.3 所示，一个矩形金属框的宽度 d 是常数，其滑动的一边以匀速 v 向右移动，恒定磁感应强度 $\boldsymbol{B}$ 均匀，且垂直于线框平面，设磁感应强度为常量 $\boldsymbol{B}_0$，求线框里的感应电动势.

解 根据已知条件可以写出

$$\boldsymbol{v}=v\boldsymbol{e}_y$$
$$\boldsymbol{B}=B_0\boldsymbol{e}_z$$
$$\mathrm{d}\boldsymbol{l}=-\mathrm{d}x\boldsymbol{e}_x$$

这里取闭合回路方向与磁场满足右手螺旋法则.

据题意只有导体运动，故用动生电动势公式计算

$$\begin{aligned}\mathscr{E}_{\text{in}}&=\oint_C(\boldsymbol{v}\times\boldsymbol{B})\cdot\mathrm{d}\boldsymbol{l}\\&=\int_0^d vB_0(\boldsymbol{e}_y\times\boldsymbol{e}_z)\cdot(-\boldsymbol{e}_x)\mathrm{d}x\\&=\int_0^d B_0v(-\boldsymbol{e}_x\cdot\boldsymbol{e}_x)\mathrm{d}x\\&=-B_0vd\end{aligned}$$

当闭合回路方向选定后，规定的电动势高电位在 1 点时，计算结果为负值，说明实际电动势的高电位在 2 点.

6.1.3 法拉第电磁感应定律

法拉第提出的电磁感应定律是在存在导体回路的情况下，通过实验总结出来的感应电动势和回路磁通变化之间的关系. 它说明磁场通量的变化引起导体回路所在位置产生电场. 那么变化的磁场和感应电场之间存在何种联系呢？这就是法拉第电磁感应定律的一般表达式.

已知闭合回路中的磁通量为 $\Phi=\int_S\boldsymbol{B}\cdot\mathrm{d}\boldsymbol{S}$，式中 S 是闭合回路所界定的曲面. 而该闭合回路中的感应电动势和感应电场的关系为

$$\mathscr{E}_{\text{in}}=\oint_C\boldsymbol{E}\cdot\mathrm{d}\boldsymbol{l}=\oint_C\boldsymbol{E}_{\text{in}}\cdot\mathrm{d}\boldsymbol{l} \tag{6.8}$$

式中电场 $\boldsymbol{E}$ 包含导体回路中的感应电场和已存在的静电场，它考虑静电场的环流等于零的规律. 根据前面的讨论，可以想象，尽管感应电动势的存在需要导体等物质的存在才能表现出

来，但感应电场作为其产生的物理原因，并不会因为其表现与否消失. 只要空间选择的任意闭合路径包围的曲面上存在磁通的变化，在这个路径上必然产生感应电场. 这个感应电场的力线是闭合，也称为涡旋电场，并且它和已有电场叠加成其上的总电场.

这样法拉第电磁感应定律可以推广到磁场和电场存在空间的任意回路. 对于任意闭合路径及其包围的曲面，考虑表达式（6.2）和式（6.8），将表达式（6.7）变为

$$\oint_C \boldsymbol{E}\cdot \mathrm{d}\boldsymbol{l} = -\frac{\partial}{\partial t}\int_S \boldsymbol{B}\cdot \mathrm{d}\boldsymbol{S} \tag{6.9}$$

式中：S 的方向是由闭合回路 C 围成的曲面，其方向与电场在路径 C 上有向积分方向符合右手螺旋法则；其中电场的含义如前所述. 这就是法拉第电磁感应定律的一般形式，式（6.9）是法拉第电磁感应定律的积分表达式. 而且在时变电磁场的情况下，其中的电场和磁场都可以认为是时变的部分.

对该式应用矢量积分的斯托克斯定理，注意时间微分和空间积分之间的独立性将其互换后，等式要求被积函数相等，于是得到

$$\nabla\times\boldsymbol{E} = -\frac{\partial \boldsymbol{B}}{\partial t} \tag{6.10}$$

这是法拉第电磁感应定律的微分形式. 说明变化的磁场产生电场，也说明电场不仅由散度源电荷产生，也可由涡旋源时变磁场产生.

法拉第电磁感应定律是麦克斯韦经过精心研究得到的结果. 它解除了导体回路的约束条件，将电磁感应定律的应用范围推广到介质或真空中的任意闭合路径的情况，只要穿过此曲线所围曲面的磁通发生变化，那么沿着曲线将产生感应电场，只要闭合导线原样放在闭合曲线的位置上，导线上就会有感应电动势并将在导体回路中产生感应电流. 这一经过麦克斯韦推广的电磁感应定律是电磁理论的一个基本方程.

例 6.2 对于例题 6.1，设磁感应强度 $\boldsymbol{B}$ 随时间作正弦变化，其表达式为

$$\boldsymbol{B} = \boldsymbol{B}_0\sin(\omega t)\boldsymbol{e}_z$$

其余条件和前例相同. 求在线框里的感应电动势.

解 这里既有导体运动，又有磁场 $\boldsymbol{B}$ 随时间变化的情形，所以回路中的感应电动势直接使用法拉第-楞次定律的表达式计算，将线框的运动反映在面积分的上、下限中，即

$$\begin{aligned}\mathscr{E}_{\text{in}} &= -\frac{\mathrm{d}}{\mathrm{d}t}\int_0^{y_0+vt}\int_0^d B_0\sin(\omega t)\boldsymbol{e}_z\cdot \mathrm{d}x\mathrm{d}y\boldsymbol{e}_z \\ &= -\frac{\mathrm{d}}{\mathrm{d}t}\left[B_0 d(y_0+vt)\sin(\omega t)\right] \\ &= -B_0 dv\sin(\omega t) - B_0 d(y_0+vt)\omega\cos(\omega t)\end{aligned}$$

式中：y_0 为线框右边初始位置，可以令其为零；(y_0+vt)为该时刻线框右边所在的位置.

例 6.3 一个 $h\times w$ 的单匝矩形线圈放在时变磁场 $\boldsymbol{B} = \boldsymbol{e}_y B_0\sin(\omega t)$ 中. 开始时，线圈面的法线 $\boldsymbol{n}$ 对应于线框定点 1，2，3，4 顺序的右手关系方向，与 y 轴的夹角 α 为零，如图 6.4 所示. 求：

（1）线圈静止时的感应电动势；

（2）后来线圈以角速度 ω 绕 x 轴旋转时的

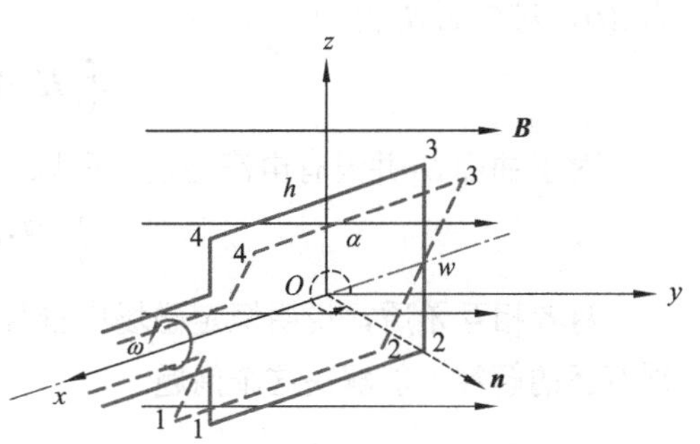

图 6.4 时变磁场中的旋转矩形线圈

感应电动势.

解 (1) 线圈静止时，感应电动势是由磁场随时间变化引起的，用积分形式计算. 所以

$$\begin{aligned}\Phi_{\mathrm{m}} &= \int_S \boldsymbol{B}\cdot \mathrm{d}\boldsymbol{S} = \boldsymbol{e}_y B_0 \sin(\omega t)\cdot \boldsymbol{n}hw \\ &= B_0 hw\sin(\omega t)\cos\alpha\end{aligned}$$

$$\mathscr{E}_{\mathrm{in}} = -\frac{\mathrm{d}\Phi_m}{\mathrm{d}t} = -\omega B_0 hw\cos(\omega t)\cos\alpha$$

(2) 线圈以角速度旋转时，穿过线圈的磁通变化既有因磁场随时间变化引起的，又有因线圈转动引起的. 线圈以角速度 ω 旋转时线圈面的法线 $\boldsymbol{n}$ 是时间的函数，表示为 $\boldsymbol{n}(t)$，相应的 α 夹角为 $\alpha = \omega t$，所以

$$\Phi_{\mathrm{m}} = \int_S \boldsymbol{B}\cdot \mathrm{d}\boldsymbol{S} = \boldsymbol{e}_y B_0 \sin(\omega t)\cdot \boldsymbol{n}(t)hw = B_0 hw\sin(\omega t)\cos(\omega t)$$

$$\mathscr{E}_{\mathrm{in}} = -\frac{\mathrm{d}\Phi_m}{\mathrm{d}t} = -\omega B_0 hw\cos(2\omega t)$$

6.2 位移电流和安培定律的推广形式

6.2.1 安培定律的局限性分析

安培定律是描述恒定磁场和电流之间关系的基本实验规律，但它存在不适用于时变电流的问题或时变电场和磁场的局限. 取如图 6.5 所示的电容器充电过程可以看到这一局限.

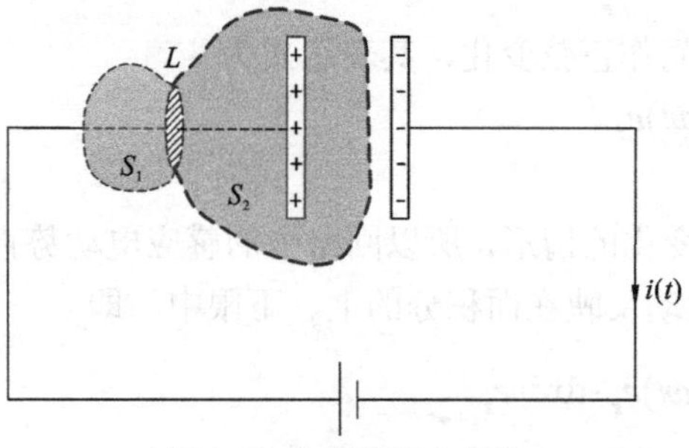

图 6.5　电容器充电电路

在充电过程中，按照安培环路定理，有

$$\oint_C \boldsymbol{H}\cdot \mathrm{d}\boldsymbol{l} = \int_S \boldsymbol{J}\cdot \mathrm{d}\boldsymbol{S} = I$$

式中：C 是围绕电路中任意一个给定位置的闭合路径；I 是通过该闭合路径所围曲面的电流. 显然其中的任意一个时刻，这个方程都成立. 应用于图 6.5 的情形，这个路径为 L. 这个路径围成曲面有两种情况：一种是仅有导线穿过而不经过电容器极板之间空间的曲面 S_1；另一种是仅在电容器极板之间空间经过而不被导线穿过的曲面 S_2. 若选择 t 时刻分析，回路中的电流为 $i(t)$，对曲面 S_1 得到

$$\oint_L \boldsymbol{H}\cdot \mathrm{d}\boldsymbol{l} = \int_{S_1} \boldsymbol{J}\cdot \mathrm{d}\boldsymbol{S} = i(t)$$

对于曲面 S_2 并没有电流通过，所以

$$\oint_L \boldsymbol{H}\cdot \mathrm{d}\boldsymbol{l} = \int_{S_2} \boldsymbol{J}\cdot \mathrm{d}\boldsymbol{S} = 0$$

两者相互矛盾，说明恒定磁场中推导得到的安培环路定理不适用于时变场问题. 为此必须有新的解释才能解决这个问题.

6.2.2 位移电流假说

为了解决上述矛盾，麦克斯韦提出位移电流假说：在电容器之间，存在着因变化电场而形成的电流，该电流称为位移电流（$\boldsymbol{J}_{\mathrm{d}}$），其性质与传导电流完全不同，但量值与回路中自由电流相等. 其表达式为

$$\boldsymbol{J}_{\mathrm{d}}=\frac{\partial \boldsymbol{D}}{\partial t} \tag{6.11}$$

现在结合图 6.5 的情况. 对于图中通过闭合路径 L 联系的任意两个曲面 S_1 和 S_2，共同围成一个闭合曲面 S. 这个闭合曲面中应该满足电荷守恒或电流连续性定律即

$$\oint_S \boldsymbol{J}\cdot \mathrm{d}\boldsymbol{S}=-\frac{\mathrm{d}Q}{\mathrm{d}t}$$

应用电场的高斯定理，则

$$\oint_S \boldsymbol{J}\cdot \mathrm{d}\boldsymbol{S}=-\frac{\mathrm{d}}{\mathrm{d}t}\oint_S \boldsymbol{D}\cdot \mathrm{d}\boldsymbol{S}=-\oint_S \frac{\partial \boldsymbol{D}}{\partial t}\cdot \mathrm{d}\boldsymbol{S}$$

这个等式的封闭面积分由两部分构成. 在 S_1 和 S_2 分别是上节所述的两种曲面情况下，等式左端仅有传导电流 $J_{\mathrm{e}}=i(t)$ 穿过 S_1，等式右端仅有位移电流 $\boldsymbol{J}_{\mathrm{d}}=\dfrac{\partial \boldsymbol{D}}{\partial t}$ 穿过 S_2. 这使得在上节中最后一式不再为零，并且考虑到曲面的取向问题，则上节中最后两式的积分将会相等. 于是安培环路定理的矛盾得以解决.

推广这些考虑，使安培环路定理中的空间中运动电流和位移电流共存，则有无源的情况下

$$\oint_S \left(\boldsymbol{J}_{\mathrm{e}}+\frac{\partial \boldsymbol{D}}{\partial t}\right)\cdot \mathrm{d}\boldsymbol{S}=0$$

式中：第一项 $\boldsymbol{J}_{\mathrm{e}}$ 为传导电流，即自由电荷运动形成的电流；而第二项就是位移电流. 两者之和称为全电流 $\boldsymbol{J}_{全}=\boldsymbol{J}_{\mathrm{e}}+\dfrac{\partial D}{\partial t}$. 显然全电流符合电荷守恒的宏观规律.

6.2.3 安培环路定理的广义形式

现在可以推知，一般情况下时变场空间同时存在真实电流（传导电流）和位移电流构成的全电流，则

$$\oint_C \boldsymbol{H}\cdot \mathrm{d}\boldsymbol{l}=\int_S \boldsymbol{J}_{全}\cdot \mathrm{d}\boldsymbol{S}$$

即

$$\oint_C \boldsymbol{H}\cdot \mathrm{d}\boldsymbol{l}=\int_S \left(\boldsymbol{J}_{\mathrm{e}}+\frac{\partial D}{\partial t}\right)\cdot \mathrm{d}\boldsymbol{S} \tag{6.12}$$

式（6.12）就是广义形式安培定理的积分表达式. 基于真实电流和位移电流的明确概念区分，真实电流的下标通常省略. 再利用环流的斯托克斯定理得到

$$\nabla\times \boldsymbol{H}=\boldsymbol{J}+\frac{\partial \boldsymbol{D}}{\partial t} \tag{6.13}$$

这是广义安培环路定理的微分形式.

从上面几个问题的讨论结果可知，该定律可说明以下几点.

（1）时变场情况下，磁场仍是有旋场，但涡旋源除传导电流外，还有位移电流；

（2）位移电流代表电场随时间的变化率，当电场随时间发生变化时，会形成磁场的涡旋源（位移电流），从而激发起磁场；

（3）推广的安培环路定理的物理意义：随时间变化的电场会激发磁场.

还需要理解：位移电流是一种假想电流，由麦克斯韦用数学方法引入的. 尽管如此，其意义是十分重大的，因为在此假说的基础上，麦克斯韦预言了电磁波的存在. 位移电流理论的正确性也由著名的赫兹试验所证实.

例 6.4 海水的导电率为 4 S/m，相对介电常数为 81，求当频率为 1 MHz 时，位移电流与传导电流大小之比.

解 设电场是正弦变化的，表示为

$$\boldsymbol{E}=\boldsymbol{E}_0\cos(\omega t)=\boldsymbol{E}_0\cos(2\pi ft)$$

则位移电流密度为

$$\boldsymbol{J}_{\mathrm{d}}=\frac{\partial \boldsymbol{D}}{\partial t}$$

其振幅值为

$$2\pi f\varepsilon E_0$$

传导电流密度的振幅值为

$$\sigma E_0$$

比值为

$$\frac{2\pi f\varepsilon_{\mathrm{r}}\varepsilon_0}{\sigma}=1.125\times10^{-3}$$

6.3 麦克斯韦方程

上述两个关于电场和磁场旋度方程扩展到时变电场和磁场后，与它们两个的散度方程一起，构成了一组电场磁场相互之间必须遵守物理规律的一组方程，称为麦克斯韦方程组. 下面讨论这组方程.

6.3.1 关于麦克斯韦方程组

麦克斯韦方程组是揭示时变电磁场基本性质的基本方程，表明时变电磁场中，电场和磁场相互激励，形成统一的不可分整体；它是麦克斯韦于 1864 年总结出来的，由四个方程构成，有积分和微分两种表达方式，分别为

$$\begin{cases}\oint_C \boldsymbol{H}\cdot\mathrm{d}\boldsymbol{l}=\int_S\left(\boldsymbol{J}+\dfrac{\partial \boldsymbol{D}}{\partial t}\right)\cdot\mathrm{d}\boldsymbol{S} & \text{(1a)}\\ \oint_C \boldsymbol{E}\cdot\mathrm{d}\boldsymbol{l}=-\int_S\dfrac{\partial \boldsymbol{B}}{\partial t}\cdot\mathrm{d}\boldsymbol{S} & \text{(2a)}\\ \oint_S \boldsymbol{B}\cdot\mathrm{d}\boldsymbol{S}=0 & \text{(3a)}\\ \oint_S \boldsymbol{D}\cdot\mathrm{d}\boldsymbol{S}=\int_V\rho\mathrm{d}V=Q & \text{(4a)}\end{cases}$$

和

$$
\begin{cases}
\nabla \times \boldsymbol{H} = \boldsymbol{J} + \dfrac{\partial \boldsymbol{D}}{\partial t} & \text{(1b)} \\
\nabla \times \boldsymbol{E} = -\dfrac{\partial \boldsymbol{B}}{\partial t} & \text{(2b)} \\
\nabla \cdot \boldsymbol{B} = 0 & \text{(3b)} \\
\nabla \cdot \boldsymbol{D} = \rho & \text{(4b)}
\end{cases}
\tag{6.14}
$$

上述方程也分别被称为麦克斯韦的第一、第二、第三和第四方程. 根据前面内容的讨论可知，这四个方程代表了电磁场的四个基本物理规律，即第一方程是广义安培环路定律，第二方程是法拉第电磁感应定律，第三、四方程分别是磁场和电场的高斯定理. 这四个方程隐含了电流连续方程. 只需将第一方程取散度再应用第四方程即可证明.

四个方程中包含了 6 个参量. 这 6 个参量中 5 个是矢量，1 个是标量，分为场源量和场参量两组. 场源参量是电荷密度和电流密度矢量，分别是电场的场源和磁场的涡旋源. 场参量分别是电场和磁场及它们的通量密度.

作为时变电场，麦克斯韦的第二方程表明其激发源除电荷以外，还有时变的磁场；而麦克斯韦第一方程说明时变磁场的激发源除传导电流以外，还有时变的电场. 所以麦克斯韦方程表明了电场和磁场互为激发源，相互激发的实质，表明电场和磁场不再相互独立，而是相互关联一个整体，统称为电磁场，电场和磁场分别为描述电磁场两种不同性质的两个物理量.

时变电磁场中电力线是闭合的，它与磁力线相交链. 无源的空间中两者是相互交链的. 一种场的时间变化产生另一种场的空间变化，反之，形成电磁波.

必须注意到，在线性空间中的电场和磁场仍然满足叠加原理.

6.3.2 麦克斯韦方程的变化形式

麦克斯韦方程作为宏观电磁场服从的一般规律，在各种物质分布空间、各种源分布等情况下，都会成立. 在每种界定清楚的物理条件下，会演变为不同的形式，称为麦克斯韦方程的变化形式. 下面列举两种情况予以说明.

1. 麦克斯韦方程组的限定形式

麦克斯韦方程组中有四个场参量，可以用来求解电磁场. 但是四个方程不独立，由于电流连续性方程的存在，其中只有两个独立方程. 为此必须辅以其他条件才能求解. 这些条件就是电磁场空间中的本构关系. 利用这些条件得到的麦克斯韦方程的变化形式，称为麦克斯韦方程组的限定形式.

在媒质中，电场与电流和电位移矢量的关系、磁场与磁通量之间的关系就是媒质的所谓本构关系. 例如在线性、均匀各向同性稳定（不随时间变化）媒质中，这些量之间的关系式为

$$
\boldsymbol{D} = \varepsilon \boldsymbol{E}, \quad \boldsymbol{B} = \mu \boldsymbol{H}, \quad \boldsymbol{J} = \sigma \boldsymbol{E} \tag{6.15}
$$

将它们代入麦克斯韦方程组，考虑空间还存在自由电流 $\boldsymbol{J}_{\mathrm{f}}$ 和电荷 ρ，则得到

$$
\begin{cases}
\nabla \times \boldsymbol{H} = \boldsymbol{J}_{\mathrm{f}} + \sigma \boldsymbol{E} + \varepsilon \dfrac{\partial \boldsymbol{E}}{\partial t} \\
\nabla \times \boldsymbol{E} = -\mu \dfrac{\partial \boldsymbol{H}}{\partial t} \\
\nabla \cdot \boldsymbol{H} = 0 \\
\nabla \cdot \boldsymbol{E} = \dfrac{\rho}{\varepsilon}
\end{cases}
\tag{6.16}
$$

这就是线性均匀各向同性稳定媒质中麦克斯韦方程的限定形式.

2. 麦克斯韦方程的极限形式

麦克斯韦方程是所有宏观电磁问题遵从的物理方程. 在许多科学工程问题中通常使用其极限近似形式. 主要分为下面三种情形.

（1）静态极限. 对于电磁场不随时间变化而言，麦克斯韦方程组中的时间求导项为零. 则方程退化为静态场中静电场、恒定电场和稳恒磁场的方程. 所以静态场方程就是麦克斯韦方程的静态极限形式. 在具体的科学工程中有熟知的直流电问题、静电问题等.

（2）似稳场. 很多情况下，电磁场的时间变化和电流相比可以忽略，即

$$
\left|\frac{\partial \boldsymbol{D}}{\partial t}\right| \ll |\boldsymbol{J}| \tag{6.17}
$$

这时相应的电磁场称为似稳场，也称为准静态场. 在一定的宏观空间范围内电磁场可以用静态场等情况的特性近似描述. 这时电磁场是随时间变化的，麦克斯韦方程可以近似为许多方程形式. 对于随时间正弦变化的电磁场，有相应的空间波长λ，科学工程中的电路长度 l 和考虑的最小波长$\lambda_{\min}$ 相比，满足 $l_{\min}>\lambda_{\min}/30$、$l_{\max}<\lambda_{\min}/10$ 时，经验上认为是似稳场的情形. 这时可以使用经典电路理论和高频电路理论等.

（3）高频极限（光学极限）. 也存在电磁场的时间变化远远大于电流的情形，即

$$
\left|\frac{\partial \boldsymbol{D}}{\partial t}\right| \gg |\boldsymbol{J}| \tag{6.18}
$$

称为高频极限近似. 这时电流形成的磁场变化可以将其忽略，时变电磁场的空间变化可以近似看作电场和磁场之间的相互转化，场源带来的电磁场变化行为也可以忽略. 随时间正弦变化的电磁场在很多科学工程问题中可以近似为光学的方法处理.

6.4 边 界 条 件

前面讨论得到的麦克斯韦方程组可以应用于任何连续的媒质内部. 和静态场一样，媒质性质发生突变会导致电磁场的变化，可以预期分界面两边电磁场的变化符合电磁场的基本规律，这样得到媒质分界面上电磁场的关系就是电磁场的边界条件. 在电磁场的求解过程中，它是必须知道的条件. 和静态场分析一样的思路，依据麦克斯韦方程组的积分形式可以得到边界条件.

6.4.1 边界条件的基本方程及证明

1. 磁场强度 $\boldsymbol{H}$ 的边界条件

介质分界面上电磁场磁场强度的切向分量不连续，其差值的大小为表面自由电流密度，用公式表示为

$$H_{1t}-H_{2t}=J_{\mathrm{S}} \tag{6.19}$$

或

$$\boldsymbol{n}\times(\boldsymbol{H}_1-\boldsymbol{H}_2)=\boldsymbol{J}_{\mathrm{S}} \tag{6.20}$$

式中：1 和 2 分别表示分界面两侧的介质；$\boldsymbol{n}$ 为由介质 2 指向介质 1 的界面法向单位矢量（本节同），S 表示界面上的量.

证明 类似于稳恒磁场的证明，在如图 3.10 所示的构成的介质分界面，建立和垂直跨越平面界面的矩形环路，使用积分形式的推广安培环路定理，并使垂直于界面的边长等于零，得到下面的过程.

因为

$$\oint_C \boldsymbol{H}\cdot \mathrm{d}\boldsymbol{l}=\int_S\left(\boldsymbol{J}+\frac{\partial \boldsymbol{D}}{\partial t}\right)\cdot \mathrm{d}\boldsymbol{S}$$

将矩形回路参数代入，得

$$\boldsymbol{H}_2\cdot\Delta\boldsymbol{l}-\boldsymbol{H}_1\cdot\Delta\boldsymbol{l}=\boldsymbol{J}_{\mathrm{S}}\cdot\boldsymbol{s}\cdot\Delta l+\lim_{\Delta h\to 0}\frac{\partial \boldsymbol{D}}{\partial t}\cdot\boldsymbol{s}\cdot\Delta l\Delta h$$

其中虑及分界面上 $\boldsymbol{J}=\boldsymbol{J}_S$，$\boldsymbol{J}\cdot\mathrm{d}\boldsymbol{S}=\boldsymbol{J}_S\cdot\boldsymbol{s}\Delta l$. 再考虑物理上要求位移电流为有限值，所以得到

$$\boldsymbol{H}_2\cdot\boldsymbol{l}-\boldsymbol{H}_1\cdot\boldsymbol{l}=\boldsymbol{J}_{\mathrm{S}}\cdot\boldsymbol{s}$$

根据图示关系有 $\boldsymbol{l}=\boldsymbol{t}=\boldsymbol{n}\times\boldsymbol{s}$，是和界面切向单位矢量 $\boldsymbol{s}$ 垂直的另一个切向单位矢量，将其代入上式并利用矢量相乘的结合律公式，最后得到式（6.20）.

2. 电场强度 $\boldsymbol{E}$ 的边界条件

在介质分界面上，电场的切向分量连续，表示为

$$E_{1t}=E_{2t}\quad 或\quad \boldsymbol{n}\times(\boldsymbol{E}_1-\boldsymbol{E}_2)=0 \tag{6.21}$$

3. 磁感应强度 $\boldsymbol{B}$ 的边界条件

介质的分界面上其法向分量连续，数学表达式为

$$B_{1n}=B_{2n}\quad 或\quad \boldsymbol{n}\cdot(\boldsymbol{B}_1-\boldsymbol{B}_2)=0 \tag{6.22}$$

4. 电位移矢量 $\boldsymbol{D}$ 的边界条件

介质分界面上电位移矢量的法向分量差值的大小为表面自由电荷密度，用公式表示为

$$D_{1n}-D_{2n}=\sigma_{\mathrm{s}}\quad 或\quad \boldsymbol{n}\cdot(\boldsymbol{D}_1-\boldsymbol{D}_2)=\sigma_{\mathrm{s}} \tag{6.23}$$

后三种条件的证明和静态场的证明相同，详见 3.5.2 节和 5.4.3 节.

6.4.2 特殊情形

在常见的宏观应用中，媒质界面情况可以很好地用下面特殊情形近似.

（1）两种理想介质分界面. 由于不存在自由电荷和传导电流，所以其边界条件为

$$\begin{cases} \boldsymbol{n}\times(\boldsymbol{H}_1-\boldsymbol{H}_2)=0 \\ \boldsymbol{n}\times(\boldsymbol{E}_1-\boldsymbol{E}_2)=0 \\ \boldsymbol{n}\cdot(\boldsymbol{B}_1-\boldsymbol{B}_2)=0 \\ \boldsymbol{n}\cdot(\boldsymbol{D}_1-\boldsymbol{D}_2)=0 \end{cases} \tag{6.24}$$

（2）理想介质和理想导体分界面. 在理想导体内电场强度和磁感应强度均为零，而表面上一般存在自由电荷和传导电流，所以有

$$\begin{cases} \boldsymbol{n}\times\boldsymbol{H}=\boldsymbol{J}_{\mathrm{S}} \\ \boldsymbol{n}\times\boldsymbol{E}=0 \\ \boldsymbol{n}\cdot\boldsymbol{B}=0 \\ \boldsymbol{n}\cdot\boldsymbol{D}=\sigma_{\mathrm{S}} \end{cases} \tag{6.25}$$

例 6.5 在 $z=0$ 和 $z=d$ 位置上有两个无限大理想导体板，在极板间存在时变电磁场，其电场强度为 $\boldsymbol{E}=\boldsymbol{e}_y E_0\sin\left(\dfrac{\pi}{d}z\right)\cos(\omega t-k_x x)$. 求：（1）该时变场相伴的磁场强度；（2）导体板上的电荷和电流分布.

解 （1）由麦克斯韦第二方程得

$$-\frac{\partial\boldsymbol{B}}{\partial t}=\begin{vmatrix} \boldsymbol{e}_x & \boldsymbol{e}_y & \boldsymbol{e}_z \\ \dfrac{\partial}{\partial x} & \dfrac{\partial}{\partial y} & \dfrac{\partial}{\partial z} \\ E_x & E_y & E_z \end{vmatrix}=\boldsymbol{e}_z\frac{\partial E_y}{\partial x}-\boldsymbol{e}_x\frac{\partial E_y}{\partial z}$$

代入已知条件有

$$\frac{\partial\boldsymbol{B}}{\partial t}=\boldsymbol{e}_z E_0 k_x\sin\left(\frac{\pi}{d}z\right)\sin(\omega t-k_x x)+\boldsymbol{e}_x\frac{\pi E_0}{d}\cos\left(\frac{\pi}{d}z\right)\cos(\omega t-k_x x)$$

因为 $\boldsymbol{B}=\int\dfrac{\partial\boldsymbol{B}}{\partial t}\mathrm{d}t$，所以积分得到

$$\boldsymbol{B}=\boldsymbol{e}_z\frac{E_0 k_x}{\omega}\sin\left(\frac{\pi}{d}z\right)\cos(\omega t-k_x x)-\boldsymbol{e}_x\frac{\pi E_0}{\omega d}\cos\left(\frac{\pi}{d}z\right)\sin(\omega t-k_x x)$$

根据本构关系得到

$$\boldsymbol{H}=\frac{\boldsymbol{B}}{\mu_0}=\boldsymbol{e}_x\frac{\pi E_0}{\omega d\mu_0}\cos\left(\frac{\pi}{d}z\right)\sin(\omega t-k_x x)-\boldsymbol{e}_z\frac{E_0 k_x}{\omega\mu_0}\sin\left(\frac{\pi}{d}z\right)\cos(\omega t-k_x x)$$

（2）由理想导体的边界条件

z=0 表面上：

$$\boldsymbol{J}_{\mathrm{S}}=\boldsymbol{n}\times\boldsymbol{H}\big|_{z=0}=\boldsymbol{e}_z\times\boldsymbol{H}\big|_{z=0}=\boldsymbol{e}_y\frac{\pi E_0}{\omega d\mu_0}\sin(\omega t-k_x x)$$

$$\rho_{\mathrm{s}}=\boldsymbol{n}\cdot\boldsymbol{D}\big|_{z=0}=\boldsymbol{e}_z\cdot\varepsilon_0\boldsymbol{E}\big|_{z=0}=0$$

$z=d$ 表面上：

$$\boldsymbol{J}_{\mathrm{S}}=\boldsymbol{n}\times\boldsymbol{H}\big|_{z=d}=-\boldsymbol{e}_z\times\boldsymbol{H}\big|_{z=d}=-\boldsymbol{e}_y\frac{\pi E_0}{\omega d\mu_0}\cos\left(\frac{\pi}{d}\cdot d\right)\sin(\omega t-k_x x)=\boldsymbol{e}_y\frac{\pi E_0}{\omega d\mu_0}\sin(\omega t-k_x x)$$

$$\rho_{\mathrm{s}}=\boldsymbol{n}\cdot\boldsymbol{D}\big|_{z=d}=-\boldsymbol{e}_z\cdot\varepsilon_0\boldsymbol{E}\big|_{z=d}=0$$

6.5 电磁场能量和动量

6.5.1 电磁场的电场能量和磁场能量

已知空间存在电场和磁场时存在电场和磁场的能量，分别使用它们的能量密度度量其空间分布. 空间中的总能量用它们在空间的积分给出. 显然电磁场共存的空间中存在的是电磁场能量，类似地使用电磁场的能量密度 w 来说明它在空间中存在的分布. 它是单位体积中电磁场的能量，为电场能量密度和磁场能量度之和. 因为在空间某点的电场能量密度为

$$w_{\mathrm{e}}=\frac{1}{2}\boldsymbol{E}(\boldsymbol{r})\cdot\boldsymbol{D}(\boldsymbol{r})$$

磁场能量密度为

$$w_{\mathrm{m}}=\frac{1}{2}\boldsymbol{B}(\boldsymbol{r})\cdot\boldsymbol{H}(\boldsymbol{r})$$

两者之和是电磁场能量密度的表达式，即

$$w=\frac{1}{2}\boldsymbol{E}(\boldsymbol{r},t)\cdot\boldsymbol{D}(\boldsymbol{r},t)+\frac{1}{2}\boldsymbol{B}(\boldsymbol{r},t)\cdot\boldsymbol{H}(\boldsymbol{r},t)\tag{6.26}$$

这是空间位置 $\boldsymbol{r}$ 处某一时刻 t 的电磁场能量. 这就可知在各向同性的介质中电磁波能量密度为

$$w=\frac{1}{2}\left[\varepsilon\,|\boldsymbol{E}(\boldsymbol{r},t)|^2+\mu|\boldsymbol{H}(\boldsymbol{r},t)|^2\right]$$

注意，这里为突出电磁场的时空变化，标明了位置和时间. 一般运用中为简明往往省略，因为式中的电磁场变量时空变化特征因上下文关系而不言自明.

6.5.2 电磁场能量的时间变化

观察电磁场的能量定义和麦克斯韦方程，可以看出能用麦克斯韦第一方程和第二方程得到电磁场的电场和磁场能量随时间的变化.

对于第一方程，用电场点乘方程两边得到

$$\boldsymbol{E}\cdot\nabla\times\boldsymbol{H}=\boldsymbol{E}\cdot\boldsymbol{J}+\boldsymbol{E}\cdot\frac{\partial\boldsymbol{D}}{\partial t}$$

所以电场能量密度的时间变化为

$$\frac{\partial w_{\mathrm{e}}}{\partial t}=\boldsymbol{E}\cdot\nabla\times\boldsymbol{H}-\boldsymbol{E}\cdot\boldsymbol{J}$$

其中用到关系式 $\dfrac{\partial(\boldsymbol{E}\cdot\boldsymbol{D})}{\partial t}=\dfrac{\partial\boldsymbol{E}}{\partial t}\cdot\boldsymbol{D}+\boldsymbol{E}\cdot\dfrac{\partial\boldsymbol{D}}{\partial t}$.

对于第二方程在两边点乘磁场强度有

$$\boldsymbol{H}\cdot\nabla\times\boldsymbol{E}=-\boldsymbol{H}\cdot\frac{\partial\boldsymbol{B}}{\partial t}$$

类似电场能量的过程可以得到磁场能量密度随时间的变化为

$$\frac{\partial w_{\mathrm{m}}}{\partial t}=-\boldsymbol{H}\cdot\nabla\times\boldsymbol{E}$$

6.5.3 坡印亭定理

1. 坡印亭定理的微分形式

前面得到时变电磁场情况下电场和磁场能量密度随时间的变化，其表达式表明它们分别与磁场的空间变化和电场的空间变化相关. 现在根据这两个表达式研究电磁场能量的时间变化. 显然上述两式左端之和是电磁场能量的时间变化，因为

$$\frac{\partial w}{\partial t}=\frac{\partial w_{\mathrm{e}}}{\partial t}+\frac{\partial w_{\mathrm{m}}}{\partial t}$$

所以有

$$\frac{\partial w}{\partial t}=(\boldsymbol{E}\cdot\nabla\times\boldsymbol{H}-\boldsymbol{H}\cdot\nabla\times\boldsymbol{E})-\boldsymbol{E}\cdot\boldsymbol{J}$$

根据矢量微分的公式可知，该式右端括号中的两项是电场和磁场矢量积散度的负值，于是表达式可改写为

$$\nabla\cdot(\boldsymbol{E}\times\boldsymbol{H})=-\frac{\partial w}{\partial t}-\boldsymbol{E}\cdot\boldsymbol{J}\tag{6.27}$$

该式称为坡印亭定理的微分形式. 式中的矢量积通常表示为 $\boldsymbol{S}$，称为坡印亭矢量，即

$$\boldsymbol{S}=\boldsymbol{E}\times\boldsymbol{H}\tag{6.28}$$

现在分析各项的物理意义.

先看式（6.27）右端的两项. 第一项为电磁场能量密度时间变化率的负值，是电场能量和磁场能量随时间的减少率. 它们是电磁场能量密度随时间的减少率. 第二项在无源空间中为焦耳能量的密度，代表空间点上媒质以发热的形式消耗的电磁能量. 所以它们表示的是空间点上电磁场能量密度的变化.

式（6.27）的左端表示空间点上的能量变化. 因为这是一个散度的表示，所以它说明空间点上电磁能量的流入、流出与产生、消失的情况.

对于不存在电磁场场源的宏观电磁场，这个散度表示电磁能量的流动情况. 所以括号里的电场和磁场的矢量积就是电磁场的能量流密度，也就是说坡印亭矢量式（6.28）表示的是电磁场能流密度矢量. 根据这些分析可以看出坡印亭定理说明空间一点上电磁场能量的流入等于该点电磁场能量的增加率与媒质消耗能量之和. 所以这就是电磁场能量守恒定律的表达形式.

2. 坡印亭定理的积分形式

根据微分形式可通过空间的积分得到

$$-\oint_S(\boldsymbol{E}\times\boldsymbol{H})\cdot\mathrm{d}\boldsymbol{S}=\frac{\mathrm{d}}{\mathrm{d}t}(W_{\mathrm{e}}+W_{\mathrm{m}})+\int_V\boldsymbol{E}\cdot\boldsymbol{J}\mathrm{d}V\tag{6.29}$$

其中使用了通量积分的高斯定理，这个表达式是坡印亭定理的积分形式. 该式左端表示的是

通过空间 V 的表面流入其中的电磁场能量，右端是该空间中电磁场能量增加率和电耗量之和. 这样说明流入体积 V 内的电磁功率等于体积 V 内电磁能量的增加率与损耗的电磁功率之和. 这个结论和微分表达式的结论相同，表明了电磁场问题中的能量守恒.

3. 坡印亭矢量和功率流密度

前面的讨论已经指出电磁场的功率流密度是坡印亭矢量，这里对于该矢量做如下几点说明.

（1）坡印亭矢量为时间 t 的函数，表示瞬时功率流密度；定义式中电场和磁场的表达式应为实数表达式，即

$$\boldsymbol{S}(t)=\boldsymbol{E}(t)\times\boldsymbol{H}(t) \tag{6.30}$$

（2）坡印亭矢量的大小表示垂直于能量传输方向的单位面积上单位时间内通过的电磁能量；

（3）坡印亭矢量的方向即为电磁能量传播方向；

（4）工程中通常使用的是时间平均的平均功率流密度. 平均坡印亭矢量是坡印亭矢量对时间平均，用 $\boldsymbol{S}_{\mathrm{av}}$ 表示. 对电场和磁场随时间呈周期性变化的电磁场，此时求解一个周期内通过某个平面的电磁能量，才能反映电磁能量的传递情况. 这时将瞬时形式坡印亭矢量在一个周期内取平均就得到这种场的平均坡印亭矢量，即

$$\boldsymbol{S}_{\mathrm{av}}=\frac{1}{T}\int_0^T\boldsymbol{S}(t)\mathrm{d}t=\frac{1}{T}\int_0^T\boldsymbol{E}(t)\times\boldsymbol{H}(t)\mathrm{d}t \tag{6.31}$$

例 6.6 已知无源的自由空间中，时变电磁场的电场强度为

$$\boldsymbol{E}=\boldsymbol{e}_yE_0\cos(\omega t-kz)\ (\mathrm{V/m})$$

求：（1）磁场强度；（2）瞬时坡印亭矢量；（3）平均坡印亭矢量.

解 （1）根据麦克斯韦第二方程 $\nabla\times\boldsymbol{E}=-\dfrac{\partial\boldsymbol{B}}{\partial t}$，可得

$$-\frac{\partial\boldsymbol{B}}{\partial t}=\boldsymbol{e}_z\frac{\partial E_y}{\partial x}-\boldsymbol{e}_x\frac{\partial E_y}{\partial z}=-\boldsymbol{e}_xkE_0\sin(\omega t-kz)$$

所以磁场强度为

$$\boldsymbol{H}=\frac{1}{\mu_0}\int\frac{\partial\boldsymbol{B}}{\partial t}\mathrm{d}t=-\boldsymbol{e}_x\frac{kE_0}{\omega\mu_0}\cos(\omega t-kz)$$

（2）根据坡印亭矢量的定义 $\boldsymbol{S}(t)=\boldsymbol{E}(t)\times\boldsymbol{H}(t)$，可得

$$\boldsymbol{S}(t)=-\boldsymbol{e}_yE_0\cos(\omega t-kz)\times\boldsymbol{e}_x\frac{kE_0}{\omega\mu_0}\cos(\omega t-kz)=\boldsymbol{e}_z\frac{kE_0{}^2}{\omega\mu_0}\cos^2(\omega t-kz)$$

（3）这是一个周期变化的电磁场，所以其平均坡印亭矢量为

$$\begin{aligned}\boldsymbol{S}_{\mathrm{av}}&=\frac{1}{T}\int_0^T\boldsymbol{E}(t)\times\boldsymbol{H}(t)\mathrm{d}t\\&=\boldsymbol{e}_z\frac{kE_0{}^2}{\omega\mu_0T}\int_0^T\cos^2(\omega t-kz)\mathrm{d}t\\&=\boldsymbol{e}_z\frac{kE_0{}^2}{\omega\mu_0T}\int_0^T\frac{\cos(2\omega t-2kz)+1}{2}\mathrm{d}t\\&=\boldsymbol{e}_z\frac{kE_0{}^2}{2\omega\mu_0}(\mathrm{W/m^2})\end{aligned}$$

*6.5.4 电磁场的动量和动量流密度

前面讨论了电磁场的能量问题，如果不和外界发生作用，那么满足能量守恒. 如果和外界发生作用，那么需要电磁场和带电粒子发生作用，改变其运动状态，变成其他形式的能量. 显然这是电磁场对带电粒子的电磁力作用. 这个电磁力是洛伦兹力，由洛伦兹力公式（2.34）给出. 它可以改变成电荷和电流密度的形式，即

$$\boldsymbol{f} = \rho\boldsymbol{E} + \boldsymbol{J}\times\boldsymbol{B} \tag{6.32}$$

这些作用力将会产生带电粒子的运动状态变化，引起它们的动量和动能变化，并消耗电磁场的能量. 可以和讨论电磁场能量一样讨论这个问题. 考虑真空中的情况，电荷和电场的关系满足高斯定理，电流和电磁场的关系满足安培环路定律的推广形式. 即

$$\rho = \varepsilon_0\nabla\cdot\boldsymbol{E}, \quad \boldsymbol{J} = \frac{1}{\mu_0}\nabla\times\boldsymbol{B} - \varepsilon_0\frac{\partial\boldsymbol{E}}{\partial t}\times\boldsymbol{B}$$

代入上式可得

$$\boldsymbol{f} = \varepsilon_0(\nabla\cdot\boldsymbol{E})\boldsymbol{E} + \frac{1}{\mu_0}(\nabla\times\boldsymbol{B})\times\boldsymbol{B} - \varepsilon_0\frac{\partial\boldsymbol{E}}{\partial t}\times\boldsymbol{B} \tag{6.33}$$

再考虑磁场的高斯定理和法拉第感应定律一般形式，则式（6.33）可写为

$$\boldsymbol{f} = \left[\varepsilon_0(\nabla\cdot\boldsymbol{E})\boldsymbol{E} + \frac{1}{\mu_0}(\nabla\cdot\boldsymbol{B})\boldsymbol{B} + \frac{1}{\mu_0}(\nabla\times\boldsymbol{B})\times\boldsymbol{B} + \varepsilon_0(\nabla\times\boldsymbol{E})\times\boldsymbol{E}\right] - \varepsilon_0\frac{\partial}{\partial t}(\boldsymbol{E}\times\boldsymbol{B}) \tag{6.34}$$

其中使用$\frac{\partial}{\partial t}(\boldsymbol{E}\times\boldsymbol{B}) = \frac{\partial\boldsymbol{E}}{\partial t}\times\boldsymbol{B} + \boldsymbol{E}\times\frac{\partial\boldsymbol{B}}{\partial t}$.

显然洛伦兹力密度$\boldsymbol{f}$等于电荷系统动量密度的改变率. 从动量守恒的来看，上式右端的时间改变量是电磁场动量密度的变化率；方括号内部的表达式对应于电磁场的动量流动，包含电场和磁场的动量. 于是得到电磁场的动量密度$\boldsymbol{g}$，并定义为

$$\boldsymbol{g} = \varepsilon_0\boldsymbol{E}\times\boldsymbol{B} \tag{6.35}$$

电磁场动量流动可以用动量流密度张量给出

$$\vec{\boldsymbol{T}} = -\varepsilon_0\boldsymbol{E}\boldsymbol{E} - \frac{1}{\mu_0}\boldsymbol{B}\boldsymbol{B} + \frac{1}{2}\vec{\boldsymbol{I}}\left(\varepsilon_0|\boldsymbol{E}|^2 + \frac{1}{\mu_0}|\boldsymbol{B}|^2\right) \tag{6.36}$$

因此由$(\nabla\times\boldsymbol{E})\times\boldsymbol{E} = (\boldsymbol{E}\cdot\nabla)\boldsymbol{E} - \frac{1}{2}\nabla\boldsymbol{E}^2$，可以得到

$$\begin{aligned}(\nabla\cdot\boldsymbol{E})\boldsymbol{E} + (\nabla\times\boldsymbol{E})\times\boldsymbol{E} &= (\nabla\cdot\boldsymbol{E})\boldsymbol{E} + (\boldsymbol{E}\cdot\nabla)\boldsymbol{E} - \frac{1}{2}\nabla|\boldsymbol{E}|^2 \\ &= \nabla\cdot(\boldsymbol{E}\boldsymbol{E}) - \frac{1}{2}\nabla\cdot(\vec{\boldsymbol{I}}|\boldsymbol{E}|^2) \\ &= \nabla\cdot\left(\boldsymbol{E}\boldsymbol{E} - \frac{1}{2}\vec{\boldsymbol{I}}\boldsymbol{E}^2\right)\end{aligned}$$

同样的过程会有

$$(\nabla\cdot\boldsymbol{B})\boldsymbol{B} + (\nabla\times\boldsymbol{B})\times\boldsymbol{B} = \nabla\cdot\left(\boldsymbol{B}\boldsymbol{B} - \frac{1}{2}\vec{\boldsymbol{I}}|\boldsymbol{B}|^2\right)$$

将它们代入式（6.34）的方括号中可得到式（6.36）的散度$\nabla\cdot\vec{\boldsymbol{T}}$. 这样重新整理式（6.34）得到

$$f + \frac{\partial \boldsymbol{g}}{\partial t} = -\nabla \cdot \vec{\boldsymbol{T}} \tag{6.37}$$

这是电磁场动量守恒定律的微分形式. 对该式两边对区域 V 积分，就可以得到其积分形式

$$\int_V \boldsymbol{f}\mathrm{d}V + \frac{\mathrm{d}}{\mathrm{d}t}\int_V \boldsymbol{g}\mathrm{d}V = -\oint_S \mathrm{d}\boldsymbol{S} \cdot \vec{\boldsymbol{T}} \tag{6.38}$$

其中使用了一个张量和并矢积分变换的恒等式 $\oint \mathrm{d}\boldsymbol{S} \cdot \vec{\boldsymbol{T}} = \int \mathrm{d}V \nabla \cdot \vec{\boldsymbol{T}}$. 该式左端是空间 V 中电荷体系和电磁场的总动量变化率，右端表示由空间表面 S 流入 V 内的动量流.

若是无穷空间，则有

$$f + \frac{\partial \boldsymbol{g}}{\partial t} = 0 \tag{6.39}$$

表现出电磁场的动量守恒.

6.5.5 辐射压力

上节的讨论表明电磁波具有动量，可以理解电磁波入射到物体表面上会对表面施加压力，这个压力称为辐射压力. 根据动量作用力的关系，可以使用动量流密度张量求出. 在一般的光波和无线电波情形中，辐射压力不大. 例如太阳辐射在地球表面产生的辐射压力的量级为 10^{-6} 帕. 但是动量越大，意味着能量也越大，不难理解足够大能量密度的电磁波也会产生具有应用和科学意义的辐射压力作用. 强电磁波的存在，例如强大的自然发光、人工强电磁辐射（如激光、核爆电磁脉冲等）的存在，可用于星体探索、细微颗粒的捕获技术、微观领域的光子和电子的相互作用等方面的研究.

6.6 时变电磁场的微分方程

麦克斯韦方程表现出电磁场的波动特性. 那么如何用它们求解给定问题所在空间的电磁场呢？将麦克斯韦方程转化为单场参量的波动方程就能给出电场和磁场的波动形式解.

6.6.1 无源空间中的波动方程

下面讨论均匀各向同性介质的无源空间情形. 电场和磁场的波动方程从麦克斯韦方程导出的过程如下. 这时麦克斯韦方程中的 $\boldsymbol{J}=0$，$\rho=0$，且介质的介电常数和磁导率和空间坐标无关. 所以麦克斯韦方程变为

$$\nabla \times \boldsymbol{H} = \varepsilon \frac{\partial \boldsymbol{E}}{\partial t} \tag{1}$$

$$\nabla \times \boldsymbol{E} = -\mu \frac{\partial \boldsymbol{H}}{\partial t} \tag{2}$$

$$\nabla \cdot \boldsymbol{H} = 0 \tag{3}$$

$$\nabla \cdot \boldsymbol{E} = 0 \tag{4}$$

先看电场的方程. 对式（2）取旋度，其左端为

$$\nabla \times \nabla \times \boldsymbol{E} = \nabla(\nabla \cdot \boldsymbol{E}) - \nabla^2 \boldsymbol{E}$$

其右端 μ 为常数，时间和空间微分作用可以互换位置. 于是有

$$\nabla\times\left(-\mu\frac{\partial \boldsymbol{H}}{\partial t}\right)=-\mu\frac{\partial}{\partial t}(\nabla\times\boldsymbol{H})=-\mu\varepsilon\frac{\partial^2\boldsymbol{E}}{\partial t^2}$$

该式利用式（1）. 两式右端相等后考虑到式（4），移项变换可得

$$\nabla^2\boldsymbol{E}-\mu\varepsilon\frac{\partial^2\boldsymbol{E}}{\partial t^2}=0 \tag{6.40}$$

这就是电场满足的方程，显然这是一个波动方程，是电场的波动方程.

类似的过程可以得到磁场的波动方程为

$$\nabla^2\boldsymbol{H}-\mu\varepsilon\frac{\partial^2\boldsymbol{H}}{\partial t^2}=0 \tag{6.41}$$

显然对于各向均匀同性无源区可以求出其中可以存在的各种电磁场的表达式. 针对不同问题选择的坐标系中，这两个波动方程都可以演变成三个坐标分量的标量方程. 比如直角坐标系中 x，y，z 三个电场分量均满足

$$\nabla^2 E_i-\mu\varepsilon\frac{\partial^2 E_i}{\partial t^2}=0$$

式中：拉普拉斯算子是直角坐标系中的形式，下标 i=1, 2, 3 分别表示 x，y，z.

这两个表达式直接表明空间电场和磁场的时空变化是波动形式，所以时变电磁场就是电磁波. 根据波动方程的系数及其求解的一般知识可知，电磁波以传播速度 $1/\sqrt{\mu\varepsilon}$ 向一定方向传播. 该速度在自由空间中等于光速，说明光波的实质是电磁波. 对于其他介质，已知其相对介电常数 ε_r 和相对磁导率 μ_r，则对于光频而言，其折射率 n 为

$$n=\sqrt{\varepsilon_r\mu_r} \tag{6.42}$$

此外还可以看出研究电磁波的问题都可从求解给定的边界条件和初始条件的波动方程入手，求得所需的解答. 当然一般情况下要重复上述过程，得到形式更复杂的波动方程.

6.6.2 有源空间的动态位和达朗贝尔方程

波动方程讨论针对无源情形展开，得到一个空间中可以存在的电磁场与电磁波满足的波动方程. 这是一个本征问题，可以得到本征解，即所讨论空间可以存在的电磁波. 如果给定源分布和边界与初始条件，就可以给出问题的唯一解. 那么，已知源分布的电场和磁场求解的方程是什么样子呢？现在讨论这个问题.

根据静态问题分析的经验，通过引入辅助函数可以简化很多问题分析和数学过程. 时变电磁场也不例外，可作类似的处理，通常引入动态矢量位函数和动态标量位函数方便问题的解决.

1. 动态位的引入

对时变电磁场而言，磁感应强度的散度仍为零，所以可以像恒定磁场一样，令

$$\boldsymbol{B}=\nabla\times\boldsymbol{A} \tag{6.43}$$

式中：$\boldsymbol{A}$ 称为动态矢量位. 和静态场不同的是：它随时间变化并和电场有关. 电场与它的关系由法拉第电磁感应定律给出. 将由它表示的磁感应强度代入法拉第电磁感应定律有

$$\nabla\times\boldsymbol{E}=-\frac{\partial}{\partial t}(\nabla\times\boldsymbol{A})$$

于是得到

$$\nabla\times\left(\boldsymbol{E}+\frac{\partial\boldsymbol{A}}{\partial t}\right)=0$$

其中括号内的矢量显然可以用一个标量函数的梯度表示出来. 类似于静电场，令

$$\boldsymbol{E}+\frac{\partial\boldsymbol{A}}{\partial t}=-\nabla\varphi$$

这时 φ 称为动态标量位. 它随时间变化并和磁场有关. 这样电场可由两个动态位函数表示为

$$\boldsymbol{E}=-\nabla\varphi-\frac{\partial\boldsymbol{A}}{\partial t}\tag{6.44}$$

在国际单位制中，动态矢量位单位是 Wb/m，动态标量位的单位是 V.

2. 动态位函数的波动方程

在均匀各向同性介质中将由动态标量位函数表示的电场代入麦克斯韦方程，由第四方程表达式得

$$\nabla^2\varphi+\frac{\partial}{\partial t}(\nabla\cdot\boldsymbol{A})=-\frac{\rho}{\varepsilon}$$

由第一式得到

$$\nabla\times\boldsymbol{H}=\boldsymbol{J}+\varepsilon\frac{\partial}{\partial t}\left(-\nabla\varphi-\frac{\partial\boldsymbol{A}}{\partial t}\right)$$

将由动态矢量位函数表示的磁场代入上式，作类似于上节的数学推导. 对于动态矢量位可以得到

$$\nabla^2\boldsymbol{A}-\mu\varepsilon\frac{\partial^2\boldsymbol{A}}{\partial t^2}=-\mu\boldsymbol{J}+\nabla\left(\nabla\cdot\boldsymbol{A}+\mu\varepsilon\frac{\partial\varphi}{\partial t}\right)$$

这个复杂的公式可以进一步简化. 因为和磁感应强度联系的矢量 $\boldsymbol{A}$ 不是唯一的，可以从其中选择一个特殊的函数作为其唯一的和磁场相对应的物理量，而不影响磁场的最终结果.

由于这个量构成一个矢量场，其唯一性问题可以和亥姆霍兹定理联系起来. 这需要确定矢量场 $\boldsymbol{A}$ 的散度，而对于作为磁场的辅助函数来讲，选择方便使用的散度约束最好. 上述方程的最后一项中是一个包含动态矢量位散度的多项式，令该项为零可同时使上面关于动态标量位和动态矢量位的两个公式得到简化. 这时得到一个动态矢量位和动态标量位之间的关系为

$$\nabla\cdot\boldsymbol{A}=-\mu\varepsilon\frac{\partial\varphi}{\partial t}\tag{6.45}$$

这个关系称为洛伦兹条件.

将洛伦兹条件代入上述两个方程得到

$$\begin{cases}\nabla^2\boldsymbol{A}-\mu\varepsilon\dfrac{\partial^2\boldsymbol{A}}{\partial t^2}=-\mu\boldsymbol{J}\\[2ex]\nabla^2\varphi-\mu\varepsilon\dfrac{\partial^2\varphi}{\partial t^2}=-\dfrac{\rho}{\varepsilon}\end{cases}\tag{6.46}$$

这两个方程分别是动态矢量位和动态标量位的波动方程，它们称为达朗贝尔方程.

达朗贝尔方程表明动态矢量位的源是电流密度矢量 $\boldsymbol{J}$，而动态标量位的源是电荷密度 φ，它将两个动态位分离在两个独立的方程中，便利了电磁场电场和磁场两个参量的求解. 虽然如此，由于这两个源之间是有联系的，所以这样的分离并没有割断时变电磁场中电场和磁场之间的联系，并且通过这样的求解过程变换还保持了电场和磁场的不变，它也成为求解电磁场在空间辐射的基本方程.

3. 动态位的规范变换和规范不变性

根据静态场中辅助函数的引入分析，已经理解动态位的引入也会存在和求解电场与磁场不一一对应的问题. 但是可以证明在动态位中引入任意标量函数的梯度附加在选定的动态矢量位上，并不影响式（6.43）和式（6.44）的同一磁场和电场. 这样对应的变换

$$\begin{cases} \boldsymbol{A} \to \boldsymbol{A}' = \boldsymbol{A} + \nabla \psi \\ \varphi \to \varphi' = \varphi - \dfrac{\partial \psi}{\partial t} \end{cases} \tag{6.47}$$

称为动态位的规范变换. 每一组动态位的组合就成为一种规范.

可见用动态位描述电磁场时，特殊规范的选择不影响电磁场的客观物理规律. 这是物理规律普遍适用的必然要求，也就是动态位做规范变换时，所有物理量和物理规律都应该保持不变，称为规范不变性. 这是一个重要的物理原则，进行辅助量及其辅助条件的引入，需要符合这个要求. 前面静态场的矢量磁位散度为零的库仑规范和电位函数的零点选择，都保证了这个特性. 动态位的引入中也要使用辅助规范条件，方便某些问题的讨论. 推导式（6.46）引入的洛伦兹条件式（6.45）在实际辐射问题求解等方面特别方便使用.

习　题　6

（一）拓展题

6.1　论证 6.1.2 节中三种情形中的公式可以用情形 1 的形式表示出来.

6.2　写出并解释麦克斯韦方程，推导性各向同性媒质中麦克斯韦方程的限定形式.

6.3　详细推导边界条件；说明两种特殊边界条件下的结果.

6.4　推导坡印亭定理、波动方程和达朗贝尔方程.

（二）练习题

6.5　平行双线传输线与一矩形回路共面，如题 6.5 图所示. 设 $a = 0.2\,\mathrm{m}$、$b = c = d = 0.1\,\mathrm{m}$、$i = 1.0\cos(2\pi \times 10^7 t)\mathrm{A}$，求回路中的感应电动势.

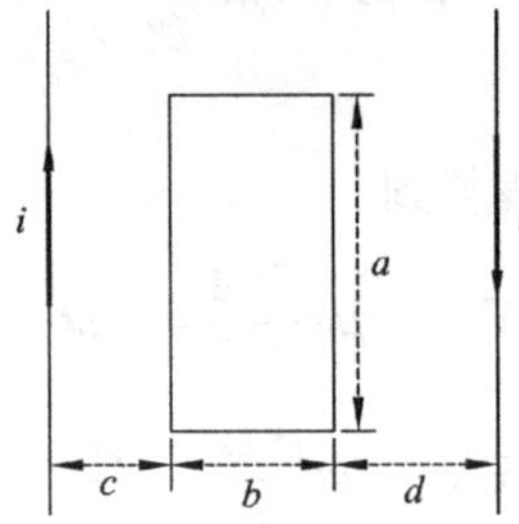

题 6.5 图

6.6 一圆柱形电容器，内导体半径为 a，外导体内半径为 b，长为 l. 设外加电压为 $U_0\sin(\omega t)$，试计算电容器极板间的总位移电流，证明它等于电容器的传导电流.

6.7 由麦克斯韦方程组出发，导出点电荷的电场强度公式和泊松方程.

6.8 试将麦克斯韦方程的微分形式写成 8 个标量方程：（1）在直角坐标中；（2）在圆柱坐标中；（3）在球坐标中.

6.9 已知在空气中 $\boldsymbol{E}=\boldsymbol{e}_y 0.1\sin(10\pi x)\cos(6\pi\times10^9 t-\beta z)$，求 $\boldsymbol{H}$ 和 β.

6.10 已知自由空间中球面波的电场为

$$\boldsymbol{E}=\boldsymbol{e}_\theta \frac{E_0}{r}\sin\theta\cos(\omega t-kr)$$

求 $\boldsymbol{H}$ 和 k.

6.11 如题 6.11 图，在由理想导电壁（$\sigma=\infty$）限定的区域 $0\leqslant x\leqslant a$ 内存在一个由以下各式表示的电磁场：

$$E_y=H_0\mu\omega\left(\frac{a}{\pi}\right)\sin\left(\frac{\pi x}{a}\right)\sin(kz-\omega t)$$

$$H_x=H_0 k\left(\frac{a}{\pi}\right)\sin\left(\frac{\pi x}{a}\right)\sin(kz-\omega t)$$

$$H_z=H_0\cos\left(\frac{\pi x}{a}\right)\cos(kz-\omega t)$$

这个电磁场满足的边界条件如何？导电壁上的电流密度的值如何？

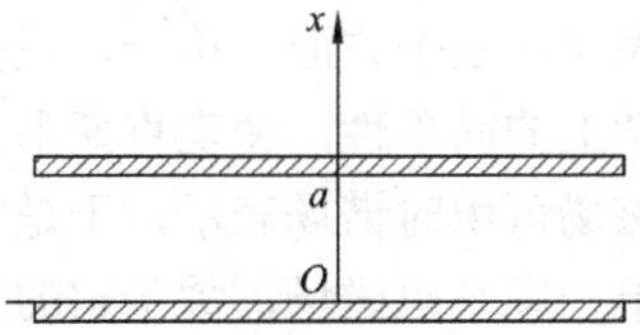

题 6.11 图

6.12 计算题 6.11 中的能流密度矢量和平均能流密度矢量.

6.13 推导存在电荷 ρ 和电流密度 $\boldsymbol{J}$ 的无损耗媒质中 $\boldsymbol{E}$ 和 $\boldsymbol{H}$ 的波动方程.

6.14 设电场强度和磁场强度分别为

$$\boldsymbol{E}=\boldsymbol{E}_0\cos(\omega t+\psi_{\mathrm{e}})$$

$$\boldsymbol{H}=\boldsymbol{H}_0\cos(\omega t+\psi_{\mathrm{m}})$$

证明坡印亭矢量的平均值为

$$\boldsymbol{S}_{\mathrm{av}}=\frac{1}{2}\boldsymbol{E}_0\times\boldsymbol{H}_0\cos(\psi_{\mathrm{e}}-\psi_{\mathrm{m}})$$

6.15 推导动态矢量位和电场的关系式，并得到动态标量位的表达式.

第 7 章　正弦平面电磁波

前面章节讨论了电磁场问题的普遍规律，学习这些规律在一般情形下和静态极限问题中的基本应用方法. 从本章开始，讨论相关自然现象、科学和工程应用中时变电磁场普遍规律的运用方法和相应的结果. 首先讨论正弦平面电磁波问题，这不仅是因为人类观察到的许多光学现象、现代电子信息系统的射频微波电路和无线信道中的无线信号与能量传输问题能最终以它做最好的解释，还因为通过考察它的传播特性可得到对时变电磁场传播特性的基本理解，并掌握用它处理时变电磁场问题的基本理论和方法.

7.1　时　谐　场

7.1.1　时谐场的概念及意义

为了更好地理解和研究时变电磁场的时空变化特性，可以分别考虑电磁场的空间变化和时间变化. 对于电磁场的时间变化，最简单和工程上易于得到的情况是时谐场，它是时间上具有正弦变化规律的时变电磁场. 这是具有单一频率的电磁波，也称单色波、连续波.

研究时谐场的重要意义主要表现在三个方面：第一，正弦电磁波不仅是易于产生的基本的最简单时变电磁场，还具有数学上的简单性，使麦克斯韦方程降维；第二，根据傅里叶变换的理论可知任何复杂的时变电磁场可由时谐场表示，于是它可以用来构成各种可能的电磁场；第三，正弦电磁场表示的是单一频率电磁场，关于它的结论可以推广到电磁波谱中的任意一个频率，所以可以得到整个电磁波谱中所有频率电磁波的共有特征.

7.1.2　时谐场的数学表示方法

数学上电磁场的瞬时值可以用它们的分量形式合成写出，比如电场为

$$\boldsymbol{E}(\boldsymbol{r},t)=E_x(\boldsymbol{r},t)\boldsymbol{e}_x+E_y(\boldsymbol{r},t)\boldsymbol{e}_y+E_z(\boldsymbol{r},t)\boldsymbol{e}_z \tag{7.1}$$

对于时谐场而言，各个分量都可用三角函数表示出来，习惯上用余弦函数表示. 对于随时间变化角频率为 ω 的电磁场，则其在空间 $\boldsymbol{r}$ 处的电场和磁场不同分量的数学表达式为

$$\begin{cases}E_j(\boldsymbol{r},t)=E_{jm}(\boldsymbol{r})\cos(\omega t+\phi_{e_{j0}})\\ H_j(\boldsymbol{r},t)=H_{jm}(\boldsymbol{r})\cos(\omega t+\phi_{h_{j0}})\end{cases} \tag{7.2}$$

式中：场量的下标 m 为振幅（注：本节用法相同）；j=1，2，3 分别表示 x，y 或 z 分量；$\phi_{e_{j0}}$ 和 $\phi_{h_{j0}}$ 分别是电场和磁场各个分量的初始相位. 显然各个分量是时谐的.

注意时谐场三角函数形式的时间因子可以用复数表示出来，即

$$\cos(\omega t+\phi_0)=\mathrm{Re}[\mathrm{e}^{\mathrm{i}(\omega t+\phi_0)}]=\mathrm{Re}[\mathrm{e}^{-\mathrm{i}(\omega t+\phi_0)}]$$

式中：ϕ_0 是初始相位. 或者

$$\cos(\omega t+\phi_0)=\frac{1}{2}[\mathrm{e}^{\mathrm{i}(\omega t+\phi_0)}+\mathrm{e}^{-\mathrm{i}(\omega t+\phi_0)}]$$

选用复角（相角）$\omega t+\phi_0$，以电场为例进行讨论有

$$E_j(\boldsymbol{r},t)=\mathrm{Re}[E_{j\mathrm{m}}(\boldsymbol{r})\mathrm{e}^{\mathrm{i}(\omega t+\phi_{ej0})}]=\mathrm{Re}[\dot{E}_{j\mathrm{m}}(\boldsymbol{r})\mathrm{e}^{\mathrm{i}\omega t}]$$

可见电场的分量可以用一个复数表示出实部，其中 $\dot{E}_{j\mathrm{m}}(\boldsymbol{r})=E_{j\mathrm{m}}(\boldsymbol{r})\mathrm{e}^{\mathrm{i}\phi_{ej0}}$ 是该复数的复幅度.

电场矢量也是如此，因为将所有分量相加得到电场矢量后可得

$$\boldsymbol{E}(\boldsymbol{r},t)=\mathrm{Re}[\dot{\boldsymbol{E}}_{\mathrm{m}}(\boldsymbol{r})\mathrm{e}^{\mathrm{i}\omega t}] \tag{7.3}$$

式中：$\dot{\boldsymbol{E}}_{\mathrm{m}}(\boldsymbol{r})=\boldsymbol{e}_x\dot{E}_{x\mathrm{m}}\mathrm{e}^{\mathrm{i}\phi_{ex0}}+\boldsymbol{e}_y\dot{E}_{y\mathrm{m}}\mathrm{e}^{\mathrm{i}\phi_{ey0}}+\boldsymbol{e}_z\dot{E}_{z\mathrm{m}}\mathrm{e}^{\mathrm{i}\phi_{ez0}}$，并被称为电场的复振幅矢量，它仅是空间位置的函数；$\mathrm{e}^{\mathrm{i}\omega t}$ 称为时谐因子；两者之积被称作电场强度的复数表达形式（复电场）. 通常的运用中，复电场符号表示和实数一样，而且复振幅矢量上方的圆点和下标通常也被省略，其真实含义是通过上下文或者自变量的明确标出体现的. 所以一般文献中的复数形式的电场表达式写为

$$\boldsymbol{E}(\boldsymbol{r},t)=\boldsymbol{E}\mathrm{e}^{\mathrm{i}\omega t} \quad 或 \quad \boldsymbol{E}(\boldsymbol{r},t)=\boldsymbol{E}(\boldsymbol{r})\mathrm{e}^{\mathrm{i}\omega t}$$

其他场参量 $\boldsymbol{D}$、$\boldsymbol{H}$ 和 $\boldsymbol{B}$ 也可作类似的数学表示. 相应地它们的源也是时谐变化时，也具有相同形式的复数表达式，即

$$\begin{cases}\rho=\rho(\boldsymbol{r})\mathrm{e}^{\mathrm{i}\omega t}\\ \boldsymbol{J}=\boldsymbol{J}(\boldsymbol{r})\mathrm{e}^{\mathrm{i}\omega t}\end{cases} \tag{7.4}$$

值得注意的一个细节是：时谐因子的指数取负号这些描述结果都是一样的，本章使用正号的表示方法讨论. 下面引入时谐场的复数表达形式来简化电磁场问题的数学运算.

7.1.3 时谐场时间偏导数和麦克斯韦方程

通过将电磁场直接相关的场参量和源变量用复数表示后，其表达式为空间函数和时间函数的两个因子构成的乘积. 这两个因子分别是复振幅矢量和时谐因子. 于是它们对空间和时间的微分就是分别对这两个因子的作用. 时谐因子是一个关于时间的指数函数，可以直接得到其微分结果. 对于选定的时谐因子 $\mathrm{e}^{\mathrm{i}\omega t}$，这个微分是 $\frac{\partial \mathrm{e}^{\mathrm{i}\omega t}}{\partial t}=\mathrm{i}\omega\mathrm{e}^{\mathrm{i}\omega t}$，这样得到时谐场时间微分算子的表达式为

$$\frac{\partial}{\partial t}=\mathrm{i}\omega \tag{7.5}$$

它表示时间微分算子 $\frac{\partial}{\partial t}$ 相当于时谐因子的指数部分. 进一步作二阶微分运算，则有时间的二阶微分算子等同于因子 $-\omega^2$，并且它和所选取时谐因子指数的正负无关.

由于时谐场将时间的微分运算变成了一个乘数因子. 对于时谐场，可以得到麦克斯韦方程的复数表达形式. 对于麦克斯韦第一方程有

$$\nabla\times\mathrm{Re}[\dot{\boldsymbol{H}}_{\mathrm{m}}(\boldsymbol{r})\mathrm{e}^{\mathrm{i}\omega t}]=\mathrm{Re}[\dot{\boldsymbol{J}}_{\mathrm{m}}(\boldsymbol{r})\mathrm{e}^{\mathrm{i}\omega t}]+\frac{\partial}{\partial t}\mathrm{Re}[\dot{\boldsymbol{D}}_{\mathrm{m}}(\boldsymbol{r})\mathrm{e}^{\mathrm{i}\omega t}]$$

将取实部运算和微分运算顺序调换，则

$$\nabla\times\dot{\boldsymbol{H}}_{\mathrm{m}}(\boldsymbol{r})\mathrm{e}^{\mathrm{i}\omega t}=\dot{\boldsymbol{J}}_{\mathrm{m}}(\boldsymbol{r})\mathrm{e}^{\mathrm{i}\omega t}+\frac{\partial}{\partial t}[\dot{\boldsymbol{D}}_{\mathrm{m}}(\boldsymbol{r})\mathrm{e}^{\mathrm{i}\omega t}]$$

于是有

$$\nabla\times\dot{\boldsymbol{H}}_{\mathrm{m}}(\boldsymbol{r})=\dot{\boldsymbol{J}}_{\mathrm{m}}(\boldsymbol{r})+\mathrm{i}\omega\dot{\boldsymbol{D}}_{\mathrm{m}}(\boldsymbol{r})$$

采用习惯的写法，除时间微分换作了其等效因子之外，其形式和麦克斯韦的原方程一样. 重复类似的过程，其他麦克斯韦方程也有这样的结果. 于是得到以 $\mathrm{e}^{\mathrm{i}\omega t}$ 为时谐因子的时谐场的麦克斯韦方程组为

$$\begin{cases}\nabla\times\boldsymbol{H}=\boldsymbol{J}+\mathrm{i}\omega\boldsymbol{D}\\ \nabla\times\boldsymbol{E}=-\mathrm{i}\omega\boldsymbol{B}\\ \nabla\cdot\boldsymbol{B}=0\\ \nabla\cdot\boldsymbol{D}=\rho\end{cases}\tag{7.6}$$

注意这一组方程中时间因子已经省略. 它被称为频域形式的麦克斯韦方程，只能用于时谐场. 其中各场参量及源变量形式上是实数，但实际上是复数，所以它是麦克斯韦方程组的复数形式. 采用复数形式可以使大多数正弦电磁场问题得以简化.

还应注意复数形式只是数学表示方式，不代表真实的场，没有明确物理意义. 在应用中使用该方程解决问题时，应先将所给时谐量表示为复数形式，用其复振幅函数作运算. 得到结果后，将所得到的结果乘以时谐因子，再取其实部得到真实物理量的表达式. 以电场为例，转变为复数形式的过程是

$$\boldsymbol{E}_{\mathrm{m}}\cos(\omega t+\phi)\Rightarrow\boldsymbol{E}_{\mathrm{m}}\mathrm{e}^{\mathrm{i}(\omega t+\phi)}\Rightarrow\boldsymbol{E}=\boldsymbol{E}_{\mathrm{m}}\mathrm{e}^{\mathrm{i}\phi}$$

而转变为实场的步骤是

$$\boldsymbol{E}=\boldsymbol{E}_{\mathrm{m}}\mathrm{e}^{\mathrm{i}\phi}\xrightarrow{\times\mathrm{e}^{\mathrm{i}\omega t}}\boldsymbol{E}_{\mathrm{m}}\mathrm{e}^{\mathrm{i}(\omega t+\phi)}\xrightarrow{\text{取实部}}\boldsymbol{E}_{\mathrm{m}}\cos(\omega t+\phi)$$

7.1.4 亥姆霍兹方程

对于给定空间中的时谐电磁场问题，仍然可由麦克斯韦方程解得. 作为典型，仍考虑充满均匀各向同性介质的无源空间问题. 如果空间中的介质是均匀分布，不管是从频域形式的麦克斯韦方程或是以前得到的电场和磁场的波动方程，都可以得到

$$\begin{cases}\nabla^2\boldsymbol{E}+k^2\boldsymbol{E}=0\\ \nabla^2 H+k^2\boldsymbol{H}=0\end{cases}\tag{7.7}$$

式中：$k^2=\omega^2\mu\varepsilon$，$k$ 称为介质中的波数，该式称为亥姆霍兹方程.

7.1.5 时谐场的能量问题：平均坡印亭矢量

引入时谐场的复数表示后，它的能量表述方法有何变化呢？先看坡印亭矢量. 将复数表示的电场和磁场代入坡印亭矢量的定义式进行运算

$$\begin{aligned}\boldsymbol{S}=\boldsymbol{E}\times\boldsymbol{H}&=\frac{1}{2}(\boldsymbol{E}\mathrm{e}^{\mathrm{i}\omega t}+\boldsymbol{E}^{*}\mathrm{e}^{-\mathrm{i}\omega t})\times\frac{1}{2}(\boldsymbol{H}\mathrm{e}^{\mathrm{i}\omega t}+\boldsymbol{H}^{*}\mathrm{e}^{-\mathrm{i}\omega t})\\&=\frac{1}{4}(\boldsymbol{E}\times\boldsymbol{H}\mathrm{e}^{2\mathrm{i}\omega t}+\boldsymbol{E}^{*}\times\boldsymbol{H}^{*}\mathrm{e}^{-2\mathrm{i}\omega t})+\frac{1}{4}(\boldsymbol{E}\times\boldsymbol{H}^{*}+\boldsymbol{E}^{*}\times\boldsymbol{H})\\&=\frac{1}{2}\mathrm{Re}[\boldsymbol{E}\times\boldsymbol{H}^{*}]+\frac{1}{2}\mathrm{Re}[\boldsymbol{E}\times\boldsymbol{H}\mathrm{e}^{-2\mathrm{i}\omega t}]\end{aligned}$$

对于时谐场的功率流密度而言，观察的是一个周期的平均，即所谓的平均坡印亭矢量. 所

以有

$$\boldsymbol{S}_{\mathrm{av}}=\frac{1}{T}\int_0^T\left[\frac{1}{2}\mathrm{Re}(\boldsymbol{E}\times\boldsymbol{H}^*)+\frac{1}{2}\mathrm{Re}(\boldsymbol{E}\times\boldsymbol{H}\mathrm{e}^{2\mathrm{i}\omega t})\right]\mathrm{d}t=\frac{1}{T}\int_0^T\left\{\frac{1}{2}\mathrm{Re}[\boldsymbol{E}\times\boldsymbol{H}^*]\right\}\mathrm{d}t$$

即

$$\boldsymbol{S}_{\mathrm{av}}=\frac{1}{2}\mathrm{Re}[\boldsymbol{E}\times\boldsymbol{H}^*]$$

其中的电场复振幅矢量和共轭磁场复振幅矢量的矢量积称为复坡印亭矢量 $\boldsymbol{S}_{\mathrm{cmp}}$，所以

$$\boldsymbol{S}_{\mathrm{cmp}}=\boldsymbol{E}\times\boldsymbol{H}^* \tag{7.8}$$

利用复坡印亭矢量，时谐场的坡印亭定理也能用复数量表示出来，其数学表达式为

$$\nabla\cdot(\boldsymbol{E}\times\boldsymbol{H}^*)=-\mathrm{i}\omega(\boldsymbol{B}\cdot\boldsymbol{H}^*-\boldsymbol{E}\cdot\boldsymbol{D}^*)-\boldsymbol{E}\cdot\boldsymbol{J}^* \tag{7.9}$$

这是复坡印亭定理. 像左端平均功率流密度是其中复坡印亭实部的一半一样，可以证明：公式右端第一项表示的电磁场能量减少率的复数形式，其实部的一半是真实电磁场能量减少率；而第二项是电磁场能量焦耳损耗的复数表达式，其实部的二分之一是真实热损耗.

例 7.1 例 6.6 的时变电磁场是时谐的，利用时谐场的方法求解它.

解 （1）这是一个时谐场，所以电场可以写为

$$\boldsymbol{E}=\boldsymbol{e}_yE_0\mathrm{e}^{-\mathrm{i}kz}$$

根据频域麦克斯韦方程有 $\nabla\times\boldsymbol{E}=-\mathrm{i}\omega\boldsymbol{B}$，考虑真空中的本构关系可得

$$\boldsymbol{H}=-\boldsymbol{e}_x\frac{kE_0}{\omega\mu_0}\mathrm{e}^{-\mathrm{i}kz}$$

磁场强度的瞬时值为

$$\boldsymbol{H}=-\boldsymbol{e}_x\frac{kE_0}{\omega\mu_0}\cos(\omega t-kz)$$

（2）直接使用瞬时坡印亭可得

$$\boldsymbol{S}(t)=\boldsymbol{E}(t)\times\boldsymbol{H}(t)=\boldsymbol{e}_z\frac{kE_0{}^2}{\omega\mu_0}\cos^2(\omega t-kz)$$

（3）根据复坡印亭和平均能流的关系可得

$$\boldsymbol{S}_{\mathrm{av}}=\frac{1}{2}\mathrm{Re}(\boldsymbol{E}\times\boldsymbol{H}^*)=-\frac{1}{2}\boldsymbol{e}_yE_0\mathrm{e}^{-\mathrm{i}kz}\times\boldsymbol{e}_x\frac{kE_0}{\omega\mu_0}\mathrm{e}^{+\mathrm{i}kz}=\boldsymbol{e}_z\frac{kE_0{}^2}{2\omega\mu_0}\ \mathrm{W/m^2}$$

对比例 6.6 的计算，采用时谐场的方法简化了计算，降低了出错的风险.

7.2 理想介质中的均匀平面波

均匀平面波是最基本也最简单的电磁波，人类认识的以光波为代表的自然现象背后的科学原理，都可以用这种电磁波解释. 本节从这种电磁波相关的基本概念开始，讨论其理论来源和特征.

7.2.1 基本概念

均匀平面波相关的基本概念分为下面几个方面.

（1）电磁波存在空间中的理想介质. 它是导电率为 0 的媒质，称无耗媒质，也是人们熟知的绝缘体. 典型的空间是真空空间，所谓的自由空间.

（2）平面波. 它是波阵面（也就是电磁波波动表达式中相位为给定常数的曲面，也称等相面），为平面的电磁波.

（3）均匀平面波. 它是等相位面上电场和磁场处处相等的平面波，这种电磁波的等相位面是平面，其上电磁场场量的振幅处处相等、方向处处相同.

事实上，客观世界中任何电磁波都是由有限空间中存在的波源产生，所以纯粹的均匀平面波并不存在. 在远离波源的一小部分波阵面，很多情况下都可以近似看作均匀平面波，正如在地球上把太阳光看作均匀平面波一样.

7.2.2 亥姆霍兹方程的均匀平面波解

在无源的均匀各向同性介质空间中，时谐电场和磁场的控制方程是亥姆霍兹方程. 那么这个方程的通解表示在这个空间中可能存在的电磁波形式，现在求这个方程的解，讨论其物理意义和分析其传播特性. 为此考虑电场方向是 x 方向的时谐场，变化的方向在 z 轴. 这样时谐因子为 $e^{i\omega t}$ 的电场表达式为

$$\boldsymbol{E}(\boldsymbol{r},t)=\mathrm{Re}\{\boldsymbol{e}_x E_x(z)\mathrm{e}^{\mathrm{i}\omega t}\}$$

于是可以使用时谐场的分析方法. 其复振幅矢量满足亥姆霍兹方程，代入后得

$$\frac{\mathrm{d}^2 E_x}{\mathrm{d}z^2}+k^2 E_x=0$$

该方程的解为两个指数函数的叠加，即

$$E_x=E_{\mathrm{m}}^{+}\mathrm{e}^{-\mathrm{i}kz}+E_{\mathrm{m}}^{-}\mathrm{e}^{\mathrm{i}kz}$$

其中以 m 为下标的两个量为待定常数，由激起该场的场源决定. 对于常见的介质来讲，k 是大于零的实数，该解表示的是波动，而传播常数 k 就是相位常数. 所以这个解说明电磁场的波动性. 也就是说这个解表明在所考虑的空间中存在的时谐电磁场是以波动的形式存在的.

为此，首先考察该解的第一项 $E_{\mathrm{m}}^{+}\mathrm{e}^{-\mathrm{i}kz}$. 相应的实场形式为

$$\boldsymbol{E}=\boldsymbol{e}_x E_{\mathrm{m}}^{+}\cos(\omega t-kz)$$

可绘出如图 7.1 所示的不同时刻的波形变化. 从图中可知，随时间 t 增加，相当于波形向+z 方向平移.

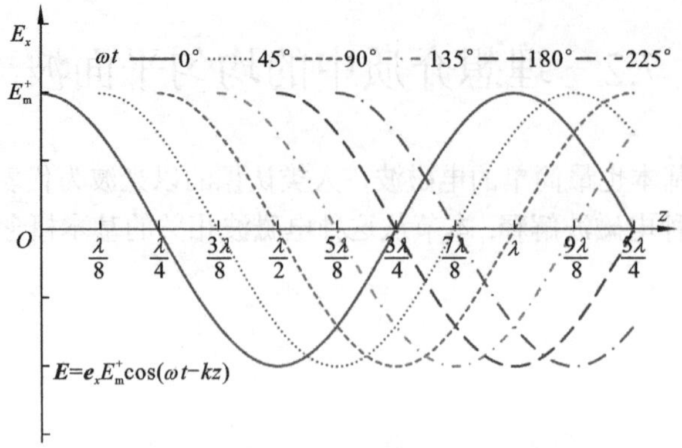

图 7.1 不同时刻电磁波的波形

由于振幅为常数 E_m^+，而对任意给定的 z 值而言，相应的垂直于 z 轴平面上该波的相位相等，说明该波的等相面（波阵面）为平面. 这说明该项代表的电磁波是向 $+z$ 方向传播的均匀平面波. 类似地，讨论得出第二项表示的是电场振幅为常数 E_m^- 向 $-z$ 方向传播的均匀平面波. 所以亥姆霍兹方程平面波解是沿 z 向（$+z, -z$）方向传播的均匀平面波的合成波，这也是该解的物理意义.

但是，在无源无界空间的情况下，对于已经存在的一列时谐电磁波而言，它总是离开产生该波的源朝一个方向传播，换言之随着时间的推移总是向远离波源空间传播. 以离波源的距离分析这一列电磁波，上述表达式中只存在正向传播的第一项. 所以这时时谐波的表达式表示为

$$\boldsymbol{E} = \boldsymbol{e}_x E_0 \mathrm{e}^{-\mathrm{i}kz}$$

或

$$\boldsymbol{E} = \boldsymbol{e}_x E_0 \cos(\omega t - kz) \tag{7.10}$$

式中：E_0 为该波的振幅. 这是一列均匀平面电磁波.

上述结果推广到电场和传播方向不沿坐标轴方向的一般情形，写为

$$\boldsymbol{E} = \boldsymbol{E}_0 \mathrm{e}^{-\mathrm{i}\boldsymbol{k}\cdot\boldsymbol{r}} \tag{7.11}$$

或

$$\boldsymbol{E} = \boldsymbol{E}_0 \cos(\omega t - \boldsymbol{k}\cdot\boldsymbol{r})$$

式中：$\boldsymbol{E}_0$ 为振幅. 如果让振幅的方向和 x 轴相同，而 $\boldsymbol{k} = k\boldsymbol{e}_z$，那么它就是前面讨论的结果. 以此为基础可以得到均匀平面电磁波的下述特性.

7.2.3 均匀平面电磁波的特性

1. 时间周期性：周期和频率

从时间周期变化上看，其相位要求一个时间周期 T 中满足

$$\cos[\omega(t+T) - kz] = \cos(\omega t - kz + 2\pi)$$

即

$$\omega T = 2\pi$$

所以周期为

$$T = \frac{2\pi}{\omega} \tag{7.12}$$

这是空间中一个给定点上电场做谐振的一个周期.

频率 f 为周期的倒数，所以

$$f = \frac{\omega}{2\pi} \tag{7.13}$$

2. 空间周期性：波长、波数和波矢

从空间上考察该波电场的变化，在给定的时刻看时谐波的空间变化，则电场在任意两个相邻的最大值之间的空间距离都相等，这就是说空间上的变化也是周期的，而这个空间距离称为它的波长 λ. 于是有

$$k\lambda = 2\pi$$

由此可以得到

$$\lambda = \frac{2\pi}{k} = \frac{2\pi}{\omega\sqrt{\mu\varepsilon}} \tag{7.14}$$

另一方面，该式也可以写为

$$k = \frac{2\pi}{\lambda}$$

上式说明一个 2π 长空间距离上包含的波长个数，所以 k 称为波数.

在电场表达式中的矢量 $\boldsymbol{k} = \boldsymbol{e}_k k$，从前面的讨论中不难理解它和波的传播方向相关，称为波矢量. 它是表征波传播特性的一个矢量，$\boldsymbol{e}_k$ 为表示波传播方向的单位矢量.

3. 相速度和波速度

再考察等相位面的情况. 如图 7.1 所示电磁波向+z 方向传播，从波形上可以认为是整个波形随着时间变化向+z 方向平移. 也可认为其上的每个相位值相应的等相面作这样的移动. 于是用其中任何一个等相面的情况来代表这个移动. 这时选定的一个等相面就是一个常数，即

$$\omega t - \boldsymbol{k}\cdot\boldsymbol{r} = C$$

这个面随时间的移动速度由该式两边对时间 t 求导数得到. 作这一运算得

$$\omega - \boldsymbol{k}\cdot\frac{\mathrm{d}\boldsymbol{r}}{\mathrm{d}t} = 0$$

所以有

$$\boldsymbol{v}_{\mathrm{p}} = \frac{\mathrm{d}\boldsymbol{r}}{\mathrm{d}t} = \frac{\omega}{k}\boldsymbol{e}_k \tag{7.15}$$

它表示等相面的沿波矢方向的移动速度，称为相速度. 该式表明均匀平面电磁波传播的相位速度仅与介质特性相关.

将角频率和频率的关系与波数和波长之间的关系代入该式，可以看到，均匀平面波的相速等于波速. 即

$$v_{\mathrm{p}} = \frac{1}{\sqrt{\mu\varepsilon}} = v \tag{7.16}$$

将真空的介电常数和磁导率代入，得到真空中电磁波的相位速度和波速为

$$v_{\mathrm{p0}} = \frac{1}{\sqrt{\mu_0\varepsilon_0}} = c(\text{光速})$$

这也是光波是电磁波的一个证据，也说明式（7.16）在介质中的相速度是其中的光速. 另外根据式（7.13）、式（7.14）和式（7.16）可以得到频率、波长和波速之间的关系为 $f\lambda = v$.

4. 磁场及其与电场和波矢量之间的关系

考虑麦克斯韦方程中的空间微分算符，可以看到对于均匀平面波（7.11），算子 ∇ 可以用因子 $-\mathrm{i}\boldsymbol{k}$ 代替. 不难推导，这时无源均匀各向同性空间中的麦克斯韦方程组变为

$$\begin{cases} \boldsymbol{k}\times\boldsymbol{H} = -\omega\boldsymbol{D} \\ \boldsymbol{k}\times\boldsymbol{E} = \omega\boldsymbol{B} \\ \boldsymbol{k}\cdot\boldsymbol{B} = 0 \\ \boldsymbol{k}\cdot\boldsymbol{D} = 0 \end{cases} \tag{7.17}$$

可见电场、磁场和传播方向三者相互垂直，且满足右手螺旋关系（如图 7.2 所示）. 由于电场、磁场都和波矢量的方向（也就是波的传播方向）垂直，所以称为横电磁波（又称 TEM 波），“横（T）”的意思是电场、磁场和电磁波传播方向垂直. 这个表达式还表明电场和磁场两者之间相位相同. 因为由其中第二方程可以推得磁场为

$$\boldsymbol{H}=\sqrt{\frac{\varepsilon}{\mu}}\boldsymbol{e}_k\times\boldsymbol{E}=\frac{1}{\eta}\boldsymbol{e}_k\times\boldsymbol{E} \tag{7.18}$$

该式用到了磁场的本构关系和波矢量的表达式. 该式中的常数 η 称为介质的本征阻抗，它是横向电场幅度与横向磁场幅度的比值. 该式表明，对于均匀平面电磁波

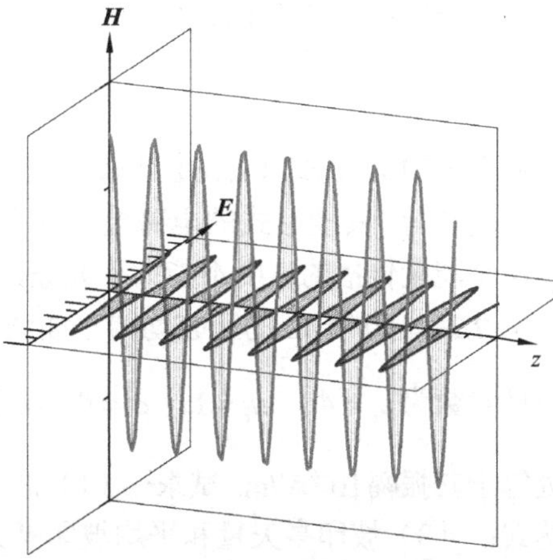

图 7.2 均匀平面电磁波的电场、磁场和波矢量之间的关系

$$\eta=\sqrt{\frac{\mu}{\varepsilon}} \tag{7.19}$$

特殊地真空的本征阻抗为 $\eta_0=\sqrt{\frac{\mu_0}{\varepsilon_0}}=120\pi\approx 377\,\Omega$.

5. 能量和能流

根据前面的讨论，将电场的表达式代入关系式（7.18）可写出均匀平面电磁波的磁场为

$$\boldsymbol{H}=\frac{1}{\eta}\boldsymbol{e}_k\times\boldsymbol{E}_0\mathrm{e}^{-\mathrm{i}\boldsymbol{k}\cdot\boldsymbol{r}}$$

所以可以分别得到均匀平面电磁波的电场和磁场相应的能量密度为

$$w_{\mathrm{e}}=\frac{1}{2}\varepsilon|\boldsymbol{E}|^2$$

$$w_{\mathrm{m}}=\frac{1}{2}\mu|\boldsymbol{H}|^2=\frac{1}{2}\varepsilon|\boldsymbol{E}|^2$$

即均匀平面电磁波的电场能量等于磁场能量，说明空间中电磁场能量的电场能量和磁场量各占一半. 对两者求和得到均匀平面电磁波的电磁场能量密度为

$$w=\varepsilon|\boldsymbol{E}|^2 \tag{7.20}$$

进一步利用坡印亭矢量定义得到均匀平面电磁波的能流密度为

$$\boldsymbol{S}=\boldsymbol{E}\times\boldsymbol{H}=\boldsymbol{E}\times\frac{1}{\eta}\boldsymbol{e}_k\times\boldsymbol{E}=\frac{1}{\eta}|\boldsymbol{E}|^2\boldsymbol{e}_k=\frac{1}{\eta}E_0^2\boldsymbol{e}_k\cos^2(\omega t-kz)$$

由此可知，均匀平面电磁波的传播方向为能流的方向. 对其求时间平均或利用复坡印亭矢量可求得均匀平面电磁波的平均能流密度为

$$\boldsymbol{S}_{\mathrm{av}}=\frac{1}{2}\mathrm{Re}[\boldsymbol{E}\times\boldsymbol{H}^*]=\frac{1}{2\eta}E_0^2\boldsymbol{e}_k \tag{7.21}$$

它的速度是能量传播速度，定义为能流密度与电磁场能量密度之比：

$$\boldsymbol{v}_{\mathrm{e}}=\frac{\text{能流密度}}{\text{电磁场能量密度}}=\frac{\boldsymbol{S}}{w} \tag{7.22}$$

使用电磁场能量和能流密度可以推导得到均匀平面波能流速度为

$$\boldsymbol{v}_{\mathrm{e}}=\frac{1}{\sqrt{\mu\varepsilon}}\boldsymbol{e}_k \tag{7.23}$$

和式（7.15）、式（7.16）比较，表明均匀平面波的传播方向沿着能量传播方向，并且它和相速度相等. 其他形式的电磁波，这两个速度不一定相等. 通常相速度可以大于或小于光速，但是能量传播的速度不能大于光速，这些情况在导行波理论中看到.

例 7.2　100 MHz 的正弦均匀平面波在各向同性的均匀理想介质中沿+z 方向传播，介质的特性参数为 $\varepsilon_{\mathrm{r}}=4$，$\mu_{\mathrm{r}}=1$，$\sigma=0$. 设电场沿 x 方向，即 $\boldsymbol{E}=\boldsymbol{e}_x E_x$. t=0, 电场在 z=1/8 m 位置处等于其振幅10^{-4} V/m. 试求：（1）波的传播速度、波长、波数；（2）电场和磁场的瞬时表达式；（3）坡印亭矢量和平均坡印亭矢量.

解　（1）根据波速公式有

$$v=\frac{1}{\sqrt{\mu\varepsilon}}=\frac{1}{\sqrt{\mu_0\mu_{\mathrm{r}}\varepsilon_0\varepsilon_{\mathrm{r}}}}=\frac{c}{\sqrt{\mu_{\mathrm{r}}\varepsilon_{\mathrm{r}}}}=\frac{3.0\times10^8}{\sqrt{1\times4}}=1.5\times10^8\ \mathrm{m/s}$$

根据频率、波长和波速之间的关系则有

$$\lambda=\frac{v}{f}=\frac{1.5\times10^8}{100\times10^6}=1.5\ \mathrm{m}$$

波数为

$$k=\frac{2\pi}{\lambda}=\frac{4}{3}\pi\ \mathrm{m}^{-1}$$

（2）这是一列均匀平面电磁波，所以有

$$\boldsymbol{E}=\boldsymbol{e}_x E_0\cos\left(2\pi\times100\times10^6 t-\frac{4\pi}{3}z+\phi_0\right)$$

代入已知条件后变为

$$10^{-4}=10^{-4}\cos\left(2\pi\times100\times10^6\times0-\frac{4}{3}\pi\times\frac{1}{8}+\phi_0\right)$$

解得

$$\phi_0=\frac{\pi}{6}$$

确定电场为

$$\boldsymbol{E}=\boldsymbol{e}_x 10^{-4}\cos\left(2\pi\times100\times10^6 t-\frac{4\pi}{3}z+\frac{\pi}{6}\right)\ \mathrm{V/m}$$

这是电场瞬时表达式. 根据均匀平面电磁波电场磁场与波矢量之间的关系得到磁场的瞬时表达式为

$$\boldsymbol{H}=\boldsymbol{e}_y\frac{10^{-5}}{6\pi}\cos\left(2\pi\times100\times10^6 t-\frac{4\pi}{3}z+\frac{\pi}{6}\right)$$

这个表达式也可以从麦克斯韦方程导出. 上述过程也可用复数表达方式处理.

（3）坡印亭矢量和平均坡印亭矢量根据定义式和关系式可以求得

$$\boldsymbol{S}=\boldsymbol{E}\times\boldsymbol{H}=\boldsymbol{e}_z\frac{10^{-9}}{6\pi}\cos^2\left(2\pi\times100\times10^6 t-\frac{4\pi}{3}z+\frac{\pi}{6}\right)$$

平均坡印亭矢量可对上式直接积分求解，也可先写出电场和磁场的复数形式求得. 结果是

$$\boldsymbol{S}_{\mathrm{av}} = \frac{10^{-9}}{12\pi}\boldsymbol{e}_z \ (\mathrm{W/m^2})$$

7.3 电磁波的极化特性

从前面的讨论中可知，一列均匀平面电磁波的电场垂直于传播方向. 但是一般情况下电磁波的电场或磁场在不同时刻具有不同的大小和方向. 这种变化就是电磁波的极化特性，光学中称为光的偏振. 这个特性在许多应用中十分有用，例如在电路设计中以天线为代表的信号接收元器件就要满足极化特性匹配的要求，光学应用中光学偏振片用以分离出线偏振光. 本节主要讨论和分析这一特性的描述方法.

7.3.1 电磁波极化的基本概念和分类

电磁波的极化特性通常用电场的变化描述. 电磁波在空间中的极化特性定义为空间某固定位置处电场强度矢量随时间变化的特性，它用该电磁波在空间一点上电场强度矢量 $\boldsymbol{E}$ 终点在空间形成的轨迹描述.

通常将极化和电磁波的传播方向联系起来确定电磁波的极化问题，用和传播方向垂直的电场分量分析说明其极化特性. 这个分量是一个随时间变化的矢量，它的终端轨迹是一个平面曲线. 可以证明这些轨迹分为直线、圆形和椭圆 3 种情况，据此将极化分为线极化、圆极化、椭圆极化 3 类；其中圆极化、椭圆极化又有两种旋转方向区别，分别为左旋极化和右旋极化. 所以分为 5 种极化. 它们的具体定义分别是：

（1）线极化是电场仅在一个方向振动的情形，电磁波的电场强度矢量终点的轨迹在一条直线上变化；

（2）圆极化是电场强度矢量终点的轨迹为圆形的电磁波极化形式；

（3）椭圆极化是电场强度矢量终点的轨迹为椭圆的情形.

后两者右旋和左旋的定义以电磁波传播方向指向大拇指，而轨迹的变化方向用其他 4 个手指弯曲方向代表，若符合右手螺旋规则为右旋极化，反之为左旋极化.

这些类型可以利用已得到的均匀平面电磁波的数学表达式来进行分析.

7.3.2 极化类型的理论分析

根据均匀平面电磁波的讨论可以知道，电场和传播方向（波矢量）的方向垂直. 按照极化的定义用给定空间点上电场所在平面中电场终点的变化确定它的极化类型. 不失一般性，把坐标系 z 轴正方向选在电磁波的传播方向上，那么均匀平面波的电场一般表达式（7.11）可以用式（7.10）的形式表示，但电场的方向可以是垂直于 z 的任意方向. 这时电场强度可分解相互正交的两个分量. 把它分解到 x 和 y 坐标中，则可以写为

$$\boldsymbol{E}(\boldsymbol{r},t) = E_x(\boldsymbol{r},t)\boldsymbol{e}_x + E_y(\boldsymbol{r},t)\boldsymbol{e}_y$$

其中的两个分量显然分别是一列均匀平面电磁波. 这也可以理解为一列均匀平面电磁波是由

两列电场相互垂直且传播方向一致的同频时谐均匀平面电磁波合成. 如果一列电磁波由不同初始相位同向传播的两列电场相互垂直均匀平面电磁波合成，它的极化特性分析如下.

两列波的电场表达式可以分别写为

$$E_x(\boldsymbol{r},t)=E_{xm}\cos(\omega t-kz+\phi_{x0}) \tag{7.24}$$

$$E_y(\boldsymbol{r},t)=E_{ym}\cos(\omega t-kz+\phi_{y0}) \tag{7.25}$$

其中，ϕ_{x0} 和 ϕ_{y0} 分别是两列波的初始相位.

这两个分量可以消去时间和空间变量得到方程

$$\left(\frac{E_x}{E_{xm}}\right)^2-2\left(\frac{E_x}{E_{xm}}\right)\left(\frac{E_y}{E_{ym}}\right)\cos(\Delta\phi_{xy})+\left(\frac{E_y}{E_{ym}}\right)^2=\sin^2(\Delta\phi_{xy}) \tag{7.26}$$

式中：$\Delta\phi_{xy}=\phi_{x0}-\phi_{y0}$ 是 x 分量相对于 y 分量初始相位差. 它表示电场矢量末端在空间的运行轨迹的曲线形式. 这个曲线上电场的幅度值为

$$|\boldsymbol{E}|=\sqrt{E_x^2+E_y^2} \tag{7.27}$$

电场和 x 方向的夹角为

$$\alpha=\arctan\frac{E_y}{E_x}=\arctan\left[\frac{E_{ym}\cos(\omega t+\phi_{x0}-\Delta\phi_{xy})}{E_{xm}\cos(\omega t+\phi_{x0})}\right] \tag{7.28}$$

如图 7.3 所示.

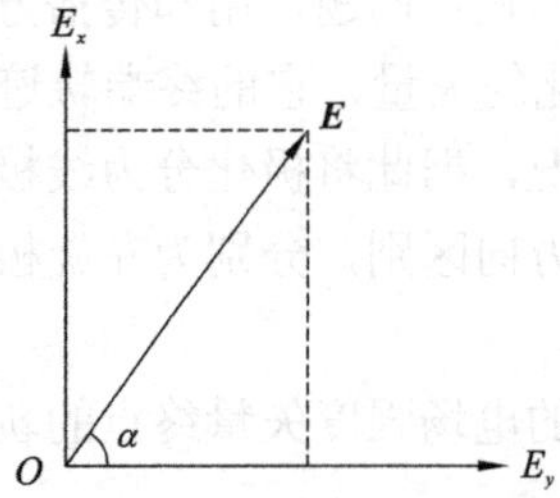

图 7.3　垂直于传播方向的电场分量的方向

根据式（7.26）、式（7.28）可以得到上述的几种极化.

（1）椭圆极化. 一般情况下，两个分量的振幅不一定相等，初始相位的关系也不是相差 0 或 π. 这时该方程为一个椭圆方程，说明电场矢量的末端轨迹为一椭圆，这就是椭圆极化. 左旋和右旋的区分可由α随时间变化的方向或两个分量初始相位的超前滞后关系确定；

（2）圆极化. 当初始相位差为正负π/2，且两个分量的振幅相等时，这个方程为一个圆的方程，说明电场矢量的末端轨迹为一个圆，这种情况是圆极化. 左旋和右旋的区分和椭圆极化一样进行判断；

（3）线极化. 如果两个分量的初始相位相同或反相，那么该方程退化为线性方程，描述的是电场矢量的末端轨迹成一直线段，所以是线极化.

这些情况在后面极化形式判别中逐一详细分析是属哪一种.

7.3.3　极化形式的判别

根据前面的思路，若给定一个均匀平面波，则可以由它的正交分量判别它的极化性质.

（1）当 $\Delta\phi_{xy}=\phi_{x0}-\phi_{y0}=0$或π 时，即两列波同相或反相时，轨迹曲线方程变为

$$\frac{E_y}{E_x}=\pm\frac{E_{ym}}{E_{xm}}\quad(\phi_{x0}-\phi_{y0}=0\text{取“+”号，}\phi_{x0}-\phi_{y0}=\pi\text{取“−”号})$$

表明电场沿直线变化，所以电磁波为线极化波.

电磁波的电场大小为

$$|\boldsymbol{E}|=\sqrt{E_{xm}^2+E_{ym}^2}\,|\cos(\omega t)|$$

电场与 x 轴夹角为

$$\alpha=\arctan\frac{E_y}{E_x}=\begin{cases}\arctan\dfrac{E_{ym}}{E_{xm}} & (\phi_{x0}-\phi_{y0}=0)\\ -\arctan\dfrac{E_{ym}}{E_{xm}} & (\phi_{x0}-\phi_{y0}=\pi)\end{cases}$$

图 7.4（a）和（b）绘出的是两种情况下电场的大小和方向变化. 可见合成电场在一个方向上做时谐变化，两个分量同相位时在第一、三象限变化，反相时在第二、四象限变化. 具体工程分析中，线极化可以用直线的方向明确定义确定，比如 x 方向极化表示沿 x 轴的线极化.

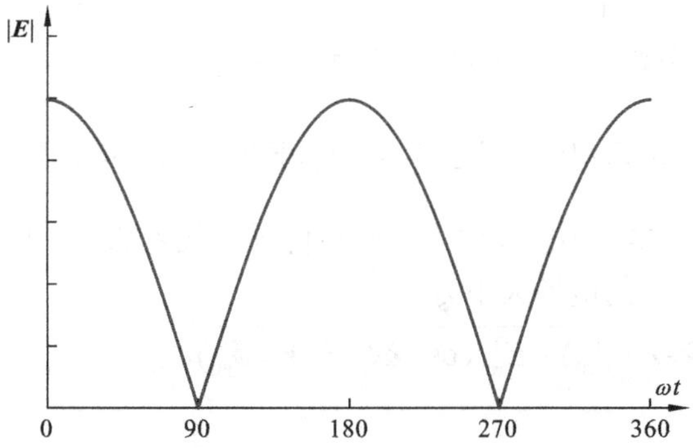

（a）线极化电场的大小

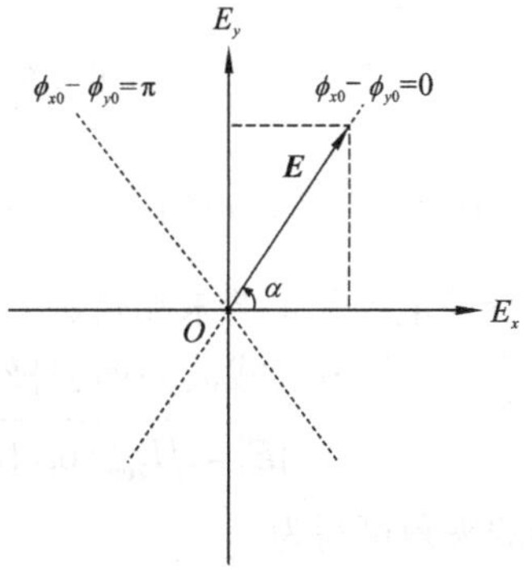

（b）线极化电场的方向

图 7.4　线极化电场

（2）当 $\Delta\phi_{xy}=\phi_{x0}-\phi_{y0}=\pm\dfrac{\pi}{2}$ 且 $E_{xm}=E_{ym}$ 时，电场分量之间关系的方程变为

$$\left(\frac{E_x}{E_0}\right)^2+\left(\frac{E_y}{E_0}\right)^2=1$$

其中假设两列波的振幅都是 E_0. 这是一个半径为 E_0 的圆（图 7.5）的方程，所以电磁波为圆极化波. 电场的大小为常数，即

$$|\boldsymbol{E}|=\sqrt{E_x^2+E_y^2}=E_0$$

左旋和右旋的区分：当 y 分量相对 x 分量的初始相位多 $\dfrac{\pi}{2}$ 时为左旋圆极化，差 $\dfrac{\pi}{2}$ 为右旋圆极化. 这是因为

$$\alpha=\arctan\frac{E_y}{E_x}=\begin{cases}\omega t-\boldsymbol{k}\cdot\boldsymbol{r}+\phi_{x0} & \left(\phi_{x0}-\phi_{y0}=\dfrac{\pi}{2}\right)\\ -(\omega t-\boldsymbol{k}\cdot\boldsymbol{r}+\phi_{x0}) & \left(\phi_{x0}-\phi_{y0}=-\dfrac{\pi}{2}\right)\end{cases}$$

上式中表现出α随着时间增加变化为：（1）右端上边一行表现为逆时针变化，即由 x 分量的方向朝 y 分量的方向旋转，相对于传播方向而言是右手关系，所以为右旋极化；（2）右端下边一行为逆时针变化即由 y 分量的方向朝 x 分量的方向旋转，相对于传播方向而言是左手关系，所以为左旋极化. 如图 7.5 所示.

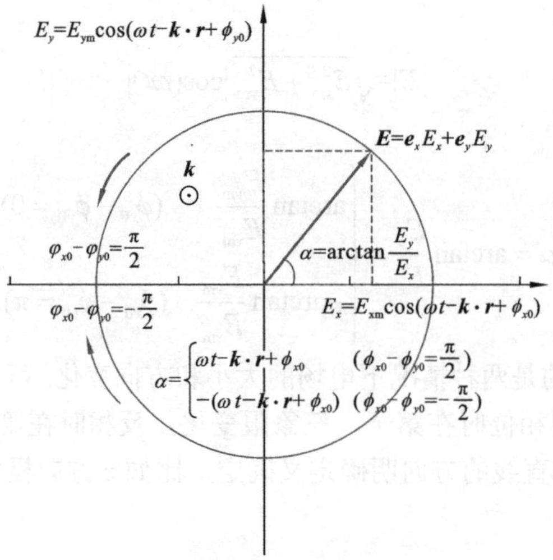

图 7.5　左旋圆极化和右旋圆极化的电场

（3）其他情形（初始相位差为 0、π和初始相位差为$\pm\dfrac{\pi}{2}$且分量振幅相等之外的情形）. 两列波的合成电场矢量的末端轨迹方程（7.23）不能简化为前两种情况，代表的是一般形式的椭圆方程，所以其合成波为椭圆极化波. 波的电场大小为

$$|\boldsymbol{E}|=\sqrt{E_{xm}^2\cos^2(\omega t-\boldsymbol{k}\cdot\boldsymbol{r}+\phi_{x0})+E_{ym}^2\cos^2(\omega t-\boldsymbol{k}\cdot\boldsymbol{r}+\phi_{y0})}$$

和 x 轴的夹角可写为

$$\alpha=\arctan\left\{\frac{E_{ym}\cos(\Delta\phi_{xy})}{E_{xm}}[1+\tan(\omega t)\tan(\Delta\phi_{xy})]\right\}$$

式中：$\Delta\phi_{xy}>0$ 为右旋椭圆极化，因为随 t 的增加，α 的值随之增加，所以 x 分量超前于 y 分量，在任意固定位置的电场 x 分量先达到最大值，而后 y 分量才达到最大值，表现为逆时针变化. 反之 $\Delta\phi_{xy}<0$ 为左旋椭圆极化. 根据椭圆的长短轴的变化，科学和工程问题中也会用长轴的取向和轴比更明确地定义出椭圆极化的具体情况.

例 7.3　设下列电磁波的时谐因子为 $e^{i\omega t}$，判断它们电场表示式所表征的电磁波的极化形式.

（1）$\boldsymbol{E}(z)=\boldsymbol{e}_x\mathrm{i}E_m e^{\mathrm{i}kz}+\boldsymbol{e}_y\mathrm{i}E_m e^{\mathrm{i}kz}$；

（2）$\boldsymbol{E}(z,t)=\boldsymbol{e}_xE_m\sin(\omega t-kz)+\boldsymbol{e}_yE_m\cos(\omega t-kz)$；

（3）$\boldsymbol{E}(z,t)=\boldsymbol{e}_xE_m\sin(\omega t+kz)+\boldsymbol{e}_yE_m\cos(\omega t+kz)$；

（4）$\boldsymbol{E}(z)=\boldsymbol{e}_xE_m e^{-\mathrm{i}kz}-\boldsymbol{e}_y\mathrm{i}E_m e^{-\mathrm{i}kz}$；

（5）$\boldsymbol{E}(z,t)=\boldsymbol{e}_xE_m\sin(\omega t-kz)+\boldsymbol{e}_yE_m\cos(\omega t-kz+40^\circ)$.

解　将上述各电场表达式用标准时谐场瞬时表达式给出就可利用前面分析的判据说明其极化形式.

（1）这是复电场矢量表达式. x 分量的瞬时表达式为

$$E_x=E_m\cos\left(\omega t+kz+\frac{\pi}{2}\right)$$

y 分量的瞬时表达式为

$$E_y = E_m \cos\left(\omega t + kz + \frac{\pi}{2}\right)$$

两个分量同相，所以是线极化波.

（2）这个电磁波的 x 分量的瞬时表达式为

$$E_x = E_m \cos\left(\omega t - kz - \frac{\pi}{2}\right)$$

两个分量幅度相同，x 分量滞后 y 分量 90°，所以是左旋圆极化波.

（3）这个电磁波的 x 分量的瞬时表达式为

$$E_x = E_m \cos\left(\omega t + kz - \frac{\pi}{2}\right)$$

两个分量幅度相同，x 分量超前 y 分量 90°，但是波的传播方向是 $-z$ 方向，所以是左旋圆极化波.

（4）这是复电场矢量表达式. x 分量的瞬时表达式为

$$E_x = E_m \cos(\omega t - kz)$$

y 分量的瞬时表达式为

$$E_y = E_m \cos\left(\omega t - kz - \frac{\pi}{2}\right)$$

两个分量幅度相同，x 分量超前 y 分量 90°，所以是右旋圆极化波.

（5）这个电磁波的 x 分量的瞬时表达式为

$$E_x = E_m \cos(\omega t - kz - 90^\circ)$$

两个分量幅度相同，但 x 分量的初相位是−90°，y 分量的初相位为 40°，前者比后者滞后 130°，所以是左旋椭圆极化波.

7.4 损耗媒质中的均匀平面波

前面讨论了理想介质中均匀平面波的情形. 但是除自由空间之外，其他物质都会和电磁场产生相互作用，这些物质称为电磁场的媒质. 这些作用将电磁能量转化为热能产生电磁能量损耗时，称为有耗媒质. 一般地，有耗媒质分为电损耗型媒质和磁损耗型媒质. 电损耗型媒质导电，会出现电流产生焦耳热消耗电磁场能量. 前者是常见的有耗媒质，其电特性和其中的电磁波传播特性具有普遍性. 这里以电损耗型媒质为代表讨论有耗媒质的特征和其中的平面电磁波传播行为.

7.4.1 复介电常数和媒质分类

损耗媒质的典型特征是具有一定的导电性，其电导率为不等于零的有限值，即 $\sigma \neq 0$. 根据微分形式的欧姆定律可知，电磁波在其中传播时，就是在无源区域也会有传导电流存在，其电流密度为

$$\boldsymbol{J} = \sigma \boldsymbol{E}$$

它是电场作用于媒质中的带电粒子使其产生宏观定向运动的结果. 这样的运动中，带电粒子

和媒质中各种粒子发生碰撞，导致电磁能量的损耗，使电磁波的传播特性与介质（非导电媒质）中的传播特性有所不同. 这一电流的存在，导致麦克斯韦方程的变化在于其第一方程中存在上述的电流项.

仍然考虑时谐因子为 $e^{i\omega t}$ 的时谐场在无源均匀各向同性媒质的情形，则该方程变为

$$\nabla \times \boldsymbol{H} = \sigma \boldsymbol{E} + i\omega \boldsymbol{D}$$

将电场的本构关系代入有

$$\nabla \times \boldsymbol{H} = \sigma \boldsymbol{E} + i\omega\varepsilon \boldsymbol{E}$$

式中：σ 是该媒质的电导率；ε 是介电常数. 该方程可变形为

$$\nabla \times \boldsymbol{H} = i\omega\left(\varepsilon - i\frac{\sigma}{\omega}\right)\boldsymbol{E}$$

如果把该式右端括号内的项构成的因子作为介电常数，该方程和无源的时谐方程一样. 这个常数称为复介电常数 ε_{cmp}，即

$$\varepsilon_{\text{cmp}} = \varepsilon - i\frac{\sigma}{\omega} = \varepsilon' + i\varepsilon'' \tag{7.29}$$

上式中最右端的表示方式把复介电常数分别用实部和虚部表示出来了，所以 ε' 是复介电常数的实部，ε'' 是复介电常数的虚部. 由此可知，实部是媒质的介电常数，而虚部是媒质电导率和时谐波频率比值的负值. 虚部表现的是媒质损耗特性. 还可知复介电常数明显和时谐波频率相关，所以损耗媒质通常都是色散的，该式也是有耗媒质的色散关系. 但需要注意的是介电常数本身也可以明显地随频率发生改变，尽管大多数应用中忽略了这种变化. 把复介电常数和电场的乘积写出一个新的电位移矢量，在外加自由电流 $\boldsymbol{J}$ 存在的空间中得到一个和原有第一方程形式一样的方程：

$$\nabla \times \boldsymbol{H} = \boldsymbol{J} + i\omega \boldsymbol{D} \tag{7.30}$$

用以和其他方程构成前面讨论的解决空间电磁场问题的基本方程.

复介电常数也可以写为

$$\varepsilon_{\text{cmp}} = |\varepsilon_{\text{cmp}}| e^{-i\delta_c}$$

其中的模值为

$$|\varepsilon_{\text{cmp}}| = \sqrt{\varepsilon^2 + \left(\frac{\sigma}{\omega}\right)^2}$$

相角为

$$\delta_c = \arctan\left(\frac{\sigma}{\omega\varepsilon}\right) \tag{7.31}$$

该角度被称为损耗正切角，式中的比值是损耗正切值. 其大小表明媒质的导电性能强弱和对电磁波损耗的高低. 通常按照（7.31）中分式比值的大小把电损耗型媒质分为三种类型：

（1）良导体，这时 $\dfrac{\sigma}{\omega\varepsilon} \gg 1$；

（2）半导体，这时 $\dfrac{\sigma}{\omega\varepsilon} \approx 1$；

（3）弱导体，它满足 $\dfrac{\sigma}{\omega\varepsilon} \ll 1$.

可见同种物是否良导体不仅由电导率确定，还和电磁波的频率有关，是一个相对的概念. 表 7.1 列出了一些常见自然物质（温度约 20 ℃）的导电性和介电特性. 现代科学技术中也在

追求特殊导电性能的新型材料，形成热门的导电材料，比如超导材料等. 表 7.2 给出的是超导材料和碳材料的导电性能对比表. 对于磁性物质，也可以有类似的讨论.

表 7.1　常见自然物质的导电性和介电特性

金属		非金属		
材料	电导率（S/m）	材料	电导率（S/m）	相对介电常数
银	6.30×10^{7}	去离子水	5.5×10^{-6}	80.0
铜	5.96×10^{7}	干土	1×10^{-5}	2.8
金	4.10×10^{7}	清水	1×10^{-3}	80.0
铝	3.50×10^{7}	海水	5	81.0
黄铜	1.57×10^{7}	石灰石	1×10^{-2}	—
青铜	1.00×10^{7}	蜡	1×10^{-11}	4.0
铁	1.00×10^{7}	聚乙烯	1×10^{-13}	2.2
钨	1.79×10^{7}	石英	1×10^{-17}	5.0
镍	1.43×10^{7}	橡胶	1×10^{-15}	3.0

表 7.2　超导材料和碳材料的导电性能

材料	电导率（S/m）	
超导体	典型值	1.0×10^{20}
	第一类	—
	第二类	10^{6}
碳	石墨	250
	垂直层	3.3×10^{2}
	平行层	$2\sim3\times10^{5}$
	石墨烯	$\sim10^{8}$

7.4.2　时谐波在损耗媒质中的方程

利用复介电常数改造后的麦克斯韦第一方程替换频域形式的第一方程，而麦克斯韦第四方程利用复介电常数代换也保持不变的形式，可直接写出电损耗媒质中时谐场麦克斯韦方程的形式为

$$\begin{aligned}&\nabla\times\boldsymbol{H}=\boldsymbol{J}+\mathrm{i}\omega\boldsymbol{D}\\&\nabla\times\boldsymbol{E}=-\mathrm{i}\omega\boldsymbol{B}\\&\nabla\cdot\boldsymbol{B}=0\\&\nabla\cdot\boldsymbol{D}=\rho\end{aligned}$$

注意，该式中的电流密度是外加自由电流，不包含前面所述的传导电流.

对于无源的均匀各向同性电损耗媒质空间，容易得到其中时谐场电场和磁场的波动方程为

$$\nabla^2\boldsymbol{E}+k_{\mathrm{cmp}}^2\boldsymbol{E}=0$$

$$\nabla^2 \boldsymbol{H} + k_{\text{cmp}}^2 \boldsymbol{H} = 0$$

其形式完全和无源均匀各向同性介质中的亥姆霍兹方程一样，但是其中的常数 k_{cmp} 是复数，其表达式为

$$k_{\text{cmp}}^2 = \omega^2 \mu \varepsilon_{\text{cmp}} = \omega^2 \mu \varepsilon - \mathrm{i}\omega\mu\sigma \tag{7.32}$$

7.4.3 损耗媒质中的电磁波

对于上述波动方程，采用 7.2 节的基本分析方法，可以直接写出其电场的解为

$$\boldsymbol{E} = \boldsymbol{e}_x E_{\text{xm}} \mathrm{e}^{-\mathrm{i}k_{\text{cmp}} z}$$

或对于更一般的情况为

$$\boldsymbol{E} = \boldsymbol{E}_0 \mathrm{e}^{-\mathrm{i}\boldsymbol{k}_{\text{cmp}} \cdot \boldsymbol{r}} \tag{7.33}$$

这里考虑到波数为复数，所以直接将其标识为 k_{cmp}. 对式（7.33）中的复波矢可以写成复数乘于实数单位矢量 $\boldsymbol{e}_{k_{\text{cmp}}}$. 现在考虑无源空间沿 z 轴正向传播的情况，并取 $\boldsymbol{e}_{k_{\text{cmp}}} = \boldsymbol{e}_z$，则它可用实部和虚部表示为

$$\boldsymbol{k}_{\text{cmp}} = (\beta - i\alpha)\boldsymbol{e}_z \tag{7.34}$$

代入沿 z 方向传播的表达式可以得到

$$\boldsymbol{E} = \boldsymbol{e}_x E_0 \mathrm{e}^{-\alpha z} \mathrm{e}^{-\mathrm{i}\beta z} \tag{7.35}$$

可以看出这个解仍是均匀平面电磁波的形式，表明均匀各向同性有耗媒质中能够存在均匀平面电磁波. 但是它和无耗媒质空间的平面电磁波有着不同的传播特点.

（1）等相面的幅度和相位. 该波的幅度是最大幅度值 E_0 和幅度因子 $\mathrm{e}^{-\alpha z}$ 的乘积. 表明不同位置处它的振幅不同，随着传播距离的增加，以指数规律减小（图 7.6），常数 α 称为衰减因子（衰减常数）.

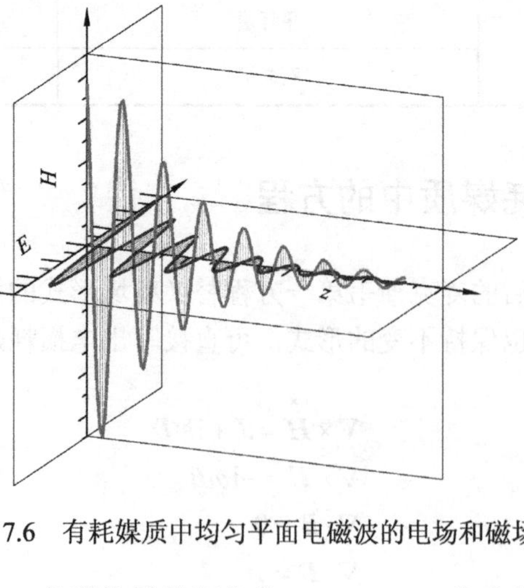

图 7.6 有耗媒质中均匀平面电磁波的电场和磁场

该波的传播因子为 $\mathrm{e}^{-\mathrm{i}\beta z}$，表明传播的相位为 $\omega t - \beta z$，β 称为相位因子（相位常数），它和传播常数是不同的.

（2）相速度和波长. 同样相位为常数的平面沿传播方向移动的速度称为相速度. 用无耗媒质中均匀平面波的方法可以求得它的相速度为

$$v_p = \frac{\omega}{\beta} \tag{7.36}$$

所以损耗媒质中波的相速和波的频率有关. 说明导电媒质（损耗媒质）中的电磁波为色散波. 波长仍使用式（7.14）得出的结果给出，为

$$\lambda = \frac{2\pi}{\beta} \tag{7.37}$$

（3）磁场和电场的关系. 将电场的表达式代入麦克斯韦第二方程可以得到

$$\boldsymbol{H} = \frac{1}{\eta_{\mathrm{cmp}}} \boldsymbol{e}_{k_{\mathrm{cmp}}} \times \boldsymbol{E} \tag{7.38}$$

其中波阻抗是复数，即

$$\eta_{\mathrm{cmp}} = \sqrt{\frac{\mu}{\varepsilon_{\mathrm{cmp}}}} = \sqrt{\frac{\mu}{\varepsilon - i\dfrac{\sigma}{\omega}}} = |\eta_{\mathrm{cmp}}| \mathrm{e}^{\mathrm{i}\frac{1}{2}\arctan\frac{\sigma}{\omega\varepsilon}} \tag{7.39}$$

所以在导电媒质中，电场和磁场在空间中相位不再相同，电场相位超前磁场相位$\dfrac{1}{2}\arctan\dfrac{\sigma}{\omega\varepsilon}$. 但是电磁波的电场和磁场互相垂直，和复传播矢量也垂直，三者之间满足右手关系.

（4）能流密度. 进一步考察该波的坡印亭可得

$$\boldsymbol{S}_{\mathrm{av}} = \frac{1}{2}\mathrm{Re}[\boldsymbol{E} \times \boldsymbol{H}^*] = \mathrm{Re}(\eta_{\mathrm{cmp}}) \frac{E_0^{\ 2}}{2|\eta_{\mathrm{cmp}}|^2} \mathrm{e}^{-2\alpha z} \boldsymbol{e}_{k_{\mathrm{cmp}}}$$

可见电磁场的能量随传播距离的增加呈指数规律减小，其衰减指数为幅度衰减常数的2倍.

7.4.4 损耗媒质对电磁波的影响

不同导电性能的媒质中，电磁波传播效果不同，由各自不同的特性描述. 根据式（7.32）和式（7.34）可以求出衰减因子和相位因子为

$$\begin{cases} \alpha = \omega\sqrt{\dfrac{\mu\varepsilon}{2}\left[\sqrt{1+\left(\dfrac{\sigma}{\omega\varepsilon}\right)^2} - 1\right]} \\ \beta = \omega\sqrt{\dfrac{\mu\varepsilon}{2}\left[\sqrt{1+\left(\dfrac{\sigma}{\omega\varepsilon}\right)^2} + 1\right]} \end{cases} \tag{7.40}$$

可见导电性能不同的媒质中电磁波的传播效果将会不同.

对于良导体它可以近似为

$$\begin{cases} \alpha \approx \sqrt{\dfrac{1}{2}\omega\mu\sigma} = \sqrt{\pi f \mu\sigma} \\ \beta \approx \sqrt{\dfrac{1}{2}\omega\mu\sigma} = \sqrt{\pi f \mu\sigma} \end{cases} \tag{7.41}$$

而本征阻抗近似为

$$\eta_{\mathrm{cmp}} = \sqrt{\frac{\mu}{\varepsilon - \mathrm{i}\dfrac{\sigma}{\omega}}} = \sqrt{\frac{\mu}{\varepsilon}} \cdot \sqrt{\frac{1}{1 - \mathrm{i}\dfrac{\sigma}{\omega\varepsilon}}} \approx \sqrt{\frac{\mu}{\varepsilon}} \cdot \sqrt{\frac{\mathrm{i}\omega\varepsilon}{\sigma}} = \sqrt{\frac{\mu\omega}{\sigma}} \mathrm{e}^{\mathrm{i}\frac{\pi}{4}} \tag{7.42}$$

它表明良导体中磁场的相位滞后于电场约$\dfrac{\pi}{4}$.

相速度和波长分别为

$$v_{\mathrm{p}}=\frac{\omega}{\beta}\approx 2\sqrt{\frac{\pi f}{\mu\sigma}},\qquad \lambda=\frac{2\pi}{\beta}=2\sqrt{\frac{\pi}{f\mu\sigma}}$$

将上述参数代入平面波解，可以理解有耗媒质中电磁波传播的特点和趋肤效应现象.

电磁波只能存在于良导体表层附近传播，其在良导体内激励的高频电流也只存在于导体表层附近，这种现象称为趋肤效应. 从式（7.41）可以看出，对于良导体而言，电导率很大，对应衰减系数也会很大. 这导致电磁波传入良导体后电磁场很快减弱到很小的程度，导致只存在于导体表面附近的后果，这就是趋肤效应. 电磁波传入良导体中，当波的幅度下降为表面处振幅的 $1/e$ 时的距离称为透入深度（趋肤深度）δ，它表征了良导体中趋肤效应的强弱. 由电场表达式得到

$$\delta=\frac{1}{\alpha}=\frac{1}{\sqrt{\pi f\mu\sigma}} \tag{7.43}$$

这种情况下，由于电磁波只存在于媒质表面附近，所以我们所熟知的电流也只存在于表面附近. 这样只需要在相应导体表面区域运用欧姆定律，其中的电阻相应于表面电阻. 这个参数可由电场的表达式、电流和电场的本构关系、电压和电场的积分关系等，利用欧姆定律确定出导体的表面阻抗得到. 电压与电流值之比为表面阻抗. 表面阻抗的实部是表面电阻，虚部是表面电抗，分别是

$$R_{\mathrm{S}}=\sqrt{\frac{\omega\mu}{2\sigma}}=\frac{1}{\sigma\delta} \tag{7.44}$$

$$X_{\mathrm{S}}=\sqrt{\frac{\omega\mu}{2\sigma}}=\frac{1}{\sigma\delta} \tag{7.45}$$

对弱导体中的电磁波，衰减常数和相位常数分别为

$$\begin{cases}\alpha\approx\dfrac{\sigma}{2}\sqrt{\dfrac{\mu}{\varepsilon}}\\ \beta\approx\omega\sqrt{\mu\varepsilon}\end{cases} \tag{7.46}$$

所以在弱导电媒质中，仍存在能量损耗，波的相位常数近似等于理想媒质中波的相位常数.

例 7.4 为进行有效的电磁屏蔽，常以屏蔽材料中的一个波长作为屏蔽层的厚度. 求：

（1）收音机中周变压器铝（$\varepsilon_{\mathrm{r}}=1,\mu_{\mathrm{r}}=1,\sigma=3.72\times10^{7}\ \mathrm{S/m}$）屏蔽罩的厚度；

（2）电源变压器铁（$\varepsilon_{\mathrm{r}}=1,\mu_{\mathrm{r}}=10^{4},\sigma=10^{7}\ \mathrm{S/m}$）屏蔽罩的厚度.（中周的频率为 465 kHz）.

解 两种材料在所使用频率下均满足$\dfrac{\sigma}{\omega\varepsilon}\gg1$，视为良导体.

（1）铝屏蔽罩的厚度

$$d=\lambda=2\sqrt{\frac{\pi}{f\mu\sigma}}=2\sqrt{\frac{\pi}{465\times10^{3}\times4\pi\times10^{-7}\times3.72\times10^{7}}}=0.76\ \mathrm{mm}$$

（2）铁屏蔽罩的厚度

$$d=\lambda=2\sqrt{\frac{\pi}{f\mu\sigma}}=2\sqrt{\frac{\pi}{50\times4\pi\times10^{-7}\times10^{7}}}=1.414\ \mathrm{mm}$$

7.5 相速度和群速度

前面讨论均匀平面电磁波的传播特性时，得到了其传播的相速度. 这是一个单一频率电磁波的情况. 但对实际的电磁波而言，总会存在一定的带宽，没有理想的单频情况. 可以理解，空间传播的电磁波必然是多个频率平面波的合成结果. 那么它们的传播速度如何描述呢？

7.5.1 群速度和不失真条件

显然某一带宽的平面电磁波可以描述为从其最低频率到最高频率的所有电磁波的合成结果. 假定考虑的电磁波群的圆频率范围是 ω_1 到 ω_2，那么它的电场是各个频率平面电磁电场的叠加，所以有

$$\boldsymbol{E}(\boldsymbol{r},t)=\mathrm{Re}\left\{\int_{\omega_1}^{\omega_2}\boldsymbol{E}(\omega,\boldsymbol{r})\mathrm{e}^{\mathrm{i}(\omega t-\boldsymbol{k}\cdot\boldsymbol{r})}\mathrm{d}\omega\right\} \tag{7.47}$$

式中运用了均匀平面电磁波的复数表达方式. 由于波数 k 是频率函数，所以它可以在某个频率 ω_0 附近展开为

$$k=k(\omega_0)+(\omega-\omega_0)\left.\frac{\mathrm{d}k}{\mathrm{d}\omega}\right|_{\omega=\omega_0}+\frac{1}{2}(\omega-\omega_0)^2\left.\frac{\mathrm{d}^2k}{\mathrm{d}\omega^2}\right|_{\omega=\omega_0}+\cdots$$

只考虑一阶近似，上述一群平面电磁波的时空因子可以改写为

$$\mathrm{e}^{\mathrm{i}(\omega t-\boldsymbol{k}\cdot\boldsymbol{r})}=\mathrm{e}^{\mathrm{i}[\omega_0 t-\boldsymbol{k}(\omega_0)\cdot\boldsymbol{r}]}\mathrm{e}^{\mathrm{i}(\omega-\omega_0)\left(t-\boldsymbol{r}\cdot\boldsymbol{e}_k\left.\frac{\mathrm{d}k}{\mathrm{d}\omega}\right|_{\omega=\omega_0}\right)}$$

可以看出，这一群平面波可看成是一个振幅包络具有时谐变化特征的平面电磁波. 它的相速度是

$$v_{\mathrm{p}}=\frac{\omega_0}{k(\omega_0)} \tag{7.48}$$

振幅包络的相速度为

$$v_{\mathrm{g}}=\left.\frac{\mathrm{d}\omega}{\mathrm{d}k}\right|_{\omega=\omega_0} \tag{7.49}$$

后者称为该电磁波的群速度. 均匀各向同性介质情况下，上述各式中的 k 是指相位常数 β .

实际应用中考虑的电磁波以一定的波形传播一定距离后，保持波形的原有特点不发生改变. 而相速体现的是一列时谐电磁波传播一定距离之后的时间滞后特性，或者说一定的时间后该列电磁波所处的空间位置. 于是上述一群电磁波在一定的时间或距离传播后，各频率成分用于某时刻某一空间位置的叠加成分不再相同，会引起波形的变化或者说失真. 为此要求一定的带宽特性和相应的波数随频率变化的特性，以满足波形的不失真要求，构成不失真条件. 在此情况下才有真正意义的群速度表达式，而且它表示电磁波能量的传播速度.

7.5.2 群速度与相速度的关系

根据式（7.48）和式（7.49），可以得到群速度和相速度之间的依赖关系为

$$v_{\mathrm{g}}=\frac{v_{\mathrm{p}}}{1-\frac{\omega}{v_{\mathrm{p}}}\frac{\mathrm{d}v_{\mathrm{p}}}{\mathrm{d}\omega}} \tag{7.50}$$

于是相速度随频率的变化（色散）情况不同时，群速度和它的关系也不同. 即

（1）$\frac{\mathrm{d}v_{\mathrm{p}}}{\mathrm{d}\omega}=0$ 时群速度等于相速度，称为无色散；

（2）$\frac{\mathrm{d}v_{\mathrm{p}}}{\mathrm{d}\omega}>0$ 时频率越高相速度也越高，群速度大于相速度，称为反常色散；

（3）$\frac{\mathrm{d}v_{\mathrm{p}}}{\mathrm{d}\omega}<0$ 是正常色散，频率越高相速度就越低，群速度小于相速度.

习 题 7

（一）拓展题

7.1 证明时谐场磁场强度的复数形式是

$$\boldsymbol{H}(\boldsymbol{r},t)=\boldsymbol{H}(\boldsymbol{r})\mathrm{e}^{\mathrm{i}\omega t}$$

其中，$\boldsymbol{H}(\boldsymbol{r})=\boldsymbol{e}_x H_{x\mathrm{m}}(\boldsymbol{r})\mathrm{e}^{\mathrm{i}\phi_{h_x 0}}+\boldsymbol{e}_y H_{y\mathrm{m}}(\boldsymbol{r})\mathrm{e}^{\mathrm{i}\phi_{h_y 0}}+\boldsymbol{e}_z H_{z\mathrm{m}}(\boldsymbol{r})\mathrm{e}^{\mathrm{i}\phi_{h_z 0}}$.

7.2 推导复数或时谐或频域形式的麦克斯韦方程.

7.3 推导各向同性无源空间中磁场的亥姆霍兹方程.

7.4 推导坡印亭定理的复数表达式.

7.5 试推导出沿任意方向传播均匀平面电磁波的场量表达式，说明波矢量的各个直角分量和传播方向的关系.

7.6 推导极化的一般表达式.

7.7 如果给定一个坐标系中任意方向传播的均匀平面电磁波，怎么判定其极化特性?

（二）练习题

7.8 证明坡印亭定理的复数表达式（7.9）.

7.9 证明均匀平面电磁波的平均能流式（7.21）.

7.10 在自由空间中，已知电场 $\boldsymbol{E}(z,t)=\boldsymbol{e}_y 10^3\sin(\omega t-\beta z)\mathrm{V/m}$，试通过电磁场的复数形式求出磁场强度 $\boldsymbol{H}(z,t)$.

7.11 证明在无界理想介质内沿单位矢量为 $\boldsymbol{e}_n$ 的任意方向传播的平面波可写成 $\boldsymbol{E}=\boldsymbol{E}_{\mathrm{m}}\mathrm{e}^{\mathrm{i}(\beta\boldsymbol{e}_n\cdot\boldsymbol{r}-\omega t)}$.

7.12 均匀平面波的磁场强度 $\boldsymbol{H}$ 的振幅为 $\frac{1}{3\pi}$ A/m，以相位常数 30 rad/m 在空气中沿 $-\boldsymbol{e}_z$ 方向传播. 当 $t=0$ 和 $z=0$ 时，若 $\boldsymbol{H}$ 的取向为 $-\boldsymbol{e}_y$，试写出 $\boldsymbol{E}$ 和 $\boldsymbol{H}$ 的表示式，并求出波的频率和波长.

7.13 一个在空气中沿 $+\boldsymbol{e}_y$ 方向传播的均匀平面波，其磁场强度的瞬时值表示式为

$$\boldsymbol{H}=\boldsymbol{e}_z 4\times10^{-6}\cos\left(10^7\pi t-\beta y+\frac{\pi}{4}\right)\mathrm{A/m}$$

（1）求 β 和在 $t=3$ ms 时，$H_z=0$ 的位置；

（2）写出 $\boldsymbol{E}$ 的瞬时表示式.

7.14 试证：任何椭圆极化波均可分解为两个旋向相反的圆极化波.

7.15 海水的电导率 $\sigma = 4\ \text{S/m}$，相对介电常数 $\varepsilon_r = 81$．求频率为 10 kHz、100 kHz、1 MHz、10 MHz、100 MHz、1 GHz 的电磁波在海水中的波长、衰减系数和波阻抗.

7.16 在自由空间中，某均匀平面波的波长为 12 cm；当该平面波进入到某无损耗媒质时，波长变为 8 cm，且已知此时的 $|\boldsymbol{E}| = 50\ \text{V/m}$，$|\boldsymbol{H}| = 0.1\ \text{A/m}$．求该均匀平面波的频率以及无损耗媒质的 μ_r、ε_r．

7.17 有一线极化的均匀平面波在海水（$\varepsilon_r = 80$，$\mu_r = 1$，$\sigma = 4\ \text{S/m}$）中沿+y 方向传播，其磁场强度在 y=0 处为

$$\boldsymbol{H} = \boldsymbol{e}_x 0.1\sin\left(10^{10}\pi t - \frac{\pi}{3}\right)\ \text{A/m}$$

（1）求衰减常数、相位常数、本征阻抗、相速、波长及透入深度；

（2）求出 $\boldsymbol{H}$ 的振幅为 0.01 A/m 时的位置；

（3）写出 $\boldsymbol{E}(y,t)$ 和 $\boldsymbol{H}(y,t)$ 的表示式.

第 8 章　边界上的均匀平面波

电磁波传播的空间通常是不同物质构成的，那么在不同的物质边界情况下会发生什么样的传播效果呢?人们在生活和科学实验中观察到的分界面上各种电磁波现象，都可以用电磁场与电磁波理论科学定量地解释，并产生了基于这些理论深入掌握而形成了各种先进的应用技术和系统. 本章主要分析它们的基础理论.

8.1　平面波对平面分界面的入射

电磁波在空间中传播时，如果遇到两种不同电磁特性参数的物质分界面时，会在两种物质界面上发生反射和折射，这是在生活中和科学实验中常见的现象. 它涉及的几何关系由斯涅耳定律描述，其中产生的波场变化则用菲涅耳反射系数和透射系数描述. 将分界面抽象为无限大光滑分界面，使用均匀平面波照射分界面，就可以得到这些结果. 前者通过边界条件可以得到；后者的两个参数，需要将入射的均匀平面电磁波分为平行极化波（TE 波）入射和垂直极化波（TM 波）入射两种情况，再用边界条件讨论得到.

斜入射是指平面波入射到分界面上时，入射方向和分界面法线的夹角不为零的情况. 如果为零，则为垂直入射. 这个夹角称为入射角. 平面波在分界面上发生反射，产生一列反射波，反射波的传播方向和分界面的法线之间的夹角称为反射角. 通过界面产生的是透射波，其传播方向和法线之间的夹角是折射角. 这些关系如图 8.1 所示.

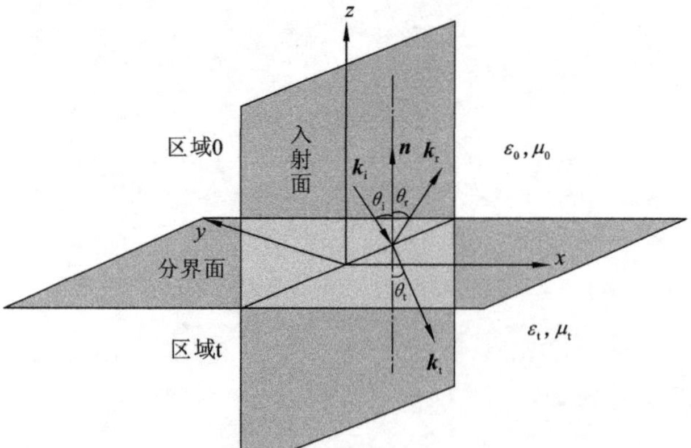

图 8.1　均匀平面电磁波在平面分界面上的传播方向

不失一般性，图 8.1 绘出入射区域 0（后面也使用下标 i 表示）和透射区域 t 中存在均匀各向同性介质情况. 下面针对图中表示的参数和平面电磁波的入射情况进行讨论. 入射线和法线构成的平面称为入射面，入射线和法线在分界面上的交点称为入射点. 入射角、反射角、折射角（透射角）分别为 θ_i、θ_r、θ_t. 其他参量和符号在后面的讨论中逐步说明.

8.1.1 斯涅耳定律

斯涅尔定律（Snell’s law）是被广泛接受的光学实验定律，它是电磁场边界条件必然结果. 图 8.1 建立的直角坐标系中，选择分界面作为 xOy 面，法线 $\boldsymbol{n}$ 方向为 z 轴方向. 图中绘出以波矢表示的入射波、反射波和透射波. 典型地，使用均匀平面波入射到分界面上，则三列波的电场可以表示为

$$\boldsymbol{E}_{\mathrm{i}}=\boldsymbol{E}_{\mathrm{im}}\mathrm{e}^{-\mathrm{i}\boldsymbol{k}_{\mathrm{i}}\cdot\boldsymbol{r}} \tag{8.1}$$

$$\boldsymbol{E}_{\mathrm{r}}=\boldsymbol{E}_{\mathrm{rm}}\mathrm{e}^{-\mathrm{i}\boldsymbol{k}_{\mathrm{r}}\cdot\boldsymbol{r}} \tag{8.2}$$

$$\boldsymbol{E}_{\mathrm{t}}=\boldsymbol{E}_{\mathrm{tm}}\mathrm{e}^{-\mathrm{i}\boldsymbol{k}_{\mathrm{t}}\cdot\boldsymbol{r}} \tag{8.3}$$

式（8.1）～式（8.3）中：下标 i 表示入射波；r 表示反射波；t 表示透射波. 各参数的意义和相关公式参见第 7 章 7.1 节、7.2 节. 选择入射点处的切面、入射面构成直角坐标系的两个坐标面，将切面作为坐标面 xOy. 根据边界条件（6.21）可知，这上面电场强度的切向分量连续. 入射介质中的电场为入射点场和反射电场的矢量和，透射介质中的电场只有透射场，可知分界面上两者的切向分量相等. 即

$$\boldsymbol{E}_{\mathrm{it}}+\boldsymbol{E}_{\mathrm{rt}}=\boldsymbol{E}_{\mathrm{tt}} \tag{8.4}$$

式中：第二个下标字母 t 表示切向分量. 而波矢量和位置矢量都可以由三个直角坐标的分量表示出来，考虑到分界面上 $z=0$，所以得到

$$\boldsymbol{E}_{\mathrm{itm}}\mathrm{e}^{-\mathrm{i}k_{\mathrm{ix}}x}\mathrm{e}^{-\mathrm{i}k_{\mathrm{iy}}y}+\boldsymbol{E}_{\mathrm{rtm}}\mathrm{e}^{-\mathrm{i}k_{\mathrm{rx}}x}\mathrm{e}^{-\mathrm{i}k_{\mathrm{ry}}y}=\boldsymbol{E}_{\mathrm{ttm}}\mathrm{e}^{-\mathrm{i}k_{\mathrm{tx}}x}\mathrm{e}^{-\mathrm{i}k_{\mathrm{ty}}y} \tag{8.5}$$

由于 x、y 坐标值在分界面上的任意性，可以得到 $k_{\mathrm{ix}}=k_{\mathrm{rx}}=k_{\mathrm{tx}}, k_{\mathrm{iy}}=k_{\mathrm{ry}}=k_{\mathrm{ty}}$. 比如考虑其中一个坐标方向上的变化，选择 x 方向，可令 $y=0$，则有

$$\frac{\boldsymbol{E}_{\mathrm{itm}}\mathrm{e}^{-\mathrm{i}k_{\mathrm{ix}}x}+\boldsymbol{E}_{\mathrm{rtm}}\mathrm{e}^{-\mathrm{i}k_{\mathrm{rx}}x}}{\boldsymbol{E}_{\mathrm{itm}}+\boldsymbol{E}_{\mathrm{rtm}}}=\mathrm{e}^{-\mathrm{i}k_{\mathrm{tx}}x} \tag{8.6}$$

该式可以写成 x 和 y 分量的形式，并得到 $\mathrm{e}^{-\mathrm{i}(k_{\mathrm{ix}}-k_{\mathrm{tx}})x}-1=\dfrac{E_{\mathrm{rtmx}}}{E_{\mathrm{itmx}}}[1-\mathrm{e}^{-\mathrm{i}(k_{\mathrm{rx}}-k_{\mathrm{tx}})x}]$，这个等式在所有的反射情况下都成立. 选择无反射情况，这时 $\mathrm{e}^{-\mathrm{i}(k_{\mathrm{ix}}-k_{\mathrm{tx}})x}=\mathrm{e}^{-\mathrm{i}(k_{\mathrm{rx}}-k_{\mathrm{tx}})}=1$，所以 $k_{\mathrm{tx}}=k_{\mathrm{rx}}=k_{\mathrm{ix}}$. 同样可以得到 y 分量的表达式，并得到 $k_{\mathrm{ty}}=k_{\mathrm{ry}}=k_{\mathrm{iy}}$. 这是所谓的相位匹配. 以它为基础，可以从理论上严格地导出斯涅耳定律 3 个方面的描述.

（1）反射线、透射线和入射线都位于与入射面内. 这是因为入射点处三列波波矢量的 x、y 分量分别相等. 图 8.2 中分别绘出了分界面上入射点处三列波波矢量的投影. 三个波矢量的 x、y 分量分别相等使得它们的投影在和法线共面的一条直线上，所以都在入射面内.

（2）斯涅耳反射定律. 考虑到入射线和反射线波矢量的切向分量相等，即它们在分界面上的分量相等，几何关系有

$$k_{\mathrm{r}}\sin\theta_{\mathrm{r}}=k_{\mathrm{i}}\sin\theta_{\mathrm{i}}$$

所以反射角 θ_{r} 和入射角 θ_{i} 相等，即

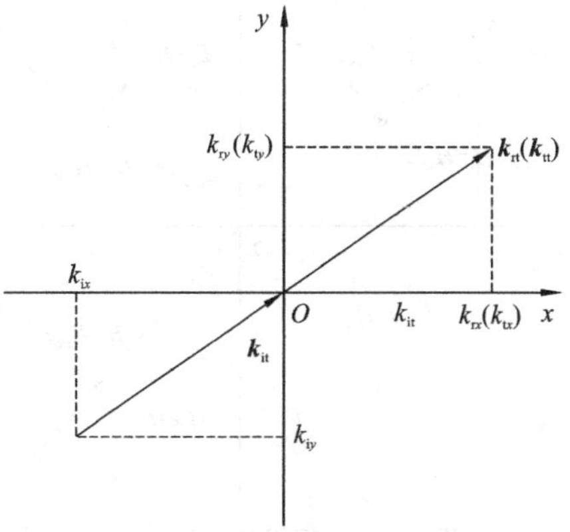

图 8.2　反射线、透射线和入射线的几何关系

$$\theta_r = \theta_i \tag{8.7}$$

由于入射线在法线的一侧在入射点射向分界面，反射线在法线的另一侧从入射点离开分界面，所以反射线和入射线位于法线两侧. 这是斯涅耳反射定律. 其中使用了入射介质中反射波波数和入射波波数相等的事实.

（3）斯涅耳折射定律. 类似地，根据透射介质中透射波波矢和入射波波矢分界面上分量相等的相位匹配条件，则有

$$k_t \sin\theta_t = k_i \sin\theta_i$$

式中：θ_t 为透射波波矢量与法线的夹角，称为折射角. 上式可以变换为

$$\frac{\sin\theta_i}{\sin\theta_t} = \frac{\sqrt{\varepsilon_t \mu_t}}{\sqrt{\varepsilon_i \mu_i}} = \frac{n_t}{n_i} \equiv n_{ti} \tag{8.8}$$

这就是斯涅耳折射定律，式中 n_{ti} 称为透射区介质相对于入射区介质的相对折射率. 相对于入射线在入射点射向分界面的法线一侧，透射线是在分界面的另一侧从入射点离开，它和入射线位于法线两侧，但和法线的方向关系按照式（8.8）确定.

*8.1.2 反射系数和透射系数

上一节讨论反射波、透射波和入射波在分界面上相位匹配的要求和传播方向之间的几何关系，那么三列波的电场和磁场之间的关系呢?本节主要讨论这个问题. 第 7.3 节的讨论说明任意极化的电磁波都可以由两个互相垂直的线极化电磁波的叠加得到. 那么任意极化形式电磁波对介质界面入射的反射和折射（透射）现象可分解为电场相互垂直的两列线极化电磁波的情况分别描述. 通常以平行极化入射波和垂直极化入射波分别得到反射系数和透射系数描述. 电场矢量平行于入射平面的电磁波，称为平行极化入射波（或 TM 波、竖直极化波或 H 波、p 波）；电场矢量垂直于入射平面的电磁波为垂直极化入射波（或 TE 波、水平极化波或 E 波、s 波）. 它们在界面上的反射透射理论分别如下.

1. 平行极化入射波的斜入射情况

平行极化波入射的情况可用图 8.3 表示出来. 图中表示出分界面上半空间为入射介质（以下标 i 标识），下半空间的为透射介质（仍以下标 t 标识）；当电磁波从上半空间斜入射到分界面时，一部分被反射回去，另一部分透射到下半空间. 小圆圈中的黑点表示磁场方向为垂直于页面（入射面）向外.

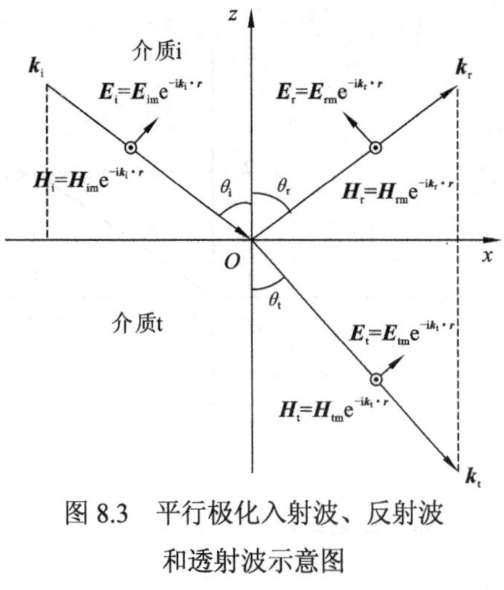

图 8.3　平行极化入射波、反射波和透射波示意图

由于分界面上电场和磁场满足边界条件，这样要求边界上电场和磁场的切向分量连续. 由式（6.24）中的电场公式得到

$$E_{im}\cos\theta_i - E_{rm}\cos\theta_r = E_{tm}\cos\theta_t \tag{8.9}$$

其中入射角、反射角、透射角和波矢方向可以确定入射、反射、透射电场分量方向符号. 由磁场及其与电场的关系和式（6.24）中的磁场公式得到

$$\frac{E_{im}}{\eta_i}+\frac{E_{rm}}{\eta_i}=\frac{E_{tm}}{\eta_t} \tag{8.10}$$

该式利用了均匀平面电磁波的矢量参数关系式（7.18），其中$\eta=\sqrt{\dfrac{\mu}{\varepsilon}}$是介质的本征阻抗，而且式中的电场振幅矢量就是 x 分量. 这样可以求得反射波和透射波与入射波电场的振幅关系为

$$E_{rm}=\frac{\eta_i\cos\theta_i-\eta_t\cos\theta_t}{\eta_i\cos\theta_i+\eta_t\cos\theta_t}E_{im} \tag{8.11}$$

$$E_{tm}=\frac{2\eta_t\cos\theta_i}{\eta_i\cos\theta_i+\eta_t\cos\theta_t}E_{im} \tag{8.12}$$

其中使用了反射定律.

通常将电场强度在介质交界面处的反射场振幅、透射场振幅和入射场振幅之比分别定义反射系数 R 和透射系数 T，所以对于平行极化波入射有

$$R_{\parallel}=\frac{\eta_i\cos\theta_i-\eta_t\cos\theta_t}{\eta_t\cos\theta_t+\eta_i\cos\theta_i} \tag{8.13}$$

$$T_{\parallel}=\frac{2\eta_t\cos\theta_i}{\eta_t\cos\theta_t+\eta_i\cos\theta_i} \tag{8.14}$$

式中，R 和 T 的下标“$\parallel$”表示平行极化入射情况. 这两个公式是著名的平行极化波的菲涅耳公式.

根据这两个式子可以发现 $R_{\parallel}$ 和 $T_{\parallel}$ 之间的关系为

$$1+R_{\parallel}=T_{\parallel}\left(\frac{\eta_i}{\eta_t}\right) \tag{8.15}$$

2. 垂直极化入射波的斜入射情况

垂直极化波斜入射的情况可由图 8.4 表示，和平行极化波斜入射情况不同的是小圆圈中的叉号表示的是垂直向页面里面的电场.

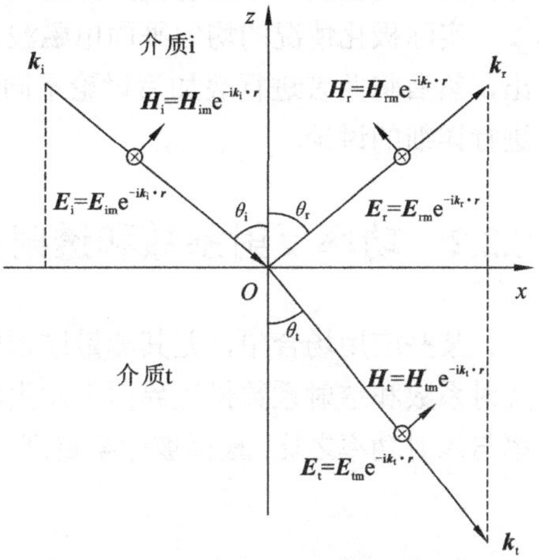

图 8.4　垂直极化入射波、反射波和透射波示意图

同样分界面上的电场和磁场要满足边界条件的要求. 于是有

$$E_{im}+E_{rm}=E_{tm} \tag{8.16}$$

$$\frac{E_{im}}{\eta_i}\cos\theta_i-\frac{E_{rm}}{\eta_i}\cos\theta_r=\frac{E_{tm}}{\eta_t}\cos\theta_t \tag{8.17}$$

用和式（8.10）一样的方法就可以得到式（8.17）.

类似于平行极化的求解过程和反射系数和透射系数定义，可以得到垂直极化波入射时反射系数和透射系数的菲涅耳公式分别为

$$R_{\perp}=\frac{\eta_t\cos\theta_i-\eta_i\cos\theta_t}{\eta_t\cos\theta_i+\eta_i\cos\theta_t} \tag{8.18}$$

$$T_{\perp}=\frac{2\eta_t\cos\theta_i}{\eta_t\cos\theta_i+\eta_i\cos\theta_t} \tag{8.19}$$

式中，R 和 T 的下标"⊥"表示垂直极化入射情况. 显然这两个系数之间存在如下关系：

$$1+R_{\perp}=T_{\perp} \tag{8.20}$$

8.2 入射区和透射区的电磁波

有了上述结果，现在讨论界面两侧电磁波的传播行为.

8.2.1 分界面两侧的电磁波

由于入射区是入射波和反射波共存的叠加场，所以将反射系数代入到式（8.2）和式（8.3），得到由入射均匀平面电磁波表示的界面两侧入射区和透射区的场量表达式. 即入射区的电场为

$$\boldsymbol{E}_{\text{i合}}=\boldsymbol{E}_{\text{im}}[\mathrm{e}^{-\mathrm{i}(k_{\text{ix}}x+k_{\text{iy}}y-k_{\text{iz}}z)}+R\mathrm{e}^{-\mathrm{i}(k_{\text{ix}}x+k_{\text{iy}}y+k_{\text{iz}}z)}]=\boldsymbol{E}_{\text{i}}(1+R\mathrm{e}^{-2\mathrm{i}k_{\text{iz}}z}) \tag{8.21}$$

其中，反射系数根据平行极化波或垂直极化波的情况选取. 透射区只有透射波，因此有

$$\boldsymbol{E}_{\text{t}}=T\boldsymbol{E}_{\text{im}}\mathrm{e}^{-\mathrm{i}\boldsymbol{k}_{\text{t}}\cdot\boldsymbol{r}} \tag{8.22}$$

其中的透射系数也根据平行极化波或垂直极化波的情况选取.

再考察入射区中的电磁波，将它看成是平行于界面传输的电磁波和入射波合成的. 式（8.21）还可以表示为

$$\boldsymbol{E}_{\text{i合}}=\boldsymbol{E}_{\text{im}}\mathrm{e}^{-\mathrm{i}\boldsymbol{k}_{\text{is}}\cdot\boldsymbol{s}}(\mathrm{e}^{\mathrm{i}k_{\text{iz}}z}+\mathrm{e}^{-\mathrm{i}k_{\text{iz}}z}R)=2\boldsymbol{E}_{\text{im}}\sin(k_{\text{iz}}z)\mathrm{e}^{-\mathrm{i}\boldsymbol{k}_{\text{is}}\cdot\boldsymbol{s}}+\boldsymbol{E}_{\text{im}}(R+1)\mathrm{e}^{-\mathrm{i}(\boldsymbol{k}_{\text{r}}\cdot\boldsymbol{r})} \tag{8.23}$$

其中 $\boldsymbol{s}=x\boldsymbol{e}_x+y\boldsymbol{e}_y$，表示沿平行于界面的位置. 可以看出在入射区中，电磁波的也是垂直于分界面的一列驻波和沿反射波方向的一列平面波的叠加.

实际极化情况的均匀平面电磁波，上述三个式子要区分 TM 波入射和 TE 波入射分别写出，然后将两者进行叠加后讨论不同区域的总场分布情况. 其中的场也可以通过其坐标分量进行详细的讨论.

8.2.2 功率反射系数和透射系数

某些应用场合中，尤其测量过程中，通常测量的是反射功率和透射功率，这时会用功率反射系数和透射系数描述界面上发生的反射和透射现象，它们分别定义为反射功率和透射功率与入射功率之比. 根据坡印亭定理，可以得到功率反射系数为

$$R_{\text{P}}=\frac{P_{\text{r}}}{P_{\text{i}}}=\frac{|\boldsymbol{E}_{\text{rm}}|^2}{|\boldsymbol{E}_{\text{im}}|^2}=R^2 \tag{8.24}$$

工程中将其以分贝（dB）的形式表示

$$R_{\text{P}}(\text{dB})=20\log|R| \tag{8.25}$$

类似地，可以得到功率透射系数为

$$T_{\text{P}}=\frac{P_{\text{t}}}{T_{\text{i}}}=\frac{\eta_{\text{i}}}{\eta_{\text{t}}}T^2 \tag{8.26}$$

并且它也可以像式（8.25）以分贝为单位写出.

8.3 特殊反射和透射情况

上述讨论结果是介质分界面的情况. 如果是损耗媒质或导体分界面，或者是不同的介质分界面情况将会有不同的结果. 下面讨论几种特殊情况.

8.3.1 对理想导体的斜入射

已经知道无源情况下理想导体内部不存在电磁场不存在. 所以透射系数必然为零，即

$$T = 0, \quad \text{理想导体表面} \tag{8.27}$$

这样根据式（8.15）和式（8.20）可以得到导体表面外入射区电磁场的电场为

$$R = -1, \quad \text{理想导体界面} \tag{8.28}$$

这样可以看到

$$\begin{aligned} \boldsymbol{E}_{\text{i合}} &= \boldsymbol{E}_{\text{im}} \text{e}^{-\text{i}\boldsymbol{k}_\text{i}\cdot\boldsymbol{r}} - \boldsymbol{E}_{\text{im}} \text{e}^{-\text{i}\boldsymbol{k}_\text{r}\cdot\boldsymbol{r}} \\ &= \boldsymbol{E}_{\text{im}} \text{e}^{-\text{i}\boldsymbol{k}_\text{it}\cdot\boldsymbol{t}} \text{e}^{\text{i}k_{\text{iz}}z} - \boldsymbol{E}_{\text{im}} \text{e}^{-\text{i}\boldsymbol{k}_\text{it}\cdot\boldsymbol{t}} \text{e}^{-\text{i}k_z z} \\ &= \boldsymbol{E}_{\text{im}} 2\sin(k_z z) \text{e}^{-\text{i}\boldsymbol{k}_\text{t}\cdot\boldsymbol{t}} \end{aligned} \tag{8.29}$$

可知，入射区域内的合成波，其特点有：垂直于方向分界面为驻波形式，平行于分界面方向为行波形式；并且整体表现为非均匀平面波，等幅面平行于反射面，等相面垂直于反射面. 由这些特点可以推知，存在平行于反射面的电场为零的面. 这样如果在这个面的位置放置理想导体平板，则其中的电磁波的传播行为不受影响，这就是平行板波导的结构形式，其中的波可以以传播方向上不存在磁场分量或电场分量两种独立的形式传播，它们分别称为 TM 波和 TE 波.

8.3.2 全反射和无反射现象：临界角和布儒斯特角

对于非磁性媒质，当 $\varepsilon_\text{i}>\varepsilon_\text{t}$（即波从光密媒质入射到光疏媒质）时会出现不存在透射波的现象——全反射. 定义刚好产生全反射时的入射角称为临界角 θ_c. 因为这时

$$\frac{\sin\theta_\text{c}}{\sin 90^\circ} = \frac{\sqrt{\varepsilon_\text{t}}}{\sqrt{\varepsilon_\text{i}}}$$

可以得到

$$\theta_\text{c} = \arcsin\frac{\sqrt{\varepsilon_\text{t}}}{\sqrt{\varepsilon_\text{i}}}$$

对于非磁性介质，因平行极化入射时的反射系数可以表示为

$$R_\parallel = \frac{\tan(\theta_\text{i} - \theta_\text{t})}{\tan(\theta_\text{i} + \theta_\text{t})}$$

所以当 $\theta_\text{i} + \theta_\text{t} = \dfrac{\pi}{2}$ 时，$R_\parallel=0$. 这表明在这种情形下，没有反射波出现，只有透射波. 称为出现了全透射，此时相应的入射角称为布儒斯特角 θ_B，且

$$\theta_\text{B} = \arctan\frac{\sqrt{\varepsilon_\text{t}}}{\sqrt{\varepsilon_\text{i}}}$$

8.4 平面电磁波对平面分界面的垂直入射

本章前面已详细讨论电磁波斜入射到媒质分界面涉及的反射、透射的基本概念和理论. 但还有很多情景中电磁波是垂直入射到分界面的情况. 这仍然可以使用将入射均匀平面电磁波分解为两列极化方向垂直的均匀平面电磁波分别考虑的方法来处理.

8.4.1 对介质平面分界面的垂直入射

考虑两种介质分界面的情形，对于前面过程形成的两列线极化均匀平面波，选择其中的一列进行考虑. 对这列电磁波和它垂直入射的分界面，构建成垂直极化入射（TE）的坐标系进行考虑，则有图 8.5 的界面两边的电磁波关系.

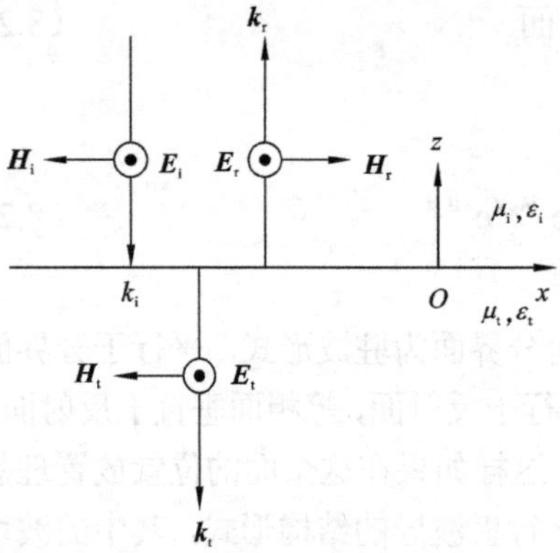

图 8.5 均匀平面电磁波垂直极化（TE）垂直入射到介质平面分界面

采用前面的符号表示，则入射的均匀平面电磁波的电场可以表示为

$$\boldsymbol{E}_{\mathrm{i}} = -\boldsymbol{e}_y E_{\mathrm{im}} \mathrm{e}^{\mathrm{i}k_z \cdot z} \tag{8.30}$$

磁场是

$$\boldsymbol{H}_{\mathrm{i}} = -\boldsymbol{e}_x H_{\mathrm{im}} \mathrm{e}^{\mathrm{i}k_z z} = -\frac{1}{\eta_{\mathrm{i}}} \boldsymbol{E}_{\mathrm{i}} \times \boldsymbol{e}_z \tag{8.31}$$

类似地，反射波和透射波的电磁场分别是

$$\begin{cases} \boldsymbol{E}_{\mathrm{r}} = -\boldsymbol{e}_y E_{\mathrm{rm}} \mathrm{e}^{-\mathrm{i}k_z z} \\ \boldsymbol{H}_{\mathrm{r}} = \boldsymbol{e}_x H_{\mathrm{rm}} \mathrm{e}^{-\mathrm{i}k_z \cdot z} = \dfrac{1}{\eta_{\mathrm{i}}} \boldsymbol{E}_{\mathrm{r}} \times \boldsymbol{e}_z \end{cases} \tag{8.32}$$

和

$$\begin{cases} \boldsymbol{E}_{\mathrm{t}} = -\boldsymbol{e}_y E_{\mathrm{tm}} \mathrm{e}^{\mathrm{i}k_z z} \\ \boldsymbol{H}_{\mathrm{t}} = -\boldsymbol{e}_x H_{\mathrm{tm}} \mathrm{e}^{\mathrm{i}k_z z} = -\dfrac{1}{\eta_{\mathrm{t}}} \boldsymbol{E}_{\mathrm{t}} \times \boldsymbol{e}_z \end{cases} \tag{8.33}$$

在介质的边界面上使用边界条件得到电场满足

$$E_{\mathrm{im}} + E_{\mathrm{rm}} = E_{\mathrm{tm}} \tag{8.34}$$

磁场满足

$$-H_{\mathrm{im}} + H_{\mathrm{rm}} = -H_{\mathrm{tm}} \tag{8.35}$$

因为这时电场和磁场都是平行于的边界面的. 考虑到均匀平面电磁波电场、磁场和波矢量之间的关系式，则有方程组

$$\begin{cases} E_{\mathrm{im}} + E_{\mathrm{rm}} = E_{\mathrm{tm}} \\ \dfrac{E_{\mathrm{im}}}{\eta_{\mathrm{i}}} - \dfrac{E_{\mathrm{rm}}}{\eta_{\mathrm{i}}} = \dfrac{E_{\mathrm{tm}}}{\eta_{\mathrm{t}}} \end{cases} \tag{8.36}$$

于是得到

$$\begin{cases} E_{\mathrm{rm}} = \dfrac{\eta_{\mathrm{t}} - \eta_{\mathrm{i}}}{\eta_{\mathrm{i}} + \eta_{\mathrm{t}}} E_{\mathrm{im}} \\ E_{\mathrm{tm}} = \dfrac{2\eta_{\mathrm{t}}}{\eta_{\mathrm{i}} + \eta_{\mathrm{t}}} E_{\mathrm{im}} \end{cases} \tag{8.37}$$

采用反射系数和透射系数的定义有

$$R_{\perp}=\frac{\eta_{t}-\eta_{i}}{\eta_{i}+\eta_{t}} \tag{8.38}$$

和

$$T_{\perp}=\frac{2\eta_{t}}{\eta_{i}+\eta_{t}} \tag{8.39}$$

考察斜入射的式（8.18）和式（8.19），由于这时入射角、反射角和透射角都是 0°，也可以直接得到上面两个表达式.

再看平行极化入射，对应于图 8.5 的关系图变为图 8.6.

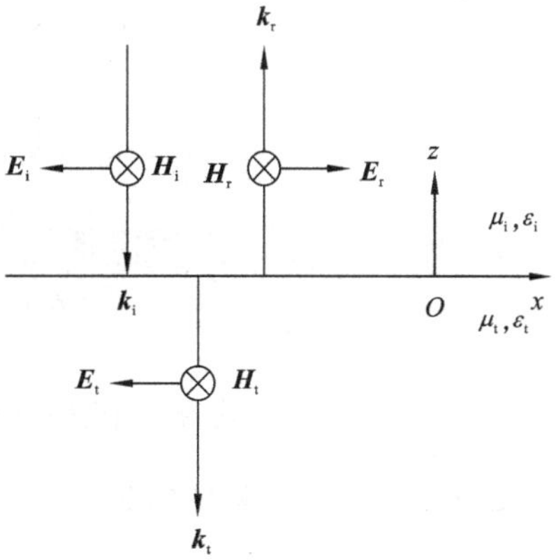

图 8.6　均匀平面电磁波平行极化垂直入射（TM）到介质平面分界面

这时入射场、反射场和透射场的表达式分别变为

$$\begin{cases}\boldsymbol{E}_{i}=-\boldsymbol{e}_{x}E_{im}e^{ik_{z}z}\\ \boldsymbol{H}_{i}=\boldsymbol{e}_{y}H_{im}e^{ik_{z}z}=-\dfrac{1}{\eta_{i}}\boldsymbol{E}_{i}\times\boldsymbol{e}_{z}\end{cases} \tag{8.40}$$

$$\begin{cases}\boldsymbol{E}_{r}=\boldsymbol{e}_{x}E_{rm}e^{-ik_{z}z}\\ \boldsymbol{H}_{r}=\boldsymbol{e}_{y}H_{rm}e^{-ik_{z}z}=\dfrac{1}{\eta_{i}}\boldsymbol{E}_{r}\times\boldsymbol{e}_{z}\end{cases} \tag{8.41}$$

和

$$\begin{cases}\boldsymbol{E}_{t}=-\boldsymbol{e}_{x}E_{tm}e^{ik_{z}z}\\ \boldsymbol{H}_{t}=\boldsymbol{e}_{y}H_{tm}e^{ik_{z}z}=-\dfrac{1}{\eta_{t}}\boldsymbol{E}_{t}\times\boldsymbol{e}_{z}\end{cases} \tag{8.42}$$

这时边界条件要求电场存在的关系是

$$-E_{im}+E_{rm}=-E_{tm} \tag{8.43}$$

和磁场存在的关系

$$H_{im}+H_{rm}=H_{tm} \tag{8.44}$$

得到方程组

$$\begin{cases}-E_{im}+E_{rm}=-E_{tm}\\ \dfrac{E_{im}}{\eta_{i}}+\dfrac{E_{rm}}{\eta_{r}}=\dfrac{E_{tm}}{\eta_{t}}\end{cases} \tag{8.45}$$

这样可以得到反射系数和透射系数分别为

$$R_{\parallel}=\frac{\eta_{i}-\eta_{t}}{\eta_{i}+\eta_{t}},\qquad T_{\parallel}=\frac{2\eta_{t}}{\eta_{i}+\eta_{t}} \tag{8.46}$$

这两种极化入射得到反射系数和透射系数都满足斜入射相同极化入射条件下的关系式（8.15）和式（8.20）. 并且对于功率反射系数和透射系数而言，垂直入射时它们相加等于 1，电磁能量是满足能量守恒的表现.

8.4.2　对理想导体分界面的垂直入射

当平面电磁波垂直入射到理想导体平面界面上时，其物理图景仍可使用图 8.5 或图 8.6

描绘出来. 但是在理想导体所在的透射区不存在电磁场，入射波和反射波都是垂直于理想导体界面传播，所以电场和磁场都平行于分界面. 可以自由选择坐标系构成平行极化入射的情形，如图 8.7 所示.

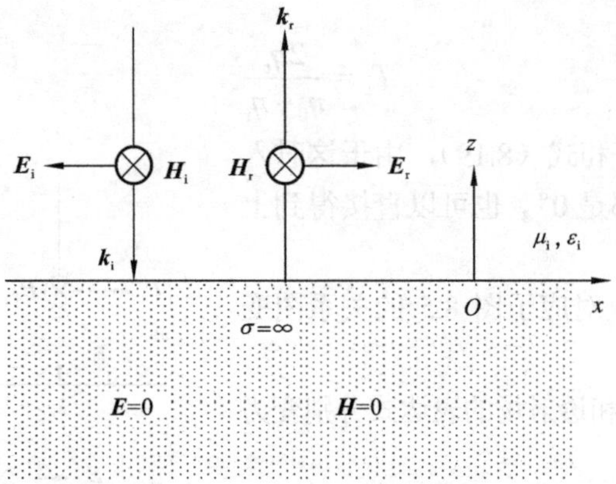

图 8.7　均匀平面电磁波平行极化垂直入射到理想导体平面分界面的情形

这时边界条件要求电场存在的关系是

$$-E_{\mathrm{im}} + E_{\mathrm{rm}} = 0 \tag{8.47}$$

由于其中的符号表示反射波电场和入射波电场方向. 所以可知在这种情况下，电场的反射系数为-1，并且符号表示了界面处电场发生反相的突变. 如果是磁场来描述，那么它们方向相同、相位相同，磁场的反射系数为 1.

再考察入射区的电磁场，可以用式（8.21）和式（8.22）分析. 因为这时入射角为 0，所以只有表达式（8.21）存在. 这样，在理想导体界面垂直入射的情形下，电磁波存在的入射区，电磁波是垂直于分界面的驻波. 对于导电媒质分界面垂直入射，也可以用式（8.23）作类似的分析，可以看到，这时将得到一列驻波和一列平面电磁波的叠加，也被称为部分驻波.

*8.5　其他边界情况

实际情况中电磁波在空间传输时会遇到物体的边缘，当这些边缘为直线时，会出现绕射现象，若是尺度较小的圆孔，则称为衍射. 本节使用建筑物环境的应用说明相关理论. 由于建筑物中传播的微波更受应用关注，这时建筑物中典型的尺寸通常远大于电磁波的波长，例如：建筑物的高度、宽度；门窗的尺寸；家具的尺寸或办公用具尺寸等，构成直线边缘. 多数情况下它们的绕射现象都可以看作是单个无限大半平面绕射情况或其多次绕射组合. 由于在距离辐射源足够远的远场区中，电磁波传播存在局域性质，发生绕射空间位置处的电磁波可以看成均匀平面波，所以可以基于射线概念的绕射系数来表征电磁波发生的绕射传播特性. 下面给出一些典型的绕射公式.

8.5.1　半无限大吸收屏对均匀平面波的绕射

均匀平面波遇到无限大半平面的边缘的绕射基本情况可以用图 8.8 所示的情形表示. 这时均匀平面波垂直于半无限大平面（绕射屏）传播. 传播方向为 x 方向，绕射屏位于 yOz 面

$y<0$ 的区域. 在 $x>0$ 的区域中，入射波可以无遮挡到达的区域就是所谓的亮区（即 $x,y>0$ 的区域），剩下的区域为阴影区（$x>0,y<0$ 的区域）.

这些区域中的电磁波场可以用一致性绕射理论（uniform theory of diffraction，UTD）描述，得到的绕射屏后的电磁场可以表示为

$$\begin{cases}E_z(x,y,0)\\H_z(x,y,0)\end{cases}=A_0\mathrm{e}^{-\mathrm{i}kx}U(y)+A_0\mathrm{e}^{-\mathrm{i}\pi/4}\frac{\mathrm{e}^{-\mathrm{i}k\rho}}{\sqrt{\rho}}D_{\mathrm{T}}(\theta) \tag{8.48}$$

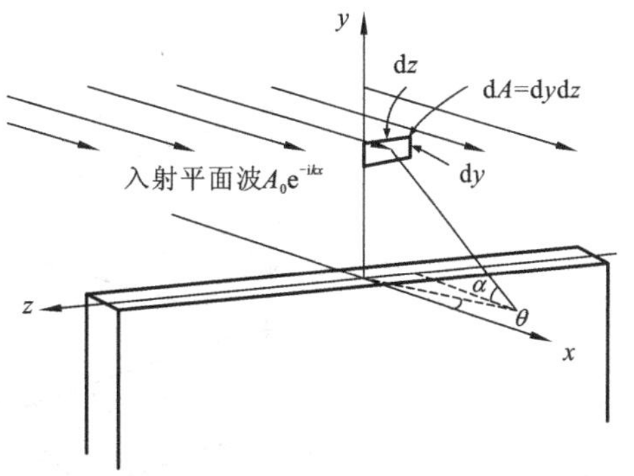

图 8.8　平面波对半无限大吸收平面的垂直入射

这里假定了绕射屏为吸收屏. 式（8.48）中：$U(y)$ 为单位阶跃函数；A_0 是入射波场量的振幅；$D_T(\theta)$ 为（一致性）绕射系数，表达式为

$$D_{\mathrm{T}}(\theta)=D(\theta)F(S) \tag{8.49}$$

式中：$D(\theta)$ 为几何光学绕射系数；$F(S)$ 为过渡函数. 前者是由基尔霍夫–惠更斯衍射理论近似得到，表达式为

$$D(\theta)=-\frac{1}{\sqrt{2\pi k}}\frac{1+\cos\theta}{2\sin\theta} \tag{8.50}$$

而过渡函数和菲涅耳积分相关，表示为

$$F(S)=2\mathrm{i}\sqrt{S}\mathrm{e}^{\mathrm{i}S}\int_{\sqrt{S}}^{\infty}\exp(-\mathrm{i}u^2)\mathrm{d}u \tag{8.51}$$

式中：变量 S 为 $S=\frac{k\rho}{2}\frac{y^2}{x^2}=\frac{k\rho}{2}\tan^2\theta$，角度 θ 为观察点和绕射屏边缘连线和 x 轴的夹角，ρ 为连线的长度（$\rho=\sqrt{x^2+y^2}$）.

8.5.2　典型复杂情况的绕射

在实际情形中比图 8.8 的情形复杂. 首先会遇到的情况是斜入射的情形. 如图 8.9 所示. 这时入射波对绕射屏表面的入射角为 $\frac{\pi}{2}-\phi'$ 和边缘垂直，绕射屏入射面与绕射边缘到观察点方向的夹角为 ϕ. 这时入射波在屏后的亮区、阴影区和图 8.8 相比的变大或是变小由入射角确定，两者的边界是通过绕射边缘的入射线，它和绕射边缘到观察点方向的夹角 θ 为绕射角. 可以得到绕射屏为吸收屏和导体屏两种情况的绕射系数表达式.

当绕射屏为吸收屏不存在反射现象（或者边缘尖劈的内角很小）时，可用绕射系数的费尔森公式表示绕射效应：

$$D(\theta)=\frac{-1}{\sqrt{2\pi k}}\left(\frac{1}{\pi-|\phi-\phi'|}+\frac{1}{\pi+|\phi-\phi'|}\right)=\frac{-1}{\sqrt{2\pi k}}\left(\frac{1}{\theta}+\frac{1}{2\pi-\theta}\right) \tag{8.52}$$

式中的角度单位为弧度. 当绕射屏为导体时，绕射和入射的极化方式有关，这时的绕射系数为

$$D(\phi,\phi')=\frac{-1}{2\sqrt{2\pi k}}\left(\frac{1}{\cos\frac{\phi-\phi'}{2}}+\frac{R_{\parallel,\perp}}{\cos\frac{\phi+\phi'}{2}}\right) \tag{8.53}$$

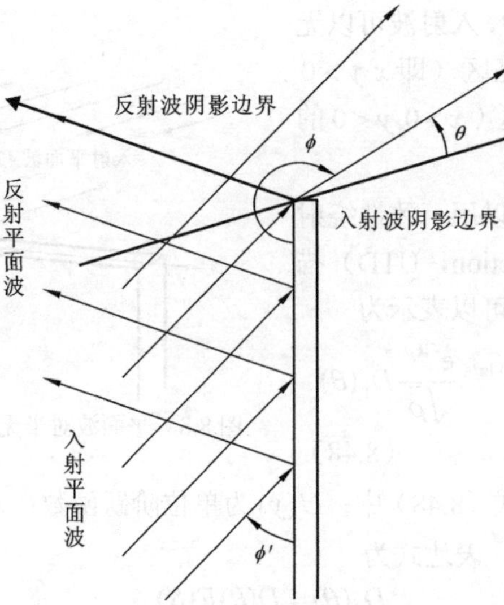

图 8.9　入射波对平面斜入射和边缘垂直的情形

式中：$R_{\parallel,\perp}$ 是反射系数，根据平行极化或垂直极化入射分别等于-1 或正 1. 在空间中除了存在入射波的阴影区边界外，还存在反射波的阴影区边界.

实际建筑物的边角通常较大且为直角. 这时入射波对边缘的照射既可能为一面也可能是两面，分别如图 8.10（a）和 8.10（b）所示. 这时相应的阴影区边界是一个反射波阴影区边界和一个入射波阴影区边界，或者是两个反射波阴影区边界. 如果是导体的情况也和入射的极化相关. 绕射系数为

$$D(\phi,\phi') = D_1 + D_2 + R_{\parallel,\perp}(D_3 + D_4) \tag{8.54}$$

其中

$$\begin{cases} D_{1,2} = \dfrac{-1}{3\sqrt{2\pi k}}\cot\dfrac{\pi \pm (\phi - \phi')}{3} \\ D_{3,4} = \dfrac{-1}{3\sqrt{2\pi k}}\cot\dfrac{\pi \pm (\phi + \phi')}{3} \end{cases} \tag{8.55}$$

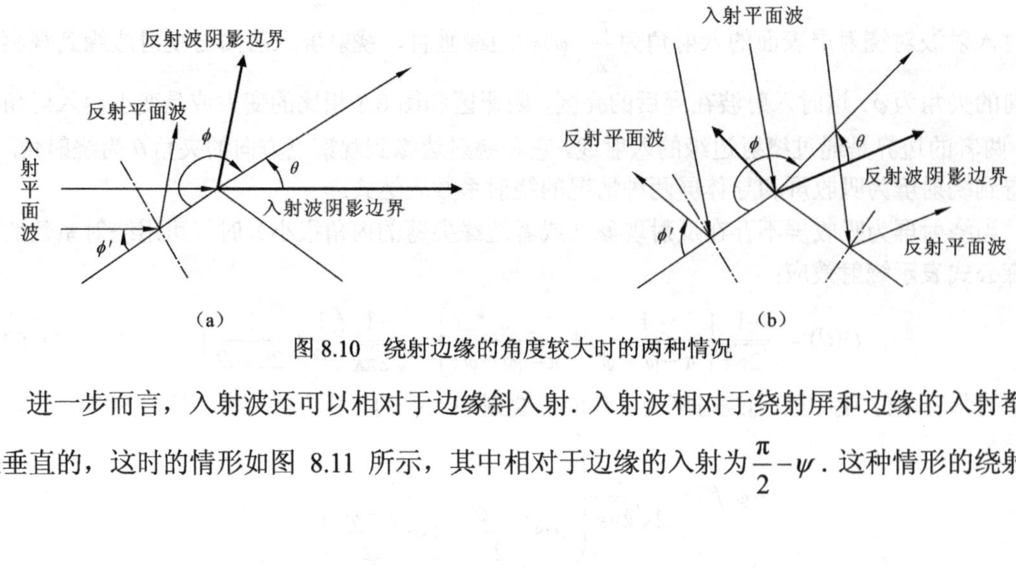

图 8.10　绕射边缘的角度较大时的两种情况

进一步而言，入射波还可以相对于边缘斜入射. 入射波相对于绕射屏和边缘的入射都不是垂直的，这时的情形如图 8.11 所示，其中相对于边缘的入射为 $\dfrac{\pi}{2}-\psi$. 这种情形的绕射波

分布于锥角为 $\frac{\pi}{2}-\psi$ 的锥面上. 其绕射场也可以用前述的类似方法确定出来. 例如假定存在的绕射屏为导体，入射的幅度为 1 的平面波平行于 (x,z) 平面，但相对于 x 轴的角度为 ψ，这样可以确定出前述的角度 ϕ' 和 ϕ. 若进一步假定入射波的极化沿 y 轴方向，则可以得到绕射场为

$$\boldsymbol{E}_{\mathrm{D}}=\frac{\mathrm{e}^{-\mathrm{i}k(\rho\cos\psi+z\sin\psi)}}{\sqrt{\rho}}\frac{\mathrm{e}^{-\mathrm{i}\pi/4}D(\theta)}{\sqrt{\cos\psi}}(-\boldsymbol{e}_x\sin\theta+\boldsymbol{e}_y\cos\theta) \tag{8.56}$$

式中绕射系数为导体绕射屏的表达式. 也可以确定更为复杂极化方式的场.

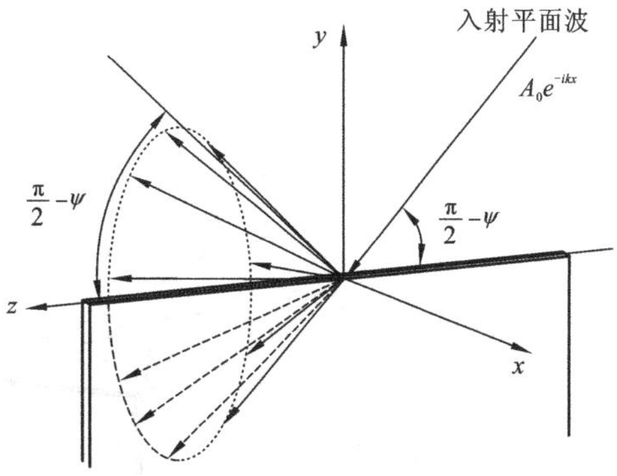

图 8.11　对于边缘也是斜入射的绕射情形

考虑到实际辐射场的球面波情况和辐射方向问题，同时考虑过渡函数，斜入射辐射场的绕射部分可最终表示为

$$E_{\mathrm{D}}(r,\theta)=E_{0m}f(\theta_0,\phi_0)\mathrm{e}^{-\mathrm{i}\pi/4}\frac{D(\theta)F(S)}{\cos\psi}\frac{\mathrm{e}^{-\mathrm{i}k(r_0+r)}}{\sqrt{r_0r(r_0+r)}} \tag{8.57}$$

其中，过渡函数的自变量 S 为 $S=2k\cos^2\psi\frac{r_0r}{r_0+r}\sin^2(\theta/2)$.

8.5.3　边缘组合实例：城市建筑边缘

作为平面电磁波实际应用的实例，这里考虑城市中建筑物环境中的传播问题. 对于实际建筑物的排列、实际宽度和高度，相对于辐射系统的天线高度而言，通常是两个连续的或更多个的相邻边缘相继产生绕射. 这时绕射场可用上述对应情况的绕射结果作为下次入射场的辐射源，可依次递推得到观测点（接收点）的绕射场分量. 典型的考虑连续的两个边缘. 通常最具代表性的是相互平行的情形和相互垂直的情形. 图 8.12 给出的是入射波对相邻两个平行建筑物边缘的绕射的情形.

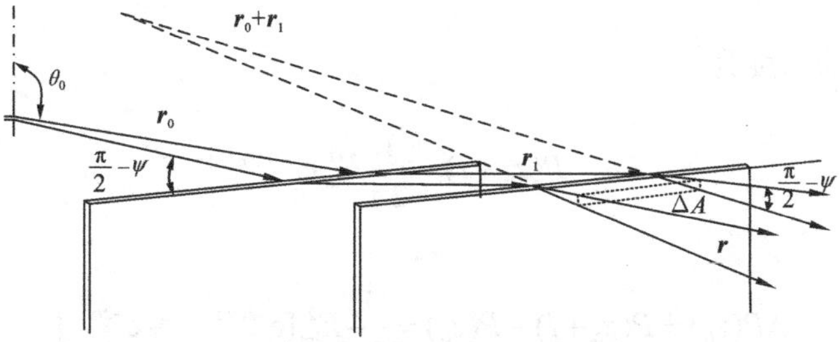

图 8.12　入射波对相邻两个平行建筑物边缘的绕射

其绕射场为

$$E_{\mathrm{D}}(r,\theta)=ZIf(\theta_0,\phi_0)\mathrm{e}^{-\mathrm{i}\frac{\pi}{2}}\frac{D_1(\theta_1)D_2(\theta_2)}{\cos^2\psi}\frac{\mathrm{e}^{-\mathrm{i}k(r_0+r_1+r)}}{\sqrt{r_0r_1r(r_0+r_1+r)}} \tag{8.58}$$

图 8.13 给出的是辐射波对相邻两个互相垂直建筑物边缘的绕射情形，其绕射场可以表示为

$$E_{\mathrm{D}}(r,\theta)=ZIf(\theta_0,\phi_0)\mathrm{e}^{-\mathrm{i}\frac{\pi}{2}}\frac{D_1(\theta_1)D_2(\theta_2)}{\cos\psi_1\cos\psi_2}\frac{\mathrm{e}^{-\mathrm{i}k(r_0+r_1+r)}}{\sqrt{r_0 r(r_0+r_1)(r_1+r)}} \tag{8.59}$$

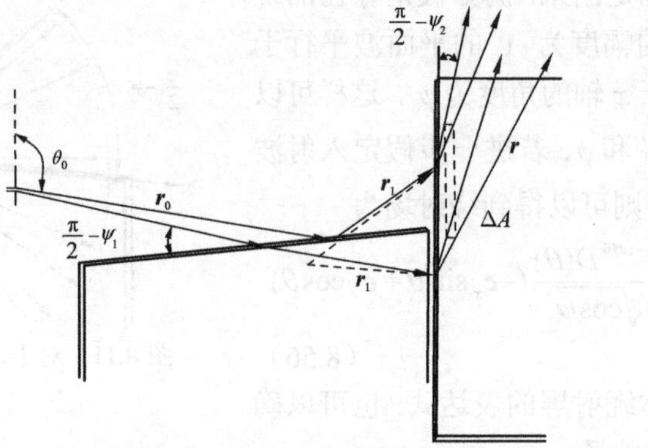

图 8.13　辐射波对相邻两个互相垂直建筑物边缘的绕射

式（8.58）和式（8.59）中的 Z、I 和 $f(\theta_0,\phi_0)$ 都是辐射源的参数，分别是辐射阻抗、辐射源的电流和辐射方向系数（参见第 10 章）.

8.6　电磁波的总场和衰减描述

通过上述分析可以知道，由辐射源辐射的电磁波在空间的波场，由于传播媒质的空间变化可产生反射场、透射场、绕射场，根据考虑空间的不同其中可存在上述场的单种场或两种以上的场. 根据电磁场的叠加性，可知总场为各存在场的矢量和，如表达式(8.23)、式(8.29).

电磁波在空间传输时衰减或损耗可以用电磁波通过一定的距离后产生的能量减少量定量描述. 建立在电磁波传播的局域特性上，可用平面波在媒质中的传播说明传播的衰减. 设平面电磁波沿 z 轴从 z_0 处经 l 的路径长度传播到 $z=z_0+l$ 处，则可以求得传播引起的衰减. 因为 z_0 处的能流密度为

$$P(z_0)=\frac{1}{2\eta}E_{\mathrm{im}}^2\mathrm{e}^{-2\alpha z_0} \tag{8.60}$$

而 $z=z_0+l$ 处的能流密度为

$$P(z_0+l)=\frac{1}{2\eta}E_{\mathrm{im}}^2\mathrm{e}^{-2\alpha(z_0+l)} \tag{8.61}$$

于是两者之差为

$$\Delta P(z_0)=P(z_0+l)-P(z_0)=\frac{1}{2\eta}E_{\mathrm{im}}^2[\mathrm{e}^{-2\alpha(z_0+l)}-\mathrm{e}^{-2\alpha z_0}]$$

功率衰减系数为

$$\alpha_{\mathrm{P}}=\frac{1}{P_0}\frac{\mathrm{d}P}{\mathrm{d}z}=\lim_{l\to 0}\frac{\Delta P(z_0)}{P_0 l}=\lim_{l\to 0}\frac{\mathrm{e}^{-2\alpha(z_0+l)}-\mathrm{e}^{-2\alpha z_0}}{\mathrm{e}^{-2\alpha z_0}l}=-2\alpha \tag{8.62}$$

这说明功率衰减系数为电磁波衰减常数的 2 倍. 当考虑到球面波和柱面波的空间扩散，则要附加扩散衰减因子.

习 题 8

（一）拓展题

8.1 证明垂直入射情况下，有表达式：

$$R_{\rm P} + T_{\rm P} = 1$$

8.2 推导垂直入射时金属表面的电流，计算铜和金的 1 GHz 电磁波的透入深度和表面电阻率.

8.3 如果是若干平面分层的均匀各向同性介质，如何考虑经过这些层介质的反射和透射问题?试推导若干公式. 如果经历了连续渐变介质呢?

8.4 对于理想导体的斜入射，试确定电场等于零的位置.

（二）练习题

8.5 查找蒸馏水、玻璃、石英、聚苯乙烯和石油的介电常数，计算电磁波由它们斜入射到自由空间时的临界角.

8.6 一个线极化平面波从自由空间入射到 $\varepsilon_{\rm r} = 4$ ，$\mu_{\rm r} = 1$ 的介质分界面上，如果入射波电场与入射面的夹角为 45°. 求：

（1）反射波只有垂直极化波时的入射角 $\theta_{\rm i}$ ；

（2）此时反射波的平均功率流和入射波的比值是多少分贝?

8.7 频率 f=0.3 GHz 的均匀平面波由 $\varepsilon_{\rm r} = 4$ ，$\mu_{\rm r} = 1$ 的媒质斜入射到自由空间，试求：

（1）临界角；

（2）当入射角是 60° 时，确定自由空间中波的传播方向，其相速度是多少?

（3）如果入射的是圆极化波，反射波的极化形式什么样?

8.8 一列正弦均匀平面波由空气斜入射到 $z = 0$ 的理想导体平面上，其电场强度的复数表示为

$$\boldsymbol{E}(x,z) = \boldsymbol{e}_y 10\mathrm{e}^{-\mathrm{i}(6x+z)}\ \mathrm{V/m}$$

（1）求该波的频率和波长；

（2）求出该波入射电场和磁场的瞬时表达式；

（3）确定该波的入射角；

（4）求出反射波电场和磁场的复数表达式；

（5）求出空气中电磁场的合成表达式，总结其特点.

8.9 垂直极化波从水下的波源以入射角 $\theta_i = 20^\circ$ 投射到水与空气的分界面上. 水的 $\varepsilon_{\rm r} = 81$，$\mu_{\rm r} = 1$. 试求：

（1）临界角 $\theta_{\rm c}$ ；

（2）反射系数 $\rho_\perp$ ；

（3）透射系数 $\tau_\perp$ ；

（4）波在空气中传播一个波长距离时的衰减量.

8.10 均匀平面波的电场振幅 $E_0 = 100\mathrm{e}^{\mathrm{i}0^\circ}$ V/m，从空气中垂直入射到无损耗的介质平面上（介质的 $\mu_2 = \mu_0$，$\varepsilon_2 = 4\varepsilon_0$ ），求反射波和透射波的电场振幅.

8.11 天线罩是多层频选透波板的常见应用之一. 最简单的天线罩是单层介质板，如题 8.11 图所示，介质板的本征阻抗为 η_2 ，两侧的媒质本征阻抗分别是 η_1 和 η_3，①和②分别是它们和

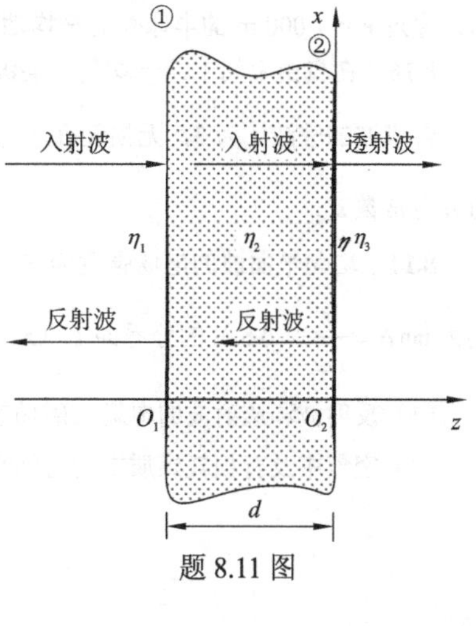

题 8.11 图

介质板的分界面. 若已知介质板的介电常数 $\varepsilon = 2.8\varepsilon_0$，置于空气环境中，问介质板的厚度应为多少方可使频率为 3 GHz 的电磁波垂直入射到介质板面时没有反射. 当频率分别为 3.1 GHz 及 2.9 GHz 时，反射增大多少?

8.12 均匀平面波的电场强度为

$$\boldsymbol{E} = \boldsymbol{e}_x 100\sin(\omega t - \beta z) + \boldsymbol{e}_y 200\cos(\omega t - \beta z)\text{V/m}$$

（1）运用麦克斯韦方程求出 $\boldsymbol{H}$；

（2）若该波在 $z=0$ 处遇到一个垂直于 z 轴的理想导体平面，求 $z<0$ 区域的 $\boldsymbol{E}$ 和 $\boldsymbol{B}$；

（3）求理想导体上的电流密度.

8.13 如题 8.13 图所示，隐身飞机的原理示意图. 在表示机身的理想导体表面覆盖一层厚度 $d_3 = \lambda_3 / 4$ 的理想介质膜，又在介质膜上涂一层厚度为 d_2 的良导体材料. 试确定消除电磁波从良导体表面上反射的条件.

8.14 如题 8.14 图所示，$z>0$ 区域的媒质介电常数为 ε_2，在此媒质前置有厚度为 d、介电常数为 ε_1 的介质板. 对于一个从左面垂直入射过来的 TEM 波，试证明当 ε_{r_1} 且 $d = \dfrac{1}{4}\dfrac{\lambda_0}{\sqrt{\varepsilon_{r_1}}}$ 时，没有反射（λ_0 为自由空间的波长）.

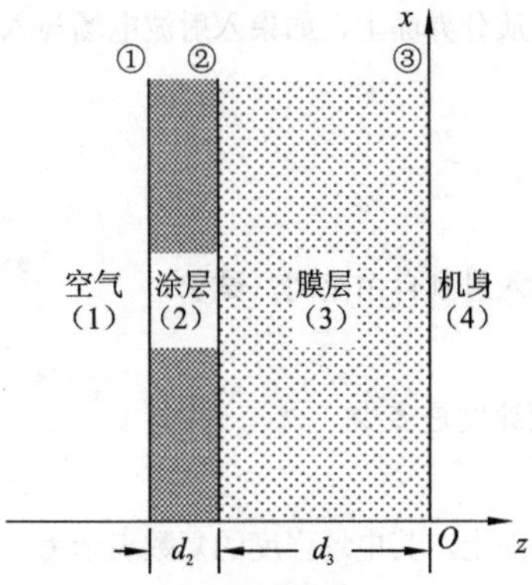

题 8.13 图

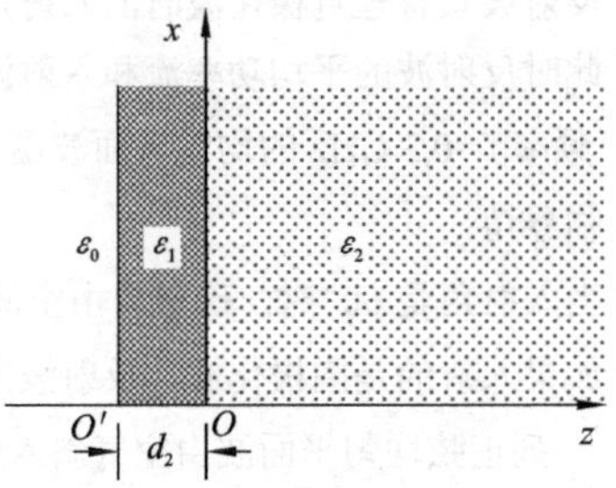

题 8.14 图

8.15 垂直放置在球坐标原点的某电流元所产生的远区场为

$$\boldsymbol{E} = \boldsymbol{e}_\theta \frac{100}{r}\sin\theta\cos(\omega t - \beta r)\ \text{V/m}$$

$$\boldsymbol{H} = \boldsymbol{e}_\phi \frac{0.625}{r}\sin\theta\cos(\omega t - \beta r)\ \text{A/m}$$

试求穿过 $r = 1\,000$ m 的半球壳的平均功率.

8.16 在自由空间中，一均匀平面波垂直投射到半无限大无损耗介质平面上. 已知在平面前的自由空间中，合成波的驻波比为 3，无损耗介质内透射波的波长是自由空间波长的 $\dfrac{1}{6}$. 试求介质的相对磁导率 μ_r 和相对介电常数 ε_r.

8.17 均匀平面波的电场强度为 $\boldsymbol{E} = \boldsymbol{e}_x 10\text{e}^{-\text{j}6z}$，该波从空气垂直入射到有损耗媒质（$\varepsilon_r = 2.5$，损耗角正切为 $\tan\delta = \dfrac{\sigma_2}{\omega\varepsilon_2} = 0.5$）的分界面上（$z=0$），如题 8.17 图所示. 求：

（1）反射波和透射波的电场和磁场的瞬时表示式；

（2）空气中及有损耗媒质中的时间平均坡印亭矢量.

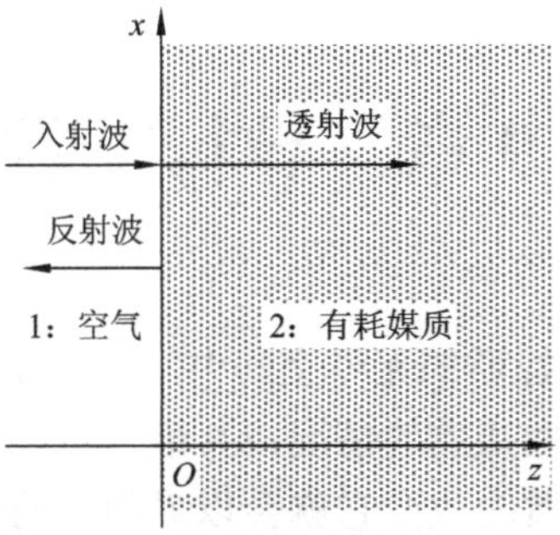

题 8.17 图

8.18 一右旋圆极化波垂直入射到位于 $z=0$ 的理想导体板上，其电场强度的复数表示式为

$$\boldsymbol{E}_{\mathrm{i}}=E_0\boldsymbol{e}_x-\mathrm{i}\boldsymbol{e}_y\mathrm{e}^{-\mathrm{i}\beta z}\ \mathrm{V/m}$$

（1）确定反射波的极化方式；

（2）求导体板上的感应电流；

（3）以余弦为基准，写出总电场强度的瞬时值表示式.

8.19 如题 8.19 图所示，有一正弦均匀平面波由空气斜入射到 $z=0$ 的理想导体平面上，其电场强度的复数表示式为

$$\boldsymbol{E}_{\mathrm{i}}=\boldsymbol{e}_y 10\mathrm{e}^{-\mathrm{i}(6x+8z)}\ \mathrm{V/m}$$

（1）求波的频率和波长；

（2）以余弦函数为基准，写出入射波电场和磁场的瞬时表示式；

（3）确定入射角；

（4）求反射波电场和磁场的复数表示式；

（5）求合成波电场和磁场的复数表示式.

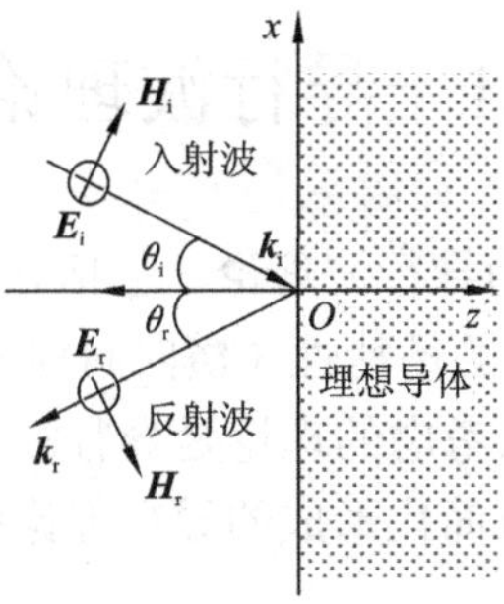

题 8.19 图

8.20 一个线极化平面波从自由空间入射到 $\varepsilon_{\mathrm{r}}=4$、$\mu_{\mathrm{r}}=1$ 的电介质分界面上，如果入射波的电场矢量与入射面的夹角为 45°. 试求：

（1）入射角为何值时，反射波只有垂直极化波；

（2）此时反射波的平均功率流是入射波的百分之几?

第9章 导行电磁波

根据前面章节可知，在给定媒质的无界空间中，电磁能量的传播形式是满足麦克斯韦方程的电磁波. 如果是均匀各向同性媒质的情况，其最基本存在形式为平面电磁波，传播方向不受人的意志改变. 但是遇到媒质的改变它就会以界面上的反射和透射规律改变能量的传输方向. 人类认识电磁现象后，都在有意识地利用电磁能量服务于科学探索和社会生产生活，形成现代无线电技术，如雷达、电视、广播和通信等. 它们利用电磁波传播规律，实现预定路径的能量或信号传输，出现了多种多样的有线和无线电路. 通过对科学原理的深入掌握，以前面相关的理论为指导，根据应用对电磁能量或信号传输范围、方向的控制要求，就能够设计制造出合乎要求的器件、设备和系统. 它们实现的功能就是将电磁波按指定的途径传播，这就是所谓的电磁波导行问题. 这些用以约束或引导电磁波能量定向传输的系统 （结构），就是导行系统 （导行装置），其中传播的电磁波称为导行波（简称导波）.

基于电磁理论的发展，传统电路都可以看成是电磁能量或信号的导行系统. 简单的平行双导线传输电路、同轴线信号传输电缆等等是大众熟知的导行系统. 在导行理论及其应用的发展过程中，产生过单导体能否传输电磁能量的争论，这是金属波导问题. 也产生过介质连线有效传输光波的争论，这是光纤的问题. 这些都通过理论的完善解释得以确定. 其中形成的以传播方向为基础的导行波传播理论、方法和结果，推动了技术发展和社会进步. 本章阐述有关理论，主要讨论导行波场分析的基本理论和金属波导、同轴线的场分析，对介质波导和传输线理论的情况仅做简单介绍.

9.1 导行波理论

分析电磁波导行的基本理论称为导行波理论，包括导行波的模式问题和传输特性问题两个方面. 前者研究导行系统横截面内的场特性（横向问题），后者研究导行系统传播方向（轴向、纵向）的传播特性. 两者都予以考虑的理论是导行波的场分析理论；在只考虑轴向传输特性时，把导行系统用集总电路参数简化形成的导行理论称为传输线理论（电路分析方法）.

9.1.1 基本概念

上面描述中提及的一些电磁波导行问题的基本概念详细说明如下.

1. 导行系统

这是一种物理结构，它是用以约束或引导电磁波能量（或信号）定向传输的结构或装置构成的系统. 理想地要求这种装置具有无耗地引导能量从一处传输到另一处的功能，最简单的电路是从信号源直接传输到负载的直连系统（结构），例如发射机到天线的馈线. 实际电路中这些结构可以是构成各种电路的元器件，如连线、滤波器、阻抗变换器、定向耦合器. 在电路理论中，只分析沿传输路径上的特性，即传输特性，和定向传输方向垂直的横截面上的影响被忽略. 但是现代应用问题中的这个影响并不能忽略，尤其是现代高频和高速数字系统中. 这就是导行系统的横向问题，需要用场理论分析.

按照约束导行波的导体多少和物理结构，导行系统通常分为 3 类：

（1）双多导体系统，如平行双导线、同轴线、带状线、微带线.

（2）由单导体构成的封闭波导系统，如矩形波导、圆形波导、脊形波导、椭圆波导等.

（3）表面波导（开波导），如介质波导、镜像线、单根表面传输线等.

2. 导行波

导行波是导行系统中传输的电磁波. 不同的导行系统有不同的导波，通常按其中电场、磁场和传输方向的关系分为如下模式类型.

（1）横电磁波（transverse electromagnetic wave，TEM）或准 TEM 波. 这是双多导体系统存在的模式，电场和磁场方向垂直于传输方向，在传输方向都没有分量.

（2）横电波（transverse electric wave，TE）、横磁波（transverse magnetic wave，TM）. 这是金属波导中存在的模式，分别是电场、磁场方向垂直于传输方向.

（3）混合波（EH、HE）. 这是表面波导结构中存在的表面波等模式，电场和磁场在传输方向上都有分量存在.

3. 导模

导行波能够沿导行系统独立存在的场型，又称传输模、正规模. 用横截面上场结构区分. 它们的特点有：

（1）横截面上为确定的驻波分布，与频率和轴向位置无关；

（2）离散性，频率一定时，每个导模的传播常数唯一；

（3）导模之间相互正交、彼此独立；

（4）具有截止特性，截止条件和截止波长随导行系统和模式变化.

4. 规则导行系统

真实物理装置是复杂的非均匀、非均一结构. 为了理论分析方便，常用无限长笔直，截面形状、尺寸、媒质分布、结构、材料及边界条件沿轴向均不变化的导行系统进行分析，它们被称为规则导行系统.

*9.1.2 导波场的基本分析方法

分析导行系统中的场，要考虑无源规则导行系统，如图 9.1 所示. 假设其中填充介电常数为 ε、磁导率为 μ 的介质导行系统处于介电常数为 $\varepsilon_{空间}$、磁导率为 $\mu_{空间}$ 的空间中，导行波的时谐因子为 $e^{i\omega t}$ 波. 电磁场满足亥姆霍兹方程式（7.7）.

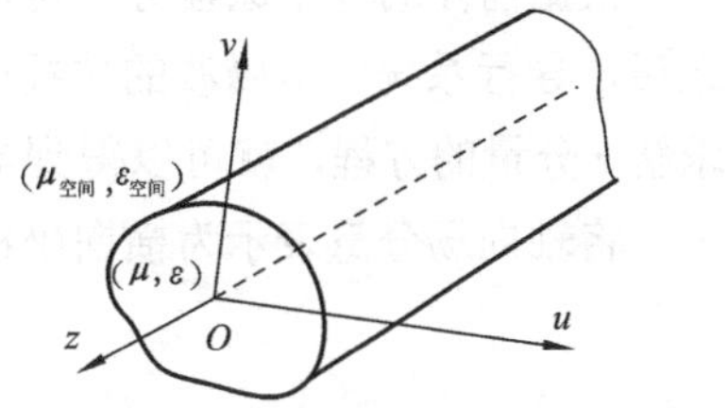

图 9.1　规则导行系统的结构和坐标示意图

考虑到导行系统传输方向（这里称为轴向，因为通常会使用规则横截面结构）的唯一性，通常把微分运算和场量分别做轴向和横向上的分离进行求解，简称方向分离. 信号沿轴向传播，以垂直于它和与它相同的方向区分为横向 $\boldsymbol{t}(u,v)$ 、轴向 $\boldsymbol{e}_z$ （z 轴）构成广义坐标系 (u,v,z)

微分算符可写为

$$\nabla = \nabla_t + \boldsymbol{e}_z \frac{\partial}{\partial z} \tag{9.1}$$

电场和磁场矢量表示为

$$\boldsymbol{E} = \boldsymbol{E}_t + \boldsymbol{e}_z E_z \quad 和 \quad \boldsymbol{H} = \boldsymbol{H}_t + \boldsymbol{e}_z H_z \tag{9.2}$$

这样麦克斯韦方程的两个旋度方程转化为四个方程

$$\begin{cases} \nabla_t \times \boldsymbol{E}_t = -\mathrm{i}\omega\mu \boldsymbol{e}_z H_z & (9.3\mathrm{a}) \\ \nabla_t \times (\hat{\boldsymbol{e}}_z E_z) + \boldsymbol{e}_z \times \dfrac{\partial \boldsymbol{E}_t}{\partial z} = -\mathrm{i}\omega\mu \boldsymbol{H}_t & (9.3\mathrm{b}) \\ \nabla_t \times \boldsymbol{H}_t = \mathrm{i}\omega\varepsilon \boldsymbol{e}_z E_z & (9.3\mathrm{c}) \\ \nabla_t \times (\hat{\boldsymbol{e}}_z E_z) + \boldsymbol{e}_z \times \dfrac{\partial \boldsymbol{H}_t}{\partial z} = \mathrm{i}\omega\varepsilon \boldsymbol{E}_t & (9.3\mathrm{d}) \end{cases}$$

比如前两个方程是在法拉第电磁感应定律中代入式（9.1）和式（9.2）后，进行矢量运算，考虑到 $\nabla_t \times$ 作用于备量后与对应的分量相等分离出来的. 后两个等式是安培定律作类似运算得到的.

也可以得到规则导行系统中导波场的横向分量由轴向场分量确定的关系式

$$\begin{cases} \left(k^2 + \dfrac{\partial^2}{\partial z^2}\right) \boldsymbol{E}_t = \dfrac{\partial}{\partial z} \nabla_t E_z - \mathrm{i}\omega\mu \boldsymbol{e}_z \times \nabla_t H_z \\ \left(k^2 + \dfrac{\partial^2}{\partial z^2}\right) \boldsymbol{H}_t = \dfrac{\partial}{\partial z} \nabla_t H_z + \mathrm{i}\omega\varepsilon \boldsymbol{e}_z \times \nabla_t E_z \end{cases} \tag{9.4}$$

这就是导行系统中场量的横向分量和轴向分量之间的关系. 将式（9.3b）乘以 $\mathrm{i}\omega\mu$ 、式（9.3d）两边用 $\boldsymbol{e}_z \times \dfrac{\partial}{\partial z}$ 作用后，消去 $\boldsymbol{H}_t$ 即可整理得到式（9.3a）. 其中使用双叉乘公式和方向关系. 将式（9.3a）、式（9.3c）作类似的操作就可以得到式（9.3b）.

将场矢量分量表示代入亥姆霍兹方程，可以将电场和磁场的亥姆霍兹方程分离为横向场分量的亥姆霍兹方程

$$\begin{cases} \nabla^2 \boldsymbol{E}_t + k^2 \boldsymbol{E}_t = 0 \\ \nabla^2 \boldsymbol{H}_t + k^2 \boldsymbol{H}_t = 0 \end{cases} \tag{9.5}$$

和轴向场分量的亥姆霍兹方程

$$\begin{cases} \nabla^2 E_z + k^2 E_z = 0 \\ \nabla^2 H_z + k^2 H_z = 0 \end{cases} \tag{9.6}$$

根据前面的基本原理分析可以知道，这些方程在一定的条件下可解，并且得到它们的解之后，导行系统中电磁波的传播问题就完全解决了. 考虑到式（9.4）的关系，这些方程只需求解 z 分量的方程，就可以得到全部的分量.

将轴向场分量表示为横向坐标 $\boldsymbol{t}$ 和轴向坐标 z 的函数写为

$$\begin{cases} E_z(u,v,z) = E_z(\boldsymbol{t},z) \\ H_z(u,v,z) = H_z(\boldsymbol{t},z) \end{cases}$$

则有

$$\left(\nabla_t^2+\frac{\partial^2}{\partial z^2}\right)\begin{Bmatrix}E_z(\boldsymbol{t},z)\\H_z(\boldsymbol{t},z)\end{Bmatrix}+k^2\begin{Bmatrix}E_z(\boldsymbol{t},z)\\H_z(\boldsymbol{t},z)\end{Bmatrix}=0$$

这时只要建立可分离变量的正交曲面坐标系，这个方程可以使用分离变量法求解. 以电场为例，设

$$E_z(\boldsymbol{t},z)=E_z(\boldsymbol{t})Z(z) \tag{9.7}$$

这是横向因子 $E_z(\boldsymbol{t})$ 和轴向因子 $Z(z)$ 的乘积. 根据 4.2 节讨论可得轴向因子和横向因子微分方程分别为

$$\begin{cases}\dfrac{\mathrm{d}^2Z(z)}{\mathrm{d}z^2}+\beta^2Z(z)=0\\ \nabla_t^2E_z(\boldsymbol{t})+k_\mathrm{c}^2E_z(\boldsymbol{t})=0\end{cases}$$

式中：$k^2=k_\mathrm{c}^2+\beta^2=\omega^2\mu\varepsilon$ 或者写为 $k_\mathrm{c}^2=k^2-\beta^2=\omega^2\mu\varepsilon-\beta^2$，也称为色散关系. 根据 4.2.2 节的讨论，表示可以传输的 $Z(z)$ 的通解是

$$Z(z)=A_1\mathrm{e}^{-\mathrm{i}\beta z}+A_2\mathrm{e}^{\mathrm{i}\beta z} \tag{9.8}$$

式中：实数 β 是导波沿轴向传播的常数，称为相位常数. 这可得到

$$\beta=\sqrt{k^2-k_c^2}=k\sqrt{1-(k_c/k)^2} \tag{9.9}$$

式中：k_c 是特定边界条件下的本征值，称为导波的横向截止波数.

横向因子的亥姆霍兹方程在广义曲线坐标系中表示为

$$\left[\frac{1}{h_1h_2}\left(\frac{\partial}{\partial u}\frac{h_2}{h_1}\frac{\partial}{\partial u}+\frac{\partial}{\partial v}\frac{h_1}{h_2}\frac{\partial}{\partial v}\right)+k_\mathrm{c}^2\right]\begin{Bmatrix}E_z(\boldsymbol{t})\\H_z(\boldsymbol{t})\end{Bmatrix}=0 \tag{9.10}$$

式中：h_1、h_2 是正交曲线坐标系的拉梅系数，直角坐标系中都等于 1. 该方程根据导行系统横截面的几何形状、介质分布和边界条件可以确定 $E_z(\boldsymbol{t})$ 和 $H_z(\boldsymbol{t})$. 求解式（9.10）时根据导行系统中电磁波的截止条件，通常把它分成 $k_c\neq0$ 和 $k_c=0$ 两类方程求解，形成物理上的两种方法，即静态场解法和波动场解法进行求解，这在本章后续各节相关问题中详细分析.

这样确定出规则导行系统中沿正 z 方向传播的轴向场分量为

$$\begin{cases}E_z(u,v,z)=E_z(\boldsymbol{t})\mathrm{e}^{-\mathrm{i}\beta z}\\H_z(u,v,z)=H_z(\boldsymbol{t})\mathrm{e}^{-\mathrm{i}\beta z}\end{cases} \tag{9.11}$$

由式（9.11）可以得到 $\dfrac{\partial}{\partial z}=-\mathrm{i}\beta$，再应用式（9.4）得到场的横向分量为

$$\begin{cases}\boldsymbol{E}_t=\dfrac{-\mathrm{i}\beta}{k_\mathrm{c}^2}[\nabla_tE_z+Z_h\nabla_tH_z\times\boldsymbol{e}_z]\\ \boldsymbol{H}_t=\dfrac{-\mathrm{i}\beta}{k_\mathrm{c}^2}[\nabla_tH_z+Y_c\boldsymbol{e}_z\times\nabla_tE_z]\end{cases}$$

式中，$Z_h=\sqrt{\dfrac{\mu}{\varepsilon}}\dfrac{k}{\beta}$，$Y_c=\sqrt{\dfrac{\varepsilon}{\mu}}\dfrac{k}{\beta}$. 在广义曲线坐标系中，由纵向场表示的横向场各分量为

$$
\begin{bmatrix} E_u \\ H_v \\ H_u \\ E_v \end{bmatrix} = \frac{-\mathrm{i}}{k_c^2}\begin{bmatrix} \dfrac{\omega\mu}{h_2} & \dfrac{\beta}{h_1} & 0 & 0 \\ \dfrac{\beta}{h_2} & \dfrac{\omega\varepsilon}{h_1} & 0 & 0 \\ 0 & 0 & \dfrac{\beta}{h_1} & \dfrac{-\omega\varepsilon}{h_2} \\ 0 & 0 & \dfrac{-\omega\mu}{h_1} & \dfrac{\beta}{h_2} \end{bmatrix}\begin{bmatrix} \dfrac{\partial H_z}{\partial v} \\ \dfrac{\partial E_z}{\partial u} \\ \dfrac{\partial H_z}{\partial u} \\ \dfrac{\partial E_z}{\partial v} \end{bmatrix} \tag{9.12}
$$

9.1.3 导行波的种类和特点

现在讨论导波的种类和特点. 由场的横向分量表达式（9.12）可以看出，规则导行系统中导波的横向场分量可由轴向场分量确定出来. 于是导致前面说明的 TEM、TE、TM 和 EH/HE 波等模式类型. 它们的特点是：

（1）TEM 波：电场和磁场都没有轴向场分量. $k_\mathrm{c}=0$，无色散. 实际存在于双多导体系统中.

（2）TE 波或 TM 波：电磁场分别没有电场、磁场的轴向分量. $k_\mathrm{c}^2>0$，具有色散现象，且只有 $k_\mathrm{c}<k$ 时才能传播. 因为 $k^2>\beta^2$，相速度满足条件 $v_\mathrm{p}>\dfrac{c}{\sqrt{\varepsilon_\mathrm{r}}}$，称为快波. 金属波导存在这种模式.

（3）混合波：电场磁场都有轴向分量. $k_\mathrm{c}^2<0$，具有色散现象，导行波衰减. 其 $k^2<\beta^2$，相速度满足条件 $v_\mathrm{p}<\dfrac{c}{\sqrt{\varepsilon_\mathrm{r}}}$，称为慢波，且要求满足 $k_\mathrm{c}>k$. 是场在导行系统表面情况，称为表面波（surface wave）.

9.1.4 导行波的一般传输特性

实际的导行波系统在应用中，需要使用一些参数描述其基本特性，这里给出这些参数及其公式.

1. 导模的截止参数和导行条件

截止参数是导行波能传输的临界参数. 导行系统中某导模所能传输的最大波长称为其截止波长（cut off wavelength），用 λ_c 表示；其相应的频率为该模式导波的最低频率，称为该模式的截止频率（cut off frequency），用 f_c 表示.

要使导波在导行系统中传播，则要求相位常数为大于零的实数，这就是导行条件. 相位常数等于零时的临界参数为截止参数. 这时要求式（9.9）大于等于零，相应的频率称为截止频率 f_c，由于 $f\lambda=v=\dfrac{1}{\sqrt{\mu\varepsilon}}$（这是电磁波在填充介质中的光速），这样可以得到

$$
f_\mathrm{c}=\frac{k_\mathrm{c}}{2\pi\sqrt{\mu\varepsilon}} \tag{9.13}
$$

和

$$\lambda_c = \frac{2\pi}{k_c} \tag{9.14}$$

这就是上述截止频率和截止波长的表达式.

2. 相速度和群速度

根据式（7.48）可以得到相速度 v_p 为

$$v_p = \frac{\omega}{\beta} = \frac{\omega}{k}\frac{1}{\sqrt{1-(k_c/k)^2}} = \frac{v}{\sqrt{1-(\lambda/\lambda_c)^2}} = \frac{v}{G} \tag{9.15}$$

式中：$G=\sqrt{1-(\lambda/\lambda_c)^2}$ 称为波导因子，或色散因子；$v=c/\sqrt{\mu_r\varepsilon_r}$、$\lambda=\lambda_0/\sqrt{\mu_r\varepsilon_r}$，分子上的参数分别是真空中的光速和波长.

根据式（7.49）可以得到群速度 v_g 为

$$v_g = \frac{d\omega}{d\beta} = \frac{1}{\dfrac{d\beta}{d\omega}} = v\sqrt{1-(\lambda/\lambda_c)^2} = vG \tag{9.16}$$

显然有

$$v_p v_g = v^2 \tag{9.17}$$

3. 波导波长

导模相邻同相位之间的距离称为其波导波长（guide wavelength），用 λ_g 表示，其表达式为

$$\lambda_g = \frac{2\pi}{\beta} = \frac{\lambda}{\sqrt{1-(\lambda/\lambda_c)^2}} \tag{9.18}$$

实际上这就是相位相差 2π的相位面之间的空间距离. 导行系统中它是导模相邻同相位之间的导行系统轴向上的长度.

4. 波阻抗

波阻抗（wave impedance）定义为横向电场与横向磁场之比. 可以得到 TE 波和 TM 波的波阻抗分别为

$$Z_{TE} = \frac{E_u}{H_v} = -\frac{E_v}{H_u} = \sqrt{\frac{\mu}{\varepsilon}}\frac{k}{\beta} = \frac{\eta}{\sqrt{1-(\lambda/\lambda_c)^2}} \tag{9.19}$$

$$Z_{TM} = \sqrt{\frac{\mu}{\varepsilon}}\frac{\beta}{k} = \eta\sqrt{1-(\lambda/\lambda_c)^2} \tag{9.20}$$

式中：$\eta=\sqrt{\dfrac{\eta}{\varepsilon}}$ 为媒质的本征阻抗；真空中为 $\eta_0=\sqrt{\dfrac{\mu_0}{\varepsilon_0}}=120\pi=377\,\Omega$.

5. 功率流

利用坡印亭矢量，得到导波沿导行系统正 z 轴传播的时间平均功率流密度为

$$P=\frac{1}{2}\mathrm{Re}\left\{\int \boldsymbol{E}\times\boldsymbol{H}^{*}\cdot \mathrm{d}\boldsymbol{S}\right\}=\begin{cases}\dfrac{1}{2Z_{\mathrm{TEM}}}\int_{S}\left[\left|E_{0u}(u,v)\right|^{2}+\left|E_{0v}(u,v)\right|^{2}\right]\mathrm{d}S, & \text{TEM波}\\ \dfrac{1}{2Z_{\mathrm{TE}}}\int_{S}\left|E_{0t}\right|^{2}\mathrm{d}S, & \text{TE波}\\ \dfrac{1}{2Z_{\mathrm{TM}}}\int_{S}\left|E_{0t}\right|^{2}\mathrm{d}S, & \text{TM波}\end{cases}\tag{9.21}$$

9.2 金属波导

金属波导引起了单导体能否传输电磁能量的争论. 理论上追溯到1890年管状结构的理论分析：1893年J. J. 汤姆森提出金属圆柱形波导腔中电磁波模式的推导；1897年罗德·瑞利对任意截面形状柱形金属管和介质棒波导中电磁波传播的详细分析，得到只能有TE、TM或者TE+TM的正则模式在其中传播的结论和结果. 之后在20世纪初到30年代不断有理论和实验研究，先后在美国、德国出现金属波导的实验室装置，用于波长测量和飞机定位中将电磁波用波导传送到喇叭天线；第二次世界大战期间高功率微波管出现，使得金属波导广泛使用，并在20世纪50～60年代形成标准的波导产品，广泛用于高功率和高频段电磁波系统，比如微波和当今前沿的THz频段等. 这是实用中一类特殊导行系统，在金属内部中空或填充介质的管状空间传输电磁信号，所以称为金属波导，简称波导.

随着电磁波高频段的开发利用，波导在印刷电路板中的集成形式也逐渐进入实用研发阶段. 它们都以金属波导的理论为基础进行分析和设计. 不同于多导体导波结构，它们不能简单地基于传统的电路理论对其传播特性进行分析，必须使用前节阐述的电磁场分析方法进行分析，这也是应用中基于模式的情况近似为电路模型再分析的基础.

金属波导中，根据场分量的关系式（9.12）、导行波的传输条件和金属波导中不能存在电流事实，所以不能存在TEM波. 只需分开讨论TE波和TM波的情形，就能确定其中导行波的存在情况. 本书重点分析标准矩形波导和圆形波导的场理论.

9.2.1 矩形波导

矩形波导是金属材料制成的横截面为矩形、中空或内充介质（通常是空气）的规则波导，是微波技术中最常见的传输系统之一.

理论分析时通常设宽边尺寸为a，窄边尺寸为b，其中填充介电常数为ε、磁导率为μ的介质. 因为导行波的边界面为平面，选直角坐标系分析. 对矩形波导建立直角坐标系，x轴沿波导的宽边方向，y轴沿波导的窄边方向，z轴沿波导的轴向. 导行波传输空间为$x\in[0,a]$、$y\in[0,b]$. 下面的理论分析中这个空间以外的导体认为是理想导体，即$\sigma=\infty$.

1. *场解*

首先讨论TE波的情况. 根据TE波定义，这时波导中的电场没有轴向分量，$E_z=0$. 存在的磁场轴向分量的表达式可以写为 $H_z = H_z(x,y)\mathrm{e}^{-\mathrm{i}\beta z} \neq 0$. 可直接使用 9.1 节中的分析过程. 这时需要求解支配方程式（9.10）的磁场方程. 该方程满足金属表面的边界条件，对于矩形波导波导壁空间坐标，可以写出其边界条件为

$$\begin{cases} \left.\dfrac{\partial H_z}{\partial x}\right|_{x=0} = \left.\dfrac{\partial H_z}{\partial x}\right|_{x=a} = 0 \\ \left.\dfrac{\partial H_z}{\partial y}\right|_{y=0} = \left.\dfrac{\partial H_z}{\partial y}\right|_{y=b} = 0 \end{cases} \tag{9.22}$$

先对方程（9.10）磁场的直角坐标形式进行分离变量求解. 根据 4.2.2 节的知识，可以确定出方程的基本解为

$$H_z = H_{mn}\cos\left(\frac{m\pi}{a}x\right)\cos\left(\frac{n\pi}{b}y\right)\mathrm{e}^{-\mathrm{i}\beta_{mn}z}$$

式中：H_{mn} 为振幅常数，它由激励条件确定；k_x 和 k_y 分别为

$$\begin{cases} k_x = \dfrac{m\pi}{a} \\ k_y = \dfrac{n\pi}{b} \end{cases} \tag{9.23}$$

式中，m 和 n 分别取 $0,1,2\cdots$ 的常数，但它们的取值不能同时为 0，且 $k_\mathrm{c} = \sqrt{\left(\dfrac{m\pi}{k_x}\right)^2 + \left(\dfrac{n\pi}{k_y}\right)^2}$. 最后可以得到矩形波导 TE 波的通解为

$$\begin{aligned} H_z(x,y,z) = &\sum_{n=1}^{\infty}\left[H_{0n}\cos\left(\frac{n\pi}{b}y\right)\mathrm{e}^{-\mathrm{i}\beta_{0n}z}\right] + \sum_{m=1}^{\infty}\left[H_{m0}\cos\left(\frac{m\pi}{a}x\right)\mathrm{e}^{-\mathrm{i}\beta_{m0}z}\right] \\ &+\sum_{m=1}^{\infty}\sum_{n=1}^{\infty}\left[H_{mn}\cos\left(\frac{m\pi}{a}x\right)\cos\left(\frac{n\pi}{b}y\right)\mathrm{e}^{-\mathrm{i}\beta_{mn}z}\right] \end{aligned} \tag{9.24}$$

将它代入式（9.12），可以得到场的横向分量表达式.

这样确定出矩形波导不同 m、n 取值的截止波数为

$$k_{\mathrm{c}mn} = \sqrt{k_x^2 + k_y^2} = \sqrt{\left(\frac{m\pi}{a}\right)^2 + \left(\frac{n\pi}{b}\right)^2} \tag{9.25}$$

这个关系式表明它由波导尺寸和传输的波型确定.

现在讨论 TM 模式的解. 这时波导中的场要满足 $H_z = 0$ 、$E_z = E_z(x,y)\mathrm{e}^{-\mathrm{i}\beta z} \neq 0$ 的要求. 求解的支配方程变为式（9.10）的电场方程. 而波导壁上的边界条件为

$$\begin{cases} E_z|_{x=0} = E_z|_{x=a} = 0 \\ E_z|_{y=0} = E_z|_{y=b} = 0 \end{cases} \tag{9.26}$$

它将得到以正弦函数为因子的基本解

$$E_z = E_{mn}\sin\left(\frac{m\pi}{a}x\right)\sin\left(\frac{n\pi}{b}y\right)\mathrm{e}^{-\mathrm{i}\beta_{mn}z}$$

式中：E_{mn} 为模式的振幅常数，它由激励条件确定. 它的 k_x 、k_y 表达式和 TE 波相同，但 m、

n 的取值都不能为零. 最后可以得到矩形波导 TM 波的通解为

$$E_z(x,y,z)=\sum_{m=1}^{\infty}\sum_{n=1}^{\infty}\left[E_{mn}\sin\left(\frac{m\pi}{a}x\right)\sin\left(\frac{n\pi}{b}y\right)\mathrm{e}^{-\mathrm{i}\beta_{mn}z}\right] \tag{9.27}$$

然后可由式（9.12）得到场的横向分量表达式.

可以看到矩形波导 TM 波的相位常数和截止波数的表达式与 TE 波相同. 截止波数为式（9.25），也是由波导尺寸和传输的波型确定.

2. 模式分析

根据表达式（9.25）可知：对于给定的 m、n 的值，各个场的分量都是在 z 方向上以 β_{mn} 为相位常数传播的. 矩形波导中横向波场分布样式的特征由表达式中的 m 和 n 确定. 而各个横向分量在横截面上表现为驻波分布，这样它们分别代表 TE/TM 波沿 x 方向和 y 方向分布的半波个数. 一组（m,n）对应一种特定的 TE 或 TM 波横向分布的场型，是一种导行波的模式，称为 TE_{mn}、TM_{mn} 模，m 和 n 也被称为模指数. 如前所述对于 TE 模式 m 和 n 不能同时为零，否则电场为零，也就不存在电磁场了. 因此，矩形波导中能够存在的模式为 TE_{m0} 模、TE_{0n} 模和 TE_{mn} 模；同样分析，TM 波 m、n 都不能等于零，能够存在的模式为 TM_{mn}. 导行系统中（m, n）相应的截止波长最长（或截止频率最低）的模式，为最低次模或称基模；其他模指数相应的模式为高次模（higher-order modes）. 应用中最低次模称为主模（dominant mode），因为在主模和第一个高次模之间的频率范围中的电磁波只能以主模的模式传播，确保单模传输. TE 模的最低次模为 TE_{10} 模，TM 模的最低次模为 TM_{11} 模，两者相比，TE_{10} 模为低次模，所以是矩形波导的主模.

导模的场结构是分析研究波导问题、模式激励和设计波导元件的基础与出发点. 根据前面阐述可知，尽管矩形波导中可以存在的 TE 和 TM 波的模式有无穷多种，但是它们的场结构分布是有规律的，可以用 TE_{m0}、TE_{0n}、TE_{mn}（TM_{mn}）三类为代表进行详细分析. 下面用传统的力线图进行直观分析.

图 9.2 是传统矩形波导的力线图. 每幅图有四个图形. 右上角的图形为矩形波导的几何构型，标示了 x、y、z 三个坐标轴和做场线图的三个剖面 1、2、3；这三个剖面分别是平行于窄边的剖面 1，平行于宽边的剖面 2 和横截面 3，图形 1、2、3 是它们三个的场线.

（1）TE_{10} 模和 TE_{m0} 模的场结构，图 9.2（a）（b）中的图形是由 TE_{10} 和 TM_{m0} 的横向表达式绘出相应的力线图形，其中的实线为电场线，虚线为磁场线.

图 9.2（a）是主模 TE_{10} 的场分布. 剖面 1、2 是边长二分之一处的剖面. 可以看出，TE_{10} 模只有 E_y、H_x 和 H_z 三个场分量，它们具有如下特征. 只有 y 分量的电场不随 y 值变化，随 x 值做正弦变化；在 $x=0$ 和 a 处为零，在 $x=a/2$ 处最大，即在 a 边上有半个驻波分布. 磁场的 H_x 和 H_z 两个分量都与 y 值无关，所以磁力线是 xOz 平面内的闭合曲线，其轨迹是椭圆；其 x 分量是 x 值的正弦函数，在 $x=0$ 和 a 处为零，在 $x=a/2$ 处最大，在 a 边上为半个驻波分布；z 分量是 x 的余弦函数，在 $x=0$ 和 a 处的值最大，在 $x=a/2$ 处为零，也是 a 边上的半个驻波分布. 电场和磁场都沿 z 方向传播，即整个场型向 z 方向传播.

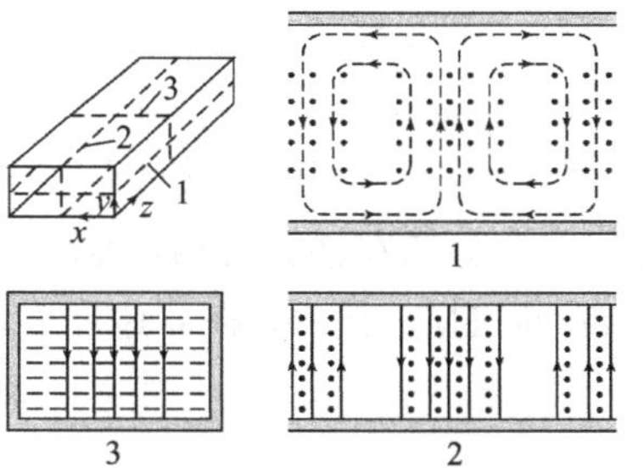

（a）TE_{10}模的场分布

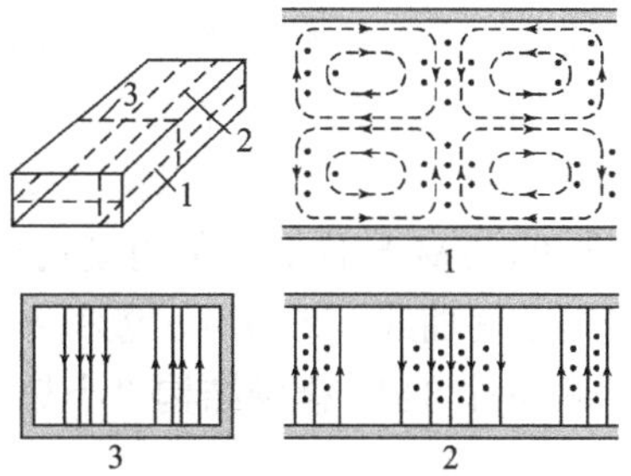

（b）TE_{m0}模的场分布（以m=2为例）

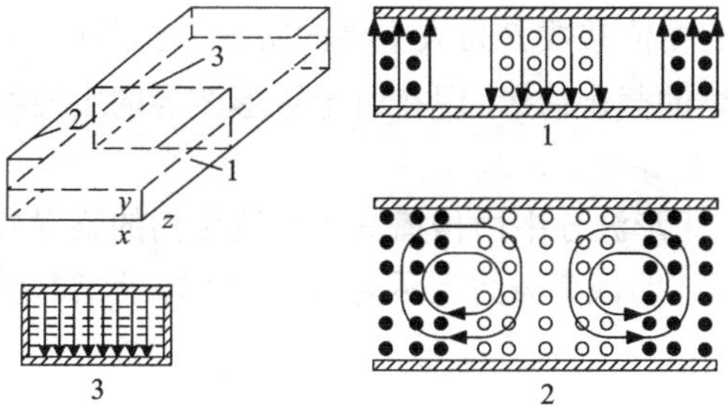

（c）TE_{01}模的场分布

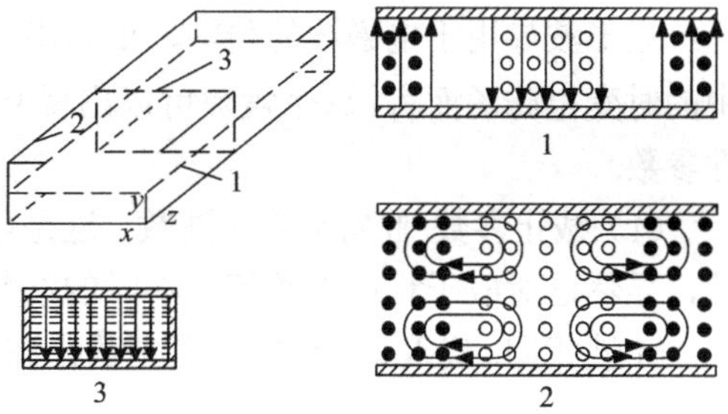

（d）TE_{0n}模的场分布（以n=2为例）

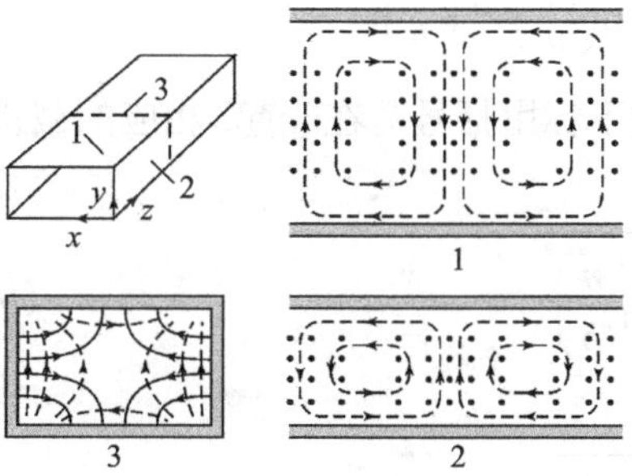

（e）TE_{11}模的场分布

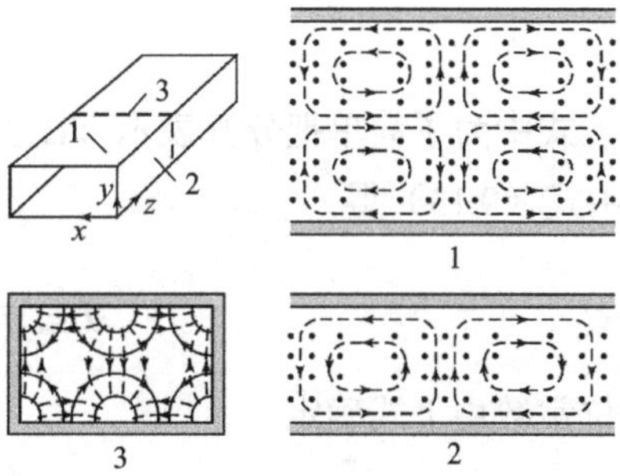

（f）TE_{mn}模的场分布（3表示的为m=2，n=1）

图 9.2　矩形波导不同导模的场结构

仿照 TE_{10} 模的分析，写出场分量的表达式绘出图 9.2（b），是 m=2 为例的 TE_{m0} 的场分布，其中剖面 1 在 b 的二分之一处，剖面 2 是在 a 的四分之一处. 除了 z 向的传播之外，TE_{m0} 模的场型结构的特点是：磁场的 x 分量沿 b 边不变化，电场只有 y 分量沿 a 边有 m 个半驻波的分布；或者说是沿 b 边不变化，沿 a 边有 m 个 TE_{10} 模场结构的“小巢”.

（2）TE_{01} 模与 TE_{0n} 模的场结构，类似地分别写出相应的电场磁场公式，取图 9.2（c）（d）中图形的参数，可绘出力线图形.（c）是 TE_{01} 模的场分布，（d）是 TE_{0n} 模的场分布，其中的虚线为电场线，实线为磁场线. 作同样过程的分析，TE_{01} 模只有 E_x、H_y 和 H_z 三个场分量，其结构与 TE_{10} 模的差别是波的极化面旋转 90°，磁场的 y 分量沿 a 边不变化，电场的 x 分量沿 b 边有半个驻波的分布，见图 9.2（c）. 图 9.2（d）以 n=2 为例绘出了 TE_{0n} 模的场分布. 可见 TE_{0n} 模也是在 a 边上不变化，在 b 边上有 m 个半个驻波分布或 n 个 TE_{01} 模场结构的“小巢”.

（3）TE_{11}（TM_{11}）模与 TE_{mn}（TM_{mn}. m, n>1）模的场结构，类似上面两类的作图过程，可以绘制它们的力线图 9.2（e）和（f），图中的实线为电场线，虚线为磁场线. TE 波中 mn 均不等于零的最简单的模是 TE_{11} 模，其场沿 a 边和 b 边都有半个驻波分布见图 9.2（e），场线是椭圆的曲线；而其他高阶模的场都和 TE_{11} 模的场结构类似，其场型沿 a 边和 b 边分别有 m 个和 n 个 TE_{11} 模场结构“小巢”，图（f）绘出的是 $m=2$，$n=1$ 的情形.

对于 TM_{mn} 的情形，可以参照图 9.2（e）（f）分析，但是电场线和磁场线的位置和 TE_{mn} 的是互换的. TM 导模最简单的模式是 TM_{11} 模，其磁力线完全分布在横截面内，为闭合曲线，电力线是空间曲线，其场沿 a 边和 b 边均有半个驻波分布. 而 TM_{mn} 模中，在 a 边和 b 边分别有 m 个和 n 个 TM_{11} 模场结构“小巢”.

3. 特性参数

矩形波导用于电磁波的传输，要求沿 z 方向的相位常数 β 为大于零的实数. 对于注入其中的时变电磁场而言，这个常数可以出现 9.2 节所述的截止情形. 现在讨论矩形波导的主要特性参数.

（1）截止参数. 首先是截止波数，这是电磁波在矩形波导中由传播变为不能传播的临界参数，显然这对应于相位常数等于零时的波数. mn 模式的截止波数表示为式（9.25），且 TE 波和 TM 波相同. 代入式（9.14）得到截止波长为

$$\lambda_{cTE_{mn}}=\lambda_{cTM_{mn}}=\frac{2\pi}{k_{cTE(TM)_{mn}}}=\frac{2}{\sqrt{\left(\frac{m}{a}\right)^2+\left(\frac{n}{b}\right)^2}} \tag{9.28}$$

注意，式中为了简单把分开表示 TE 波 TM 波模式的下标用括号写在一起. 相应的截止频率 f_{cmn} 由式（9.13）得

$$f_{cmn}=\frac{1}{2\sqrt{\mu\varepsilon}}\sqrt{\left(\frac{m}{a}\right)^2+\left(\frac{n}{b}\right)^2} \tag{9.29}$$

而相位常数由下式确定

$$\beta_{mn}=\frac{2\pi}{\lambda}\sqrt{1-\left(\frac{\lambda}{\lambda_{c_{mn}}}\right)^2} \tag{9.30}$$

式中：$\lambda=\dfrac{2\pi}{k}$ 为工作波长，同时 TE 波、TM 波模式的下标在此也省略不写，后面文中这种不同模式相同参数公式的情况作同样的处理，不再做说明.

于是可以总结出给定工作频率电磁波能够传播的模式（导模）的条件为：当 $\lambda<\lambda_{cmn}$ 时，相应的电磁波可在波导中传传播，为导模；否则，当 $\lambda\geq\lambda_{cmn}$ 时，电磁波不能在波导内传播，为截止模. 用截止频率的条件为只有频率高于截止频率时，相应模式的电磁波才能沿矩形波导传播.

（2） 截止模. 不能传播的模式称为截止模. 金属波导中波模的截止是由隐失模（evanescent mode）的出现导致. 在不能传播的频率上，波模的相位常数为纯虚数，被称为隐失模或截止模. 其所有场分量均按指数规律衰减. 这种衰减源于截止模的电抗反射损耗. 以隐失模工作的波导称为截止波导，其传播常数为衰减常数

$$\gamma=\alpha=\frac{2\pi}{\lambda_c}\sqrt{1-\left(\frac{\lambda_c}{\lambda}\right)^2}\approx\frac{2\pi}{\lambda_c} \tag{9.31}$$

它近似与频率无关. 利用一段截止波导可以制成截止衰减器.

（3）模式简并. 电磁波传播沿传播方向，只要传播常数相同，那么它们的传输特性将不可区分. 导行系统中不同导模可以具有相同的相位常数，它们导致的不能用传输特性区分的现象称为模式简并，这些模式为简并模. 因为它们对应的截止波长也相同，可以用截止波长说明模式的简并情况. 前面的讨论表明，只要矩形波导导模的 m、n 相同，则相应模式的 TE 波和 TM 波的截止波长相同，即 TE_{mn} 和 TM_{mn} 为简并模. 根据前面的分析，可以理解，简并模的特点是波的传输特性相同，但场的横向分布不同，用前面的模式分析方法可以确定.

（4）传输模式和主模条件. 应用中导行波的频率不同，可能出现的模式不同. 把不同导模截止波长的关系绘成图，可以得到图 9.3 所示的矩形波导（窄波导）模式图，确定哪些模式出现. 图中表示出了矩形波导不同模式的截止波长随模指数逐渐增大而减小的关系，也能看出这张图的波导宽窄边尺寸关系满足 $b<a/2$（这种波导在工程上称为窄波导，不满足的话称为高波导）. 图中标出的截止区 I、主模区 II 和多模区 III 分别表示的是给定频率电磁波注入波导中时，电磁波是处于不能传输频率区域（I），或是能传输是以单个导模传输的区域（II）、以多个导模共存的形式传输的区域（III）. 图中明显显示出主模和第一个高次模之间的波长间隔最宽，也是频率间隔最宽的相邻模式，如果工作频率在这个区间的话，只能出现主模式 TE_{10} 传播，称为单模传输，这是主模区 II，具有最宽的带宽. 对于高于第一高次模 TE_{20} 的工作频率而言，截止频率最接近于工作频率的高次模及其以下模式也能在波导中传播，称为多模传输.

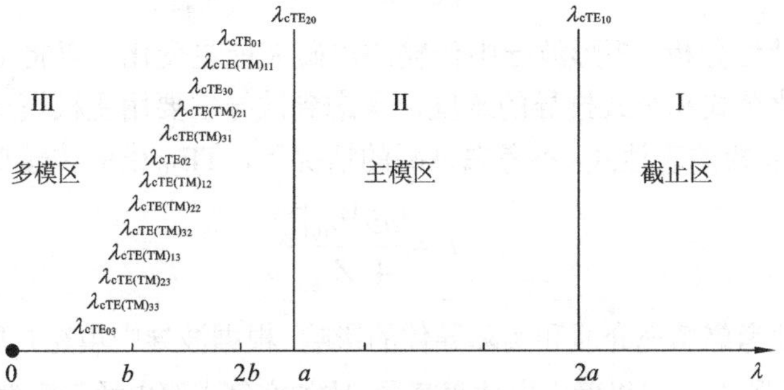

图 9.3　矩形波导（窄波导）的模式图

工程上单模传输（主模）应用的波导称为单模波导，矩形波导几乎都是以主模的单模工作. 允许主模和一个或多个高次模的多模传输应用的波导则称为多模波导. 从上面的分析确定，矩形波导的主模为 TE_{10} 模，相应的截止频率和截止波长为

$$f_{cTE_{10}}=\frac{1}{2a\sqrt{\mu\varepsilon}} \tag{9.32}$$

$$\lambda_{cTE_{10}}=2a \tag{9.33}$$

（5）矩形波导的主要传输特性参数. 根据导行系统相速度的表达式（9.15），可以得到矩形波导的不同导模的相速度为

$$v_{p_{mn}}=\frac{v}{\sqrt{1-\left(\dfrac{\lambda}{\lambda_{cmn}}\right)^2}} \tag{9.34}$$

式中：v 表示波导填充媒质中平面波的速度；λ为波长，它们和真空中的值的关系为

$$v=\frac{c}{\sqrt{\mu_r\varepsilon_r}},\qquad \lambda=\frac{\lambda_0}{\sqrt{\mu_r\varepsilon_r}} \tag{9.35}$$

群速度使用式（9.16）可得

$$v_{g_{mn}} = v\sqrt{1-\left(\frac{\lambda}{\lambda_{cmn}}\right)^2} \tag{9.36}$$

因为矩形波导中导模的传播速度与频率有关，所以其中存在色散现象.

对不同传播模式，矩形波导的波导波长由式（9.18）给出，即

$$\lambda_{g_{mn}} = \frac{\lambda}{\sqrt{1-\left(\frac{\lambda}{\lambda_{cmn}}\right)^2}} \tag{9.37}$$

根据式（9.19）、式（9.20）矩形波导 TE_{mn} 模的波阻抗为

$$Z_{TE_{mn}} = \sqrt{\frac{\mu}{\varepsilon}}\frac{k}{\beta_{mn}} = \frac{\eta}{\sqrt{1-\left(\frac{\lambda}{\lambda_{cmn}}\right)^2}} \tag{9.38}$$

TM_{mn} 模的波阻抗为

$$Z_{TM_{mn}} = \sqrt{\frac{\mu}{\varepsilon}}\frac{\beta_{mn}}{k} = \eta\sqrt{1-\left(\frac{\lambda}{\lambda_{cmn}}\right)^2} \tag{9.39}$$

（6）能量传输特性分析. 矩形波导中传输的电磁波能量变化可以将上述有关公式代入式（9.21）得到. 为简化公式和公式推导的难度，考虑到波导主要用主模模式工作，这里忽略具体过程，仅列出 TE_{10} 模的表达式. 不考虑衰减的情况下，TE_{10} 模的传输功率为

$$P = \frac{ab}{4}\frac{\left|E_{10}\right|^2}{Z_{TE_{10}}} \tag{9.40}$$

实际波导中需要考虑填充介质和实际导体的影响. 根据波导中填充介质不发生击穿的极限电场强度（击穿电场强度），可以确定出功率容量. 比如空气击穿电场强度为 $E_{abr} = 3\times10^6\ \text{kV/m}$，可以得到空气矩形波导的功率容量为

$$P_{br} = 0.6ab\sqrt{1-\left(\frac{\lambda_0}{2a}\right)^2}\ \text{(MW)} \tag{9.41}$$

对于选定工作频率的标准波导，可以用式（9.41）确定出单模工作时的理论功率容量.

因为波导的金属和介质都不会是理想的，实际应用中必须考虑衰减问题. 波导中的衰减包含波导壁的欧姆损耗和介质的损耗两部分. 所以表征波导的衰减特性的衰减常数为

$$\alpha = \alpha_c + \alpha_d \tag{9.42}$$

其中第一项为波导的导体衰减常数，第二项为介质的衰减常数.

导体的欧姆损耗可以通过计算导体壁上的管壁电流得到. 当波导中传输电磁波时，金属波导的内壁表面上将产生感应电流，这就是管壁电流. 根据 6.4 节的理论，由边界条件可以分析出管壁电流的分布规律，即 $\boldsymbol{J}_S = \boldsymbol{n}\times\boldsymbol{H}|_s$. 利用前面得到的矩形波导各种模式的电磁场表达式，就可以计算出波导壁上各种模式相应的电流分布. 波导壁上存在的电流是所有存在模式相应电流的矢量和. 这里以主模为例计算各管壁的电流密度. 在波导底面上，$y=0$，法线方向是 y 轴的正方向，磁场有 x 和 z 两个分量，将相应的表达式代入面电流密度的边界条件

得到

$$\boldsymbol{J}_{\mathrm{S}}\big|_{y=0}=\boldsymbol{e}_y\times(\boldsymbol{e}_xH_x+\boldsymbol{e}_zH_z)=\left[H_{10}\cos\left(\frac{\pi x}{a}\right)\boldsymbol{e}_x-j\frac{\beta_{10}a}{\pi}\sin\left(\frac{\pi x}{a}\right)\boldsymbol{e}_z\right]\mathrm{e}^{-\mathrm{i}\beta_{10}z} \tag{9.43}$$

在波导的顶面上作类似的处理过程，注意这时 $y=b$，法线方向是 y 轴的负方向，这样得到

$$\boldsymbol{J}_{\mathrm{S}}\big|_{y=b}=-\boldsymbol{e}_y\times(\boldsymbol{e}_xH_x+\boldsymbol{e}_zH_z)=\left[-H_{10}\cos\left(\frac{\pi x}{a}\right)\boldsymbol{e}_x+j\frac{\beta_{10}a}{\pi}\sin\left(\frac{\pi x}{a}\right)\boldsymbol{e}_z\right]\mathrm{e}^{-\mathrm{i}\beta_{10}z} \tag{9.44}$$

同样过程得到两个侧壁的电流为

$$\boldsymbol{J}_{\mathrm{S}}\big|_{x=0}=\boldsymbol{e}_x\times(\boldsymbol{e}_zH_z)\big|_{x=0}=-H_{10}\mathrm{e}^{-\mathrm{i}\beta_{10}z}\boldsymbol{e}_y \tag{9.45}$$

和

$$\boldsymbol{J}_{\mathrm{S}}\big|_{x=a}=-\boldsymbol{e}_x\times(\boldsymbol{e}_zH_z)\big|_{x=a}=-H_{10}\mathrm{e}^{-\mathrm{i}\beta_{10}z}\boldsymbol{e}_y \tag{9.46}$$

这些结果作出曲线图形（图 9.4）.

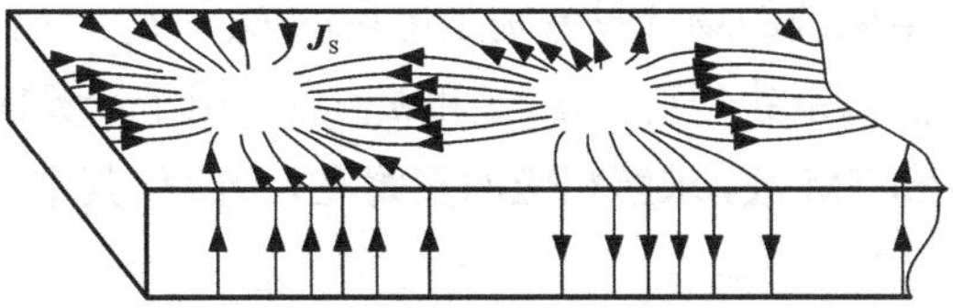

图 9.4　矩形波导主模 TE_{10} 的管壁电流分布

假定矩形波导具有面电阻率 R_{S}，则可由焦耳定律计算矩形波导单位长度上的导体损耗功率为

$$\begin{aligned}P_{\mathrm{cL}}&=\frac{R_{\mathrm{S}}}{2}\int_C|\boldsymbol{J}_{\mathrm{S}}|^2\mathrm{d}l=R_{\mathrm{S}}\int_0^b|J_{\mathrm{S}y}|^2\mathrm{d}y+R_{\mathrm{S}}\int_0^a\left(|J_{\mathrm{S}x}|^2+|J_{\mathrm{S}z}|^2\right)\mathrm{d}x\\&=R_{\mathrm{S}}|H_{10}|^2\left(b+\frac{a}{2}+\frac{a^3}{2\pi^2}\beta_{10}^2\right)\end{aligned} \tag{9.47}$$

其中的积分路径 C 是矩形波导剖面的矩形.

利用衰减常数和输入功率、损耗功率的关系可以得到导体损耗衰减常数为

$$\alpha_{\mathrm{c}}=\frac{R_{\mathrm{S}}}{b\eta}\left[1+2\frac{b}{a}\left(\frac{\lambda_0}{2a}\right)^2\right]\frac{1}{\sqrt{1-\left[\lambda_0/(2a)\right]^2}} \tag{9.48}$$

对于电损耗型介质，可以得到介质损耗产生的导波衰减常数. 它是波数的实部. 对于电损耗型介质 $\varepsilon_{\mathrm{cmp}}=\varepsilon'+\mathrm{i}\varepsilon''=\varepsilon+\dfrac{\sigma}{i\omega}=\varepsilon(1-\mathrm{i}\tan\delta)$，其中的 δ 是损耗正切角，于是有

$$\begin{aligned}\gamma&=\sqrt{k_{\mathrm{c}}^2-\omega^2\mu\varepsilon(1-\mathrm{i}\tan\delta)}\\&=\sqrt{k_{\mathrm{c}}^2-k^2+\mathrm{i}k^2\tan\delta}\approx\sqrt{k_{\mathrm{c}}^2-k^2}+\mathrm{i}\frac{k^2\tan\delta}{2\sqrt{k_{\mathrm{c}}^2-k^2}}\end{aligned} \tag{9.49}$$

由于对于相应的非损耗部分的介质中的传播常数有 $\sqrt{k_c^2-k^2}=\mathrm{i}\beta$，可以得到介质损耗产生的导波衰减常数为

$$\alpha_{\mathrm{d}}=\frac{k^2\tan\delta}{2\beta} \tag{9.50}$$

*9.2.2 圆形波导

圆形波导（circular waveguide）简称圆波导，是截面形状为圆形的空心金属管，是另一种工程上常见的金属波导. 圆波导的特点是加工方便，具有损耗小和双极化特性，常用于要求双极化模的天线馈线中，并广泛用作各种谐振腔、波长计.

理论分析时需要圆波导的几何尺寸和内部填充的介质，这个尺寸为圆波导的内壁半径 a，填充均匀介质的介电常数为 ε 和磁导率为 μ. 由于边界面是圆柱面，所以选用圆柱坐标系分析. 即图 9.1 的坐标系建立为圆柱坐标系，z 轴沿波导的轴向，x 轴和 y 轴在圆波导的横截面上构成ρ、ϕ坐标. 导行波传输空间为 $\rho\in[0,a]$. 理论依然用理想导体分析这个空间以外的情况，即 $\sigma=\infty$.

1. 场分量和边界条件

采用圆柱坐标系后，电磁波的场分量分别是电场的 E_ρ、E_ϕ、E_z 分量和磁场的 H_ρ、H_ϕ、H_z 分量. 式（9.12）中的拉梅系数分别是 $h_1=1$ 和 $h_2=\rho$，用于计算横向场. 和矩形波导一样，圆波导也只需讨论 TE 波和 TM 波，求解相应的亥姆霍兹方程. 其中导行波的电场满足的边界条件要求 TE 波为

$$\left.\frac{\partial H_{0z}(\rho,\phi)}{\partial\rho}\right|_{\rho=a}=0 \tag{9.51}$$

TM 波为

$$E_{0z}(\rho,\phi)\big|_{\rho=a}=0 \tag{9.52}$$

同时电场和磁场也要满足有限值的物理要求，这要求在径向坐标的边界 $\rho=0$ 处，满足有限值的物理要求.

2．TE 模式的解

要求圆波导中的场满足 $E_z=0$ 和 $H_z=H_{0z}(\rho,\phi)\mathrm{e}^{-\mathrm{i}\beta z}\neq0$，和矩形波导一样求解支配方程式(9.10)的磁场方程. 将它作圆柱坐标系分离变量求解. 将磁场的 z 分量写为 $H_z(\rho,\phi)=R(\rho)\varPhi(\phi)$. 可以得到两个方程

$$\begin{cases}\rho^2\dfrac{\mathrm{d}^2R(\rho)}{\mathrm{d}\rho^2}+\dfrac{1}{\rho}\dfrac{\mathrm{d}R(\rho)}{\mathrm{d}\rho}+(\rho^2k_c^2-m^2)R(\rho)=0\\ \dfrac{\mathrm{d}^2\varPhi(\phi)}{\mathrm{d}\phi^2}+m^2\varPhi(\phi)=0\end{cases} \tag{9.53}$$

第二个方程的解为

$$\varPhi(\phi)=B\begin{bmatrix}\cos(m\phi)\\ \sin(m\phi)\end{bmatrix} \tag{9.54}$$

式中：B、m 为常数. 因为横截面上的场为稳态场，其上每点的值是固定值，这使得它的值随 ϕ 的变化具有周期性，所以要求常数 m 为整数值. 这也说明圆波导具有的轴对称性导致了波场极化方向的不确定性，使导波场沿方位方向上可同时存在正弦与余弦分布. 它们的存在相互独立、相互正交、截止波长相同，形成同一导模的极化简并.

再看式（9.53）的第一个方程. 这是一种贝塞尔方程，其解称为贝塞尔函数. 此方程的特点是常数 m 为整数，它的解是两种贝塞尔函数之和. 这两种贝塞尔函数分别是 m 阶贝塞尔函数 $\mathrm{J}_m(x)$ 和 m 阶诺伊曼函数 $\mathrm{N}_m(x)$. 并且它们按照下式组合构造出来的函数称为汉克尔函数，即

$$\mathrm{H}_m^{(1)}(x)=\mathrm{J}_m(x)+\mathrm{i}\mathrm{N}_m(x) \tag{9.55}$$

$$\mathrm{H}_m^{(2)}(x)=\mathrm{J}_m(x)-\mathrm{i}\mathrm{N}_m(x) \tag{9.56}$$

依次称为第一类 m 阶汉克尔函数 $\mathrm{H}_m^{(1)}(x)$ 和第二类 m 阶汉克尔函数 $\mathrm{H}_m^{(2)}(x)$. 表 9.1 列出函数在自变量为 0（阶数为 0、实部大于 0）时和自变量为∞时这些函数的表达式. 从数学上看，贝塞尔方程中的常数 m 也可以不是整数，仍然得到上述函数的解；此外自变量也可以是复数的情况，这时的解为虚宗量贝塞尔函数. 所以式（9.53）的解的表达式可以写为

$$R(\rho)=A_1\mathrm{J}_m(k_\mathrm{c}\rho)+A_2\mathrm{N}_m(k_\mathrm{c}\rho) \tag{9.57}$$

式中：A_1 和 A_2 为常数.

表 9.1　贝塞尔函数的表达式

$\mathrm{B}_m(\xi)$	$\xi\to 0$		$\xi\to\infty$
	$m=0$	$\mathrm{Re}\{m\}>0$	
$\mathrm{J}_m(\xi)$	1	$\dfrac{(\xi/2)^m}{\Gamma(m+1)}$	$\sqrt{\dfrac{2}{\pi\xi}}\cos\left(\xi-\dfrac{m\pi}{2}-\dfrac{\pi}{4}\right)$
$\mathrm{N}_m(\xi)$	$\dfrac{2}{\pi}\ln(\xi)$	$-\dfrac{\Gamma(m)}{\pi}\left(\dfrac{2}{\xi}\right)^m$	$\sqrt{\dfrac{2}{\pi\xi}}\sin\left(\xi-\dfrac{m\pi}{2}-\dfrac{\pi}{4}\right)$
$\mathrm{H}_m^{(1)}(\xi)$	$\mathrm{i}\dfrac{2}{\pi}\ln(\xi)$	$-\mathrm{i}\dfrac{\Gamma(m)}{\pi}\left(\dfrac{2}{\xi}\right)^m$	$\sqrt{\dfrac{2}{\pi\xi}}\exp\left[i\left(\xi-\dfrac{m\pi}{2}-\dfrac{\pi}{4}\right)\right]$
$\mathrm{H}_m^{(2)}(\xi)$	$-\mathrm{i}\dfrac{2}{\pi}\ln(\xi)$	$\mathrm{i}\dfrac{\Gamma(m)}{\pi}\left(\dfrac{2}{\xi}\right)^m$	$\sqrt{\dfrac{2}{\pi\xi}}\exp\left[-i\left(\xi-\dfrac{m\pi}{2}-\dfrac{\pi}{4}\right)\right]$

考虑到圆波导中心的场为有限值，根据表 9.2 可以看出 $N_m(0)=-\infty$ ，所以 $A_2=0$. 这样得到

$$H_{0z}(\rho,\phi)=A_1B\mathrm{J}_m(k_\mathrm{c}\rho)\begin{bmatrix}\cos(m\phi)\\ \sin(m\phi)\end{bmatrix}=H_{0m}\mathrm{J}_m(k_\mathrm{c}\rho)\begin{bmatrix}\cos(m\phi)\\ \sin(m\phi)\end{bmatrix} \tag{9.58}$$

其中 $H_{0m}=A_1B$. 再考虑到在波导壁处的边界条件，可知

$$\mathrm{J}_m'(k_\mathrm{c}\rho)=0 \tag{9.59}$$

这是 m 阶贝塞尔函数一阶导数为零的方程，有无穷多个解. 将它的第 n 个零点用 u_{mn} 表示，则可以得到截止波数

$$k_\mathrm{c}=\frac{u_{mn}}{a}\quad(n=1,2,3\cdots) \tag{9.60}$$

而各阶贝塞尔函数一阶导数的零点可以确定出来，表 9.2 是式（9.59）为 0、1、2 阶的前三个零点.

表 9.2　0 阶、1 阶和 2 阶贝塞尔函数一阶导数的前三个零值点

m	u_{m1}	u_{m2}	u_{m3}
0	3.832	7.016	10.173
1	1.841	5.331	8.536
2	3.054	6.706	9.969

于是得到方程的通解为

$$H_z(\rho,\phi,z)=\sum_{m=0}^{\infty}\sum_{n=1}^{\infty}H_{mn}\mathrm{J}_m\left(\frac{u_{mn}}{a}\rho\right)\begin{bmatrix}\cos(m\phi)\\ \sin(m\phi)\end{bmatrix}\mathrm{e}^{-\mathrm{i}\beta_{mn}z}\tag{9.61}$$

这表明圆波导中同样也可以存在无穷多种 TE 导模，以 TE_{mn} 表示. 不同的 m、n 代表不同的模式. 在横截面上，波场分量沿半径方向的变化规律是贝塞尔函数的形式或其导数的形式，波型指数 n 表示磁场径向分量沿半径分布的最大值的个数；m 表示场沿圆周方向按正弦或余弦的形式变化，表示场沿圆周方向分布的整波数. 场的各横向分量依然使用式（9.12）求出. 之后可以用 9.1.4 节的公式得到 TE_{mn} 模的波阻抗、传播常数、截止波长、截止频率等参数.

模式中具有贝塞尔函数最小零点值的模式对应于的截止波长最长. 从表 9.2 中看出这个模式是 TE_{11} 模，波长 $\lambda_{\mathrm{cTE}_{11}}=3.41a$. 这是圆波导中最常用的导模. 对应于 TE_{01} 模的零点值为 3.832，截止波长 $\lambda_{\mathrm{cTE}_{01}}=1.64a$，这也是一个常用的模式.

3. TM 模式的解

这要求波导中场的分量满足 $H_z=0$ 和 $E_z(\rho,\phi)=E_{0z}(\rho,\phi)\mathrm{e}^{-\mathrm{i}\beta z}\neq 0$. 作类似于 TE 波的分析可以得到圆波导中 TM 波的通解为

$$E_z(\rho,\phi,z)=\sum_{m=0}^{\infty}\sum_{n=1}^{\infty}\left\{E_{mn}\mathrm{J}_m\left(\frac{v_{mn}}{a}\rho\right)\begin{bmatrix}\cos(m\phi)\\ \sin(m\phi)\end{bmatrix}\mathrm{e}^{-\mathrm{i}\beta_{mn}z}\right\}\tag{9.62}$$

式中：v_{mn} 是 m 阶贝塞尔函数 $J_m(x)$ 的第 n 个零值点. 这是由 E_z 在波导内壁上为零的边界条件导致的. 表 9.3 中列出的是 0～2 阶贝塞尔函数的前三个零值. 图 9.5 是 0～4 阶贝塞尔函数的曲线图.

表 9.3　0、1、2 阶贝塞尔函数的前三个零值点

m	v_{m1}	v_{m2}	v_{m3}
0	2.405	5.520	8.654
1	3.832	7.016	10.173
2	5.136	8.417	11.620

因为 $k_{\mathrm{c}}a=v_{mn}$，所以得到截止波数为

$$k_{\mathrm{cTM}_{mn}}=\frac{v_{mn}}{a}\quad(n=1,2,3\cdots)\tag{9.63}$$

可见 TM 波也可在圆波导中无穷多的导模同时传输，为 TM_{mn} 模式. 场的各横向分量仍然可用式（9.12）求出用于场型分析，显示出指数 m、n 的有与 TE 模式相似的物理意义，得到

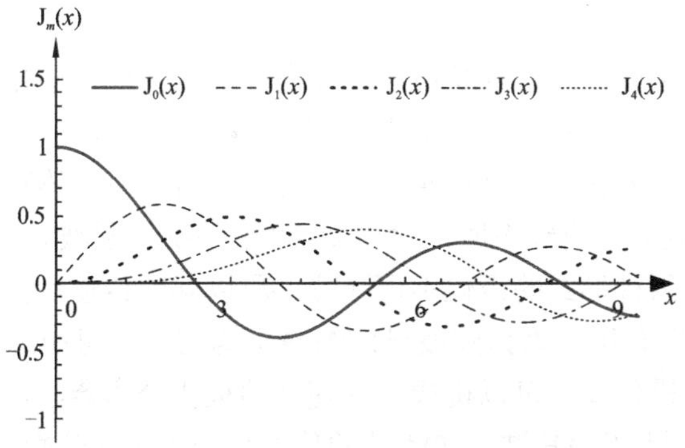

图 9.5 0～4 阶贝塞尔函数的曲线图

波阻抗、传播常数、截止波长、截止频率等参数. 具有最小值的零点导模是 TM_{01} 模，其截止波长为 $\lambda_{cTM_{01}}=2.62a$，这也是一个常用模式.

4. 传输特性

（1）截止参数. 根据上述分析方法可以得 TE_{mn} 和 TM_{mn} 的截止参数. 可见两者参数在同样的 mn 下并不相同，这是由于它们分别是由 m 阶贝塞尔函数一阶导数的第 n 个零值点和 m 阶贝塞尔函数的第 n 个零值点确定的. 比如 TM_{mn} 的截止频率由下式给出

$$f_{cTM_{mn}}=\frac{k_{cmn}}{2\pi a\sqrt{\mu\varepsilon}}=\frac{v_{mn}}{2\pi a\sqrt{\mu\varepsilon}} \tag{9.64}$$

把 v_{mn} 用 u_{mn} 取代就可得到 TE_{mn} 模式的相应参数.

（2）模式分析. 利用表 9.2 和 9.3 给出的数据可以做出圆波导不同模式截止波长的分布图（图 9.6）. 除了类似于矩形波导的截止区、主模区和多模区三个传输分区. 可以看出模式中，TE_{11} 模的截止波长最长，为主模，其次为 TM_{01} 模. 最低的三种常用模式的截止波长分别为 $\lambda_{cTE_{11}}=3.412\,6a$、$\lambda_{cTM_{01}}=2.671\,27a$ 和 $\lambda_{cTE_{01}}=1.639\,8a$.

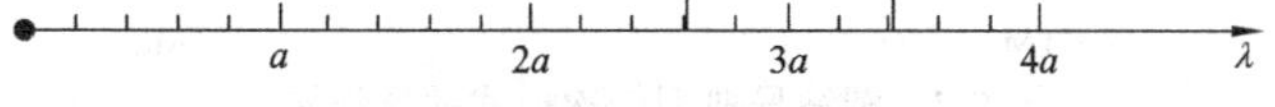

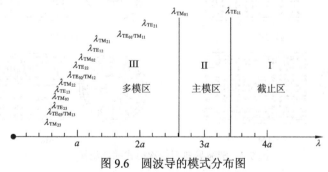

图 9.6 圆波导的模式分布图

圆波导的模式简并与矩形波导的不同，它有两种. 第一种是 E-H 简并. 这指的是圆波导的 TE_{0n} 导模和 TM_{1n} 导模的传输特性相同，它们是简并的. 因为根据贝塞尔函数的性质有

$$\frac{\mathrm{d}}{\mathrm{d}x}[J_n(x)]=\frac{n}{x}J_n(x)-J_{n+1}(x) \tag{9.65}$$

可见 $J_0'(x)=-J_1(x)$. 所以 $u_{0n}=v_{1n}$，这说明 $k_{cTE_{0n}}=k_{cTM_{1n}}$，$\lambda_{cTE_{0n}}=\lambda_{cTM_{1n}}$，当然导致相同的相位

常数 $\beta_{\mathrm{cTE}_{0n}}=\beta_{\mathrm{cTM}_{1n}}$.

第二种简并形式是极化简并，这是波导中横向电磁场的任何极化方式，其传输特性相同的情况. 因为任意极化方式的电磁波都可以看成是偶对称极化波和奇对称极化波的线性组合，偶对称极化波和奇对称极化波具有相同的场分布，这对于传输特性相同的电磁波而言就是极化简并. 前面的理论分析已经表明，对于 $m\neq0$ 的情况，圆波导中导模的正弦（奇对称）和余弦（偶对称）分布两种形式的极化不可区分，所以其中传输特性相同的导模是极化简并的. 圆波导的极化简并很有用，因为圆波导的细微不均匀变化可引起波在传播过程中的极化旋转，从而导致不能单模传播，可以构成工程使用的极化分离器、极化衰减器等微波器件.

（3）传输功率. 可以导出 TE 波和 TM 波的传输功的表达式分别为

$$P_{\mathrm{TE}_{mn}}=\frac{\pi a^2}{2\delta_m}\left(\frac{\beta}{k_{\mathrm{c}}}\right)^2 Z_{\mathrm{TE}}\mathrm{H}_{mn}^2\left(1-\frac{m^2}{k_c^2a^2}\right)\mathrm{J}_m^2(k_{\mathrm{c}}a) \tag{9.66}$$

和

$$P_{\mathrm{TM}_{mn}}=\frac{\pi a^2}{2\delta_m}\left(\frac{\beta}{k_{\mathrm{c}}}\right)^2 \frac{E_{mn}^2}{Z_{\mathrm{TM}}}\mathrm{J}_{mn}'^2(k_{\mathrm{c}}a) \tag{9.67}$$

其中，$\delta_m=\begin{cases}2, m\neq0\\1, m=0\end{cases}$.

5. 场结构与常用模式分析

和矩形波导模式的场结构分析方法一样，这里给出表达式和直观的场线分布图，分析其导模场型的特点. 这里先分别绘出的 TE_{11}、TE_{01}、TM_{11} 和 TM_{01} 几种导模的场型图和传播方向的场分布，如图 9.7 所示. 然后结合表达式和场图，分别分析工程常用模式的特点. 读者可以根据公式分辨图中实线虚线表示电力线、磁力线情况.

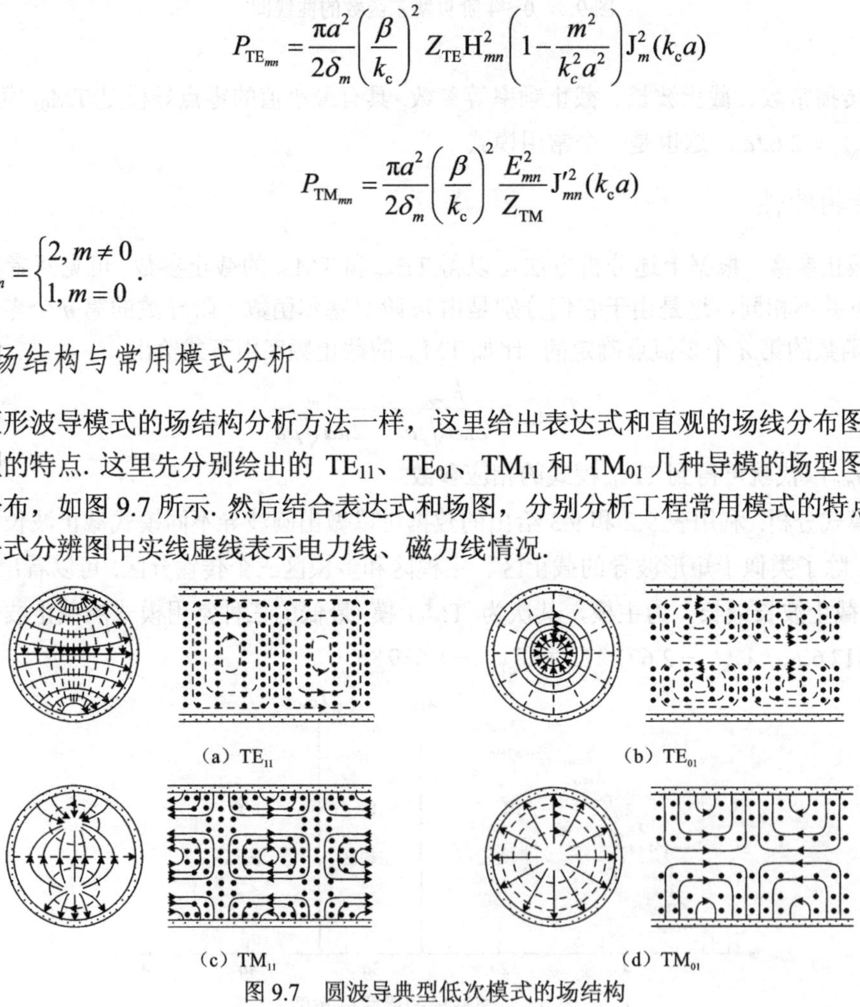

（a）TE_{11}　（b）TE_{01}

（c）TM_{11}　（d）TM_{01}

图 9.7　圆波导典型低次模式的场结构

工程常用的三种模式是主模 TE_{11} 以及 TM_{01} 和 TE_{01}. 这里以 TE_{11} 为例进行说明.

TE_{11} 模是圆波导的主模，因为它对应的截止波长 $\lambda_{\mathrm{cTE}_{11}}=3.41a$ 最长. 图 9.7（a）表明，TE_{11} 模的场结构和矩形波导的 TE_{10} 模的场结构相似，即横截面上场的电力线和磁力线相互垂直分别起于波导壁一边止于另一边的波导壁，而沿着传播方向上场的磁力线闭合存在，向前传播. 圆波导和矩形波导的渐变过渡，相同主模频率的电磁波就能通过这种渐变金属波导结构在两种波导中传播，也就是使矩形波导的 TE_{10} 模和圆波导的 TE_{11} 模自然地过渡. 这样两种波导的主模可以相互激励或注入对方，使用中这样构成的器件称为方圆波导变换器.

TE_{11} 模容易实现单模传输，在圆波导的极化衰减器、波型变换器和铁氧体环行器均采用这个模式. 圆波导使得其 TE_{11} 模存在极化简并，当波导存在椭圆度时，就会分列出正弦和余弦模式，并使它不宜用来传输微波能量和信号. 所以应用中不用它作为微波传输系统，而用它构成一些双极化元件，如极化分离器、极化衰减器等.

可以求出这个模式的传输功率为

$$P_{\mathrm{cTE}_{11}}=\frac{1}{2}\mathrm{Re}\int_0^a\int_0^{2\pi}\boldsymbol{E}\times\boldsymbol{H}^*\cdot\boldsymbol{e}_z\mathrm{d}\phi\mathrm{d}\rho=\frac{\pi\omega\mu\beta_{\mathrm{cTE}_{11}}|H_{11}^2|}{4k_{\mathrm{cTE}_{11}}^2}(u_{11}^2-1)\mathrm{J}_1^2(k_{\mathrm{cTE}_{11}}a) \tag{9.68}$$

有限导电率金属圆波导的单位长度功率损耗为

$$P_l=\frac{R_\mathrm{S}}{2}\int_0^{2\pi}\left|\boldsymbol{J}_\mathrm{S}^2\right|a\mathrm{d}\phi=\frac{\pi R_\mathrm{S}a\left|H_{11}\right|^2}{2}\left(1+\frac{\beta_{\mathrm{cTE}_{11}}^2}{k_{\mathrm{cTE}_{11}}^4a^2}\right)\mathrm{J}_1^2(k_{\mathrm{cTE}_{11}}a) \tag{9.69}$$

这样可以求得圆波导的导体衰减

$$\alpha_{\mathrm{c}11}=\frac{P_l}{2P_{\mathrm{cTE}_{11}}}=\frac{R_\mathrm{S}}{ak\eta\beta_{\mathrm{cTE}_{11}}}\left(k_{\mathrm{cTE}_{11}}^2+\frac{k_{\mathrm{cTE}_{11}}^2}{u_{11}^2-1}\right)\ \mathrm{Np/m} \tag{9.70}$$

介质的衰减系数仍然是矩形波导情况的表达式.

*9.3 同 轴 线

金属波导单导体构成封闭区域传输导行波的导行系统，导波空间无导体，是典型的单导体系统，在需要高功率容量和电磁兼容等方面具有优势，也有不能传输低频信号等限制. 在低频应用等场合常用同轴线作为导行系统. 同轴线是一种双导体系统，构成它的导体有内外两个. 内导体是半径为 a 的圆柱，外导体具有与内导体同轴、半径为 b 圆柱空洞，两者之间填充介质隔开. 可以看成圆柱波导传输空间中插入了半径为 a 的导体圆柱. 它可以传输 TEM 波. 通常同轴线以 TEM 波模式工作，广泛用作宽频带馈线，设计宽带元件等.下面的分析表明，当同轴线的横向尺寸和工作波长可以比拟时，同轴线中也会出现 TE 导模和 TM 导模，但它们是同轴线的高次模.

同轴线和圆波导一样具有轴对称性，因而使用圆柱坐标系分析其中的波场分布. 设同轴线的几何尺寸、物质参数和工作电压如图 9.8 所示. 这样可利用场理论分析其场矢量在同轴线内的空间分布和传输特性.

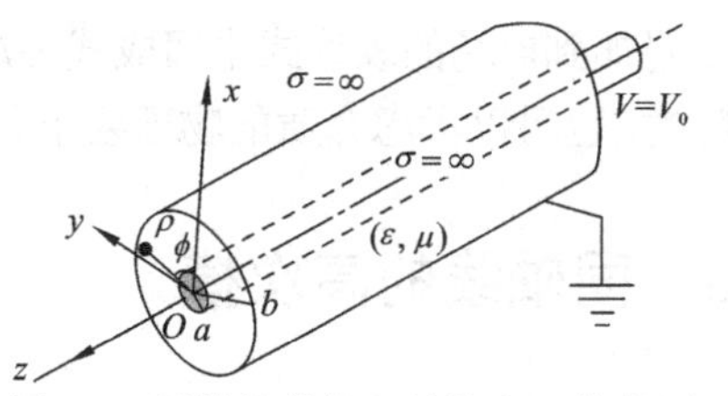

图 9.8 同轴线的物理结构和工作电压

9.3.1 TEM 导波场

这时，电场和磁场沿轴线的分量都为零，所以 $E_z=H_z=0$，并且电场可写为

$$\boldsymbol{E}(\rho,\phi,z)=\boldsymbol{E}_\mathrm{t}(\rho,\phi,z)=\boldsymbol{E}_\mathrm{t}(\rho,\phi)\mathrm{e}^{-\mathrm{i}\beta z} \tag{9.71}$$

根据方程（9.3a），可以和静电场一样引入标量位函数 $\varphi(\rho,\phi)$ 表示电场，并得到电位函数满足

拉普拉斯方程. 在图 9.8 所示的圆柱坐标系中，它变成 4.2.3 节中的求解问题. 电场的边界条件为 $\varphi(a,\phi)=V_0$、$\varphi(b,\phi)=0$. 圆周上电位为常数使得通解（4.28）中 $n=0$. 这样确定出通解待定系数为 $C_0=\dfrac{V_0}{\ln(a/b)}$、$C_2=-\ln b\dfrac{V_0}{\ln(a/b)}$. 其电位函数为

$$\varphi(\rho,\phi)=\frac{V_0\ln(b/\rho)}{\ln(b/a)} \tag{9.72}$$

所以同轴线两导体之间的空间中的电场为

$$\boldsymbol{E}(\rho,\phi,z)=\boldsymbol{e}_\rho\frac{V_0}{\rho\ln(b/a)}\mathrm{e}^{-\mathrm{i}\beta z}=\boldsymbol{e}_\rho E_\mathrm{m}\mathrm{e}^{-\mathrm{i}\beta z}$$

其中，电场的振幅为 $E_\mathrm{m}=\dfrac{V_0}{\rho\ln(b/a)}$，传播常数为 $\beta=k=\omega\sqrt{\mu\varepsilon}$，和均匀平面电磁波的相同，无色散.

显然其电场具有均匀平面电磁波的形式. 其存在空间也是各向同性的均匀介质，所以 7.2 节中的关于电场磁场的讨论结果也适用于 TEM 模式. 其波阻抗为 $\eta=\sqrt{\mu/\varepsilon}$ 是同轴线内填充介质的本征阻抗.

9.3.2 TEM 波模的传输特性

一方面同轴线在介质中传输的导行波可用 7.2 节的结论描述. 求其电磁场传输功率为

$$P=\frac{1}{2}\mathrm{Re}\left\{\int_S \boldsymbol{E}\times\boldsymbol{H}^*\cdot\mathrm{d}\boldsymbol{S}\right\}=\frac{1}{2}\frac{2\pi V_0^2}{\eta}\ln(b/a)$$

这和电路理论的结果一致. 它说明传输线上的功率流完全是通过导体之间的电场和磁场传输的，而不是由导体本身传输的.

但是它的边界不是无界空间，而是导体. 理论分析时使用理想导体. 工程使用中和矩形波导一样. 需要考虑导体损耗. 可以得到导体的衰减常数为

$$\alpha_\mathrm{c}=\frac{R_\mathrm{S}}{2\eta\ln(b/a)}\left(\frac{1}{a}+\frac{1}{b}\right)\ \mathrm{Np/m}$$

它可以附加到电场的表达式中写成式（7.34）的形式，再类似 7.4 节中一样深入分析 TEM 波的传输特性. 也可以考虑介质的物理要求分析最大传输功率容量、最大耐压和最小损耗的问题.

9.3.3 同轴线的高次模

给定的尺寸条件下，除 TEM 导模外，同轴线中也会出现 TE 导模和 TM 导模. 应用中通常要求这些高次模处于截止条件下，致使在传输不连续处或激励源附近起电抗作用. 掌握这些模式的情况非常重要，这样可以有效地在使用情况中避免它们在同轴线中传播，影响所需传输微波能量或信号的质量. 分析的过程类似圆柱波导，但是求解时的边界 $\rho=0$ 的有限值条件，变为 $\rho=a$ 的电场切向分量为零的条件. 圆柱波导分析中的通解式（9.57）的两项都要保留求解.

1. TM 导模

这时电场轴向分量在内外导体的表面和内表面上为零，得到

$$\begin{cases} A_1\mathrm{J}_m(k_\mathrm{c}a)+A_2\mathrm{N}_m(k_\mathrm{c}a)=0 \\ A_1\mathrm{J}_m(k_\mathrm{c}b)+A_2\mathrm{N}_m(k_\mathrm{c}b)=0 \end{cases}$$

这样得到 TM 波模 k_c 的本征值方程为

$$\frac{\mathrm{J}_m(k_\mathrm{c}a)}{\mathrm{J}_m(k_\mathrm{c}b)}=\frac{\mathrm{N}_m(k_\mathrm{c}a)}{\mathrm{N}_m(k_\mathrm{c}b)}$$

满足此式的 k_c 就决定了 TM 波模 TM_{mn} 模式. 但这是一个超越方程，可以用数值方法求解，也可以用如下的近似求解. 当 $k_\mathrm{c}a$、$k_\mathrm{c}b$ 都很大时，第一类贝塞尔函数和第二类贝塞尔函数可用三角函数近似如下：

$$\begin{cases} \mathrm{J}_m(x)\approx\sqrt{\dfrac{2}{\pi x}}\cos\left(x-\dfrac{2m+1}{4}\pi\right) \\ \mathrm{N}_m(x)\approx\sqrt{\dfrac{2}{\pi x}}\sin\left(x-\dfrac{2m+1}{4}\pi\right) \end{cases}$$

这样容易得到

$$\sin[(b-a)k_\mathrm{c}]=0$$

所以有

$$k_\mathrm{c}=\frac{n\pi}{b-a}\quad (n=1,2,3\cdots)$$

这样可以求出 TM_{mn} 导模的截止波长近似为

$$\lambda_{\mathrm{cTM}_{mn}}\approx\frac{2}{n}(b-a)$$

其最低次模 TM_{01} 的截止波长近似为

$$\lambda_{\mathrm{cTM}_{01}}\approx 2(b-a)$$

2. TE 模

同样的求解过程，但考虑到只有磁场的轴向分量，其边界条件是在内导体表面和外导体的内表面上该分量对径向的导数为零，就得到截止波数满足的本征方程为

$$\frac{\mathrm{J}'_m(k_\mathrm{c}a)}{\mathrm{J}'_m(k_\mathrm{c}b)}=\frac{\mathrm{N}'_m(k_\mathrm{c}a)}{\mathrm{N}'_m(k_\mathrm{c}b)}$$

这个方程的第一个近似解为

$$k_{\mathrm{cTE}_{11}}\approx\frac{2}{b+a}$$

相应的波长为

$$\lambda_{\mathrm{cTE}_{11}}=\pi(a+b)$$

考虑通常的应用，要保证不出现高次模的传输. 而上述的分析得出波长最长的高次模为 TE_{11} 导模，所以工作波长应满足

$$\lambda>\pi(a+b)$$

或者说

$$a+b<\frac{\lambda}{\pi}$$

实际设计中，同轴线通常允许取5%的保险系数，这样就要在满足上述条件的情况下，对同轴线的传输特性优化后确定出尺寸 a 和 b.

*9.4 介质波导：光纤

现代通信技术对高端微波频谱（如毫米波、THz等频段）和光波频段利用新问题的不断解决，形成了印刷电路、集成电路、集成光路的导行系统. 比如高次模导致的微带电路设计问题，探索板上波导技术，解决高速、大容量等问题使用光技术等. 对介质用于导行技术的争论也是一个方面. 它仅使用介质约束导行波，没有导体存在，金属导体存在的许多缺点如导体损耗、材料贵重等得以避免. 光纤技术是这个方面的典型. 它是正在迅猛发展中的一门技术，工作于光学频段，具有损耗低、频带宽、线径细、重量轻、可挠性好、抗电磁干扰、耐化学腐蚀、原料丰富、制造过程能耗少、节约大量有色金属等突出优点. 光纤的发展与应用是相辅相成的，随着光纤制造工艺的不断完善、发展和涉及理论的突破，越来越多的新特性和新应用不断开发. 本节以阶跃光纤为代表介绍光纤的基本知识和基本导波理论.

9.4.1 光纤介绍

1. 光纤及其结构

光纤（optical fiber）是传光的纤维波导或光导纤维的简称. 通常，它是由高纯度的石英玻璃为主掺少量杂质锗（Ge）、硼（P）、磷（P）等材料制成的细长的圆柱形（通常直径为几微米到几百微米）. 其典型结构是多层同轴圆柱体，如图9.9所示，自内向外的两个同轴区中内区称为纤芯，外区称为包层，在包层外面还有一层起支撑保护作用的套层. 核心部分是纤芯和包层，纤芯是光波的主要传输通道、高度透明；包层的折射率略小于纤芯，使光的传输性能相对稳定. 纤芯粗细、纤芯材料和包层材料的折射率，对光纤的特性起决定性影响.

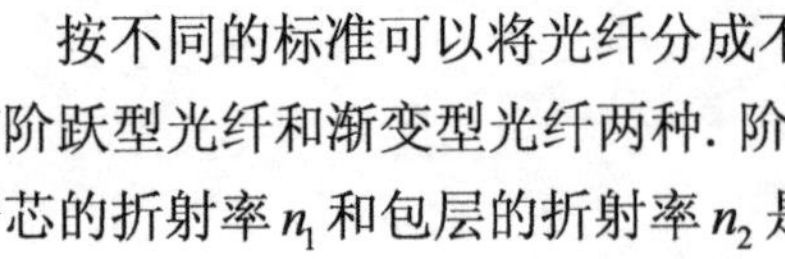

图9.9 光纤的结构图

2. 光纤的分类

按不同的标准可以将光纤分成不同的种类. 根据折射率在横截面上的分布形状划分时，有阶跃型光纤和渐变型光纤两种. 阶跃型光纤在纤芯和包层交界处的折射率呈阶梯形突变，纤芯的折射率 n_1 和包层的折射率 n_2 是均匀常数. 渐变型光纤纤芯的折射率 n_1 随着半径的增加而按一定规律（如平方律、双正割曲线等）逐渐减少，到纤芯与包层交界处为包层折射率 n_2，纤芯的折射率不是均匀常数. 根据光纤中传输模式的多少，可分为单模光纤和多模光纤两类. 下面以阶跃型光纤为例分析其原理.

9.4.2 阶跃型光纤的导行波理论

光纤研究中最常用的是几何光学理论和波动理论. 它们是在高频近似条件下，麦克斯韦方程的不同演化，前者只考虑传播路径上的传输特性. 后者则可以全面分析模式和传输特性. 下面讨论后者用于阶跃型光纤的分析.

1. 坐标系和波场的特点

由于光纤是圆柱形，所以圆柱坐标系分析. 图 9.10 给出了阶跃光纤的横截面示意图. 其中半径为 a 的纤芯的折射率 $n_1=\sqrt{\mu_{r_1}\varepsilon_{r_1}}$，外径为 b 的包层的折射率为 $n_2=\sqrt{\mu_{r_2}\varepsilon_{r_2}}$. 导行光波的在纤芯内传播，经过包层的导行光波迅速衰减.

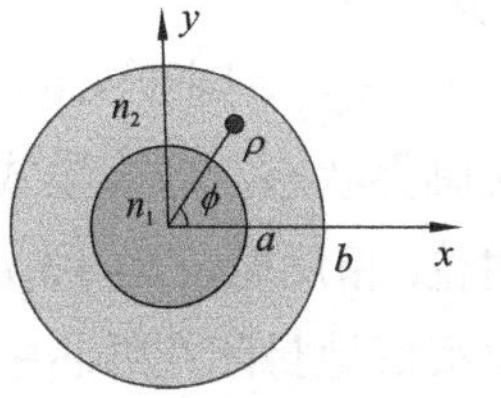

图 9.10 阶跃光纤的横截面

2. 场方程及其解

由于是轴对称性的介质空间，所以使用和同轴线相同的基本方程进行分析. 不同的是需要分析的电场和磁场都有 z 轴分量的情形. 边界条件方面，导行波存在空间的边界是纤芯和包层的边界（$\rho=a$），还有空间坐标的边界$\rho=0$，a 和∞. 纤芯和包层的边界要求电场和磁场的轴向分量等切面分量连续. 物理上要求轴线上电场和磁场有限，离开纤芯后迅速衰减，在无穷远处为零.

其中场的通解为式（9.54）的正弦与余弦函数和式（9.55）的贝塞尔函数相乘构成. 最后根据边界条件选择适当的贝塞尔函数，形成模式的本征方程，确定存在模式的参数和电磁场表达式等.

在纤芯中（$\rho\leqslant a$），$k=k_1=k_0n_1$. 对于传输导模，在纤芯中沿径向应呈驻波分布，通解应该具有传播意义的传播因子，满足$k_0^2n_1^2-\beta^2>0$的条件. 同时，纤芯包含了$\rho=0$ 的点，场分量应为有限值要求只能含有第一类贝塞尔函数 J_m，令

$$u^2=(k_0^2n_1^2-\beta^2)a^2$$

可得到

$$\begin{bmatrix}E_{1z}\\H_{1z}\end{bmatrix}=\begin{bmatrix}A\\B\end{bmatrix}\mathrm{J}_m\left(\frac{u\rho}{a}\right)\mathrm{e}^{(\mathrm{i}m\varphi)}\,\mathrm{e}^{(-\mathrm{i}\beta z)}$$

式中：A、B 为常系数.

在包层里（$\rho>a$），$k=k_2=k_0n_2$. 对于传输导模，在包层里场分量应迅速衰减，应满足$k_0^2n_2^2-\beta^2<0$的条件. 式（9.55）中的贝塞尔方程变成变型贝塞尔方程的解. 其解是虚宗量贝塞尔函数和虚宗量汉克尔函数 K_m 的线性组合. $\mathrm{J}_m(x)$ 的自变量由实数变为虚数得到虚宗量贝塞尔函数，K_m 可由虚宗量贝塞尔函数组合得到或者由第一类汉克尔函数取虚数自变量变换得到. 由于包层之外无穷远处电磁场为零，所以保留虚宗量汉克尔函数. 令 $w^2=(\beta^2-k_0^2n_2^2)a^2$，可得到

$$\begin{bmatrix}E_{2z}\\H_{2z}\end{bmatrix}=\begin{bmatrix}C\\D\end{bmatrix}\mathrm{K}_m\left(\frac{w\rho}{a}\right)\mathrm{e}^{(\mathrm{i}m\varphi)}\,\mathrm{e}^{(-\mathrm{i}\beta z)}$$

式中：C、D 为常系数. 结合参量 u 和 w，可以定义光纤的重要的结构参量 V 为

$$V^2 = u^2 + w^2 = \left(\frac{2\pi a}{\lambda_0}\right)^2 (n_1^2 - n_2^2)$$

可见它与波导尺寸（芯半径 a）、真空中的波数 k_0 成正比. 它也称为光纤的归一化频率. 它是决定光纤中模式数量的重要参数.

从以上的求解过程也可以得出导模的传输条件. 为了得到纤芯里传输、包层里迅速衰减的解的形式，必须满足 $k_0^2 n_1^2 - \beta^2 > 0$ 和 $k_0^2 n_2^2 - \beta^2 < 0$. 因此，导模的传输常数的取值范围为 $k_0 n_2 < \beta < k_0 n_1$.

若 $\beta < k_0 n_2$，则 $w^2 < 0$，这时包层里也得到传输形式的解，这种模称为辐射模. $\beta = k_0 n_2$ 表示一种临界状态，成为模式截止状态，模式截止时的一些性质往往通过 $w \to 0$ 时的特征方程式来讨论. 相反地，$\beta \to k_0 n_1$ 或 $u \to 0$ 的情况是一种远离截止的情况，模式远离截止时其电磁场能量很好地封闭在纤芯中.

由于纤芯和包层界面场的切向分量应满足连续的条件，可得到特征方程：

$$\left[\frac{\mathrm{J}'_m(u)}{u\mathrm{J}_m(u)} + \frac{\mathrm{K}'_m(w)}{w\mathrm{K}_m(w)}\right] \cdot \left[\frac{n_1^2}{n_2^2}\frac{\mathrm{J}'_m(u)}{u\mathrm{J}_m(u)} + \frac{\mathrm{K}'_m(w)}{w\mathrm{K}_m(w)}\right] = m^2 \left(\frac{n_1^2}{n_2^2}\frac{1}{u^2} + \frac{1}{w^2}\right)\left(\frac{1}{u^2} + \frac{1}{w^2}\right)$$

对于通信中所用的弱导波光纤（弱导光纤），$w \to 0$，上式可简化为

$$\frac{\mathrm{J}'_m(u)}{u\mathrm{J}_m(u)} + \frac{\mathrm{K}'_m(w)}{w\mathrm{K}_m(w)} = \pm m\left(\frac{1}{u^2} + \frac{1}{w^2}\right) \tag{9.73}$$

这就是弱导光纤特征方程. 式中“±”表示方程有两组解，取“+”号为一组解，对应的模式为 EH 模；取“-”号为另一组解，对应的模式为 HE 模.

9.4.3 弱光纤中的模式分析

光纤传输模式分别对应于 m 是否等于 0 的情况进行讨论. $m=0$ 有两套波型，TE_{0n} 模和 TM_{0n} 模，这里的 m 表示圆周方向的模数，n 表示径向的模数. 由波导方程式可知，对于 TM_{0n} 模，仅有 E_z、E_r 和 H_ϕ 分量，$H_z = H_r = E_\phi = 0$；而对于 TE_{0n} 模，仅有 E_ϕ、H_r 和 H_z 分量，$E_z = E_r = H_\phi = 0$. $m=0$ 意味着 TE 模和 TM 模的场分量沿圆周方向没有变化. $m \neq 0$ 时，E_z 和 H_z 分量都不为零，为混合模. 对于弱导光纤，用它的特征方程分析得到各种模式的截止条件，就可确定各种模式的截止频率.

对 m 的不同取值分析求解特征方程（9.73），发现光纤各种模式的 $u_c = u_{mn}$ 是贝塞尔函数相应于表 9.3 中的根，包括 TE_{0n} 模和 TM_{0n} 的 u_{c0n}、EH_{mn} 模和 HE_{mn} 的 u_{cmn} 等. 可以确定 HE_{11} 模式光纤的主模，这种模式对于任意的光波长都能在光纤中传输，它的截止频率为零. 相应的传输的条件为

$$V < 2.405$$

和其他波导一样，分析阶跃折射率光纤中存在哪些模式，也可以使用模式图来判断. 由光纤的参数及工作波长计算出归一化频率 V 后，从图 9.11 中就可以判断光纤中可能存在几种模式传输.

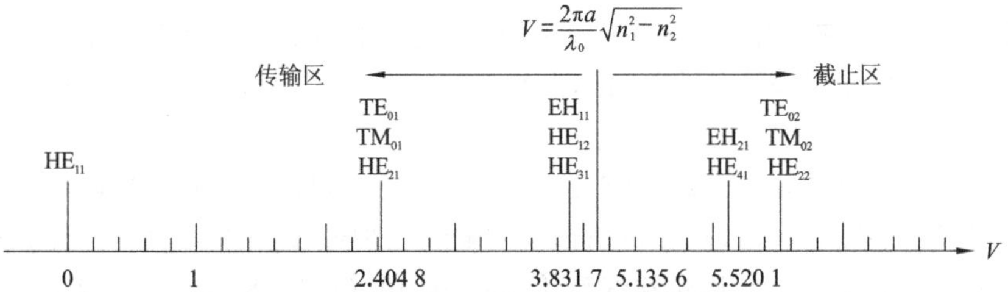

图 9.11　阶跃光纤的模式图和导模传输条件

9.4.4　光纤的数值孔径

$n_0\sin\theta_{max}$ 定义为光纤的数值孔径，用 NA 表示. 它的平方是光纤端面集光能力的量度. 空气的折射率 $n_0\approx 1$，因此，对于一根光纤，其数值孔径为

$$\mathrm{NA}=\sqrt{n_1^2-n_2^2}$$

定义纤芯和包层的相对折射率差 Δ 为

$$\Delta=\frac{n_1^2-n_2^2}{2n_1^2}\approx\frac{n_1-n_2}{n_1}$$

则光纤的数值孔径 NA 可以表示为

$$\mathrm{NA}=\sqrt{n_1^2-n_2^2}=n_1\sqrt{2\Delta}$$

NA 是表示光纤波导特性的重要参数，它反映光纤与光源或探测器等元件耦合时的耦合效率. 应注意，光纤的数值孔径 NA 仅决定于光纤的折射率，而与光纤的几何尺寸无关.

*9.5　传输线理论

前面章节中讲述工程应用中基于场理论的导行装置可以在数百 MHz 至光学频段的频率使用. 现代工程中广泛使用频率更低的电磁信号，组成传统电缆传输电路到现代 GHz 的板上和片上电路的导行问题. 这些都是人们将电磁信号或/和能量进行定向传输的各种形式传输系统，可统一称为传输线. 在历史的发展中形成了传输线理论，它使在传统电路中、传输模式参量正确对应时场理论中也能方便使用的路理论. 它将电路理论、场理论和复杂系统物理结构有效地联系起来解决电路的设计、分析和实现的问题，具有电路层面易于理解、计算比场理论更为简便等各种优点，是现代电子工程设计、测量和分析中常用的基本理论. 本节简单介绍其中的基础知识.

9.5.1　传输线理论的基本电路模型

传输线也是电磁波导行的物理系统. 系统中的任意元件、结构和子系统都可以看成传输线. 它们按照系统性能要求构成系统整体结构. 作为理想的理论简化，电路上它们都可以看成由多段规则导行结构组合而成. 每一段的这种结构称为均匀传输线，对应的真实物理器件称为物理传输线. 这些物理传输线按构成主要分为三类：由两根或两根以上的平行导体构成双多导体传输线、前面场理论分析的均匀填充介质的单导体结构金属波导和没有导体的光纤等介质传输线. 在追求电磁应用的过程中，频率越来越高的电磁信号使电路演变成长线，形成了基于等效电路的传输线理论（transmission line theory）. 它用习惯的电压和电流的概念来描述信号的传输特征，而且电路的频率效应必须考虑.

当电路上频率引起的分布参数效应（分布参数电路）显现出工程的影响时，传统电路理论的修正形成了传输线的基本理论. 这可以从传输线的物理长度d和电磁信号的波长λ相比来区分使用传统电路理论或是使用传输线理论. 这个比值（d/λ）称为传输线的电长度. 尽管不同的应用可有不同的区分原则，理论上可以认为大于 1 时称为长线，需要使用传输线理论分析；反之则为短线可以使用电路理论分析. 它们分别对应于分布参数电路和集总参数电路. 在低频电路中，常常可以忽略元件的分布参数效应，认为电场能量全部集中于电容器中，磁场能量集中在电感器中；只有电阻元件消耗电磁能量；连接元件的导线是既无电阻也无感抗容抗的理想连接线，这些由集总元件构成的电路被称为集总参数电路. 电磁波频率高的情况下，趋肤效应使导体表面流过高频电流，使导线的有效导电截面积减小，高频电阻加大，使导线各处都存在损耗，形成分布电阻效应；同时高频电流会在导线周围产生沿线分布的高频磁场，产生分布电感效应；同时导线之间有不可忽略的电压降存在，形成沿线分布的高频电场，导致分布电容；再加上导线周围存在非理想介质，存在漏电现象，出现分布电导效应. 这种电路就是分布参数电路，具有电阻、电感、电容和电导.

传输线的分布参数是用单位长度的概念定义，分别为电感率L、电容率C、电阻率R和电导率G. 它们可以根据前面电磁场的有关原理用电场和磁场得到，比如常见的平行双导线电容率和电感率可用习题 3.22 和 5.18 的方法求解，同轴线的电容率和电感率使用习题 3.33 和 5.17 的方法求解. 传输线上的电压根据电位直接和传输线上电场的空间变化相对应，电流根据磁通量变化直接和环绕传输线的闭合路径对应，分别变成对应导模的电压和电流，宏观上满足基尔霍夫电压和电流定律.

传输线理论分析中将长线离散化为短线，使用集总参数的电阻、电感、电容和电导组成电路网络，构成等效电路模型，逐点分析传输线上的电压电流变化，形成了传输线理论. 这时导行系统可等效为均匀平行双导线系统讨论. 在电路中信号源、负载和各种元器件都可以等效为均匀传输线通过串并接地组合起来构成完整系统. 考虑系统始端端接信源u_s，终端端接负载Z_l，中间由均匀传输线直线连接起来的基本系统，这个基本模型如图 9.12（a）所示. 图中画出了电路中建立的坐标轴 z，它沿传输线由负载指向信源，坐标原点取在终端. 对于由信源向负载的信号传输目标而言，该电路中注入的微信号沿负 z 向传输. 长线中分布参数和电路中的具体位置相关，为此图 9.12（a）电路上的长度为Δz 微分元，可看成图 9.12（b）中长为 Δz 的集总参数电路进行分析. 这个集总参数电路就是传输线理论的基本电路模型.

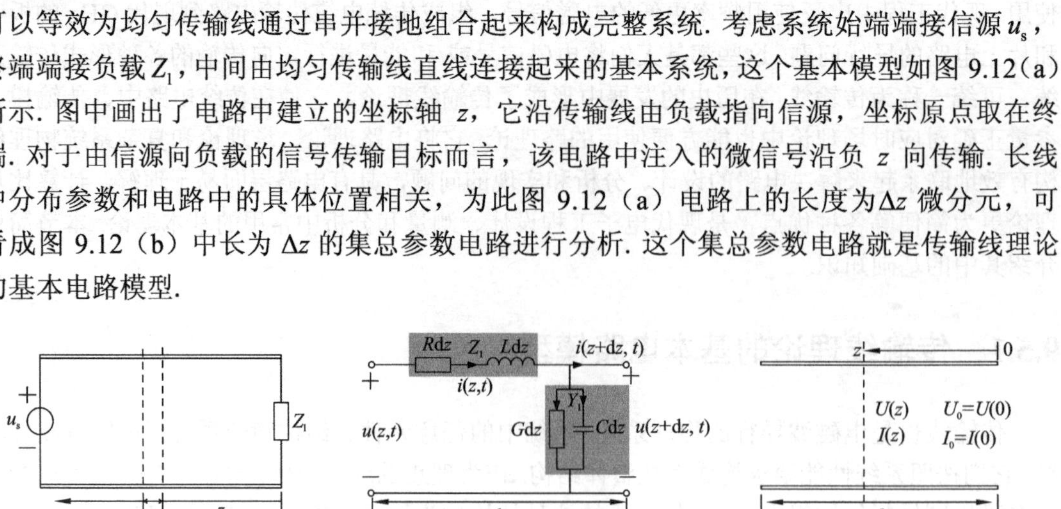

（a）均匀传输线传输系统　　（b）传输线微元的等效电路模型　　（c）已知终端电压终端电流的传输线

图 9.12　基本模型

9.5.2 基本传输线理论

现在详细分析图 9.12（b）的集总参数等效电路模型. 这段传输线由导体和分开它们的媒质构成，导体具有一定的电阻率，形成电阻；导体之间的媒质不是理想介质可以漏电，形成电导；导体之间电场形成电容；其中的电流和对应的磁场形成电感. 于是构成了图中串接电阻电感和并接电导电容的电路网络结构. 前面章节可以得到这四个等效元件上的电压和电流关系，再用基尔霍夫电压和电流定律可以得到电压电流的控制方程，从而确定出由集中参数是电阻 $R\Delta z$、电容 $C\Delta z$、电感 $L\Delta z$ 和（漏）电导 $G\Delta z$ 给出的电压电流波动特性和传输线特性的描述参数.

1. 控制方程

设时刻 t 线元 Δz 两端分别具有的电压和电流为：$u(z,t)$、$i(z,t)$ 和 $u(z+\Delta z,t)$、$i(z+\Delta z,t)$，则两端的电压和电流差为

$$\begin{cases} u(z+\Delta z,t)-u(z,t)=-\dfrac{\partial u(z,t)}{\partial z}\Delta z \\ i(z+\Delta z,t)-i(z,t)=-\dfrac{\partial i(z,t)}{\partial z}\Delta z \end{cases} \tag{9.74}$$

等效电路网络中各元件的电压和电流关系是：串接电阻符合微分形式的欧姆定律有 $u_R=Ri\Delta z$；并接的电导也满足微分形式的欧姆定律有 $i_G=Gu\Delta z$；串接电感满足法拉第电磁感应定律，结合电感的定义可得 $u_L=-L\dfrac{\partial i}{\partial t}\Delta z$；并接电容的电流使用电流和电容的定义有 $i_C=C\dfrac{\partial u}{\partial t}\Delta z$.

对图中的网络用基尔霍夫定律可以写出关系式

$$\begin{cases} u(z,t)-R\Delta z i(z,t)-L\Delta z\dfrac{\partial i(z,t)}{\partial t}-u(z+\Delta z,t)=0 \\ i(z,t)-G\Delta z u(z+\Delta z,t)-C\Delta z\dfrac{\partial u(z+\Delta z,t)}{\partial t}-i(z+\Delta z,t)=0 \end{cases}$$

整理之后，使用微分的概念，可得均匀传输线的一组偏微分方程：

$$\begin{cases} -\dfrac{\partial u(z,t)}{\partial z}=Ri(z,t)+L\dfrac{\partial i(z,t)}{\partial t} \\ -\dfrac{\partial i(z,t)}{\partial z}=Gu(z,t)+C\dfrac{\partial u(z,t)}{\partial t} \end{cases} \tag{9.75}$$

这是传输上电压与电流满足的基本方程，也是著名的电报方程. 只要知道电路参数，就可以求出传输线或系统中的电压电流分布，分析其中的信号特征和系统与传输线的性能.

2. 电压和电流波

为了求解电报方程，考虑系统信号是时谐信号的情况. 假定信号的时谐因子为 $\mathrm{e}^{\mathrm{i}\omega t}$，则对于时谐的电压和电流，可以写出 $u(z,t)=\mathrm{Re}[U(z)\mathrm{e}^{\mathrm{i}\omega t}]$、$i(z,t)=\mathrm{Re}[I(z)\mathrm{e}^{\mathrm{i}\omega t}]$，其中 $U(z)$ 和 $I(z)$ 是电压和电流的复振幅. 引入单位长度串联阻抗 $Z=R+\mathrm{i}\omega L$ 和单位长度并联导纳 $Y=G+\mathrm{i}\omega C$，

就可得到电压和电流的时谐传输线方程为

$$\begin{cases}\dfrac{\mathrm{d}U(z)}{\mathrm{d}z}=-ZI(z)\\ \dfrac{\mathrm{d}I(z)}{\mathrm{d}z}=-YU(z)\end{cases} \tag{9.76}$$

立即可以得到时谐电压和电流满足波动方程，即

$$\begin{cases}\dfrac{\mathrm{d}^2U(z)}{\mathrm{d}z^2}-\gamma^2U(z)=0\\ \dfrac{\mathrm{d}^2I(z)}{\mathrm{d}z^2}-\gamma^2I(z)=0\end{cases} \tag{9.77}$$

其中 $\gamma^2=(R+\mathrm{i}\omega L)(G+\mathrm{i}\omega C)$. 这是均匀传输线的波动方程，已知它具有波动解：

$$\begin{cases}U(z)=U_+(z)+U_-(z)=A_1\mathrm{e}^{-\gamma z}+A_2\mathrm{e}^{\gamma z}\\ I(z)=\dfrac{1}{Z_0}(A_1\mathrm{e}^{-\gamma z}-A_2\mathrm{e}^{\gamma z})\end{cases} \tag{9.78}$$

其中 $Z_0=\sqrt{\dfrac{R+\mathrm{i}\omega L}{G+\mathrm{i}\omega C}}$ 为传输线的特性阻抗；传输线上波的传播常数为 $\gamma=\alpha+\mathrm{i}\beta$；$A_1$ 和 A_2 为待定常数. 其中电流的表达式是用电压的通解根据电流的电报方程写出的. 传播常数中的实部和虚部的意义和有耗媒质中的均匀电磁波解有同样的意义.

和均匀平面电磁波的解一样，$\mathrm{e}^{-\gamma z}$ 和 $\mathrm{e}^{\gamma z}$ 依次对应于的两项，代表两列反向传播的电压波或者电流波，一列是入射波，另一列是反射波，这是传输线方程解的物理意义. 以电压为例：$U_+(z)=A_1\mathrm{e}^{-\gamma z}$ 代表沿 z 的正向传播的电压波，$U_-(z)=A_2\mathrm{e}^{\gamma z}$ 代表沿 z 的负向传播的电压波. 在图 9.12（a）所示的系统中，正向表示由负载向信号源方向传输的波，而负向代表由信号源向负载传输的波. 电流也会有类似的分析结果. 物理上知道电压和电流波产生于信号源，所以由信号源向负载方向传播的波就是入射波，沿图 9.12（a）中 z 坐标反向传播. 另一列波则是入射波由负载产生的反射波，根据第 8 章的内容可以理解，它的存在情况由负载和传输线的匹配情况确定的. 可见在传输线上，电压电流是以波动的形式出现的，所以称为电压波和电流波；这两种波都有入射波和反射波两种.

因为上述电压和电流时谐求解结果得到的是复数表达形式，传输线上电压电流的瞬时值分别是它们的实部. 根据时谐表示方法的过程，可以写出它们的瞬时表达式. 以正向传播的电压波为例，其表达式可以写成

$$U_+(z)=|A_1|\mathrm{e}^{-\alpha z}\cos(\omega t-\beta z+\varphi_1)$$

这表明传输线上任意一点处不但由信号源向负载方向的入射波电压和电流振幅随传播方向的距离增加按指数规律减小，相位则随之滞后；由负载向信号源方向的行波的反射波也发生这样的变化. 整个传输线上则是反射波和入射波的叠加，传输线性能将由这两列波的相互关系分析得到.

3. 传输线方程的定解

通解中的待定系数确定后，就可得到传输线的定解. 这需要传输线的边界条件，通常是系统的已知条件，可分为终端电压电流、始端电压电流和信源电动势内阻与负载阻抗已知的

三种条件. 这里给出已知终端电压电流这种情况的分析和结果.

这时，假定从信号源到负载的传输线的长度为 d. 则图 9.12（a）电路变成图 9.12（c）的形式. 这时要确定传输线上 z 处的电压电流为 $U(z)$和 $I(z)$，已知终端处的电压和电流 $U(0)=U_1$ 和 $I(0)=I_1$.

这样把它们代入式（9.78）中，可以确定出

$$A_1=\frac{1}{2}(U_1+I_1Z_0)$$

$$A_2=\frac{1}{2}(U_1-I_1Z_0)$$

最后得传输线上的电压和电流为

$$\begin{cases}U(z)=U_1\mathrm{ch}(\gamma z)+I_1Z_0\mathrm{sh}(\gamma z)\\ I(z)=\dfrac{U_1}{Z_0}\mathrm{sh}(\gamma z)+I_1\mathrm{ch}(\gamma z)\end{cases} \tag{9.79}$$

或写成矩阵形式

$$\begin{bmatrix}U(z)\\ I(z)\end{bmatrix}=\begin{bmatrix}\mathrm{ch}(\gamma z) & Z_0\mathrm{sh}(\gamma z)\\ \dfrac{1}{Z_0}\mathrm{sh}(\gamma z) & \mathrm{ch}(\gamma z)\end{bmatrix}\begin{bmatrix}U_1\\ I_1\end{bmatrix} \tag{9.80}$$

其中的系数矩阵称为 $\boldsymbol{A}$ 矩阵. 考虑到负载和源相互方向的坐标关系、源与负载和传输线连接的电压电流关系，那么后两种的定解都可以转化为这个解的形式. 当传输线无耗时，其中的双曲函数变为三角函数.

9.5.3 传输线的基本特性参数

1. 特性阻抗

它定义为传输线上导行波入射波的电压与电流之比. 其倒数为特性导纳，分别用 Z_0 和 Y_0 表示. Z_0 的表达式已经在式（9.78）的参数说明中给出，表明特性阻抗通常是个复数，和工作频率相关，由传输线的分布参数决定，和负载无关.

应用中传输信号的损耗是不利的，所以要求损耗尽量低. $R=0$ 和 $G=0$ 的传输线称为无耗传输线，R 和 G 的影响可以忽略的传输线称为低耗传输线. 所以无耗传输线的特性阻抗为

$$Z_0=\sqrt{\frac{L}{C}} \tag{9.81}$$

低损耗传输线近似为这个表达式，而且实际应用中的微波传输线就是低耗情况. 如前所述，常见传输线可以用电动力学原理给出它们的公式，在通常的工程应用中按照无耗的要求形成了特定电阻值的纯电阻特性阻抗要求. 比如平行双导线工程中常用值有 250 Ω、400 Ω和 600 Ω三种；同轴线工程中常用的有 50 Ω和 75 Ω两种等. 现代更高频率的使用中则要求物理传输线的特性阻抗为 50 Ω.

2. 传播常数

传播常数由传输线上导行波沿导波系统传播过程中的衰减和相移常数构成，一般为复数，表达式由前所述，其式（9.78）的参数说明中给出为

$$\gamma=\sqrt{(R+\mathrm{i}\omega L)(G+\mathrm{i}\omega C)}=\alpha+\mathrm{i}\beta \tag{9.82}$$

其中的实部α称为衰减常数，单位为 dB/m 或 Np/m（奈培/米，Np 是用来表示功率比、电流比的单位，1 Np=8.686 dB)；虚部β是相移常数，表示行波每经过单位长度后相位滞后的弧度数，单位为 rad/m. 对于无耗传输线：$R=G=0$，$\alpha=0$，$\beta=\omega\sqrt{LC}$，实际应用中将传输线控制成为低耗传输线.

3. 相速和波长

相速度定义为电压电流入射波或反射波在传播方向上等相面的传播速度. 可以求得传输线的相速度为

$$v_{\mathrm{p}}=\frac{1}{\sqrt{LC}} \tag{9.83}$$

波长为波在一个周期内等相面沿传输方向上移动的距离为$\lambda=\dfrac{2\pi}{\beta}$，它和传输介质有关. 不考虑横向尺寸效应的 TEM 模式传输时，它是介质中的电磁波的波长，考虑具体模式时，它对应于相应模式的波导波长.

9.5.4 输入阻抗与状态参量

1. 输入阻抗

阻抗是传输线理论中一个很重要的参量，把传输线上某点的阻抗定义为该点电压与电流之比，把传输线上某点的电压与电流之比定义为该点的输入阻抗. 若已知终端条件并以终端到源端为坐标的正方向，根据上节讨论，可以得到无耗传输线的输入阻抗表达式为

$$Z_{\mathrm{in}}(z)=Z_0\frac{Z_1+\mathrm{i}Z_0\tan(\beta z)}{Z_0+\mathrm{i}Z_1\tan(\beta z)} \tag{9.84}$$

可以看到输入阻抗的相关参数由观察点的位置、传输线的特性阻抗、终端负载阻抗和工作频率决定. 一般为复数，不宜直接测量；输入阻抗在传输线上具有$\lambda/2$的周期性；对于实数的负载来讲，通过适当选择传输线的长度，可将它变换成实数，这是工程上非常实用的一个特性，称为$\lambda/4$阻抗变换特性.

通过传输线和传输线、集总元件的串并接连接，最终终端连接负载阻抗时，可以通过这个表达式由终端负载逐段迭代得到各段传输线靠近信源端的输入阻抗. 这个输入阻抗和它串并接的集总元件或等效集总元件按照电路理论中的阻抗关系形成连接它们的传输线的负载阻抗，用于求得这段传输线的输入阻抗.

2. 状态参数

传输线的状态参数反映了传输线上导波的反射波和入射波的关系以及传输线的工作状

态，主要有反射系数、传输系数、驻波比和行波系数.

反射系数描述传输线的反射特性. 传输线上任意一点 z 处的电压（或电流）反射系数定义为该点反射波电压（或电流）与入射波电压（或电流）之比，分别称为电压反射系数 Γ_{u} 和电流反射系数 Γ_{i}. 根据前节的结果可以确定两者符号相反，一般情况下为复数. 工程中一般使用电压反射系数. 在负载连接处的反射系数称为终端反射系数 Γ_1. 无耗均匀传输线上，任意一点的反射系数可以由终端反射系数表示为 $\Gamma(z)=|\Gamma_1|\mathrm{e}^{\mathrm{i}(\phi_1-2\beta z)}$（$\phi_1$ 为终端反射系数的相角）；反射系数的大小都相等且等于终端反射系数的大小. 反射系数的相位沿传输线按 $\lambda/2$ 的周期变化，比终端反射系数滞后 $2\beta z$.

传输系数 T 定义为通过传输线上某处的传输电压 U_{t} 或电流 I_{t} 与该处的入射电压 U_+ 或电流 I_+ 之比. 从前面的讨论中可知，使用电压和电流不影响这个系数. 根据定义，该点的传输电压 $U_{\mathrm{t}}=TU_+=U(z_+)$，而该点之前的电压是反射电压和入射电压之和为 $U(z_-)=U_+[1+\Gamma(z)]$. 考虑到这是同一点的电压，两者相等，所以有

$$T=1+\Gamma \tag{9.85}$$

驻波比和行波系数是互为倒数的两个参数. 它们描述存在的反射波和入射波的叠加情况. 当负载的阻抗和传输线的特性阻抗不同时，传输线上同时存在反射波和入射波，这种情况下负载与传输线阻抗不匹配（失配）. 相互叠加形成的电压和电流分布，以类似于驻波或驻波的形式存在. 为了描述这个叠加波，引入了驻波比（SWR）进行描述. 电压（或电流）驻波比定义为传输线上电压（或电流）的最大值与最小值之比，有时也称为驻波系数（ρ），并且工程中一般使用电压驻波比（VSWR）. 其倒数称作行波系数（K）.

这几个状态参数可以根据电压电流的表达式，形成它们之间的相互关系，并且和输入阻抗相互表示. 电压反射系数和输入阻抗、负载阻抗的关系为

$$\Gamma_{\mathrm{u}}=\frac{Z_{\mathrm{in}}-Z_0}{Z_{\mathrm{in}}+Z_0} \tag{9.86}$$

其中当输入阻抗变为负载阻抗时，就得到传输线和负载阻抗连接端口上的负载反射系数 Γ_1 了.

它们用于无耗传输线的工作状态分析时，分为阻抗匹配无反射波的行波状态、全反射的纯驻波状态和出现部分反射的行驻波状态. 它们可以根据对应的参数值比如反射系数，详细得到传输线上电压电流和输入阻抗的表达式，给出工程应用所需状态的传输线构成方法，如开路、短路的物理结构及它们相应的行波状态和纯驻波状态等. 理解分析和设计中可以给出电路中输入阻抗的分布，这样通过式（9.86）这样的状态参数表达式计算（见习题9.23中的后两个问题），分析系统中各点的导波状态，便可以构建合理的电路. 实际应用中称为阻抗匹配.

这些传输状态中，传输线对电磁波功率的传输也是不同的. 会有传输线上的输入功率、传输线终端传输到负载被负载反射的功率和负载吸收的功率，也会有传输线有耗时自身的损耗功率等等. 会有传输线传输效率和损耗两个参数的要求. 传输效率是负载吸收功率和传输线输入端的输入功率之比. 损耗是电磁波能量随着传输距离增加而减小的现象，分为回波损耗和反射损耗. 回波损耗是入射波与反射波之比；反射损耗是信源匹配的条件下由负载不匹配引起的负载功率减小的程度，取决于失配情况，又称失配损耗. 它们可以和状态参数有固定的关系，应用中通过这些功率的测量可以确定状态参数和匹配状态.

习 题 9

（一）拓展题

9.1 推导矩形波导窄边上的电流，分别计算内壁镀铜和金波导的衰减系数.

9.2 绘制矩形波导导模模式图.

9.3 导矩形波导和圆波导的横向分量表达式.

9.4 导行波的 4 种基本模式是什么？

9.5 确定 $n_1=1.480$ 和 $n_2=1.478$ 的阶跃光纤，为 820 nm 的单模光纤工作所需的纤芯半径，求出此光纤的数值孔径 NA 和相应的 θ_{max}.

9.6 写出式（9.80）相应的无耗传输线上的电压电流和终端电压电流的关系式.

9.7 证明电压驻波比和反射系数的关系为

$$\rho=\frac{1+|\Gamma_u|}{1-|\Gamma_u|}$$

（二）练习题

9.8 推导直角坐标系中时谐场电场强度磁场强度的 x、y 分量和它们的 z 分量关系式.

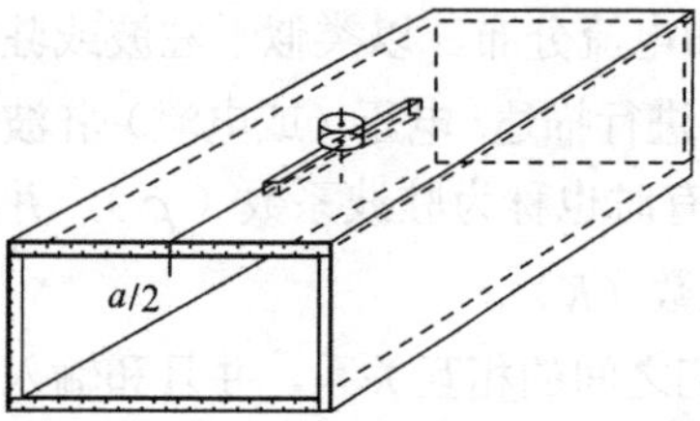

题 9.9 图

9.9 为什么一般矩形波导测量线的纵槽开在波导的中线上（如题 9.9 图）？

9.10 求 a=2.286 cm，b=1.016 cm 的空气波导的前四个导模的截止频率. 试问 10 GHz 和 15 GHz 的信号各能传输哪些模式？如果该波导的是铜制成，求其主模工时单位长度的 dB 衰减值.

9.11 下列二矩形波导具有相同的工作波长，试比较它们工作在 TM_{11} 模的截止频率.

（1）$a\times b=23\times10\ \text{mm}^2$；（2）$a\times b=16.5\times16.5\ \text{mm}^2$.

9.12 推导矩形波导中 TE_{mn} 模的场分布式.

9.13 一个空气矩形波导中传输主模工作，已知 $a\times b=6\times4\ \text{cm}^2$. 在纵向上测得其中电场强度最大值和最小值之间的间距是 4.47 cm，求信号频率.

9.14 设矩形波导中传输 TE_{10} 模，求填充介质（介电常数为 ε）时的截止频率及波导波长.

9.15 已知矩形波导的横截面尺寸为 $a\times b=23\times10\ \text{mm}^2$，试求当工作波长 $\lambda=10$ mm 时，波导中能传输哪些波型？ $\lambda=30$ mm 时呢？

9.16 一个无耗的矩形波导 $a\times b\ \text{cm}^2$ 中，某模式的电场强度是

$$E_y=E_0\sin\frac{2\pi x}{a}\mathrm{e}^{-\mathrm{j}\beta z}$$

在 $f>f_c$ 时，计算磁场强度和截止波长.

9.17 推导矩形波导的导体损耗衰减常数公式. 查找标准波导资料，取出 BJ 120 矩形波导的相关参数值，分别计算内壁镀铜和银、10 GHz 主模传输 10 cm 的导体损耗衰减.

9.18 通过一个圆波导传播 TE_{11} 波，波导直径为 10 cm，空气填充. 求其截止频率，如果 f=3 GHz，求波导波长.

9.19 空气填充的圆波导，半径 a=2 cm，工作模式为 TE_{11}，求其截止频率. 如果波导内填充介质的 $\varepsilon_r=2.25$，要求保持原有的截止频率，确定波导的半径应该是多少？

9.20 一根特性阻抗为 50 Ω、长度为 0.1875 m 的无耗均匀传输线，其工作频率为 200 MHz，终端接有负载 $Z_1 = 40 + i30\ \Omega$，试求其输入阻抗.

9.21 题 9.21 图中所示系统的传输线为无耗传输线，求传输线输入端口处的输入阻抗和反射系数.

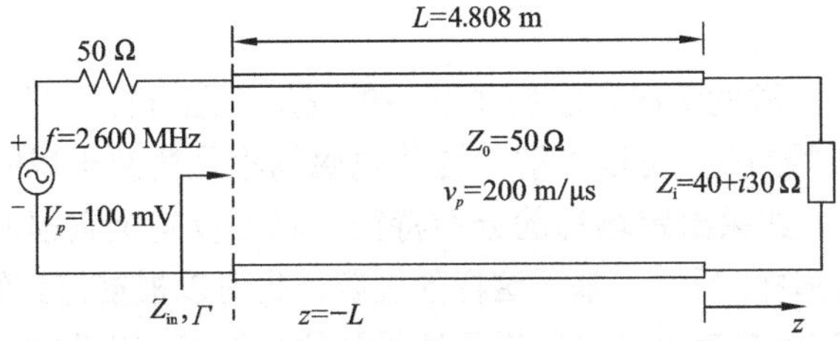

题 9.21 图

9.22 一根 75 Ω 均匀无耗传输线，终端接有负载 $Z_1 = R_1 + iX_1$，试问要使线上电压驻波比为 3，在负载的实部和虚部应满足何种关系？

9.23 如题 9.23 图所示的一无耗传输线，其特性阻抗为 Z_0，并接一个 $2Z_0$ 的阻抗后用一个特性阻抗为 $Z_0/2$ 的均匀传输线和负载 Z_l 相连. 其他参数见图中标出的数值. 求：(1) 输入阻抗 Z_{in}；(2) 线上 a、b、c 三点的反射系数 Γ_a、Γ_b 和 Γ_c；(3) 各段传输线的电压驻波比 ρ_{ab} 和 ρ_{bc}.

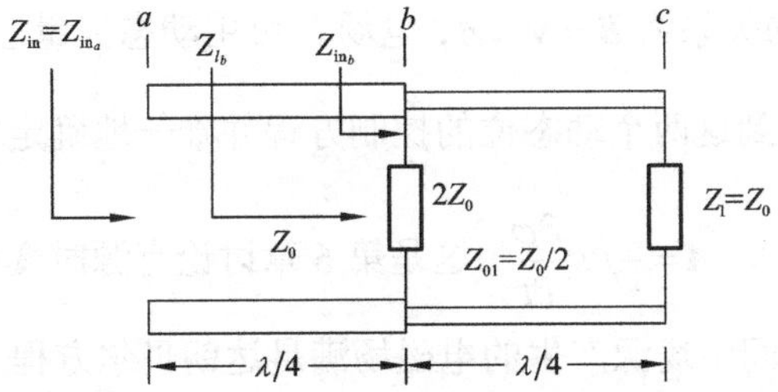

题 9.23 图

第 10 章　电磁波辐射

前面依据给定空间无源的情况，求解了其中的亥姆霍兹方程，得到了相应空间可以存在的电磁场或电磁波的传播特性. 可以理解，这些电磁场不是凭空出现的，它们由场源辐射产生. 根据麦克斯韦方程，如果给定场源的分布特征，就可以确定它辐射的电磁场，比如像用格林函数确定的静电场那样. 反之，基于这样的理解，也可以根据得到的电磁场空间分布来确定需要的场源分布. 事实上前者是许多应用天线设计原理的基本出发点，后者是遥感等应用中目标识别中需要解决的问题. 为此需要掌握电磁波辐射的科学理论，供这些科学和应用问题使用. 本章阐述电磁波辐射场的原理、分析方法、基本理论和典型天线的辐射特性分析方法.

10.1　基本辐射方程及其解

前面已经引入动态矢量位和动态标量位考虑有源空间的时变电磁场的控制方程. 动态矢量位 $\boldsymbol{A}$ 和磁感应强度 $\boldsymbol{B}$ 的关系为 $\boldsymbol{B}=\nabla\times\boldsymbol{A}$. 电场 $\boldsymbol{E}$ 可用动态矢量位 $\boldsymbol{A}$ 和动态标量位 φ 给出，即 $\boldsymbol{E}=-\nabla\varphi-\dfrac{\partial\boldsymbol{A}}{\partial t}$. 为了得到这两个动态位的控制方程并唯一地确定它们，要求两者之间满足一定的关系即洛伦兹规范 $\nabla\cdot\boldsymbol{A}=-\mu\varepsilon\dfrac{\partial\varphi}{\partial t}$. 这是第 6 章讨论有源时变电磁场方程时得到的结果. 利用这两个变量，有源空间中场源产生的电磁场满足达朗贝尔方程（6.46）. 由于矢量位的方程可以写成 3 个坐标分量的方程，这样两个动态位的求解就变成了 4 个数学形式上完全相同的偏微分方程的求解，而且这个方程就是波动方程. 它们构成了电磁辐射的基本方程.

10.1.1　点辐射源的方程与求解

只要求得空间一点存在辐射源产生的场，空间中分布源的场就可以通过叠加得到. 所以先求解点源的辐射场，这里以动态标量位方程为例求解. 它在达朗贝尔方程中的源是点电荷 $\rho(t)$. 于是点电荷所处位置以外的各向均匀同性无源介质空间中，动态位函数满足二阶齐次偏微分方程：

$$\nabla^2\varphi-\frac{1}{v^2}\frac{\partial^2\varphi}{\partial t^2}=0$$

其中令 $v^2=\dfrac{1}{\mu\varepsilon}$，物理上这就是介质中光速的平方. 方程中的常数和相对于场源点电荷的方位无关，所以上式变为球坐标系的方程就简化为空间的一维方程：

$$\frac{1}{r^2}\frac{\partial}{\partial r}\left(r^2\frac{\partial\varphi}{\partial r}\right)-\frac{1}{v^2}\frac{\partial^2\varphi}{\partial t^2}=0$$

这里使用了球坐标系中的拉普拉斯运算. 令 $u=\dfrac{\varphi}{r}$，即可得到

$$\frac{\partial^2 u}{\partial r^2}-\frac{1}{v^2}\frac{\partial^2 u}{\partial t^2}=0$$

这个方程可以通过参数变换简化为

$$\frac{\partial^2 u}{\partial\xi\partial\zeta}=0$$

式中：$\xi=t-\frac{r}{v}$、$\zeta=t+\frac{r}{v}$. 由此，得到

$$u=f(\xi)+g(\zeta)$$

代入原始变量为

$$\varphi=\frac{f\left(t-\frac{r}{v}\right)}{r}+\frac{g\left(r+\frac{r}{v}\right)}{r}$$

现在从物理上考察这两个函数. 对于第一项，如果时间从 t 时刻增加到 $t+t'$，而距离从 r 增加到 $r+vt'$，于是可以知道第一项的分子保持不变. 也就是说，如果在时刻 t，距离为 r 处的 f 某个数值，经过时间 t' 之后，出现在 r 之后的距离 vt' 处. 这是物理场随时间变化的过程，为波动. 可见这一项表示的波动以速度 v 向外行进，振幅随向外行进的距离增加成反比地减小. 对于第二项表示向内行进的波，其振幅随着向内行进而增加. 因为考虑的是点源的辐射问题，所以只能取离开点源行进的波，这样这个通解确定为第一项，即

$$\varphi=\frac{f\left(t-\frac{r}{v}\right)}{r}$$

现在考虑特解，并考虑点电荷源. 可以看到，对于给定时刻，点电荷对应于一个固定的值，这是静电场的情形. 根据 4.1.1 的过程，可以确定它产生的场为

$$\varphi=\frac{\rho}{4\pi\varepsilon r}$$

将时间变化显式表示为

$$\varphi(r,t)=\frac{\rho\left(t-\frac{r}{v}\right)}{4\pi\varepsilon r} \tag{10.1}$$

场源点电荷不在坐标原点的情况下，只需把坐标 r 转换为空间点到相应场源点的距离即可. 对于动态矢量位而言，可以类比得到点源电流密度的动态矢量位表达式为

$$\boldsymbol{A}=\frac{\mu\boldsymbol{J}\left(t-\frac{r}{v}\right)}{4\pi r} \tag{10.2}$$

10.1.2 滞后位

现在考虑具有某种空间分布的辐射源情况. 对于上述给出的点源辐射场，施用分布场源的电磁场叠加积分公式对式（10.1）和式（10.2）积分可以得到

$$
\begin{cases}
\varphi(r,t)=\dfrac{1}{4\pi\varepsilon}\displaystyle\int\dfrac{\rho\left(t-\dfrac{|\boldsymbol{r}-\boldsymbol{r}'|}{v}\right)}{|\boldsymbol{r}-\boldsymbol{r}'|}\mathrm{d}\tau' \\
\boldsymbol{A}(r,t)=\dfrac{\mu}{4\mu}\displaystyle\int\dfrac{\boldsymbol{J}\left(t-\dfrac{|\boldsymbol{r}-\boldsymbol{r}'|}{v}\right)}{|\boldsymbol{r}-\boldsymbol{r}'|}\mathrm{d}\tau'
\end{cases}
\tag{10.3}
$$

根据上节的分析，两个表达式表示观察点（场点）$\boldsymbol{r}$ 处的电磁场是场源分布区域所有场源产生的电磁场之和，并且 t 时刻观察点 $\boldsymbol{r}$ 处所观察到的场在源空间 $\boldsymbol{r}'$（到观察点距离为 $R=|\boldsymbol{r}-\boldsymbol{r}'|$）处的场源存在时刻是 $t-\dfrac{R}{v}$，超前于场点观察到的时间为 $\dfrac{R}{v}$. 所以上述动态位函数相应于产生它们的源存在时刻滞后 $\dfrac{R}{v}$，被称为滞后位或推迟势.

如果场源随时间做谐振变化，即以时谐的形式变化，且时谐因子为 $\mathrm{e}^{\mathrm{i}\omega t}$，在场点看辐射源，其表达式可写为 7.1.2 的复数形式：

$$
\rho(\boldsymbol{r}',t')=\rho(\boldsymbol{r}')\mathrm{e}^{\mathrm{i}\omega\left(t-\frac{R}{v}\right)}=\rho(\boldsymbol{r}')\mathrm{e}^{-\mathrm{i}kR}\mathrm{e}^{\mathrm{i}\omega t}=\dot{\rho}(\boldsymbol{r}')\mathrm{e}^{\mathrm{i}\omega t}
$$

$$
\boldsymbol{J}(\boldsymbol{r}',t')=\boldsymbol{J}(\boldsymbol{r}')\mathrm{e}^{\mathrm{i}\omega\left(t-\frac{R}{v}\right)}=\boldsymbol{J}(\boldsymbol{r}')\mathrm{e}^{-\mathrm{i}kR}\mathrm{e}^{\mathrm{i}\omega t}=\dot{\boldsymbol{J}}(\boldsymbol{r}')\mathrm{e}^{\mathrm{i}\omega t}
$$

同时将电磁场用复数表达形式表示，按照时谐场的记法则有

$$
\begin{cases}
\varphi(r)=\dfrac{1}{4\pi\varepsilon}\displaystyle\int\dfrac{\rho(\boldsymbol{r}')\mathrm{e}^{-\mathrm{i}(k|\boldsymbol{r}-\boldsymbol{r}'|)}}{|\boldsymbol{r}-\boldsymbol{r}'|}\mathrm{d}\tau' \\
\boldsymbol{A}(r)=\dfrac{\mu}{4\pi}\displaystyle\int\dfrac{\boldsymbol{J}(\boldsymbol{r}')\mathrm{e}^{-\mathrm{i}(k|\boldsymbol{r}-\boldsymbol{r}'|)}}{|\boldsymbol{r}-\boldsymbol{r}'|}\mathrm{d}\tau'
\end{cases}
\tag{10.4}
$$

这两个表达式可用格林函数表示为

$$
\begin{cases}
\varphi(r)=\dfrac{1}{\varepsilon}\displaystyle\int G(\boldsymbol{r}-\boldsymbol{r}')\rho(\boldsymbol{r}')\mathrm{e}^{-\mathrm{i}(k|\boldsymbol{r}-\boldsymbol{r}'|)}\mathrm{d}\tau' \\
\boldsymbol{A}(r)=\mu\displaystyle\int G(\boldsymbol{r}-\boldsymbol{r}')\boldsymbol{J}(\boldsymbol{r}')\mathrm{e}^{-\mathrm{i}(k|\boldsymbol{r}-\boldsymbol{r}'|)}\mathrm{d}\tau'
\end{cases}
\tag{10.5}
$$

式（10.4）和式（10.5）是分布辐射源的积分公式. 下面以典型辐射源为例讨论如何用它们确定辐射场，分析辐射场的特性.

10.2　电偶极子（元天线）的辐射

正负点电荷构成的电偶极子，随着时间作互换位置简谐运动，就可以根据时谐场理论用复振幅矢量的形式表示为空间的电流分布. 这时它就相当于一段长度 dl 远小于波长的直线电流元，它的电流 I_0 为相位相同的均匀电流.

这种结构的辐射源是电磁辐射的基本单元，天线领域称为元天线，各种应用的实际电磁辐射源（天线）的辐射性能分析都可以用类似于它的过程或结果进行讨论.

10.2.1 物理模型

根据电偶极子的物理结构，可以作出如图 10.1 坐标系下辐射空间构形. 其中 dl 是天线长度，$\boldsymbol{A}(\boldsymbol{r})$ 是其辐射场的动态矢量位. 在天线工程中坐标系选用图中所示的球坐标，构成描述天线辐射场的空间坐标. 辐射场使用滞后位（10.5）的动态矢量位表达式，即

$$\boldsymbol{A}(\boldsymbol{r})=\frac{\mu}{4\pi}\frac{I_0\mathrm{d}l\mathrm{e}^{-\mathrm{i}kr}}{r}\boldsymbol{e}_z$$

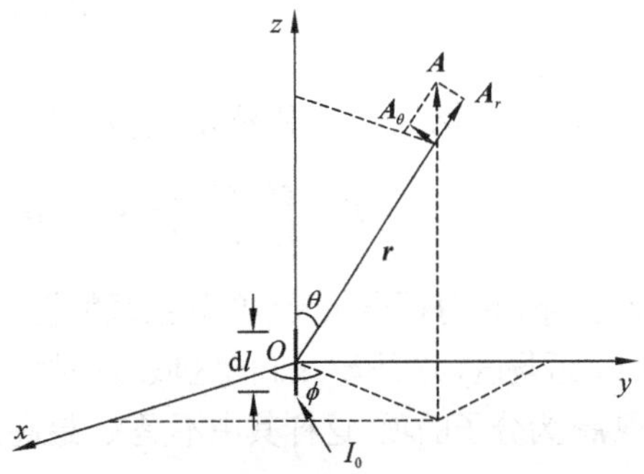

图 10.1 位于球坐标系原点电偶极子的辐射空间

10.2.2 辐射场

辐射场求解中，先将动态滞后位还原为磁感应强度. 这时电偶极子相当于以一个位于原点的辐射点源，所以转换为球坐标系中的表示. 考虑到直角坐标系和球坐标系两者之间坐标单位矢量之间的关系

$$\boldsymbol{e}_z=\boldsymbol{e}_r\cos\theta+\boldsymbol{e}_\theta\sin\theta$$

先进行坐标变换，得到滞后上式相应的球坐标分量为

$$A_r=A_z\cos\theta=\frac{\mu I_0\mathrm{d}l\mathrm{e}^{-\mathrm{i}kr}}{4\pi r}\cos\theta$$

$$A_\theta=-A_z\sin\theta=-\frac{\mu I_0\mathrm{d}l\mathrm{e}^{-\mathrm{i}kr}}{4\pi r}\sin\theta$$

$$A_\phi=0$$

根据动态矢量位和磁感应强度的关系，可以确定磁场的各个分量为

$$\begin{cases}H_r=0\\H_\theta=0\\H_\phi=\mathrm{i}\dfrac{kI_0\mathrm{d}l}{4\pi}\dfrac{\mathrm{e}^{-\mathrm{i}kr}}{r}\left[1+\dfrac{1}{\mathrm{i}(kr)}\right]\sin\theta\end{cases}\tag{10.6}$$

所以，磁场只有沿方位角的分量.

利用麦克斯韦第一方程可以由式（10.6）得到电场的各个分量为

$$\begin{cases}E_r=\eta\dfrac{I_0\mathrm{d}l}{4\pi}\dfrac{\mathrm{e}^{-\mathrm{i}kr}}{r}\left[1+\dfrac{1}{\mathrm{i}(kr)}\right]\cos\theta\\E_\theta=\mathrm{i}\eta\dfrac{kI_0\mathrm{d}l}{4\pi}\dfrac{\mathrm{e}^{-\mathrm{i}kr}}{r}\left[1+\dfrac{1}{\mathrm{i}(kr)}-\dfrac{1}{(kr)^2}\right]\sin\theta\\E_\phi=0\end{cases}\tag{10.7}$$

表现为电场没有沿方位角方向的分量.

现在讨论电偶极子的辐射能量问题. 利用坡印亭可以求出它的辐射场复能流密度为

$$\boldsymbol{S}=\boldsymbol{e}_rS_r+\boldsymbol{e}_\theta S_\theta$$

其中

$$S_r=\frac{\eta}{8}\left|\frac{I_0\mathrm{d}l}{\lambda}\right|^2\frac{\sin^2\theta}{r^2}\left[1-\mathrm{i}\frac{1}{(kr)^3}\right]$$

$$S_\theta=\mathrm{i}\eta\frac{k\left|I_0\mathrm{d}l\right|^2\cos\theta\sin\theta}{16\pi^2r^3}\left[1+\frac{1}{(kr)^2}\right]$$

辐射的总功率是它在围绕电偶极子的球面上的积分，即

$$P=\int_0^{2\pi}\int_0^{\pi}W_r r^2\sin\theta\mathrm{d}\theta\mathrm{d}\phi=\eta\frac{\pi}{3}\left|\frac{I_0\mathrm{d}l}{\lambda}\right|^2\left[1-\mathrm{i}\frac{1}{(kr)^3}\right] \tag{10.8}$$

为了清楚地分析出元天线的辐射场特性，通常把空间区域分为近场和远场两个区域进行讨论.

（1）近场区，这是 $kr\ll1$ 的区域. 这时辐射场表达式中把波数的最高次幂因子提到括号之外，会出现 kr 为分子的项. 这样其中不是 kr 最高次的各项和最高次项相比就可以忽略，于是得到

$$\begin{cases}E_r\approx-\mathrm{i}\eta\dfrac{I_0\mathrm{d}l}{2\pi kr^2}\dfrac{\mathrm{e}^{-\mathrm{i}kr}}{r}\cos\theta\\E_\theta\approx-\mathrm{i}\eta\dfrac{I_0\mathrm{d}l}{4\pi kr^2}\dfrac{\mathrm{e}^{-\mathrm{i}kr}}{r}\sin\theta\\E_\phi=0\end{cases} \tag{10.9}$$

和

$$\begin{cases}H_r=0\\H_\theta=0\\H_\phi\approx\dfrac{I_0\mathrm{d}l}{4\pi}\dfrac{\mathrm{e}^{-\mathrm{i}kr}}{r^2}\sin\theta\end{cases} \tag{10.10}$$

把时谐因子 $\mathrm{e}^{\mathrm{i}\omega t}$ 代入，还原为真实场的瞬时表达式，可以得到电场和磁场相位相差 90°.

现在考察这个场的能流密度. 利用复坡印亭矢量和平均能流密度的关系，由上述的近似结果式（10.9）和式（10.10）进行计算表明复坡印亭矢量为纯虚数，可知它的平均能流密度近似为零. 使用式（10.8）进行近似也是这个结果. 在物理上表现为这个区域的电磁场能量基本上没有流动，只是电场和磁场相互感应，电磁能量以电场能量和磁场能量相互转换的形式在空间中变化. 根据坡印亭定理可知，如果这个空间是无耗媒质，电偶极子辐射的能量都以电场能量和磁场能量交替变化的形式存在于这个空间中. 这相当于电磁场是电偶极子在这个空间的感应场，所以也称为感应区.

（2）远场区，这是 $kr\gg1$ 的区域. 仿照前述的处理，电磁场表达式不同近似的结果是 kr 的高阶项与相比的低阶项就可以忽略. 于是电场变为

$$\begin{cases}E_r\approx-\mathrm{i}\dfrac{I_0\mathrm{d}l}{2\pi\omega\varepsilon}(\mathrm{i}k)\dfrac{\mathrm{e}^{-\mathrm{i}kr}}{r^2}\cos\theta\approx0\\E_\theta\approx\mathrm{i}\eta\dfrac{kI_0\mathrm{d}l}{4\pi}\dfrac{\mathrm{e}^{-\mathrm{i}kr}}{r}\sin\theta\\E_\phi=0\end{cases} \tag{10.11}$$

磁场变为

$$\begin{cases}H_r=0\\H_\theta=0\\H_\phi\approx\mathrm{i}\dfrac{kI_0\mathrm{d}l}{4\pi}\dfrac{\mathrm{e}^{-\mathrm{i}kr}}{r}\sin\theta\end{cases} \tag{10.12}$$

可以看到这个区域的电场和磁场都是沿着位置矢量方向传播的电磁波，并且各自只有一个分量，即电场只有天顶坐标的分量，磁场只有方位坐标的分量. 它们互相垂直，且和波矢量垂直，成右手关系，是 TEM 波. 另外，无论电场或是磁场，它们的等相面都是球面，被称为球面波. 把它还原为真实场的瞬时表达式，可知电场和磁场也是同步的.

进一步考察这个场的能量流动. 该场的复能流密度是一个沿着位置矢量方向的实数，即

$$
\begin{aligned}
\boldsymbol{S}_{\text{cmp}} &= \boldsymbol{e}_\theta \mathrm{i}\eta \frac{kI_0\mathrm{d}l}{4\pi}\frac{\mathrm{e}^{-\mathrm{i}kr}}{r}\sin\theta \times \boldsymbol{e}_\phi\left(\frac{-\mathrm{i}kI_0\mathrm{d}l}{4\pi r}\frac{\mathrm{e}^{+\mathrm{i}kr}}{r}\sin\theta\right) \\
&= \boldsymbol{e}_r\left(\frac{kI_0\mathrm{d}l}{4\pi}\right)^2 \cdot \frac{1}{r^2}\sin^2\theta \\
&= \boldsymbol{e}_r\frac{\eta(I_0\mathrm{d}l)^2}{4r^2\lambda^2}\sin^2\theta
\end{aligned}
$$

所以辐射的平均功率流密度矢量为

$$
\boldsymbol{S}_{\text{rav}} = \boldsymbol{e}_r\frac{\eta}{8}\left|\frac{I_0\mathrm{d}l}{\lambda}\right|^2\frac{\sin^2\theta}{r^2} \tag{10.13}
$$

对于给定距离的球面上，它乘以距离的平方对应于相对于辐射源所在方向上单位立体角的辐射功率，也称为辐射强度.

在给定方向上，这是一个符合距离平方反比率的减小关系. 电磁能量沿离开辐射源的矢径方向辐射. 也说明它和波的传播方向一致. 对围绕偶极子半径为 r 的球面计算平均功率流密度矢量的通量，得到它辐射的总功率为

$$
P = \eta\frac{\pi}{3}\left|\frac{I_0\mathrm{d}l}{\lambda}\right|^2 \tag{10.14}
$$

如果考察这个区域的电场能量和磁场能量，那么会发现它远小于辐射功率.

经过这些分析可以看到，这个区域的电磁波有如下特点.

① 电磁波是 TEM 波；

② 电磁波的能量沿着位置矢量的方向辐射出去，所以称作辐射场；

③ 电磁波是球面波；

④ 电磁波的电场、磁场和传播方向的关系和均匀平面波的相同.

由此可知，若离开电偶极子特别远的地方、场点附近的等相面可以近似为平面，则电场或磁场在这个等相面区域随角度的变化也可以近似为不变，近似成为均匀平面波的情况. 这个平面波为线极化电磁波，辐射线极化电磁波的天线为线极化天线，所以电偶极子是一种线极化天线.

（3）过渡区. 是近场和远场之间的过渡区域，在这个区域中，电磁场由感应性质为主转变为辐射性质为主.

10.2.3　天线的基本参数

上节电偶极子辐射的分析说明天线的辐射有方向性等性能需要描述. 下面给出应用关心的天线远场基本特性参数及电偶极子的结果. 求得电偶极子结果的方法可以推广到实际天线.

（1）方向性函数和方向图. 它们描述天线辐射场随方向的变化，通常在球坐标系中选用

指定辐射参量的变化说明，如电场、磁场或辐射功率. 离开天线相同距离处，天线的辐射场随方向角变化的函数称为天线方向性函数，应用中对最大辐射方向的值归一化得到. 例如电场方向性函数 $f(\theta,\phi)$ 的定义为方向 (θ,ϕ) 上电场大小和电场最大方向的电场的比值，即

$$f(\theta,\phi)=\frac{|\boldsymbol{E}(\theta,\phi)|}{|\boldsymbol{E}(\theta,\phi)|_{\max}} \tag{10.15}$$

对于电偶极子，根据式（10.11）和式（10.12）可以得到，电场或磁场的方向性函数都为 $f(\theta,\phi)=\sin\theta$. 显然，这是电场表达式中和方向相关的因子，所以也称方向性因子.

辐射功率的方向性函数 $F(\theta,\phi)$ 的定义类似于式（10.15）的定义，参量指的是辐射功率流密度或辐射强度（辐射强度是单位立体角上辐射的功率），即

$$F(\theta,\phi)=\frac{|\boldsymbol{S}_{\text{rav}}(\theta,\phi)|}{|\boldsymbol{S}_{\text{rav}}(\theta,\phi)|_{\max}}=f^2(\theta,\phi) \tag{10.16}$$

所以电偶极子功率方向性函数为

$$F(\theta,\phi)=\sin^2\theta \tag{10.17}$$

根据方向性函数绘制的图形，称为天线方向图. 方向图有 2D 和 3D 方向图. 早期使用中多使用 2D 方向图，随着计算机图形技术的发展，3D 图也得到了越来越多的使用. 2D 图是一个方向角度参量为常数，辐射参量随另一个角度变化的曲线. 有两个天线的主方向图：其中电场矢量和最大方向所在的天线方向图称为 E 面图，而磁场矢量和最大方向所在的天线方向图称为 H 面图.

图 10.2 绘出电偶极子的辐射场的 2D 主方向图. 它的 E 面是包含电偶极子的平面，和方位 ϕ 无关，任何一个 ϕ 值的 E 面具有图 10.2（a）所示的 yOz 面中相同的“∞”形状，应用中称为全向天线（omnidirectional antenna）. H 面是通过电偶极子中心和它垂直的平面，为圆形，如图 10.2（b）所示. 3D 方向图通过将 E 面绕电偶极子旋转即可得到.

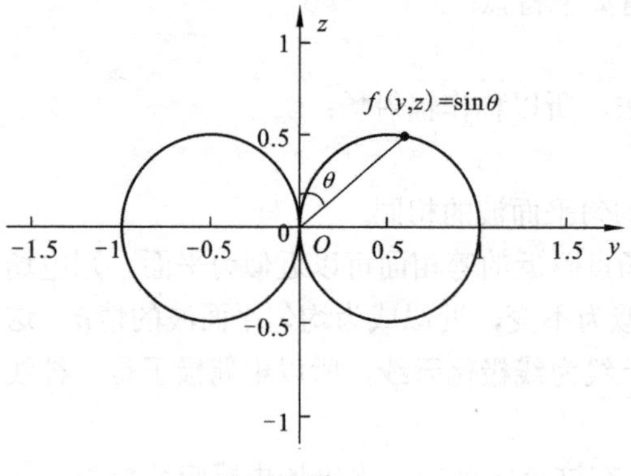

（a）E面

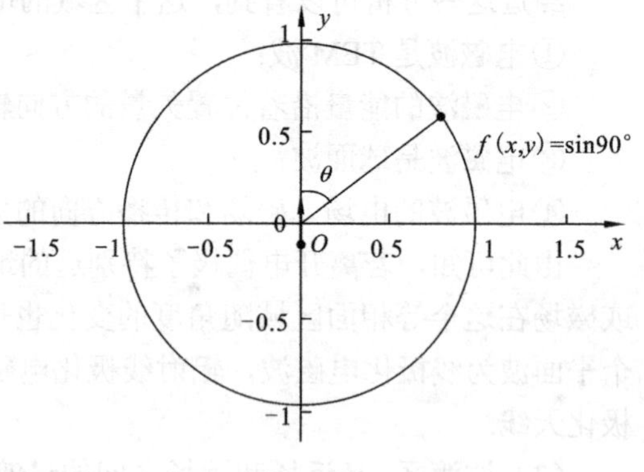

（b）H面

图 10.2　电偶极子的 2D 主方向图

（2）辐射功率（P_{rad}）. 是天线辐射的总能量，围绕天线的一个封闭面的辐射能流的积分后得到. 对于电偶极子就是式（10.14），真空中为

$$P_{\text{rad}}=40\pi^2\frac{(I_0\text{d}l)^2}{\lambda^2} \tag{10.18}$$

（3）理想点源. 这是一个假想的辐射源. 它是无穷真空空间中的点源，辐射没有方向性，方向图为球形. 它的辐射能量在各个方向上相等，即辐射方向性函数等于 1，没有方向性. 这

使得对于给定的辐射功率 P_{rad}，在以它球心半径为 r 的球面上具有相等的功率流密度 S_{irav}，有

$$S_{\text{irav}} = \frac{P_{\text{rad}}}{4\pi r^2} \tag{10.19}$$

它沿着半径从理想点源辐射出去. 在实际天性性能分析中，它常用作参考天线.

（4）波束和波束宽度（beamwidth，BW）. 天线的方向性实际上就是某些方向上的辐射强度大，其他方向上辐射强度小. 天线方向图上极大值周围中极小值包围起来的部分，称为波瓣，其中包含最大值的称为主波瓣，其他波瓣称为旁瓣、副瓣等，和主波瓣反向的称为后瓣. 应用中通常使用最大方向，称之为波束，并定义了半功率波束宽度（half power beamwidth, HPBW）等参数，以表明其方向性好坏，它是通过最大辐射方向的方向图中辐射强度降低1/2的两个方向之间的夹角. 也有以其他值（比如1/10）定义的波束宽度.

根据这个定义，由式（10.17）可以确定电偶极子 E 面的半功率波束宽度为 90°. 而 H 面是圆形，辐射强度不变，可以认为是 360°. 复杂的天线就可以像这样用两个互相垂直的半功率波束宽度表明波束的指向性能，比如水平波束宽度和垂直波束宽度.

（5）方向性系数（D）. 在相同输入功率下，某天线产生最大辐射强度与理想点源天线在同一点处产生的辐射强度的比值，称为该天线的方向性系数. 辐射强度正比于平均功率流密度的大小，也正比于电场强度大小的平方，所以使用电场强度后得到

$$D = \frac{\left|\boldsymbol{S}_{\text{rav}}(\theta,\phi)\right|_{\max}}{\left|\boldsymbol{S}_{\text{irav}}\right|} = \frac{\left|\boldsymbol{E}(\theta,\phi)\right|_{\max}^2}{\left|\boldsymbol{E}_0\right|^2} \tag{10.20}$$

其中，$\boldsymbol{E}_0$ 是点源天线在同样辐射功率下离开理想点源的距离等于离开天线距离的处的电场强度. 它表征天线集中辐射的程度.

对于电偶极子，其辐射功率式（10.13）、式（10.18）和式（10.19）一起代入式（10.20）计算，就可以得到它的方向性系数为 1.5. 使用中常用 dBi 为单位

$$D(\text{dBi}) = 10\log_{10}(1.5)(\text{dBi}) = 1.67\ \text{dBi}$$

（6）辐射电阻. 表示天线的辐射能力. 把天线作为一个系统的负载，辐射出的能量对应于阻抗中的电阻，如同电阻发热损耗掉了一样. 辐射功率就可以用焦耳定律由电流和电阻表示出来. 这样天线辐射相当于有一个等效的电阻，称为辐射电阻（R_{rad}）. 将式（10.14）的电偶极子辐射功率和焦耳定律比较，得到其辐射电阻为

$$R_{\text{rad}} = 80\pi^2 \left(\frac{\mathrm{d}l}{\lambda}\right)^2 \tag{10.21}$$

可见它正比于电偶极子的电长度平方.

（7）天线效率（η）. 天线要通过馈线系统（天馈系统）连接到发射机（或接收机，这里讨论用于发射机的情形），从馈线和天线连接端面输入到天线的输入功率 P_{in}，并不能全部转化为辐射功率 P_{rad} 辐射出去. 定义天线辐射功率和其输入功率之比为天线效率. 即

$$\eta = \frac{\text{辐射功率}P_{\text{rad}}}{\text{输入功率}P_{\text{in}}} \tag{10.22}$$

天线上没有用于辐射的功率包含回波损耗、天线的导体损耗和介质损耗等.

（8）天线增益（G）. 在天线最大辐射方向产生相等的电场强度的条件下，理想点源天线需要输入的功率与某实际天线需要输入功率的比值，称为该天线的增益.

根据式（10.20）理想点源的辐射功率（$P_{\rm rad}$）和辐射功率（$P_{\rm i}$）成正比，比例系数为方向性系数 D. 而式（10.22）表明理想点源天线的辐射功率（$P_{\rm rad}$）和输入功率（$P_{\rm in}$）成正比，比例系数为天线效率 η. 根据天线增益的定义可以得到

$$G = \eta D \tag{10.23}$$

10.2.4 赫兹势与赫兹波

电偶极子长度无限小并做简谐运动时，也称为赫兹偶极子. 它用时谐振动的电偶极矩 p 表示. $\mathrm{d}l \to 0$，$q \to \infty$，$p = q\mathrm{d}l$ 是常数. 按图 10.1 将电偶极子的中心置于坐标原点，赫兹引入赫兹势 Π 求解了真空中赫兹偶极子的辐射场. 赫兹势是波动方程

$$\left(\nabla^2 - \mu_0\varepsilon_0 \frac{\partial^2}{\partial t^2}\right)\Pi = 0 \tag{10.24}$$

的解.

和赫兹势关联一个矢量函数 $\boldsymbol{\Pi} = \boldsymbol{e}_z \Pi$. 动态标量位函数定义为

$$\varPhi = -\frac{1}{\varepsilon_0}\nabla \cdot \boldsymbol{\Pi} \tag{10.25}$$

动态矢量位函数定义为

$$\boldsymbol{A} = \mu_0 \frac{\partial \boldsymbol{\Pi}}{\partial t} \tag{10.26}$$

容易证明这两个位函数也满足洛伦兹规范式（6.45）. 这样赫兹偶极子辐射的磁场和电场由赫兹势表示为

$$\begin{cases} \boldsymbol{H} = \dfrac{1}{\mu_0}\nabla \times \boldsymbol{A} = \boldsymbol{e}_x \dfrac{\partial^2 \Pi}{\partial y \partial t} - \boldsymbol{e}_y \dfrac{\partial^2 \Pi}{\partial x \partial t} \\ \boldsymbol{E} = -\nabla \varPhi - \dfrac{\partial \boldsymbol{A}}{\partial t} = \dfrac{1}{\varepsilon_0}\left(\nabla \dfrac{\partial \Pi}{\partial z} - \boldsymbol{e}_z \mu_0 \varepsilon_0 \dfrac{\partial^2 \Pi}{\partial t^2}\right) \end{cases} \tag{10.27}$$

赫兹研究了球对称下方程（10.24）的解，给出赫兹势的表达式为

$$\Pi = \frac{q\mathrm{d}l}{4\pi r}\cos(kr - \omega t) \tag{10.28}$$

将这个表达式代入式（10.27），再变换为复数表达式，可以得到和 10.2.2 节中同样的结果.

10.3 对 偶 原 理

10.3.1 电与磁的对偶

科学研究总结出的麦克斯韦方程中，有形物质场源只有电荷和电流，因为没有观测到磁荷和磁流关联的有形物质. 尽管如此，仍能像第 5.3.3 节关于磁偶极子的研究一样，可以等效出磁荷，解释磁场的场源. 可以理解，也能假设磁流存在并且产生磁场，对等地写出一组关于磁荷和磁流产生电磁场的方程来.

为了区分，将由电荷和电流产生的电磁场满足的麦克斯韦方程表示为

$$\nabla\times\boldsymbol{H}_{\mathrm{e}}=\boldsymbol{J}_{\mathrm{e}}+\frac{\partial\boldsymbol{D}_{\mathrm{e}}}{\partial t},\quad \nabla\cdot\boldsymbol{B}_{\mathrm{e}}=0$$

$$\nabla\times\boldsymbol{E}_{\mathrm{e}}=-\frac{\partial\boldsymbol{B}_{\mathrm{e}}}{\partial t},\quad \nabla\cdot\boldsymbol{D}_{\mathrm{e}}=\rho$$

其中下标 e 表示电荷和电流作为场源产生的电磁场. 假设存在磁荷 ρ_{m} 和磁流 $\boldsymbol{J}_{\mathrm{m}}$ 时，则这些场也满足麦克斯韦方程组. 用下标 m 表示这些磁物质产生的电磁场，方程的形式如下：

$$\begin{cases}\nabla\times\boldsymbol{H}_{\mathrm{m}}=\dfrac{\partial\boldsymbol{D}_{\mathrm{m}}}{\partial t}, & \nabla\cdot\boldsymbol{B}_{\mathrm{m}}=\rho_{\mathrm{m}}\\ \nabla\times\boldsymbol{E}_{\mathrm{m}}=-\boldsymbol{J}_{\mathrm{m}}-\dfrac{\partial\boldsymbol{B}_{\mathrm{m}}}{\partial t}, & \nabla\cdot\boldsymbol{D}_{\mathrm{m}}=0\end{cases}\tag{10.29}$$

上述两个方程组分别表示空间中由电性源和磁性源产生的电磁场. 如果两种源同时都存在，由于电磁场满足叠加原理，麦克斯韦方程也是线性方程，这时空间的场为两者的叠加：

$$\boldsymbol{H}=\boldsymbol{H}_{\mathrm{e}}+\boldsymbol{H}_{\mathrm{m}},\quad \boldsymbol{B}=\boldsymbol{B}_{\mathrm{e}}+\boldsymbol{B}_{\mathrm{m}}$$

$$\boldsymbol{E}=\boldsymbol{E}_{\mathrm{e}}+\boldsymbol{E}_{\mathrm{m}},\quad \boldsymbol{D}=\boldsymbol{D}_{\mathrm{e}}+\boldsymbol{D}_{\mathrm{m}}$$

场方程为

$$\nabla\times\boldsymbol{H}=\boldsymbol{J}_{\mathrm{e}}+\frac{\partial\boldsymbol{D}}{\partial t},\quad \nabla\cdot\boldsymbol{B}=\rho_{\mathrm{m}}$$

$$\nabla\times\boldsymbol{E}=-\boldsymbol{J}_{\mathrm{m}}-\frac{\partial\boldsymbol{B}}{\partial t},\quad \nabla\cdot\boldsymbol{D}=\rho$$

这是同时存在电性场源和磁性场源的麦克斯韦方程形式. 根据电磁场的叠加原理，两种源都存在的辐射问题就可以通过分别求出它们的辐射场后作矢量叠加得到.

考察前两个麦克斯韦方程，如果将电磁场场量和本构参数做另一种辐射源中变量代换，就可以得到相应的麦克斯韦方程组. 相应的解也可以作参量代换得到. 类似于电性辐射源求解过程引入的动态位函数，磁性场源方程求解也可以引入相应的动态位函数. 这个对应的代换关系称作对偶原理. 当由电性场源的方程得到磁性场源方程时，相应的代换关系总结于表 10.1 中.

表 10.1　电性辐射源和磁性辐射源参量的对偶关系

电性辐射源（$\boldsymbol{J}_{\mathrm{e}}\neq 0,\boldsymbol{J}_{\mathrm{m}}=0$）	磁性辐射源（$\boldsymbol{J}_{\mathrm{e}}=0,\boldsymbol{J}_{\mathrm{m}}\neq 0$）
$\boldsymbol{E}_{\mathrm{e}}$	$\boldsymbol{H}_{\mathrm{m}}$
$\boldsymbol{H}_{\mathrm{e}}$	$-\boldsymbol{E}_{\mathrm{m}}$
$\boldsymbol{J}_{\mathrm{e}}$	$\boldsymbol{J}_{\mathrm{m}}$
$\boldsymbol{A}_{\mathrm{e}}$	$\boldsymbol{A}_{\mathrm{m}}$
ε	μ
μ	ε
k	k
η	$1/\eta$
$1/\eta$	η

这样，如果遇到一种问题，能找到对应电性或磁性场源的分布及其已知场解，就可使用对偶原理，用对偶参量作为等效直接写出该问题的场解.

10.3.2 磁偶极子的辐射

第 5.4.3 节说明了什么是磁偶极子. 如果磁偶极子的电流是时谐因子为 $e^{i\omega t}$ 变化的电流，幅度为 $\boldsymbol{I}=\boldsymbol{e}_\phi I_\phi=\boldsymbol{e}_\phi I_0$. 仍使用图 5.2（a）的坐标系分析磁偶极子的辐射场问题. 于是可以采用两种方法求解磁偶极子的辐射.

第一种，直接采用动态矢量位式（10.4）的滞后位积分或式（10.5）的格林函数积分得到.

磁偶极子环路上各点电流由各个坐标分量 $\boldsymbol{I}(\boldsymbol{r}')=\boldsymbol{e}_x I_x(\boldsymbol{r}')+\boldsymbol{e}_y I_y(\boldsymbol{r}')+\boldsymbol{e}_z I(\boldsymbol{r}')$ 表示后，可以进行积分求解. 逐步将环电流进行坐标变换可以得到各个直角坐标系的分量，这是一个烦琐的过程. 为此，使用类似 5.3.3 节的分析，可知，只需求解动态矢量位的 $\boldsymbol{e}_\phi$ 分量即可. 讨论中的被积函数变为 $\dfrac{\cos\phi' e^{-ik\sqrt{r^2+a^2-2ar\sin\theta\cos(\phi-\phi')}}}{\sqrt{r^2+a^2-2ar\sin\theta\cos(\phi-\phi')}}$. 对这个函数以变量 r 在 a 处作麦克劳林展开区前两项后积分得到

$$\boldsymbol{A}=\boldsymbol{A}_\phi=\boldsymbol{e}_\phi A_\phi\simeq\boldsymbol{e}_\phi \mathrm{i}\frac{k\mu a^2 I_0\sin\theta}{4r}\left[1+\frac{1}{\mathrm{i}(kr)}\right]e^{-ikr} \tag{10.30}$$

使用得到式（10.6）和式（10.7）的过程，就可以得到磁偶极子的磁场和电场分别为

$$\begin{cases} H_r=\dfrac{ka^2 I_0}{2}\dfrac{e^{-ikr}}{r^2}\left[1+\dfrac{1}{\mathrm{i}(kr)}\right]\cos\theta \\ H_\theta=-\dfrac{(ka)^2 I_0}{4}\dfrac{e^{-ikr}}{r}\left[1+\dfrac{1}{\mathrm{i}(kr)}-\dfrac{1}{(kr)^2}\right]\sin\theta \\ H_\phi=0 \end{cases} \tag{10.31}$$

和

$$\begin{cases} E_r=0 \\ E_\theta=0 \\ E_\phi=\eta\dfrac{(ka)^2 I_0}{4}\dfrac{e^{-ikr}}{r}\left[1+\dfrac{1}{\mathrm{i}(kr)}\right]\sin\theta \end{cases} \tag{10.32}$$

第二种是使用对偶原理. 需要使用磁荷和电偶极子等效. 根据表达式（5.21）得到磁荷，可以等效出来对偶电问题的电荷. 对于带电荷 q 时谐变化的电偶极子，相应的电流由电荷守恒定律得到磁偶极子磁荷和磁流、电偶极子的电荷和电流按式（2.18）变换后，则有磁偶极子对偶为式（10.6）和式（10.7）的 Idl 后得到

$$I\mathrm{d}l=\mathrm{i}\pi a^2\omega I_0 \tag{10.33}$$

它代入式（10.7）和式（10.6）后，并应用表 10.1 中的对偶关系，就分别得到式（10.31）和式（10.32）. 由它们得到辐射功率流密度为

$$S_{\mathrm{rad}}=\eta\frac{(ka)^4}{32}|I_0|^2\frac{\sin^2\theta}{r^2}\left[1+\mathrm{i}\frac{1}{(kr)^3}\right] \tag{10.34}$$

辐射总功率为

$$P_{\mathrm{rad}}=\eta\left(\frac{\pi}{12}\right)(ka)^4|I_0|^2\left[1+\mathrm{i}\frac{1}{(kr)^3}\right] \tag{10.35}$$

其实部为

$$P_{\mathrm{rad}}=\eta\left(\frac{\pi}{12}\right)(ka)^4\left|I_0\right|^2 \tag{10.36}$$

辐射电阻为

$$R_{\mathrm{rad}}=\eta\left(\frac{\pi}{6}\right)(k^2a^2)^2=\eta\frac{2\pi}{3}\left(\frac{kS}{\lambda}\right)^2=20\pi^2\left(\frac{C}{\lambda}\right)^4 \tag{10.37}$$

其中 C 是电流环的周长.

根据这些表达式，可以得到和电偶极子类似的近远场区分结果. 比如其远场的电场和磁场表达式分别为

$$\begin{cases}E_r=0\\E_\theta=0\\E_\phi\approx\eta\dfrac{k^2a^2I_0\mathrm{e}^{-\mathrm{i}kr}}{4r}\sin\theta=\eta\dfrac{\pi SI_0\mathrm{e}^{-\mathrm{i}kr}}{\lambda^2r}\sin\theta\end{cases} \tag{10.38a}$$

$$\begin{cases}H_r\approx0\\H_\theta\approx-\dfrac{k^2a^2I_0\mathrm{e}^{-\mathrm{i}kr}}{4r}\sin\theta=-\dfrac{\pi SI_0\mathrm{e}^{-\mathrm{i}kr}}{\lambda^2r}\sin\theta\\H_\phi=0\end{cases} \tag{10.38b}$$

*10.4　有限长度偶极子天线

实际天线都是真实电流分布辐射体或场的辐射口面构成的，可以基于辐射电流的辐射场求解给予解决. 因为真实电流分布的辐射可以由电偶极子的辐射场公式进行叠加或积分得到. 而口面辐射情形下，可根据口面的情况构建等效辐射源进行叠加或积分计算，可以从对偶原理中的场与源的对偶和等效中转化为等效的辐射电流分布进行处理. 这样用分布电流辐射的叠加与积分成为实际天线辐射的一种分析理论. 这里以有限长度偶极子及其阵列来说明它.

10.4.1　有限长度偶极子天线及其电流分布

作为理想的理论分析，讨论有限长度（l）细直线电流构成的偶极子天线. 和辐射电磁波的波长相比天线的直径（$a\ll\lambda$）可以忽略. 该天线在长度的中心处馈入时谐电流 I_e，必须确定该电流的分布才可以使用元天线的结果进行叠加或积分. 根据第 9 章关于传输线的讨论可知，该天线由于两端处于断路情形，电流在天线两端为零，在天线上以驻波形式存在. 和图 10.1 一样，将天线置于坐标轴的 z 轴上，电流的馈入点在坐标原点上，则天线的电流分布可以很好地近似为

$$\boldsymbol{I}_e(x',y',z')=\begin{cases}\boldsymbol{e}_zI_0\sin\left[k\left(\dfrac{l}{2}-z'\right)\right] & (0\leqslant z'\leqslant l/2)\\ \boldsymbol{e}_zI_0\sin\left[k\left(\dfrac{l}{2}+z'\right)\right] & (-l/2\leqslant z'\leqslant 0)\end{cases} \tag{10.39}$$

可以取不同的天线长度绘出这个电流分布的特点，形成元天线、小天线（$\lambda/50\ll\lambda\ll\lambda/10$），以及更长的其他有限长度天线，比如$\lambda/4$、半波长天线等天线上的电流分布. 这里讨论有限长度的天线.

10.4.2　辐射场分析

将有限长度天线各个位置上取微分元 $\mathrm{d}z'$构成元天线，然后将辐射场表达式（10.12）和式（10.13）中元天线到场点的距离和方向取代元天线表达式中相应的量，就可以通过积分得到其在空间辐射场的表达式. 考虑代表性解析解和工程应用的远场问题进行讨论. 元天线的场为

$$\begin{cases}\mathrm{d}E_\theta \approx \mathrm{i}\eta \dfrac{kI_e(x',y',z')\mathrm{e}^{-\mathrm{i}kR}}{4\pi R}\sin\theta \mathrm{d}z' \\ \mathrm{d}E_r \approx \mathrm{d}E_\phi = \mathrm{d}H_r = \mathrm{d}H_\theta = 0 \\ \mathrm{d}H_\phi \approx \mathrm{i}\dfrac{kI_e(x',y',z')\mathrm{e}^{-\mathrm{i}kR}}{4\pi R}\sin\theta \mathrm{d}z'\end{cases} \tag{10.40}$$

因为磁场可通过法拉第电磁感应由电场得到，所以只推导电场的表达式. 远场时上式中的电场可以近似为

$$\mathrm{d}E_\theta \approx \mathrm{i}\eta \frac{kI_e(x',y',z')\mathrm{e}^{-\mathrm{i}kr}}{4\pi r}\sin\theta \mathrm{e}^{+\mathrm{i}kz'\cos\theta}\mathrm{d}z' \tag{10.41}$$

在整个天线长度上进行积分得到

$$E_\theta = \mathrm{i}\eta \frac{k\mathrm{e}^{-\mathrm{i}kr}}{4\pi r}\sin\theta \int_{-l/2}^{l/2} I_e(x',y',z')\mathrm{e}^{\mathrm{i}kz'\cos\theta}\mathrm{d}z' \tag{10.42}$$

可以看到该表达式中积分之外的因子源于位于坐标原点的单位长度单位电流元天线，称为元天线因子；积分构成的因子由天线电流的空间分布确定，称为空间因子（*SF*）. 这个乘积形式称作连续分布辐射源的方向图乘法原理，文字表达为

$$\text{总场} = \text{元天线因子} \times \text{空间因子} \tag{10.43}$$

把电流分布表达式（10.40）代入积分，可以得到

$$E_\theta \approx \mathrm{i}\eta \frac{I_0\mathrm{e}^{-\mathrm{i}kr}}{2\pi r}\left[\frac{\cos\left(\dfrac{kl}{2}\cos\theta\right)-\cos\left(\dfrac{kl}{2}\right)}{\sin\theta}\right] \tag{10.44}$$

积分中拆成了 $z>0$ 部分和 $z<0$ 部分的积分，并使用了积分表达式

$$\int e^{\alpha x}\sin(\beta x+\gamma)\mathrm{d}x = \frac{e^{\alpha x}}{\alpha^2+\beta^2}[\alpha\sin(\beta x+\gamma)-\beta\cos(\beta x+\psi)]$$

其中 $\alpha = \mathrm{i}k\cos\theta$，$\beta = \pm k$，$\gamma = \dfrac{kl}{2}$.

磁场确定出来的表达式为

$$H_\phi \approx \mathrm{i}\frac{I_0\mathrm{e}^{-\mathrm{i}kr}}{2\pi r}\left[\frac{\cos\left(\dfrac{kl}{2}\cos\theta\right)-\cos\left(\dfrac{kl}{2}\right)}{\sin\theta}\right] \tag{10.45}$$

10.4.3 辐射特性

1. 功率和辐射电阻

天线的辐射功率可以推导出来. 在给定方向上的平均功率流密度为

$$\boldsymbol{S}_{\text{rav}}=\boldsymbol{e}_r S_{\text{rav}}=\boldsymbol{e}_r\frac{1}{2\eta}|E_\theta|^2=\eta\frac{|I_0|^2}{8\pi^2 r^2}\left[\frac{\cos\left(\frac{kl}{2}\cos\theta\right)-\cos\left(\frac{kl}{2}\right)}{\sin\theta}\right]^2 \tag{10.46}$$

辐射总功率 P_{rad} 为它在所有方向上的通量，即 $P_{\text{rad}}=\oint\!\!\oint_S \boldsymbol{S}_{\text{rav}}\cdot \mathrm{d}\boldsymbol{S}$. 在球坐标中进行积分得到

$$P_{\text{rad}}=\int_0^{2\pi}\int_0^{\pi}W_{\text{av}}r^2\sin\theta\mathrm{d}\theta\mathrm{d}\phi=\eta\frac{|I_0|^2}{4\pi}\int_0^{\pi}\frac{\left[\cos\left(\frac{kl}{2}\cos\theta\right)-\cos\left(\frac{kl}{2}\right)\right]^2}{\sin\theta}\mathrm{d}\theta$$

根据有关积分的知识，它可以写成

$$\begin{aligned}P_{\text{rad}}=\eta\frac{|I_0|^2}{4\pi}\{&C+\ln(kl)-C_i(kl)+\frac{1}{2}\sin(kl)[S_i(2kl)-2S_i(kl)]\\&+\frac{1}{2}\cos(kl)[C+\ln(kl/2)+C_i(2kl)-2C_i(kl)]\}\end{aligned} \tag{10.47}$$

其中欧拉常数为 $C=0.5772$，函数 $C_i(x)$ 和 $S_i(x)$ 分别是余弦积分和正弦积分，表达式为

$$C_i(x)=-\int_x^{\infty}\frac{\cos y}{y}\mathrm{d}y=\int_{\infty}^{x}\frac{\cos y}{y}\mathrm{d}y$$

$$S_i(x)=\int_0^x\frac{\sin y}{y}\mathrm{d}y$$

有它们对应的积分表可以使用.

这样，辐射电阻 R_{rad} 就可以确定出来，为

$$\begin{aligned}R_{\text{rad}}=\frac{2P_{\text{rad}}}{|I_0|^2}=\frac{\eta}{2\pi}\{&C+\ln(kl)-C_i(kl)+\frac{1}{2}\sin(kl)\times[S_i(2kl)-2S_i(kl)]\\&+\frac{1}{2}\cos(kl)\times[C+\ln(kl/2)+C_i(2kl)-2C_i(kl)]\}\end{aligned} \tag{10.48}$$

2. 方向性

由方向性函数的定义和功率表达式，可以推出它的方向性函数为

$$F(\theta,\phi)=F(\theta)=\left[\frac{\cos\left(\frac{kl}{2}\cos\theta\right)-\cos\left(\frac{kl}{2}\right)}{\sin\theta}\right]^2 \tag{10.49}$$

方向性系数为

$$D=\frac{2F(\theta)|_{\max}}{Q} \tag{10.50}$$

其中 $Q=C+\ln(kl)+C_i(kl)+\sin(kl)[S_i(2kl)-2S_i(kl)]/2+\cos(kl)[C+\ln(kl/2)+C_i(2kl)-2C_i(kl)]/2$. 显然不同的振子具有不同的方向性系数，因为方向图函数的最大方向因振子不同而不同.

*10.5 天 线 阵 列

科学工程应用中需要远距离的通信和定位，要求高方向性的天线系统，如卫星通信、遥感和星际科学探索等. 前述的分析可知获得这样的天线辐射体需要大尺寸才能获得. 一方面工程上会有限制，另一方面增加天线的尺寸在获得高方向性方面在一定的尺寸之后，尺寸增加不再能获得需要的性能增加. 于是出现了天线阵列. 它通过增加天线的维度减弱尺寸上增减的限制，获得需要的高方向特性. 它使用前面所述的基本天线或其组合作为天线单元，将多个单元按一定空间排列组合，构成天线阵列（简称天线阵）. 当前工程上获得大尺寸的高增益天线用于空间科学研究的著名例子是 FAST 天线，我国花费 30 年才投入使用，这说明大尺寸单体天线的工程难度很大. 国际上用小尺寸阵元获得更大的阵列来实现相似的用途，比如 SKA 工程等等. 阵列天线还能获得电扫的优势，在现代的移动通信和探测领域有广泛的应用价值，特别是新无线应用的 MIMO 天线，天线阵是核心技术. 其中会涉及很多实际物理结构的具体问题. 作为基本原理，本节以理想直线阵子天线作为阵元的线阵，讨论阵列天线的一般分析方法和基本结果.

10.5.1 天线阵列的一般原理

现在可以体会到天线其实就是人工制造的电磁波辐射体，通过其物理和拓扑结构变化控制其上辐射电磁波的电流或电场分布形成独特天线特性. 一般原理上就是对 10.1.1 给出各个电流的滞后位或者电场的积分或求和. 对于天线阵列，首先可以获得天线阵元的辐射场，然后使用式（10.4）的滞后位或前节电场的求解方法，就可以讨论了.

前面的讨论中已经看到影响阵元辐射特性的主要因素了. 根据前面的讨论，会有 5 个方面的因素直接决定天线阵的辐射特性，即天线阵的空间排布构型、阵元之间的间隔、阵元的激励幅度、阵元的激励相位、阵元的方向图. 直线阵列是由阵元沿一条直线按一定的空间间隔排列构成的. 本节不拘于具体工程结构细节及其引起阵元耦合等问题，讨论最简单直线排列的线阵构型的情况，基于理想的直线阵子天线作为天线阵的阵元，讨论相同阵元等间隔布局的直线阵列（均匀线阵）的分析方法和结果.

10.5.2 二元阵列

讨论由两个相同元天线作为阵元构成的二元阵列的情形，阵元间距为 d，两个阵元相位差为 β. 采用图 10.1 的坐标系，阵元 1 和 2 位于 yOz 面中垂直放置于 z 轴上，分别位于坐标原点两侧，坐标原点处于两个阵元的中点上. 考虑两个阵元之间的耦合可以忽略情况下的远场问题，则这个场是两个阵元产生远场的矢量和，可以得到

$$\boldsymbol{E}_t = \boldsymbol{e}_\theta i\eta \frac{kI_0 \mathrm{d}l}{4\pi}\left\{\frac{\mathrm{e}^{-\mathrm{i}[kR_1-(\beta/2)]}}{R_1}\cos\theta_1 + \frac{\mathrm{e}^{-\mathrm{i}[kR_2+(\beta/2)]}}{R_2}\cos\theta_2\right\}$$

因为是考虑远场问题，可做如下近似：方位项上角度近似为 $\theta_1 \approx \theta_2 \approx \theta$，影响幅度变化的距离近似为 $R_1 \approx R_2 \approx r$，影响相位变化的距离分别近似为 $R_1 \approx r - \dfrac{d}{2}\cos\theta$、$R_2 \approx r + \dfrac{d}{2}\cos\theta$. 取

这些近似后，进行数学运算就得到

$$\boldsymbol{E}_{\mathrm{t}}=\boldsymbol{e}_{\theta} i\eta\frac{kI_0\mathrm{d}l\mathrm{e}^{-\mathrm{i}kr}}{4\pi r}\cos\theta\left\{2\cos\left[\frac{1}{2}(kd\cos\theta+\beta)\right]\right\} \tag{10.51}$$

和元天线的辐射电场相比，该式显然由两个因子构成，即位于坐标原点的阵元的辐射场和花括号内的因子. 分别称为阵元因子和阵因子（AF）. 所以二元阵的阵因子为

$$AF=2\cos\left[\frac{1}{2}(kd\cos\theta+\beta)\right] \tag{10.52}$$

通常写为用阵元个数归一的阵因子形式

$$(AF)_{\mathrm{norm}}=\cos\left[\frac{1}{2}(kd\cos\theta+\beta)\right] \tag{10.53}$$

可以看出阵因子是辐射波长（$\lambda=2\pi/k$）、阵列几何参数 d 和激励相位差β的函数. 改变这些参数就可以控制辐射场了. 联系上节的分析也可总结出两个相同阵元构成的二元阵的远场，也可以写出一个方向性乘积的公式：

$$\text{阵列辐射场}=\text{阵元的辐射因子}\times\text{阵因子} \tag{10.54}$$

虽然这是对相同阵元二元阵的总结，考虑上节的积分和背后的叠加数学运算，可以理解这个关系能扩展到更为普遍的阵列天线中，尽管这两个因子对不同的阵列会有不同的表达式. 对于阵因子从式（10.52）和式（10.54）中可以看出，它和阵元的方向特性无关，因而可以使用理想点源取代真实阵元得到阵因子. 然后通过真实阵元的方向性函数就可得到选定阵元位置和激励相位的二元阵的方向性了.

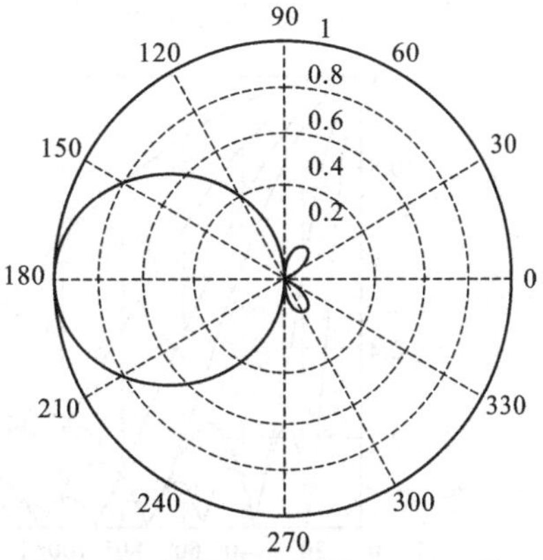

图 10.3　相同阵元间隔 $d=0.25\lambda$ 的二元阵的 E 面方向图

图 10.3 所示是相同阵元二元阵，阵元间隔距离 $d=0.25\lambda$ 的 E 面方向图. 由图可以看出，在 $\theta=180°$ 的方向上，波程差和电流激励相位差刚好相互抵消，因此两个单元天线在此方向上的辐射场同相叠加，合成场取最大；而在 $\theta=0°$ 方向上，总相位差为π，因此两个单元天线在此方向上的辐射场反相相消，合成场为零，二元阵具有单向辐射的功能，提高了方向性. 相同阵元的二元阵更多激励相位变化引起的方向特性，见练习题 10.8.

10.5.3　多元线阵问题

现在把前面的分析过程用到多元线阵进行分析. 为简洁起见，分析均匀线阵即阵元等幅等间隔的阵列形式. 线阵的阵元有 N 个，相邻阵元间距 d，在图 10.1 的坐标系中，第一个阵元到第 N 个阵元依次从原点沿 z 轴向 z 方向放置，激励相位依次超前一个阵元 β. 使用方向性乘积规则获得其方向函数. 这时它的阵因子为

$$AF=\sum_{n=1}^{N}\mathrm{e}^{\mathrm{i}(n+1)(kd\cos\theta+\beta)}=\sum_{n=1}^{N}\mathrm{e}^{\mathrm{i}(n-1)\psi} \tag{10.55}$$

其中 $\psi=kd\cos\theta+\beta$. 该式乘以 $\mathrm{e}^{\mathrm{i}\psi}$ ，进行运算后可以得到

$$AF = e^{i[(N-1)/2]\psi}\left[\frac{\sin\left(\frac{N}{2}\psi\right)}{\sin\left(\frac{1}{2}\psi\right)}\right] \tag{10.56}$$

如果坐标原点放置于线阵中心，则上式中的指数因子等于 1. 即

$$AF = \left[\frac{\sin\left(\frac{N}{2}\psi\right)}{\sin\left(\frac{1}{2}\psi\right)}\right] \tag{10.57}$$

当阵元相位变化很小时，方括号的因子近似为辛克函数的形式. 它们的最大值为 N，就是阵元的个数. 也使用归一化的形式，则有

$$(AF)_{\text{norm}} = \frac{1}{N}\left[\frac{\sin\left(\frac{N}{2}\psi\right)}{\sin\left(\frac{1}{2}\psi\right)}\right] \tag{10.58}$$

图 10.4 为均匀直线阵的通用方向图，即归一化因子随 ψ 的变化图形.

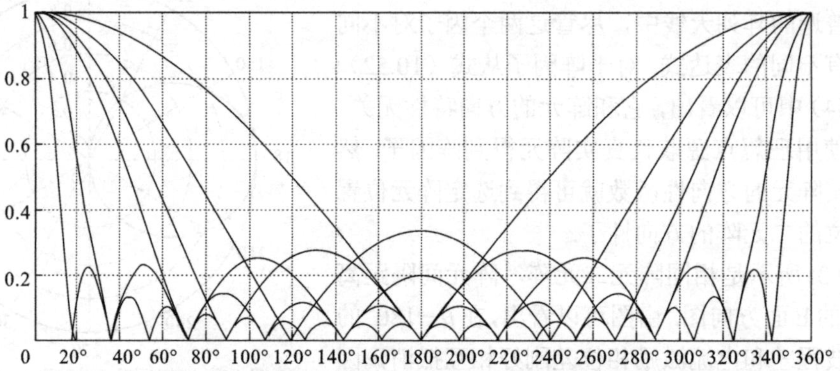

图 10.4　均匀直线阵归一化因子随 ψ 变化的曲线

由阵因子的分析可知，归一化阵因子 $(AF)_n$ 是 ψ 的周期函数，周期为 2π. 由于 θ 的取值范围为 0°～180°，所以 ψ 的变化范围为 $-kd+\beta<\psi<kd+\beta$，称为可视区. 根据阵元相移 β 和间距 d 的变化，可视区 ψ 是不同的.

根据这个表达式可以分析均匀多元线阵的最小值和最大值方向. 最小值为零，要求上式中的分子为零，也就是 $\left.\frac{N}{2}\psi\right|_{\theta=\theta_n} = \pm n\pi$，即

$$\theta_n = \cos^{-1}\left[\frac{\lambda}{2\pi d}\left(-\beta \pm \frac{2n}{N}\pi\right)\right] \tag{10.59}$$

其中 $n=1,2,3,\cdots$；$n\neq N, 2N, 3N, \cdots$. 因为 n 为 N 的倍数时出现归一化阵因子大于 1 的值. 最大值时，分母为零，$\left.\frac{\psi}{2}\right|_{\theta=\theta_m} = \pm m\pi$，所以

$$\theta_m = \cos^{-1}\left[\frac{\lambda}{2\pi d}(-\beta \pm 2m\pi)\right] \tag{10.60}$$

其中 $m=0,1,2,\cdots$. 显然线阵具有主瓣，对应于 $m=0$. 其他的对应于旁瓣. 可以确定第一个最

大的旁瓣相对于主瓣低 13.46 dB. 可以从主瓣中求得其半功率波束宽度的方向为

$$\theta_{\mathrm{h}}=\frac{\pi}{2}-\sin^{-1}\left[\frac{\lambda}{2\pi d}\left(-\beta\pm\frac{2.782}{N}\right)\right] \tag{10.61}$$

于是半功率波束宽度是 $HPBW=2\left|\theta_{\mathrm{m}}-\theta_{\mathrm{h}}\right|$.

这些最大方向在不同的应用场景需求中选择不同. 应用中有最大方向只是垂直于阵列（$\theta_{\mathrm{m}}=\pi/2$）的边射阵列、仅在阵列两端方向（$\theta_{\mathrm{m}}=0,\pi$）的普通端射阵列这样的特殊方向阵列天线. 仔细研究这些方向的变化，可以发现给定阵元间距，就可以通过阵元相位控制最大辐射方向，从而形成了通过改变阵元激励相位的相控阵天线. 这构成了现代智能无线电应用系统一种重要支撑技术，它使辐射方向的变化由机械转台系统的机械扫描改变为所谓的电扫系统. 电扫由电路中电信号的改变实现，使辐射方向可以实现极其快速的改变. 根据前面的分析过程，对于$[0,\pi]$内给定的辐射方向θ_0，它要求阵元的激励相位变化满足$\beta=-kd\cos\theta_0$.

这些都是理想的分析，实际天线系统中会有更多的问题需要考虑. 在边射阵列中要注意阵元间距不能大于一个波长，否则会出现栅瓣问题. 普通端射天线阵，向各个阵元产生最大辐射，将会影响阵元的辐射，从而影响阵列的其他性能. 为此，Hansen 和 Woodyard 提出了阵元密排长线阵激励相位相移的 Hansen-Woodyard 条件，形成了 Hansen-Woodyard 端射天线阵列. 根据这个条件一个阵列长度为 L 的线阵的阵元间距满足

$$d=\left(\frac{N-1}{N}\right)\frac{\lambda}{4} \tag{10.62}$$

阵元数目多的时候，它近似为四分之一波长. 所以阵元数目大的时候，只要阵元间距大致为四分之一波长，Hansen-Woodyard 条件就能改善方向性.

利用方向性的定义和求得的辐射场，可以确定不同线阵的方向性. 对于边射均匀线阵，其方向性系数为

$$D\approx 2N\left(\frac{d}{\lambda}\right)=2\left(1+\frac{L}{d}\right)\left(\frac{d}{\lambda}\right)\overset{L\gg d}{\approx}2\left(\frac{L}{\lambda}\right) \tag{10.63}$$

对于普通端射均匀线阵

$$D\approx 4N\left(\frac{d}{\lambda}\right)=4\left(1+\frac{L}{d}\right)\left(\frac{d}{\lambda}\right)\overset{L\gg d}{\approx}4\left(\frac{L}{\lambda}\right) \tag{10.64}$$

而 Hansen-Woodyard 端射天线阵列的是

$$D\approx 1.798\left[4N\left(\frac{d}{\lambda}\right)\right]=1.798\left[4\left(1+\frac{L}{d}\right)\left(\frac{d}{\lambda}\right)\right]\overset{L\gg d}{\approx}1.798\left[4\left(\frac{L}{\lambda}\right)\right] \tag{10.65}$$

为了说明阵元间距和数目对边射阵的影响，图 10.5 给出了阵元数目为 5 和 10、阵元间隔为波长 0.2，0.6，0.9 和 1.0 倍的边射阵阵因子方向图. 这时阵元激励相移$\beta=0$，最大辐射方向发生在$\theta_{\mathrm{m}}=\pi/2$. 图中显示出了主瓣方向，同时可以看到间隔距离加大时，旁瓣出现，阵元数越多，间隔距离越大，边射阵主瓣越窄，副瓣电平也就越高，在一个波长时栅瓣出现.

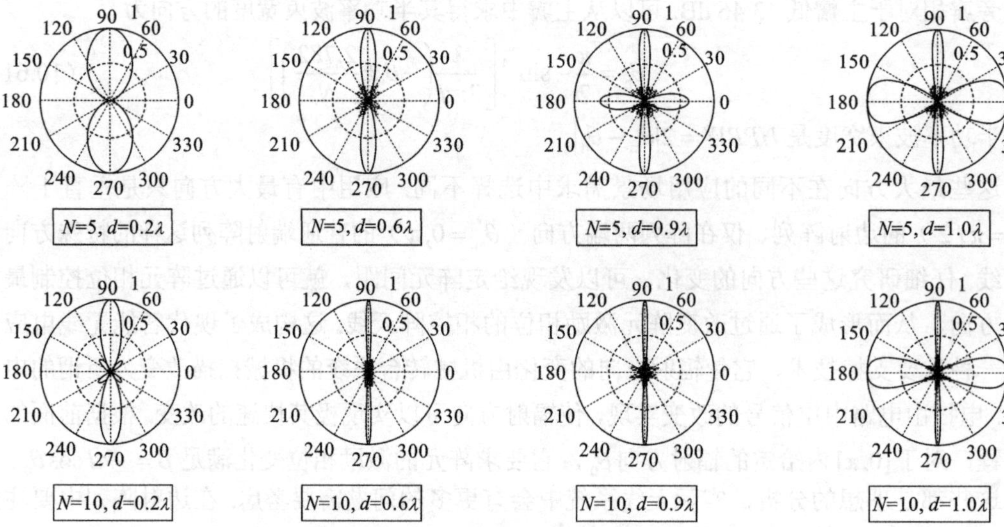

图 10.5　不同阵元数目阵元间距边射阵阵因子的方向图

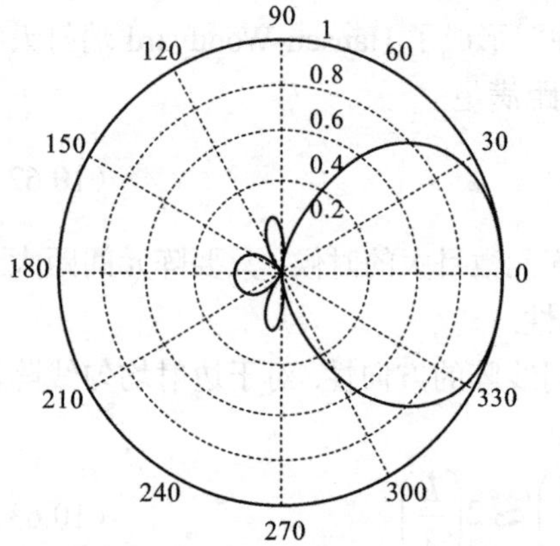

图 10.6　一个普通端射阵方向图

（$N=5, d=0.25\lambda, \beta=-\pi/2$）

对于端射阵，最大辐射方向沿天线阵的两端. 此时要求阵元激励相位依次滞后$\pm\dfrac{\pi}{2}$. 图 10.6 绘出的是一个 5 阵元、阵元间隔四分之一波长、激励相移为$-\dfrac{\pi}{2}$的普通端射阵的阵因子方向图.

最后说明的是实际天线辐射场求解，需要根据辐射源的空间分布连续与否进行元天线辐射场的积分和叠加，根据有限长线天线和线阵的辐射场分析，可以看出天线的辐射场可以写成积分或叠加单元天线的辐射场和空间因子（*SF*）或阵因子（*AF*）的形式. 这个辐射场的确定方法可以推广到更复杂的天线形式中使用.

习　题　10

（一）拓展题

10.1　试述对滞后位的理解. 理解元天线的近场远场的特性和它的主要天线参数.

10.2　理解对偶原理，并用它求解磁偶极子的场.

（二）练习题

10.3　设元天线的轴线沿东西方向放置，在远方有一移动接收台停在正南方而收到最大电场强度，当电台沿以元天线为中心的圆周在地面移动时，电场强度渐渐减小，问当电场强度减小到最大值的$\dfrac{1}{\sqrt{2}}$时，电台的位置偏离正南多少度？

10.4　习题 10.3 中如果接收台不动，将元天线在水平面内绕中心旋转，结果如何？如果接收天线也是元天线，讨论收发两天线的相对方位对测量结果的影响.

10.5 题 10.5 图所示的线天线称为半波天线，假定其上电流分布为 $I = I_m \cos(kz)$，$-\dfrac{l}{2} \leqslant z \leqslant \dfrac{l}{2}$.

（1）求证：当 $r_0 \gg l$ 时，

$$A_z = \frac{\mu_0 I_0 e^{-ikr_0}}{2\pi k r_0} \frac{\cos\left(\dfrac{\pi}{2}\cos\theta\right)}{\sin^2\theta}$$

（2）求远区的磁场和电场；

（3）求坡印亭矢量和辐射功率；

（4）已知 $\int_0^{2\pi} \dfrac{\cos\left(\dfrac{\pi}{2}\cos\theta\right)}{\sin^2\theta} d\theta = 0.609$，求辐射电阻；

（5）求方向性系数.

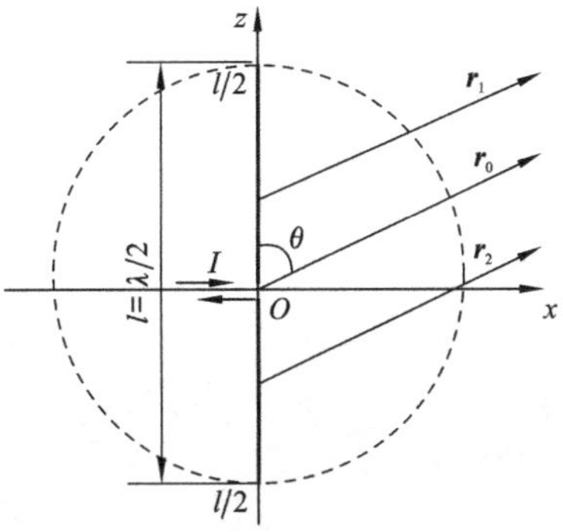

题 10.5 图

10.6 为了在垂直于赫兹偶极子轴线的方向上，距离偶极子 100 km 处得到电场强度的有效值大于 100 μV/m，赫兹偶极子必须至少辐射多大功率？

10.7 阐述对偶原理，并用它写出磁偶极子的辐射远场表达式.

10.8 对于 10.5.2 节的二元阵，阵元间距为四分之一波长，分别求相移为 0、$\dfrac{\pi}{2}$ 和 $-\dfrac{\pi}{2}$ 的总辐射场.

10.9 给定一个 $N=10$ 的各向同性阵元边射阵列，相邻阵元间距为四分之一波长，它的方向性系数是多少 dB？如果是普通端射阵列和 Hansen-Woodyard 端射阵列呢？